高等职业教育农业部"十二五"规划教材

园艺产品贮藏与加工

第二版

祝战斌　赵晨霞　主编

中国农业出版社
北　京

内 容 简 介

《园艺产品贮藏与加工》教材根据园艺专业特点，结合学生职业能力培养要求，共设计园艺产品采后生理、园艺产品贮藏技术、园艺产品加工技术三个项目，各项目以典型产品的贮藏技术和加工技术为主线，以工作过程为导向，共设计了园艺产品主要化学成分的测定、园艺产品贮藏条件调控、园艺产品商品化处理、落叶果树果品贮藏技术、常绿果树果品贮藏技术、蔬菜贮藏技术、鲜切花卉贮藏技术、干制品加工技术、罐头制品加工技术、果蔬汁制品加工技术、果酒加工技术、糖制品加工技术、腌制品加工技术、速冻制品加工技术、果蔬MP加工技术、园艺产品综合利用等十六项任务。在内容编写上，以贮藏技术和加工工艺为重点，原理力求简易明了，特别是将国家行业有关果蔬贮藏加工技术标准、产品质量标准及近年来生产中的新技术、新工艺渗透到教材之中，使教材内容与生产实际密切结合，整个教材突出实用性和职业性，强化对学生职业岗位能力的培养。

本教材适宜于高职高专园艺类专业使用，食品类专业、农产品加工等相关专业选用，并可作为岗前、就业、转岗的培训教材。

第二版编审人员名单

主　编　祝战斌　赵晨霞
副主编　杨胜敖　刘建平
编　者　（以姓名笔画为序）
卢锡纯　刘建平　李　劼　杨胜敖
赵晨霞　祝战斌　唐忠建
审　稿　樊明涛

第一版编审人员名单

主　编　赵晨霞（北京农业职业学院）
副主编　杨昌鹏（广西农业职业技术学院）
祝战斌（杨凌职业技术学院）
参　编　王华利（三峡职业技术学院）
卢锡纯（铁岭农业职业技术学院）
阮春梅（潍坊职业学院）
审　稿　胡小松（中国农业大学食品营养与工程学院）

第二版前言

为贯彻落实《国家中长期教育改革和发展规划纲要（2010—2020年）》，根据《教育部关于“十二五”职业教育教材建设的若干意见》（教职成〔2012〕9号）要求，配合《高等职业学校专业教学标准（试行）》贯彻实施，我们根据园艺行业贮藏与加工技术领域和职业岗位的任职要求，以工学结合为切入点，以项目为载体，以真实生产任务（工作过程）为导向，以相关职业资格标准基本工作要求为依据，重构课程内容体系，在21世纪农业部高职高专规划教材的基础上，编写修订《园艺产品贮藏与加工》教材，以满足各院校园艺类专业建设和相关课程改革需要，提高课程教学质量。

本教材在编写修订的过程中，根据教育部《关于全面提高高等职业教育教学质量的若干意见》（教高［2006］16号）的精神，坚持“理论够用、重点强化学生职业技能培养”的基本原则，在认真调研的基础上，分析职业岗位，确定职业岗位能力，以贮藏保鲜与加工工艺为主线，以典型园艺产品的贮藏与加工品为载体，按照项目化教材编写的基本思路，共设计园艺产品采后生理、园艺产品贮藏技术、园艺产品加工技术三个项目，各项目以典型产品的贮藏技术和加工技术为主线，以工作过程为导向，设计了园艺产品主要化学成分的测定、园艺产品贮藏条件调控、园艺产品商品化处理、落叶果树果品贮藏技术、常绿果树果品贮藏技术、蔬菜贮藏技术、鲜切花卉贮藏技术、干制品加工技术、罐头制品加工技术、果蔬汁制品加工技术、果酒加工技术、糖制品加工技术、腌制品加工技术、速冻制品加工技术、果蔬MP加工技术、园艺产品综合利用等十六项任务。在内容编写上，以贮藏技术和加工工艺为重点，原理力求简易明了，特别是将国家行业有关园艺产品贮藏加工技术标准、产品质量标准及近年来生产中的新技术、新工艺渗透到教材之中，使教材内容与生产实际密切结合，整个教材突出实用性和职业性，强化对学生职业岗位能力的培养。

本教材由杨凌职业技术学院祝战斌、北京农业职业学院赵晨霞主编，编写分工为：项目一中任务一至任务三、项目二中相关知识准备、项目三中任务八由祝战斌编写；项目二中任务二由铜仁职业技术学院杨胜敖编写；项目二中任务一、项目三中任务五由新疆农业职业技术学院唐忠建编写；项目二中任务三、项目三中任务二至任务四由辽宁职业学院卢锡纯编写；项目一中相关知识准备、项目二中任务四由杨凌职业技术学院李劼编写；项目三中任务一、任务六、任务七、任务九由潍坊职业学院刘建平编写。全书由祝战斌制定编写提纲并统稿。本教材由西北农林科技大学樊明涛教授审稿。

由于编者水平有限，书中错误或不当之处在所难免，敬请同行专家和广大读者批评指正。

编　者

2015年1月

第一版前言

本教材根据《教育部关于加强高职高专教育人才培养工作意见》和《关于加强高职高专教育教材建设的若干意见》的精神，在中国农业出版社的组织领导下编写的。除供作为园艺类高职高专的必修课教材外，亦可作为种植类、食品类专业的选修课教材和岗前、就业、转岗的培训教材。

《园艺产品贮藏与加工》包括园艺产品贮藏与加工两大部分。为了适应食品工业的发展和农业产业结构的调整，作者收集了近十年园艺产品贮藏与加工的新资料、新信息；教材体例创新，技术实用，内容充实，与同类教材相比图表丰富、内容新颖、突出实训。由于我国各地自然条件和果蔬种类不同，贮藏加工方法也各有差异，各院校在使用教材时可以有所侧重，适当增删内容。

本教材由赵晨霞主编。编写分工是：赵晨霞编写绪论，第七章第一节，第八章第一节和部分工艺流程图；杨昌鹏编写第四章第二节，第六章第二、九节，第七章第二节，第八章第二节；祝战斌编写第一章，第六章第一、三、八节；王华利编写第二章，第三章，第四章第四节；卢锡纯编写第四章第一、三节，第六章四、五节；阮春梅编写第五章，第六章第六、七节。

审稿由中国农业大学胡小松教授担任，在此深表感谢！

鉴于我们水平有限，编写时间短促，错误及不妥之处在所难免，敬请指正。

编　者

2005年6月

目录

项目一 园艺产品采后生理

学习目标 能熟记呼吸作用、呼吸强度、呼吸系数、呼吸跃变、呼吸热、田间热等基本概念；能准确陈述呼吸强度与园艺产品贮藏保鲜的密切关系，乙烯代谢在园艺产品贮藏保鲜过程中的重要作用，水分蒸腾、冷害、休眠对园艺产品贮藏保鲜的影响；能进行园艺产品基本化学成分的测定；能测定不同园艺产品的呼吸强度；能对园艺产品贮藏环境条件进行调控，能准确判定园艺产品的成熟度；会进行园艺产品商品化处理。

职业岗位 园艺产品贮藏原料检验工、保鲜员。

工作任务

1. 园艺产品贮藏原料的收购、检验、运输。
2. 园艺产品贮藏原料的商品化处理。
3. 园艺产品贮藏环境条件的测定与控制。
4. 园艺产品贮藏质量的鉴定和贮藏期的判断。

相关知识准备

园艺产品贮藏是根据园艺产品的采前及采后生理特性，采取物理和化学方法，使园艺产品在贮藏中最大限度地保持其良好的品质和新鲜状态，并尽可能地延长其贮藏时间。

园艺产品贮藏效果的好坏，虽然在很大程度上取决于采收后的处理措施、贮藏环境条件及管理水平，但是，园艺产品的质量与贮藏性的控制，仅仅依靠采收后采取措施是难以达到预期目标的，因为园艺产品的质量、生理性状及其贮藏性等是在田间变化多端的生长发育条件下形成的。园艺产品的品质与耐贮性是在采收之前形成的生物学特性，它受到生物、生态、农业技术等因素的影响。选择品质优良的耐藏品种是搞好贮藏的基础，再加上园艺产品采后处理、运输、贮藏设施与管理技术等因素，才能做好园艺产品的贮藏保鲜。

一、采前因素与园艺产品质量的关系

采前因素与园艺产品质量及其耐贮性有着密切关系。影响园艺产品质量及其耐贮性的采前因素主要有生物因素、生态因素和农业技术因素。选择生长发育良好、品质优良的园艺产

品种作为贮藏原料，是搞好贮藏的重要基础。

（一）生物因素

1. 种类品种

（1）种类。果品蔬菜的种类很多，它们分属于植物不同的器官，包括了植物的根、茎、叶、花、果实各种器官。对于蔬菜来说，叶菜类耐贮性最差，因为叶片是植物的同化器官，组织幼嫩，保护结构差，采后失水、呼吸和水解作用旺盛，极易萎蔫、黄化和败坏，最难贮藏。根茎类收获物为植物的营养贮藏器官，一般是在其营养生长停止后收获，所以其新陈代谢已有所降低，比较耐贮藏。花菜类收获物是植物的繁殖器官，其新陈代谢比较旺盛，在生长成熟及衰老过程中还会形成乙烯，很难贮藏。

果蔬种类间贮藏性的差异，是由它们的遗传特性所决定的。一般来说，产于热带地区（如香蕉、菠萝、荔枝、杧果等）或高温季节成熟（如桃、杏、李等），并且生长期短的果蔬，收获后呼吸旺盛，蒸腾失水快，体内物质消耗多，易被病菌侵染而腐烂变质，表现不耐贮藏。生长于温带地区（如苹果和梨）的果蔬，生长期比较长，并且在低温冷凉季节成熟收获的果蔬，体内营养物质积累多，新陈代谢水平低，一般具有较好的贮藏性。

按照果蔬组织结构来比较，果皮和果肉为硬质的果蔬较耐贮藏，而软质或浆质的耐藏性较差。

（2）品种。同一种类不同品种的果蔬，由于组织结构、生理生化特性、成熟收获时期不同，品种间的贮藏性也有很大差异。一般来说，不同品种的园艺产品以晚熟品种最耐贮，中熟品种次之，早熟品种不耐贮藏。晚熟品种耐贮藏的原因是：晚熟品种生长期长，成熟期间气温逐渐降低，外部保护组织发育完好，防止微生物侵染和抵抗机械伤能力强。晚熟品种营养物质积累丰富，抗衰老能力强，一般有较强的氧化系统，对低温适应性好，在贮藏中能保持正常的生理代谢作用，特别是当果蔬处于逆境时，呼吸作用很快加强，有利于产生积极的保卫反应。

因此，要使果蔬贮藏获得好的效果，必须重视选择耐藏的种类和品种，才能达到高效、低耗，节省人力和物力的目的。这点对于长期贮藏的果蔬显得尤为重要。

2. 砧木 砧木类型不同，其果树根系对养分和水分的吸收能力也不同，从而对果树的生长发育进程、对环境的适应性以及对果实产量、品质、化学成分和耐贮性直接造成影响。

研究表明：红星苹果嫁接在保德海棠上，果实色泽鲜红，最耐贮藏；苹果发生苦痘病与砧木的性质有关；嫁接在枳壳、红橘和香柑等砧木上的甜橙，耐贮性较好的；嫁接在酸橘、香橙和沟头橙砧木上的甜橙果实，耐贮性也较强，到贮藏后期其品质也比较好。美国加州的华盛顿脐橙和伏令夏橙，其大小和品质也明显地受到了不同砧木的影响。嫁接在酸橙砧木上的脐橙比嫁接在甜橙上的果实要大得多。对果实中柠檬酸、可溶性固形物、蔗糖和总糖含量的调查结果表明：用酸橙作为砧木的果实要比用甜橙作为砧木的果实要高。

3. 成熟度或发育年龄 成熟度是衡量果蔬成熟状况的重要指标。但是，对于一些蔬菜如黄瓜、菜豆、辣椒、部分叶菜等在还幼嫩的时候就收获食用，或者进行贮藏，对于这些蔬菜成熟状况的评判，用“发育年龄”这个概念较之“成熟度”似乎更确切一些。

在果蔬的个体发育或者器官发育过程中，未成熟的果实和幼嫩的蔬菜，它们的呼吸旺盛，各种新陈代谢过程都比较活跃；另外，这时期果蔬表层的保护组织尚未发育完全，或者结构还不完整，组织内细胞间隙也比较大，便于气体交换，体内干物质的积累也比较少。

以上诸多方面对果蔬的贮藏性综合产生不利影响。随着果蔬的成熟或者发育年龄增大，物质积累不断增加，新陈代谢强度相应降低，表皮组织和蜡质层、角质层加厚并且变得完整，有些果实如葡萄、番茄在成熟时细胞壁中胶层溶解，组织充满汁液而使细胞间隙变小，从而阻碍气体交换而使呼吸水平下降。苹果、葡萄、李、冬瓜等许多种果蔬，随着发育成熟，它们表皮的蜡质层才明显增厚，果面形成白色细密的果粉。对于贮藏的果蔬来说，这不仅使其外观色彩更鲜艳，更重要的意义是在于它的生物学保护功能，即对果蔬的呼吸代谢、蒸腾作用、病菌侵染等产生抑制、防御作用，因而有利于果蔬的贮藏。

果蔬的种类和品种很多，每种果蔬都有其适宜的成熟收获期。收获过早或者过晚，对其商品质量及贮藏性都会产生不利的影响，只有达到一定成熟度或者发育年龄的果蔬，收获后才会具有良好的品质和贮藏性能。

4. 田间生长发育状况

(1) 树龄和树势。树龄和树势不同的果树，不仅果实的产量和品质不同，而且耐藏性也有差异。一般来说，幼龄树和老龄树不如中龄树（结果处于盛果期的树）结的果实耐贮。这是因为幼龄树营养生长旺盛，结果少，果实大小不一，组织疏松，含钙少，氮和蔗糖含量高，贮藏期间呼吸旺盛，失水较多，品质变化快，易感染微生物病害和发生生理病害；而老龄树营养生长缓慢，衰老退化严重，根部吸收营养物质能力减弱，地上部光合同化能力降低，所结果实偏小，干物质含量少，着色差，其耐贮性和抗病性均减弱。

(2) 果实大小。同一种类和品种的果蔬，果实的大小与其耐贮性密切相关。一般来说，以中等大小和中等偏大的果实最耐贮。

(3) 植株负载量。负载量适当，可以保证果实营养生长与生殖生长的基本平衡，使果实有良好的营养供应而正常发育，收获后的果实质量好、耐贮藏。

(二) 生态因素

1. 温度　园艺产品在生长发育过程中，温度对其品质和耐贮性会产生重要影响。因为每种园艺产品在生长发育期间都有其适宜的温度范围和积温要求，在其生长发育过程中，温度过高或过低都会对其生长发育、产量、品质和耐贮性产生影响。温度过高，生长快，产品组织幼嫩，营养物质含量低，表皮保护组织发育不好；温度过低，特别是花期连续出现低温，会造成受精不良，落花落果严重，产量降低，品质和耐贮性差。昼夜温差大，有利果蔬体内营养物质积累，可溶性物质含量高，耐贮性强。例如，酷热干旱的夏季能促使苹果发生水心病和红玉斑点病；采前6～8周昼夜温度冷热交替，并且温差较大，苹果的着色好、含糖量高、组织细密，也耐贮藏。

2. 光照　光照是园艺产品生长发育获得良好品质的重要条件之一，光照直接影响园艺产品干物质的积累、风味、颜色、质地及形态结构，从而影响园艺产品的品质和耐藏性。光照充足，干物质含量明显增加，耐贮性增强；光照不足，果蔬中糖和酸的形成明显减少，产量下降，贮藏中容易衰老。光照还与花青素的形成密切相关，红色品种的果实在充足的光照条件下，着色更佳。光质（红光、紫外光、蓝光和白光）对果蔬生长发育和品质有一定影响，紫外线对果实红色的发育、维生素C的形成关系密切。但是光照过强，对果蔬的生长发育及贮藏性并非有利，光照过强会使果实日灼病发生严重。

3. 降水量和空气湿度　水分是果蔬生长发育不可缺少的基本条件，降水多少关系着土壤水分、土壤pH及可溶性盐类的含量，同时，降雨会增加土壤湿度、减少光照时间，从而影响果蔬的生长发育、质量及贮藏性。降水量过多对果蔬的产量、质量及贮藏性有不利的影响。例如，高湿多雨会使番茄干物质含量减少，特别是接近采收季节阴凉多雨时，常使果实的含糖量低、酸味重、味淡、颜色及香味差、不耐贮藏。干旱少雨，影响果蔬产品对营养物质的吸收，正常发育受阻，表现为个体小、着色不良、品质不佳、成熟期提前，容易产生生理病害。在阳光充足又有适宜降水量的年份，生产的果蔬耐贮性好。

4. 土壤　土壤是果树和蔬菜生存的基础，果蔬中的水分和矿物质基本上都是从土壤中获得。土壤的理化性状、营养状况、地下水位高低等直接影响果蔬根系分布深浅、产量、化学组成、组织结构，进而影响果蔬的品质和耐藏性。一般而言，大多数种类的果蔬适宜于生长在土质疏松、酸碱适中、施肥适当、湿度合适的土壤中，在适生土壤上生产的果蔬具有良好的质量和贮藏性。例如，苹果适宜在质地疏松、通气良好、富含有机质的中性到酸性土壤上生长；柑橘要求疏松的土壤，以沙壤土、黏壤土、壤土较好；轻沙土壤加强了西瓜果皮的坚固性，使它的耐贮性和耐运输能力增强。土壤的理化性状对蔬菜的生长发育和贮藏性影响也很大。如甘蓝在偏酸性土壤中对钙、磷、氮的吸收与积累都较高，故其品质好、抗性强、耐贮藏。土壤容重大的菜田，大白菜的根系往往发育不良，干烧心病增多而不利于贮藏。

5. 地理条件　果蔬栽培的纬度、地形地势、海拔高度等地理条件与其生长发育的温度、光照度、降水量、空气湿度是密切关联的，地理条件通过影响果蔬的生长发育条件而对果蔬产生影响，所以，地理条件对果蔬的影响是间接的。同一种类的果蔬，生长在不同的纬度和海拔高度，其质量和耐藏性有明显的差异。山地或高原地区，海拔高、日照强，特别是紫外线增多、昼夜温差大，有利于红色苹果花青素的形成和糖分的积累，果蔬中的糖、色素、维生素C、蛋白质含量等都比平原地区有明显增高，表面保护组织也较发达。同一品种的苹果，在高纬度地区生长的比在低纬度地区生长的耐贮性要好。一般河南、山东一带生长的多数苹果品种，耐贮性远不如辽宁、山西和陕西北部生长的果实。在高纬度地区生长的蔬菜，其保护组织比较发达，体内有适宜于低温的酶存在，适宜在较低的温度贮藏。

（三）农业技术因素

1. 施肥　肥料是影响果蔬发育的重要因素，最终将关系到果蔬的化学成分、产量、品质和耐贮性。

（1）氮。氮是果蔬生长发育最重要的营养元素，是获得高产的必要条件。然而过量施用氮肥，果蔬的营养生长旺盛，导致组织内矿质营养平衡失调，果实着色差，质地疏松，呼吸强度增大，成熟衰老加快，果蔬的质量及贮藏性明显降低。氮素缺乏常常是制约果蔬正常生长发育。含钙量高，则可抵消这些不良影响。

（2）磷。磷是植物体内能量代谢的主要物质，对细胞膜结构具有重要作用。低磷果实的呼吸强度高，冷藏时组织易发生低温崩溃，果肉褐变严重，腐烂病发生率高。增施磷肥，有提高苹果的含糖量、促进着色的效果。

（3）钾。钾肥施用合理，能够提高果蔬产量，并对质量和贮藏性产生积极影响。增施钾肥，能明显促使果实产生鲜红的颜色和芳香味。缺钾时，苹果颜色发暗，成熟差，含酸量低，贮藏中易萎蔫皱缩；过多施用钾肥，又会使果肉变松，产生苦痘病和果心褐变等生理病害。

（4）镁。镁是组成叶绿素的重要元素，与光合作用关系极为密切。镁在调节糖类降解和转化酶的活化中起着重要作用。镁与钾一样，影响果蔬对钙的吸收利用。缺镁的典型标志是植物叶片呈现淡绿或黄绿色。

（5）钙。钙是植物细胞壁和细胞膜的结构物质，在保持细胞壁结构、维持细胞膜功能方面意义重大。在钙的作用下，苹果的细胞膜透性降低，乙烯生成减少，呼吸水平下降，果肉硬度增大，苦痘病、红玉斑点病、内部溃败病等生理性病害减轻，并且对真菌性病害的抗性增强。

2. 灌溉　土壤水分供给状况也是影响果蔬的生长、产品大小、品质及耐贮性的重要因素之一。增加灌水量可以提高果蔬产品的产量，产品个大，含水量增高，含糖量降低，不耐贮藏。灌水量少的果蔬产品产量较低，但产品风味浓、糖分高、耐贮藏。灌水与贮藏的关系密切。对贮藏的叶菜，注意控制生长期灌水，避免水分过多引起植株徒长、柔嫩、含水量高而不耐贮藏；严格控制在采收前1周内不浇水。桃在采收前几周内对水分要求特别敏感，此时干旱，桃的个头小、品质也差，如果供水太多，又会延长果实的生长期，果实大而颜色差、不耐贮藏。果蔬在生长期中雨水不足时灌溉是必需的，但灌溉应适当，尤其是采收前的灌溉会大大降低果蔬的耐贮性。

3. 病虫害防治　病虫害不仅可以造成果蔬产量降低，而且对果蔬品质与耐贮性也有不良影响，各种病虫害的发生，会造成果蔬商品价值下降，影响果实品质，缩短贮藏寿命。许多病害在田间侵染，采后条件适宜时表现症状或扩大发展，贮藏中，果蔬衰老，抗病力下降，造成大量腐烂。

贮藏中的病害有病理病害和生理病害两种：由微生物所引起的病害称为病理病害；在缺少引发疾病的病原体的情况下，由于产品在贮运销售期间处于一种反常或不适当的物理性或生理性状态所引起的病害，称为生理病害。

目前广泛运用的杀菌剂是多菌灵、甲基硫菌灵或乙基硫菌灵、苯菌灵、噻菌灵和抑霉唑，对防止香蕉、柑橘、梨、苹果、桃等水果腐烂，效果明显。

4. 栽培技术措施　修剪、果蔬人工授粉、疏花疏果、套袋、摘叶转果、铺反光膜等技术措施，能提高果蔬产品的质量，使果实形状端正、果个均匀、着色艳丽、可溶性固形物含量高、农药残留减少，果蔬抗逆性增强，延长果蔬的耐藏性，改善商品性。

5. 生长调节剂处理　植物生长调节的广泛应用对果蔬采后质量和商品性有重要影响，也是增强果蔬产品耐藏性和防止病害的辅助措施之一。

采前7～10 d施用浓度10～20 mg/L萘乙酸（或萘乙酸钠），或浓度5～20 mg/L的2,4 -D（二氯苯氧乙酸），可以防止苹果、葡萄和柑橘采前落果，在蔬菜上喷低浓度的生长素对生长有明显的促进作用；细胞分裂素（CTK）对细胞的分裂与分化有明显的作用，也可诱导细胞扩大；赤霉素（GA）在葡萄、柚和橙采收前施用，可以有效地延长果实寿命，推迟果皮衰老，赤霉素可以推迟香蕉呼吸高峰出现，防止蒜薹苞膨大，显著增大无核葡萄的果粒；100～500 mg/L矮壮素（2-氯乙基三甲基氯化铵，CCC）加1 mg/L赤霉素在花期处理花穗，可提高葡萄坐果率，增加果实含糖量，减少裂果；1 000～2 000 mg/L丁酰肼采前45～60 d处理苹果，可增加果实硬度，促进果实着色，减少采前落果。但丁酰肼对桃、李的作用与苹果相反，可促进内源乙烯的生成，加速果实的成熟；马来酰肼能抑制马铃薯、洋葱、大蒜、胡萝卜等萌芽；乙烯利是一种人工合成的乙烯发生剂，可促进果实成熟，常常用于柑橘退绿，香蕉和番茄催熟以及柿子脱涩。

二、园艺产品的化学特性

园艺产品的化学组成是构成品质的最基本的成分，同时，它们又是生理代谢的参与者，它们在贮运加工过程中的变化直接影响着产品质量、贮运性能与加工品的品质。

（一）园艺产品的化学组成

园艺产品的化学组分非常复杂，一般分为水和干物质两大部分。干物质又可分为水溶性物质和非水溶性物质。水溶性物质溶解于水，组成植物体的汁液部分，主要包括糖、果胶、有机酸、多元醇、单宁、部分含氮物质、色素、维生素和大部分的无机盐类。非水溶性物质是组成果蔬固体部分的物质，这类物质有纤维素、半纤维素、原果胶、淀粉、脂肪，以及部分含氮物质、色素、维生素、矿物质和有机盐类。各类化学成分在果蔬采收后仍然持续着一系列的变化，对果蔬的品质、耐贮性和抗病性产生一定程度的影响。

1. 水分 园艺产品含量最高的化学成分是水分，大多数园艺产品含水量为80%～90%，部分产品达95%以上，常见园艺产品的含水量如表1-1所示。

表1-1 几种园艺产品的含水量

名称	含水量（%）	名称	含水量（%）
苹果	84.6	辣椒	92.4
梨	89.3	冬笋	88.1
桃	87.5	萝卜	91.7
梅	91.1	白菜	95.0
杏	85.0	洋葱	88.3
葡萄	87.9	甘蓝	93.0
柿	82.4	姜	87.0
荔枝	84.8	芥菜	92.0
龙眼	81.4	马铃薯	79.9

园艺产品中的水分以两种形态存在：一种为游离水，这种水主要存在于液泡和细胞间隙中，占果蔬组织中水分的大多数，在贮藏及加工过程中最容易失掉；第二种水为束缚水，是园艺产品细胞里胶体微粒周围结合的一层薄薄的水膜，这种胶体结合水的密度、热容量、冰点、溶解性不同于游离水，在贮藏加工过程中，与游离水相比，较难失掉。

水分是植物完成生命活动的必要条件，对园艺产品的新鲜度、风味有重要影响，同时，园艺产品含水量高也是其耐藏性差、容易腐烂变质的重要原因。采后的园艺产品，随着贮藏条件的改变和时间的延长而发生不同程度的失水，造成萎蔫、失重、鲜度下降，商品价值受到影响，严重时代谢失调，贮藏寿命缩短。其失水程度与园艺产品种类、品种及贮运条件密切相关。

2. 碳水化合物 碳水化合物是园艺产品中干物质的主要成分，包括糖、淀粉、纤维素和半纤维素、果胶物质等。

（1）糖。糖是果蔬甜味的主要来源，也是构成其他化合物的成分。糖主要有果糖、蔗糖和葡萄糖。仁果类以果糖为主，核果类主要含蔗糖，浆果类主要含葡萄糖和果糖。不同种类的园艺产品，含糖量差异很大，大多数水果含糖量为7%～18%，蔬菜含糖量大多在5%以下。常见园艺产品糖的种类及含量如表1-2所示。

表1-2　常见园艺产品糖的种类及含量（每100 g鲜重，g）

名称	蔗糖	转化糖	总糖
苹果	1.29～2.99	7.35～11.61	8.62～14.61
梨	1.85～2.00	6.52～8.00	8.37～10.00
香蕉	7.00	10.00	17.00
草莓	1.48～1.76	5.56～7.11	7.41～8.59
桃	8.61～8.74	1.77～3.67	10.38～12.41
杏	5.45～8.45	3.00～3.45	8.45～11.90
白菜	—	—	5.00～17.00
胡萝卜	—	—	3.30～12.00
番茄	—	—	1.50～4.20
南瓜	—	—	2.50～9.00
甘蓝	—	—	1.50～4.50
西瓜	—	—	5.50～11.00

糖是重要的贮藏物质之一，园艺产品贮藏期间，糖作为呼吸基质被消耗而逐渐减少。糖分消耗速度的快慢，说明贮藏效果的好坏。

糖分是果蔬中可溶性固形物的主要成分，直接影响果蔬的风味、口感和营养水平。糖分还是人体从果蔬中获得热量的主要来源之一，容易被人体吸收，有助于蛋白质和脂肪的消化利用。获得高含糖量的果实往往是栽培育种的主要目标之一，也是贮藏加工所要求的质量指标。

（2）淀粉。淀粉是果蔬中能被人体所利用的最主要的多糖，它在果实中以淀粉粒的形态存在。淀粉又称多糖，是α-葡萄糖聚合物，主要存在于未成熟的果实中。园艺产品中的香蕉（26%）、马铃薯（14%～25%）、藕（12.8%）、荸荠、芋头等淀粉含量较高，其次是豌豆（6%）、苹果（1.0%～1.5%），其他园艺产品含量较少。淀粉在果实成熟及后熟过程中，在酶的作用下，可转化为糖。

（3）纤维素和半纤维素。纤维素和半纤维素是植物骨架物质细胞壁的主要成分，对组织起着支撑作用。纤维素在果蔬皮层中含量较多，在幼嫩时期是一种含水纤维素，在成熟过程中逐渐木质化和角质化，变得坚硬、粗糙，不堪食用。半纤维素在植物体内有支持组织和贮存的双重功能。从果蔬品质来说，纤维素和半纤维素含量越少越好，但纤维素、半纤维素和果胶物质形成的复合纤维素对果蔬有保护作用，增强耐藏性。

（4）果胶物质。果胶物质沉积在细胞初生壁和中胶层中，起着黏结细胞个体的作用，是园艺产品普遍存在的高分子化合物。

果胶物质以原果胶、果胶和果胶酸3种形式存在于果蔬中：未成熟的果蔬，果胶物质主要是以原果胶形式存在，并与纤维素和半纤维素结合，不溶于水，将细胞紧密黏结，果实组织坚硬；随着果蔬成熟，原果胶在酶的作用下，逐渐水解而与纤维素分离，转变成果胶渗入细胞液中，细胞间即失去黏结着力，使组织松散，硬度下降；果胶在果胶酶的作用下分解成果胶酸，果胶酸没有黏性，使细胞失去黏着力，果实也随之发绵变软，贮藏能力逐渐降低。由此可见，果胶物质的变化与果实硬度密切相关，良好的贮运措施，可以降低果胶物质的转化进程，延缓果实衰老。

3. 有机酸 园艺产品中的有机酸是其酸味的主要来源，其中柠檬酸、苹果酸、酒石酸在水果中含量较高，蔬菜的含酸量较少，除番茄外，大多都感觉不到酸味的存在，但有些蔬菜如菠菜、茭白、苋菜、竹笋含有较多量的草酸。

不同种类和品种的园艺产品，有机酸种类和含量不同。如仁果类、核果类以苹果酸表示，柑橘类果实以柠檬酸表示，葡萄以酒石酸表示。常见园艺产品有机酸的含量及种类如表1-3、表1-4所示。

表1-3 几种园艺产品中有机酸种类及含量（每100 g鲜重，g）

果实种类	pH	总酸量	柠檬酸	苹果酸	草酸	水杨酸
苹果	3.00～5.00	0.2～1.6	+	+	—	0
葡萄	3.50～4.50	0.3～2.1	0	0.22～0.92	0.08	0.21～0.70（酒石酸）
杏	3.40～4.00	0.2～2.6	0.1	1.3	0.14	0
桃	3.20～3.90	0.2～1.0	0.2	0.5	—	0
草莓	3.80～4.40	1.3～3.0	0.9	0.1	0.1～0.6	0.28
梨	3.20～3.95	0.1～0.5	0.24	0.12	0.3	0

注：+表示存在，-表示微量，0表示缺乏。

表1-4 常见园艺产品中的主要有机酸种类

名称	有机酸种类	名称	有机酸种类
苹果	苹果酸	菠菜	草酸、苹果酸、柠檬酸
桃	苹果酸、柠檬酸、奎宁酸	甘蓝	柠檬酸、苹果酸、琥珀酸、草酸
梨	苹果酸、果心含柠檬酸	石刁柏	柠檬酸、苹果酸
葡萄	酒石酸、苹果酸	莴苣	苹果酸、柠檬酸、草酸
樱桃	苹果酸	甜菜叶	草酸、柠檬酸、苹果酸
柠檬	柠檬酸、苹果酸	番茄	柠檬酸、苹果酸
杏	苹果酸、柠檬酸	甜瓜	柠檬酸
菠萝	柠檬酸、苹果酸、酒石酸	甘薯	草酸

4. 色素物质 色素物质是决定园艺产品色泽的重要因素，园艺产品色泽在一定程度上反映了园艺产品新鲜度、成熟度和品质变化，它是评价园艺产品品质和判断成熟度的重要外观指标。

园艺产品中的色素物质主要有叶绿素、类胡萝卜素、花青素和花黄素。

(1) 叶绿素。叶绿素是植物特有的绿色色素，广泛存在于果蔬绿色组织的细胞中，通常与类胡萝卜素共存，并与蛋白质结合形成复合的叶绿体，大多数果实随着叶绿素含量降低，绿色消失，开始成熟。叶绿色的变化常被作为成熟度和新鲜度变化的指标。叶绿素不溶于水，溶于乙醇、丙酮、乙醚、氯仿、苯等有机溶剂。叶绿素很不稳定，受光辐射时极易分解，在酸性介质中易分解。

（2）类胡萝卜素。类胡萝卜素是一类脂溶性的色素，构成园艺产品的黄色、橙色或橙红色，主要由胡萝卜素、叶黄素和番茄红素组成。类胡萝卜素常与叶绿素并存，成熟过程中叶绿素酶活性增强，叶绿素逐渐分解，类胡萝卜素显色。类胡萝卜素的主要作用是抗氧化，抵御自由基对于机体中蛋白质、脂质和核酸等的侵害，增强人体免疫力。

（3）花青素。花青素是一类非常不稳定的糖苷型水溶性色素，一般在果实成熟时才合成，存在于表皮的细胞液中，花青素在酸性溶液中呈红色，在碱性溶液中呈蓝色，在中性溶液中呈紫色，与金属离子结合时会呈现各种颜色，是园艺产品红紫色的重要来源。

（4）花黄素。花黄素类是分布于植物细胞中的一类水溶性色素，呈浅黄或鲜明橙黄色。

5. 维生素　维生素是维持人和动物正常生理机能所必需的一类低分子有机化合物。园艺产品是人体获取维生素的主要来源。其中以维生素A原（胡萝卜素）、维生素C（抗坏血酸）为最重要。据报道人体所需维生素C的98%、维生素A的57%左右来源于果蔬。

（1）维生素A。新鲜果蔬含有大量的胡萝卜素，在动物的肠壁和肝脏中能转化为具有生物活性的维生素A。在人体内能维持黏膜的正常生理功能，保护眼睛和皮肤。维生素A较稳定，但遇热和光易氧化，贮存时应注意避光，减少与空气接触。维生素A含量较多的果蔬有柑橘、枇杷、杧果、柿子、黄桃、胡萝卜、菠菜、空心菜、南瓜等。

（2）维生素C。维生素C在体内主要参与氧化还原反应，在物质代谢中起电子传递的作用，可促进造血作用和抗体的形成。维生素C还具有促进胶原蛋白合成的作用，可防止毛细血管通透性、脆性的增加和坏血病的发生，故又称抗坏血酸。

维生素C易溶于水，很不稳定，易氧化，见光、受热易分解，在酸性条件下比在碱性条件下稳定，贮藏中，保持避光、低温、低氧环境，可减缓维生素C的氧化损失。

维生素C在人体内无累积作用，因此人们需要每天从膳食中摄取大量维生素C，而果蔬是人体获取维生素C的主要来源。不同果蔬维生素C含量差异较大，含量较高的果品有鲜枣、山楂、猕猴桃、草莓及柑橘类，在蔬菜中辣椒、绿叶蔬菜、花椰菜、番茄等含有较多的维生素C。

6. 单宁物质　单宁是园艺产品产生涩味的主要来源，属高分子聚合物，构成其的单体为酚类物质。当单宁含量达0.25%左右时就可感到明显的涩味，当含量达到1%～2%时就会产生强烈的涩味。未成熟的园艺产品单宁含量较高，食之酸涩，但一般成熟果实中可食部分的单宁含量通常为0.03%～0.10%。单宁分子可溶于水或乙醇，用温水、二氧化碳、乙醇等处理可使果实脱涩。单宁在贮运过程中易发生氧化褐变，不利于果蔬外观品质的保持。

7. 芳香物质　园艺产品的香味来源于各种不同的芳香物质，它是决定园艺产品品质的重要因素之一。芳香物质是成分繁多而含量极微的油状挥发性物质，醇、酯、醛、酮和萜类等化合物是构成香味的主要物质。香味物质多在成熟时开始形成，进入完熟阶段时大量形成，产品风味也达到最佳状态。但香味物质大多不稳定，在贮运及加工过程中很容易挥发分解。常见园艺产品主要香味物质如表1-5所示。

8. 矿物质　人体所需的矿物质主要来源于果蔬，它们是保持人体生理功能必不可少的物质。人体缺钙会导致软骨病、骨质疏松，缺铁会造成贫血等。

表 1-5 常见园艺产品的主要香味物质

名称	香气主体成分	名称	香气主体成分
苹果	乙酸异戊酯	萝卜	甲硫醇、异硫氰酸烯丙酯
梨	甲酸异戊酯	叶菜	叶醇
香蕉	乙酸戊酯、异戊酸异戊酯	花椒	天竺葵醇、香茅醇
桃	乙酸乙酯、γ-癸酸内酯	蘑菇	辛烯-1-醇
柑橘	甲酸、乙醛、乙醇、丙酮、苯乙醇及甲酯和乙酯	大蒜	二烯丙基二硫化物、甲基烯丙基二硫化物、烯丙基
杏	丁酸戊酯		

矿物质在果蔬中分布广泛，占果蔬干重的1%～5%，一些叶菜类的矿物质高达10%～15%，是人体获取矿物质的重要来源。其含量在0.01%以上的称为大量元素或常量元素，如钙、镁、磷、钾、钠等；低于0.01%的称为微量元素或痕量元素，如铁、铜、锌、硒、碘等。

矿物质在果蔬生理变化过程中起着非常重要的作用：

① 作为催化剂。催化很多生理反应进行。

② 果蔬生长发育过程中很重要的营养物质。一旦缺乏，则会发生各种生理病害。如苹果在生长中缺钙，会出现苦痘病；缺铁，出现黄叶病；缺钾，其膨大、着色受影响；缺磷，则果实色泽不鲜艳等。常见园艺产品的主要矿物质含量如表1-6所示。

表 1-6 常见园艺产品的主要矿物质含量（每100 g鲜重，g）

名称	钙	磷	铁	名称	钙	磷	铁
苹果	11	9	0.3	番茄	8	37	0.4
梨	5	6	0.2	芹菜	160	61	0.5
桃	8	20	1.0	菠菜	70	34	2.5
葡萄	4	15	0.2	甘蓝	62	28	0.7
草莓	32	41	1.1	胡萝卜	19	23	1.9
樱桃	6	31	5.9	马铃薯	11	59	0.9
山楂	85	25	2.1	豌豆苗	156	82	7.2

9. 含氮化合物 果蔬中的含氮化合物主要是蛋白质和氨基酸，蛋白质是人类生长发育必需的骨架和能量物质，是参与各种生化反应的酶的主体。虽然果蔬中蛋白质含量很少，但对果蔬的品质风味有着重要的影响，并有助于人体吸收其他食物蛋白质。氨基酸是蛋白质的基础物质，提供人体中激素、酶、血液等所需的氮，也是骨骼的组成部分，又是生物缓冲液的重要成分，还有免疫的效应。特别果蔬中含人体所必需的氨基酸，这些氨基酸是人体不能制造的，但又是人体生命活动必不可少的。

10. 酶 酶是由生物的活细胞产生的具有催化能力的蛋白质，果蔬中所有的生物化学作用，都是在酶的参与下进行的。果蔬成熟衰老过程中物质的合成与降解涉及众多的酶类，但主要有两大类：一类是氧化酶类，包括抗坏血酸氧化酶、过氧化物酶、多酚氧化酶等；另一类是水解酶，包括果胶酶、淀粉酶、蛋白酶等。抗坏血酸氧化酶对维生素C的含量有很大影响，过氧化物酶可防止有毒物质的积累，多酚氧化酶在植物受到伤害时促进发生褐变，果胶酶影响果蔬的质地。

（二）各种化学成分在园艺产品贮运中的变化

采收后的园艺产品在贮藏运输过程中，其化学成分仍会发生一系列变化，由此引起其耐贮性、产品品质和营养价值等的改变。为了合理地组织贮藏及运销，充分发挥果蔬的经济价值，了解果蔬化学成分在贮运中的变化规律，以控制采后果蔬化学成分的变化是十分必要的。

1. 水分　果蔬含水量因其种类品种的不同而不同。一般果蔬的含水量在80%～90%。果蔬采摘后，水分供应被切断，而呼吸作用仍在进行，并带走了一部分水，造成了水果、蔬菜的萎蔫，从而促使酶的活力增加，加快了一些物质的分解，造成营养物质的损耗，因而减弱了果蔬的耐贮性和抗病性，引起品质劣变。

2. 糖　果蔬在贮藏过程中，其糖分会因生理活动的消耗而逐渐减少。贮藏越久，果蔬口味越淡。有些含酸量较高的果实，经贮藏后，口味变甜。其原因之一是含酸量降低比含糖量降低更快，引起糖酸比值增大，实际含糖量并未提高，选择适宜的贮藏条件，降低糖分消耗速率，对保持采后果蔬质量具有重要意义。一般情况下，含糖量高的果蔬耐贮藏、耐低温；相反，含糖量低则不耐贮藏。

3. 淀粉　贮藏过程中淀粉常转化为糖类，以供应采后生理活动能量的需要，随着淀粉水解速度的加快，水果、蔬菜的耐贮性也减弱。温度对淀粉转化为糖的影响很大，如在常温下晚熟苹果品种中淀粉较快转化为糖，促进水果老化，味道变淡；而在低温冷藏条件下淀粉转化为糖的活动进行得较慢，从而推迟了苹果老化。因此采用低温贮藏，能抑制淀粉的水解。

4. 纤维素和半纤维素　纤维素和表皮的角质层，对果实起保护作用。纤维素是反映水果、蔬菜质地的物质之一。果蔬中含纤维素太多时，口感粗老、多渣。一般幼嫩果蔬纤维素含量低，成熟果蔬含量高。纤维素对人体无营养价值，但它可促使肠胃蠕动，有助于消化。

5. 果胶物质　在果蔬贮运过程中，果胶物质形态变化是导致果蔬硬度变化的主要原因。果蔬在成熟及贮运过程中，果胶物质的变化如下所示。

$$\text{原果胶}\xrightarrow[\text{成熟阶段}]{\text{原果胶酶}}\begin{cases}\text{果胶}\xrightarrow[\text{成熟阶段}]{\text{果胶酶}}\begin{cases}\text{果胶酸}\xrightarrow[\text{过熟阶段}]{\text{果胶酸酶}}\begin{cases}\text{还原糖}\\\text{半乳糖醛酸}\end{cases}\\\text{甲醇}\end{cases}\\\text{纤维素}\end{cases}$$

未成熟的果蔬中果胶物质主要以原果胶形式存在。原果胶不溶于水，它与纤维素等把细胞与细胞壁紧紧地结合在一起，使组织坚实脆硬。随着水果、蔬菜成熟度的增加，原果胶受水果中原果胶酶的作用，逐渐转化为可溶性果胶，并与纤维素分离，引起细胞间结合力下降，硬度减小。因此，在果蔬的贮藏过程中，常以不溶性果胶含量的变化作为鉴定贮藏效果和能否继续贮藏的标志。

6. 有机酸　有机酸也是果蔬贮藏期间的呼吸基质之一，贮藏过程中有机酸随着呼吸作用的消耗逐渐减少，使酸味变淡、甚至消失。其消耗的速率与贮藏条件有关。

7. 色素物质　色素物质在贮运过程中随着环境条件的改变而发生一些变化，从而影响果蔬外观品质。贮运过程中，蔬菜中叶绿素逐渐分解，而促进类胡萝卜素、类黄酮色素和花青素的显现，引起蔬菜外观变黄。叶绿素不耐光、不耐热，光照与高温均能促进贮藏中蔬菜体内叶绿素的分解。光和氧能引起类胡萝卜素的分解，使果蔬退色。花青素不耐光、热、氧化剂与还原剂的作用，光照能加快其变为褐色。在贮运中应采取避光和隔氧措施。

8. 单宁 单宁物质在贮运过程中的变化主要是易发生氧化褐变，生成暗红色的根皮鞣红，影响果蔬的外观色泽，降低果蔬的商品品质。果蔬在采收、贮运中受到机械伤，或贮藏后期、果蔬衰老时，都会出现不同程度的褐变。因此，在采收前后应尽量避免机械伤，控制衰老，防止褐变，保持品质，延长贮藏寿命。

9. 芳香物质 多数芳香物质是成分繁多而含量极微的油状挥发性混合物，在果蔬贮运过程中，随着时间的延长，所含芳香物质由于挥发和酶的分解而降低，进而香气降低。而散发的芳香物质积累过多，具有催熟作用，甚至引起某些生理病害，如苹果的“烫伤病”与芳香物质积累过多有关。故果蔬应在低温下贮藏，减少芳香物质的损失；及时通风换气，脱除果蔬贮藏中释放的香气，延缓果蔬衰老。

三、采后生理对园艺产品贮运的影响

园艺产品从生长到成熟，经过完熟到衰老，是一个完整的生命周期。园艺产品采收之前，靠发达的根系从土壤吸收水分和无机成分，利用叶片的光合作用积累并贮藏营养，从而使园艺产品具有优良的品质。采收之后，园艺产品失去了水分和无机物的供应，同化作用基本停止，但仍然是一个“活”的、有生理机能的有机体，在贮运中继续进行一系列的复杂生理活动。其中最主要的有呼吸生理、蒸发生理、成熟衰老生理、低温伤害生理和休眠生理，这些生理活动影响着园艺产品的贮藏性和抗病性，必须进行有效的调控。

（一）呼吸生理

呼吸作用是基本的生命现象，也是生命活动的标志。呼吸生理是园艺产品贮藏中最重要的生理活动，也是园艺产品采后最主要的代谢过程，它制约和影响着其他生理过程。利用和控制呼吸作用这一生理过程，对于园艺产品采后贮藏至关重要。

1. 呼吸代谢类型 呼吸作用是园艺产品的生活细胞，在一系列酶的参与下，经过许多中间反应环节进行的生物氧化还原过程，将体内复杂的有机物分解成为简单物质，同时释放出能量的过程。呼吸途径主要有糖酵解、三羧酸循环、戊糖磷酸途径和乙醛酸循环等。园艺产品的呼吸代谢分为有氧呼吸和无氧呼吸两种类型。

（1）有氧呼吸。有氧呼吸是主要的呼吸方式，它是在有氧气参与的条件下，将本身复杂的有机物（如糖类、有机酸、蛋白质、脂肪等）彻底氧化成二氧化碳和水，同时释放能量的过程。果蔬在呼吸作用下糖类是最常利用的呼吸底物，典型的反应式如下：

$$C_6H_{12}O_6+6O_2 \longrightarrow 6CO_2+6H_2O+2.87\times10^6\ J$$

上述反应式说明当葡萄糖直接作为呼吸底物时，能量是逐步释放的，一部分转移到ATP和NADH分子中，成为可利用的贮备能，另一部分则以热的形式放出。有氧呼吸是高等植物呼吸的主要形式，通常所说的呼吸作用就是指有氧呼吸。

（2）无氧呼吸。无氧呼吸是在缺氧条件下，呼吸底物不能彻底氧化，产生乙醇、乙醛、乳酸等产物，同时释放少量能量的过程。其典型反应式如下：

$$C_6H_{12}O_6 \longrightarrow 2C_2H_5OH+2CO_2+8.79\times10^4\ J$$

有氧呼吸产生的能量是无氧呼吸的32倍，为了获得维持生理活动所需的足够的能量，无氧呼吸就必须分解更多的呼吸基质，也就是消耗更多的营养成分。同时，无氧呼吸产生的乙醛、乙醇等在果蔬体内过多积累，这些物质对细胞有毒害作用，使之产生生理机能障碍，产品质量恶化，影响贮藏寿命。因此，长时间的无氧呼吸对于果蔬长期贮藏是不利的。

环境中 O_2 浓度从正常空气水平下降时，植物组织的 CO_2 释放量随之减少，表明呼吸的速度因环境中 O_2 水平下降而受到抑制。但在 O_2 降至某一临界值后，呼吸发生实质性改变（如图 1-1 中箭头所示处），CO_2 的释放量会急速升高。这个临界点是有氧呼吸和无氧呼吸的交界，是无氧呼吸的消失点。一般消失点的 O_2 浓度在 1%～5%，这对贮藏有重要的意义，指导我们在贮藏时维持这样的 O_2 水平，使有氧呼吸降低到最低，但不激发无氧呼吸。

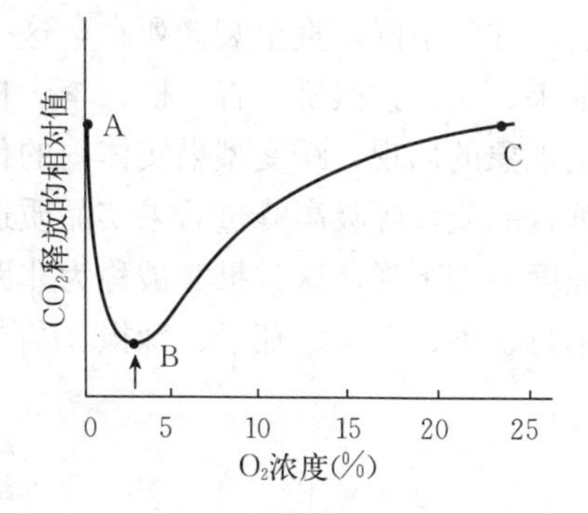

图 1-1　植物组织在不同氧水平中释放 CO_2 的动态模式

（箭头表示无氧呼吸的消失点）

2. 与呼吸有关的基本概念

（1）呼吸强度。呼吸强度是指在一定温度下，单位时间内单位质量园艺产品呼吸所释放出的二氧化碳量或吸入氧气的量，常用单位为 O_2 或 CO_2 mg（mL）/（kg·h）。呼吸强度是衡量呼吸作用进行强弱的指标，表明了组织中内含物消耗的快慢，反映了物质量的变化，在采后生理研究和贮藏实践中是最重要的生理指标之一。呼吸强度大，呼吸作用旺盛，营养物质消耗快，贮藏寿命短。

（2）呼吸系数（呼吸商）。呼吸系数是指果蔬在一定时间内，其呼吸释放出的二氧化碳和吸收的氧气的容积比，用 RQ 表示。呼吸系数的大小，在一定的程度上可以估计呼吸作用性质和底物的种类。以葡萄糖为底物的有氧呼吸，$RQ=1$；以含氧高的有机酸为底物的有氧呼吸，$RQ>1$；以含碳多的脂肪酸为底物的有氧呼吸，$RQ<1$。从呼吸系数的值上可以判断呼吸的底物，呼吸作用中呼吸消耗的氧越多，氧化时释放的能量越多。所以蛋白质、脂肪所供给的能量最高，糖类次之，有机酸最少。

（3）呼吸热。呼吸热是呼吸过程中产生的、除了维持生命活动以外散发到环境中的那部分热量。以葡萄糖为底物进行正常有氧呼吸时，每释放 1 mg 二氧化碳相应释放近似 10.68 kJ的热量。园艺产品贮藏运输时，常采用测定呼吸强度的方法间接计算它们的呼吸热。在园艺产品贮藏运输过程中，如果通风散热条件差，呼吸热无法散出，会使产品自身温度升高，进而又刺激了呼吸，放出更多的呼吸热，加速产品腐败变质。因此，贮藏过程中必须随时消除果蔬释放的呼吸热及其他热源，才能保持贮藏环境恒定的温度条件。

（4）呼吸温度系数。在生理温度范围内（0～35 ℃），温度升高 10 ℃时呼吸强度与原来温度下呼吸强度的比值即呼吸温度系数，用 Q_{10} 来表示。它能反映呼吸强度随温度而变化的程度，如 $Q_{10}=2.0\sim2.5$ 时，表示呼吸强度增加了 1.0～1.5 倍；该值越高，说明产品呼吸受温度影响越大。研究表明，园艺产品的 Q_{10} 在低温下较大，因此，在贮藏中应严格控制温度，即维持适宜而稳定的低温，是搞好贮藏的前提。

（5）呼吸跃变。在果实的发育过程中，呼吸强度随发育阶段的不同而不同。根据果实呼吸曲线的变化模式，可将果实分成两类，其中一类果实，在其幼嫩阶段呼吸旺盛，随着果实细胞的膨大，呼吸强度逐渐下降，达到一个最低值，开始成熟时，呼吸上升，达到一个高峰后，呼吸下降，直至衰老死亡，这一现象被称为呼吸跃变，这一类果实称为跃变型果实。如苹果、梨、猕猴桃、杏、桃、李、杧果、香蕉、柿、无花果、甜瓜、番茄等。伴随着呼吸跃变现象的出现，跃变型果实体内的代谢会发生很大变化，当达到呼吸高峰时，果实达到最佳鲜食品质，呼吸高峰过后果实品质迅速下降。另一类果实在发育过程中没有呼吸高峰，呼吸强度一直下降，这类果实被称为非跃变型果实。如柑橘、葡萄、菠萝、樱桃、柠檬、荔枝、草莓、枣、黄瓜、茄子、辣椒、葫芦等。

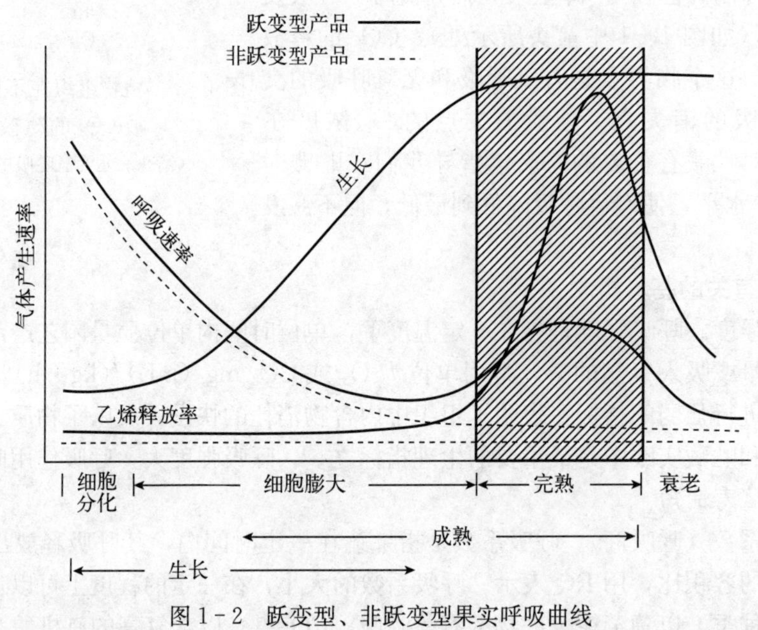

图 1-2 跃变型、非跃变型果实呼吸曲线

3. 呼吸与园艺产品耐藏性和抗病性的关系 园艺产品在采后仍然是有生命的个体，具有抵抗不良环境和致病微生物的特性，才使其损耗减少，品质得以保持，贮藏期延长。我们把在一定贮藏期内，产品能保持其原有的品质而不发生明显不良变化的特性称为耐藏性；把产品抵抗致病微生物侵害的特性称为抗病性。生命消失，新陈代谢停止，耐藏性和抗病性也就不复存在。

呼吸作用是采后新陈代谢的主导，其在园艺产品采后生理活动中起着非常重要的作用，主要表现在以下几方面：

① 正常的呼吸作用能为一切生理活动提供必需的能量，还能通过许多呼吸的中间产物使糖代谢与脂肪、蛋白质及其他许多物质的代谢联系在一起，使各个反应环节及能量转移之间协调平衡，维持产品其他生命活动能有序进行，保持耐藏性和抗病性。

② 呼吸作用还可防止对组织有害中间产物的积累，将其氧化或水解为最终产物，进行自身平衡保护，防止代谢失调造成的生理障碍，这在逆境条件下表现地更为明显。

③ 当植物受到微生物侵袭、机械伤害或遇到不适环境时，能通过激活氧化系统，加强呼吸而起到自卫作用，这就是呼吸的保卫反应。呼吸的保卫反应主要有以下几方面的作用：

a. 采后病原菌在产品有伤口时很容易侵入，呼吸作用为产品恢复和修补伤口提供合成新细胞所需要的能量和底物，加速愈伤，不利于病原菌感染。

b. 在抵抗寄生病原菌侵入和扩展的过程中，植物组织细胞壁的加厚、过敏反应中植保素类物质的生成都需要加强呼吸，以提供新物质合成的能量和底物，使物质代谢根据需要协调进行。

c. 腐生微生物侵害组织时，要分泌毒素，破坏寄主细胞的细胞壁，并渗入组织内部，作用于原生质，使细胞死亡后加以利用，其分泌的毒素主要是水解酶，植物的呼吸作用有利于分解、破坏、削弱微生物分泌的毒素，从而抑制或终止侵染过程。

呼吸作用虽然有上述的这些重要作用，但同时也是造成品质下降的主要原因。

① 呼吸旺盛造成营养物质消耗加快，是贮藏中发生失重和变味的重要原因，表现在使组织老化，风味下降，失水萎蔫，导致品质劣变，甚至失去食用价值。

② 新陈代谢的加快将缩短产品寿命，造成耐藏性和抗病性下降，同时释放的大量呼吸热使产品温度较高，容易造成腐烂，对产品的保鲜不利。

因此，延长果蔬贮藏期首先应该保持产品有正常的生命活动，不发生生理障碍，使其能够正常发挥耐藏性和抗病性的作用；在此基础上，维持缓慢的代谢，延长产品寿命，从而延缓耐藏性和抗病性的衰变，才能延长贮藏期。

4. 影响呼吸强度的因素

（1）种类品种。不同种类、品种的园艺产品，采后的呼吸强度有很大的差异。在蔬菜的各种器官中，生殖器官新陈代谢异常活跃，呼吸强度大于营养器官，所以，通常以花菜类的呼吸作用最强，叶菜类次之（散叶型蔬菜高于结球型蔬菜），根茎类蔬菜如直根、块根、块茎、鳞茎的呼吸强度相对较小，相较耐贮藏。果实类介于叶菜类和根茎类蔬菜之间。果品中呼吸强度依次为浆果类（葡萄除外）最大，核果类次之，仁果类较小。

同一种类产品，不同品种之间呼吸强度也有差异。一般来说，晚熟品种生长期较长，积累的营养物质较多，呼吸强度低于中、早熟品种；夏季成熟品种的呼吸比秋、冬成熟品种强；南方生长品种比北方的强。

（2）成熟度。在园艺产品的系统发育过程中，幼嫩组织处于细胞分裂和生长代谢旺盛阶段，且保护组织尚未发育完善，便于气体交换而使组织内部供氧充足，呼吸强度较高，随着生长发育，呼吸逐渐下降。成熟产品表皮保护组织如蜡质、角质加厚，使新陈代谢缓慢，呼吸较弱。跃变型果实在成熟时呼吸升高，达到呼吸高峰后又下降，非跃变型果实成熟衰老时则呼吸作用一直缓慢减弱，直到死亡。块茎、鳞茎类蔬菜田间生长期间呼吸强度一直下降，采后进入休眠期呼吸降到最低，休眠期后重新上升。

（3）温度。呼吸作用是一系列酶促生物化学反应过程，在一定温度范围内，随温度的升高而增强。一般在 0 ℃左右时，酶的活性极低，呼吸很弱，跃变型果实的呼吸高峰得以推迟，甚至不出现呼吸峰；在 0～35 ℃，如果不发生冷害，多数产品温度每升高 10 ℃，呼吸强度增大 1.0～1.5 倍（Q_{10}＝2.0～2.5）；高于 35 ℃时，呼吸作用各种酶的活性受到抑制或破坏，呼吸经初期的上升之后就大幅度下降。

降低贮藏温度可以减弱呼吸强度，减少物质消耗，延长贮藏时间。因此，贮藏的普遍措施，就是尽可能维持较低的温度，将果实的呼吸作用抑制到最低限度。但贮藏温度并不是越低越好，温度过低糖酵解过程和细胞线粒体呼吸的速度相对加快，呼吸强度反而增大（表 1-7）。

另外，温度的稳定性也十分重要，贮藏环境的温度波动会刺激水解酶的活性，呼吸强度增大，增加物质消耗。

（4）相对湿度。湿度和温度相比是一个次因素，但仍会对果蔬呼吸产生影响。一般来说，轻微干燥较湿润更可抑制呼吸作用。但贮藏环境的相对湿度过低，会刺激果蔬内部水解酶活性的增强，使呼吸底物增加，从而刺激呼吸作用增强。

表 1-7 常见蔬菜的呼吸温度系数（Q_{10}）

种类	0.5～10 ℃	10～24 ℃
石刁柏	3.5	2.5
豌豆	3.9	2.0
嫩荚菜豆	5.1	2.5
菠菜	3.2	2.6
辣椒	2.8	3.2
胡萝卜	3.3	1.9
莴苣	3.6	2.0
番茄	2.0	2.3
黄瓜	4.2	1.9
马铃薯	2.1	2.2

（5）气体成分。一般大气含氧气 21%，二氧化碳 0.03%，其余为氮气以及其他一些微量气体。适当降低贮藏环境的氧气浓度和提高二氧化碳浓度，可抑制果实的呼吸作用，从而抑制其成熟和衰老过程。

氧气是园艺产品正常呼吸的重要因子，是生物氧化不可缺少的条件。当氧气浓度低于10%时，呼吸强度明显降低，但氧气浓度并不是越低越好，氧气浓度过低，就会产生无氧呼吸，大量积累乙醇、乙醛等有害物质，造成缺氧伤害。无氧呼吸消失点的氧气浓度一般为1%～5%，不同种类的园艺产品有差异。

同样，提高二氧化碳浓度可以抑制呼吸，但二氧化碳浓度并不是越高越好，二氧化碳浓度过高，反而会刺激呼吸作用和引起无氧呼吸，产生二氧化碳中毒，这种伤害甚至比缺氧伤害更加严重，其伤害程度决定于贮藏产品周围的氧气和二氧化碳浓度、温度和持续的时间。不同种类、品种的产品对二氧化碳的忍耐能力是有差异的，大多数园艺产品适宜的二氧化碳浓度是 1%～5%，二氧化碳伤害可因提高氧气浓度而有所减轻，在较低的氧气浓度中，二氧化碳伤害则更重。

乙烯是一种植物激素，有加强呼吸、促进果蔬成熟的作用。贮藏环境中的乙烯虽然含量很少，但对呼吸作用的刺激是巨大的，贮藏中应尽量除去乙烯。

（6）机械损伤和病虫害。园艺产品在采收、运输、贮藏过程中常会因挤压、碰撞、刺扎等产生损伤，任何损伤，即使是轻微的挤伤和压伤也会增强产品的呼吸强度，因而大大缩短贮藏时间，加快果蔬成熟和衰老。损伤引起呼吸增强的原因有三：

① 损伤刺激了乙烯的生成。

② 损伤破坏了细胞结构，增加了底物与酶的接触反应，同时也加速了组织内外的气体交换。

③ 损伤刺激引起产品组织内的愈伤和修复反应。

另外，园艺产品表皮的伤口，容易被病菌侵染而引起腐烂。贮藏中应避免损伤，这也是保障贮藏质量的重要前提。

（二）蒸发生理

水分是生命活动必不可少的，是影响园艺产品新鲜度的重要物质。在田间生长的园艺植物水分蒸发可通过土壤得到补充，而采后的园艺产品断绝了水分供应，在贮藏中失水，将造成园艺产品的失重、失鲜等，对贮藏极为不利，因此，控制园艺产品采后水分的蒸发，对园艺产品贮藏具有重要意义。

1. 水分蒸发对园艺产品贮藏的影响

（1）失重和失鲜。园艺产品含水量很高，大多在65%～95%，这使得鲜活园艺产品的表面具有光泽并有弹性，组织呈现坚挺脆嫩状态，外观新鲜。贮运中水分的蒸发散失造成失重和失鲜。失重即自然损耗，包括水分和干物质的损失，其中主要是失水，这是贮运中数量方面的损失。如苹果在低温冷藏时，每周由水分蒸发造成的质量损失约为果品重的0.5%，而呼吸作用使苹果失重0.05%；柑橘贮藏期失重的75%由失水引起，25%是呼吸消耗干物质所致。失鲜是质量方面的损失，一般失水达5%时，就引起失鲜状态。表面光泽消失、形态萎蔫，失去外观饱满、新鲜和脆嫩的质地，甚至失去商品价值。不同产品失鲜的具体表现有所不同，如叶菜和鲜花失水易萎蔫、变色、失去光泽；萝卜失水易造成糠心；苹果、梨失鲜时，表现为光泽变差、果肉变沙、表皮皱缩等。

（2）破坏正常生理代谢过程。园艺产品贮藏中水分蒸发不仅造成失重、失鲜，而且当失水严重时还会造成代谢失调。萎蔫时，原生质脱水，会使水解酶活性增加，加速水解，一方面使呼吸基质增多，促进呼吸作用，加速营养物质的消耗，削弱组织耐藏性和抗病性，另一方面营养物质的增加也为微生物活动提供方便，加速腐烂。失水严重还会破坏原生质胶体结构，干扰正常代谢，产生一些有毒物质；同时，细胞液浓缩，某些物质和离子（如NH_4^+、H^+）浓度增高，也能使细胞中毒；过度缺水还会使脱落酸（ABA）含量急剧上升，加速衰老。

（3）降低耐贮性和抗病性。失水萎蔫破坏了正常的生理代谢，通常导致耐贮性和抗病性下降，缩短贮藏期，但某些园艺产品采后适度失水可抑制代谢，并延长贮藏期。如洋葱、大蒜在贮藏前必须经过适当晾晒，加速最外层鳞片干燥，减少腐烂，也可抑制呼吸；大白菜、甘蓝经过晾晒，外轮叶片轻度失水，耐低温能力增强，且组织柔软，韧性增强，有利于减少机械伤；柑橘贮藏前果皮轻度失水，能减少贮藏中枯水病发生。

2. 影响水分蒸发的因素

（1）内在因素。

① 表面积比。即单位质量或体积的果蔬具有的表面积（cm^2/g）。因为水分是从产品表面蒸发的，表面积比越大，蒸发就越强。小果、根或块茎比大果的表面积比大，蒸发失水快。

② 表面保护结构。水分在产品表面的蒸发途径有两个：一是通过气孔、皮孔等自然孔道；二是通过表皮层。气孔的蒸发速度远大于表皮层。表皮层的蒸发因表面保护层结构和成分的不同差别很大。角质层不发达，保护组织差，极易失水；角质层加厚，结构完整，有蜡质、果粉，则利于保持水分。表面保护结构及完整性，与园艺产品的种类、品种及成熟度有密切关系。

③ 细胞持水力。原生质亲水胶体和固形物含量高的细胞有较高渗透压，可阻止水分向

细胞壁和细胞间隙渗透，利于细胞保持水分。此外，细胞间隙大，水分移动的阻力小，会加速失水。

④ 新陈代谢。呼吸强度高、代谢旺盛的组织失水较快。

（2）贮藏环境因素。

① 空气湿度。空气湿度是影响产品表面水分蒸散的直接因素。表示空气湿度的常见指标包括绝对湿度、饱和湿度、饱和差和相对湿度。绝对湿度是单位体积空气中所含水蒸气的量。饱和湿度是在一定温度下，单位体积空气中所能最多容纳的水蒸气量；若空气中水蒸气超过此量，就会凝结成水珠，温度越高，容纳的水蒸气越多，饱和湿度越大。饱和差是空气达到饱和尚需要的水蒸气量，即绝对湿度和饱和湿度的差值，直接影响产品水分的蒸发。贮藏中通常用空气的相对湿度（RH）来表示环境的湿度，相对湿度是绝对湿度与饱和湿度之比，反映空气和水分达到饱和的程度。在一定温度下，绝对湿度或相对湿度大时，达到饱和的程度高、饱和差小，蒸发就慢。

② 温度。温度的变化造成空气湿度发生改变而影响水分蒸发的速度。温度升高，饱和湿度增大，在绝对湿度不变的情况下，空气的相对湿度变小，则产品中的水分易蒸发。所以，贮藏环境的低温有利于抑制水分的蒸发。温度稳定，相对湿度则随着绝对湿度的改变而呈正相关变动，贮藏环境加湿，就是通过增加绝对湿度达到提高环境的相对湿度的目的。此外，温度升高，分子运动加快，产品的新陈代谢旺盛，蒸发也会加快。

③ 空气流动。贮藏环境中的空气流动会改变贮藏园艺产品周围空气的相对湿度，从而影响水分蒸发。空气流动越快，水分蒸腾越强。

3. 控制水分蒸发的主要措施 控制贮运中果蔬产品水分蒸发速率的方法主要在于改善贮藏环境，为产品失水增加障碍。

① 严格控制果蔬采收成熟度，使保护层发育完全。

② 增大贮藏环境的相对湿度。贮藏中可以采用地面洒水、库内挂湿草帘等简单措施，或用自动加湿器加湿等方法，增加贮藏环境空气的含水量，达到抑制水分蒸发的目的。

③ 采用稳定的低温贮藏是防止失水的重要措施。一方面，低温抑制代谢，对减少失水起一定作用；另一方面，低温下饱和湿度小，产品自身蒸发的水分能明显增加环境相对湿度，失水缓慢。

④ 采用表面打蜡、涂膜等方法，增加商品价值，减少水分蒸发。

⑤ 采用塑料薄膜等包装材料进行包装，保持贮藏环境的相对湿度。

4. 结露现象 园艺产品贮运中其表面或包装容器内壁上出现凝结水珠现象，称之为结露，俗称“发汗”。结露时产品表面的水珠十分有利于微生物生长、繁殖，从而导致腐烂发生，对贮藏极为不利，所以在贮藏中应尽可能避免结露现象发生。

贮运中的产品之所以会产生结露现象，是环境中温、湿度的变化引起的。大堆或大箱中贮藏的产品会因呼吸放热，堆、箱内不易通风散热，使其内部温度高于表面温度，形成温度差，这种温暖湿润的空气向表面移动时，就会在堆、箱表面遇到低温达到露点而结露；采用薄膜封闭贮藏时，会因封闭前果蔬产品预冷不透，内部产品的田间热和呼吸热使薄膜内的温度高于外部，这种冷热温差便会造成薄膜内结露；贮藏保鲜要求贮藏环境具有较高的相对湿度，在这种环境条件下，库内温度的少量波动就会导致达到露点而在冷却产品的表面结露。可见，温差是引起果蔬结露的根本原因，温差越大，凝结水珠也相对越大、越多。

在贮藏中，可通过维持稳定的低温、适宜通风、堆放体积大小适当等措施控制结露的发生。

（三）成熟衰老生理

园艺产品采收后仍然在继续生长发育，最后衰老死亡，在这个过程中，耐贮性和抗病性不断下降。

1. 成熟衰老概述　果实在开花受精后的发育过程中，完成了细胞、组织、器官分化发育的最后阶段，充分长成时，达到生理成熟（有的称为绿熟或初熟）。果实停止生长后还要进行一系列生物化学变化逐渐形成本产品固有的色、香、味和质地特征，然后达到最佳的食用阶段，称为完熟。通常将生理成熟到完熟达到最佳食用品质的过程称为成熟（包括了生理成熟和完熟）。有些果实如巴梨、猕猴桃等虽然已完成发育达到生理成熟，但果实风味不佳，并未达到食用最佳阶段，而需要存放一段时间，完成完熟过程，一般将采后的完熟过程称为后熟。

衰老是植物器官或整体生命的最后阶段，开始发生一系列不可逆的变化，最终导致细胞崩溃及整个器官死亡。果实中最佳食用阶段以后的品质劣变或组织崩溃阶段称为衰老。

在园艺学上，经常根据产品的用途标准来划分成熟度，即果实达到最合适的利用阶段就称为成熟，又称之为园艺学成熟或商业成熟。实际上这是一种可利用和可销售状态的指标，它在果实发育期和衰老期的任何阶段都可发生。

2. 成熟和衰老期间的变化　园艺产品在成熟和衰老期间从外观品质、质地、口感风味到呼吸生理等，会发生一系列变化。

（1）外观品质。产品外观最明显的变化是色泽。果实未成熟时叶绿素含量高，外观呈现绿色，成熟期间叶绿素下降，果实底色显现，同时色素（如花青素和胡萝卜素）积累，呈现本产品固有的特色（红、黄、橙、紫等）。

（2）质地。果肉硬度下降是许多果实成熟时的明显特征。此时一些能水解果胶物质和纤维素的酶类活性增加，水解作用使中胶层溶解，细胞壁发生明显变化，结构失去黏结性，造成果肉软化。

（3）口感风味。成熟阶段，淀粉水解，含糖量增加，果实变甜，含酸量最高，达到食用最佳阶段。随着成熟或贮藏期的延长，呼吸消耗的影响，糖、酸含量逐渐下降（贮藏中更多利用有机酸为呼吸底物），果实糖酸比增加，风味变淡。未成熟的果实细胞内含有单宁物质，使果实有涩味，成熟过程中单宁被氧化或凝结成不溶性物质，涩味消失。

（4）生理代谢。跃变型果实当达到完熟时呼吸急剧上升，出现跃变现象，果实进入完全成熟阶段，品质达到最佳可食状态。同时，果实内部乙烯含量急剧增加，促进成熟衰老进程。

（5）细胞膜。产品采后劣变的重要原因是组织衰老中遭受环境胁迫时，细胞的膜结构和特性将发生改变，普遍特点是膜透性和微黏度增加，流动性下降，膜的选择性和功能受损。膜的变化引起代谢失调，最终导致产品死亡。

3. 成熟衰老机制　园艺产品在生长、发育、成熟、衰老过程中，生长素（IAA）、赤霉素（GA）、细胞分裂素（CK）、脱落酸（ABA）、乙烯五大植物激素的含量有规律地增长和减少，保持一种自然平衡状态，控制园艺产品的成熟与衰老。成熟与衰老在很大程度上取决于抑制或促进成熟与衰老两类激素的平衡。

生长素、赤霉素、细胞分裂素属生长激素，抑制果实的成熟与衰老。生长素无论是对跃变型果实，还是对非跃变型果实，都表现出阻止衰老的作用，并对脱落酸和乙烯催熟有抑制作用。赤霉素和细胞分裂素可以抑制果实组织乙烯的释放和衰老。植物或器官的幼龄阶段，这类激素含量较高，控制着细胞的分裂、伸长，并对乙烯的合成有抑制作用，进入成熟阶段，这类激素含量减少。

脱落酸和乙烯是衰老激素，促进果蔬的成熟与衰老。乙烯是最有效的催熟致衰剂，产品采后一系列成熟、衰老现象都与乙烯有关。脱落酸对完熟的调控在非跃变型果实中的表现比较突出，这些果实在完熟过程中含量急剧增加而乙烯的生成量很少，葡萄、草莓等随着果实的成熟脱落酸积累，施用外源脱落酸能促进柑橘、葡萄、草莓等果实的完熟。跃变型果实在完熟中也有脱落酸积累，施用外源脱落酸也能促进这类果实的成熟。这类激素在植物幼龄阶段含量少，进入成熟含量高。

随着钙调素（CaM）的发现，钙不再被认为仅仅是植物生长发育所需的矿质元素之一，而是有着重要生理功能的调节物质。钙在果实中主要有维持细胞壁和细胞膜结构与功能和作为细胞内外信息传递的第二信使等生理功能。完熟过程中果实的钙含量与呼吸速率呈负相关，并且钙能影响呼吸高峰出现的早晚进程和峰的大小；钙能抑制成熟进程中果实内源乙烯的释放，延缓果实的成熟与衰老；在逆境条件下，果实组织的胞内和胞外钙系统受到破坏，细胞功能受到影响，从而使一些生理失调并加剧衰老；缺钙可以引起果蔬成熟与衰老中许多生理失调，如苹果苦痘病、樱桃裂果、柑橘枯水病等。

4. 乙烯对成熟和衰老的影响

(1) 乙烯的生理作用。主要有两方面：

① 促进果实成熟，尤其对跃变型果实来说，只要有少量乙烯存在就可以使整个果实成熟。不同种类的果实对乙烯的反应不同，并且在成熟时体内会合成乙烯。当乙烯浓度达到一定量时会促使果实成熟，随着果实成熟内源乙烯也在迅速增加。

② 促进果蔬的呼吸作用。果实在成熟过程中随着乙烯的释放，果实的呼吸作用也相应提高。在跃变型和非跃变型两类不同果实中，乙烯对其呼吸作用的促进有着明显的差异。

(2) 乙烯的作用机理。乙烯作为促进园艺产品成熟衰老的主要激素物质，其作用机理表现在以下几方面：

① 增加细胞内膜的透性。乙烯是脂溶性的，而细胞内的许多种膜都是由蛋白质与脂质构成，乙烯作用于膜的结果必然引起膜的透性增大，物质的外渗率增高，底物与酶的接触增多，呼吸加强，从而促进果实成熟。

② 促进酶活性的提高，促进果实内部物质的转化。

③ 能引起和促进 RNA 的合成。即它能在蛋白质合成系统的转录阶段上起调节作用，因而导致特定蛋白质的产生。

(3) 乙烯的生物合成途径。乙烯的生物合成途径是：蛋白质（Met）→S-腺苷蛋氨酸（SAM）→1-氨基环丙烷-1-羧酸（ACC）→乙烯。其合成过程如图1-3所示。乙烯来源于蛋氨酸分子中的 C_2 和 C_3，Met 与 ATP 通过腺苷基转移酶催化形成 SAM，这并非限速步骤，体内 SAM 一直维持着一定水平。SAM→ACC 是乙烯合成的关键步骤，催化这个反应的酶是 ACC 合成酶，专一以 SAM 为底物，需磷酸吡哆醛为辅基，强烈受到磷酸吡哆醛酶类抑制剂氨基乙氧基乙烯基甘氨酸（AVG）和氨基氧乙酸（AOA）的抑制。最后一步是ACC在乙烯形成酶（EFE）的作用下，在有氧气的参与下形成乙烯，一般不成为限速步骤。

（4）影响乙烯合成的因素。乙烯是果实成熟和物质衰老的关键因子，贮藏中控制产品内源乙烯的合成和及时清除环境中的乙烯气体都很重要。乙烯的合成主要受下列因素的影响。

① 果实成熟度。不同成熟阶段的组织对乙烯作用的敏感性不同。跃变型果实在跃变前对乙烯作用不敏感，随着果实发育，在基础乙烯的作用下，组织对乙烯的敏感性不断上升，当组织对乙烯的敏感性增加到能对内源乙烯作用起反应时，便启动了成熟和乙烯自我催化，乙烯大量生成，长期贮藏的产品一定要在此之前采收。

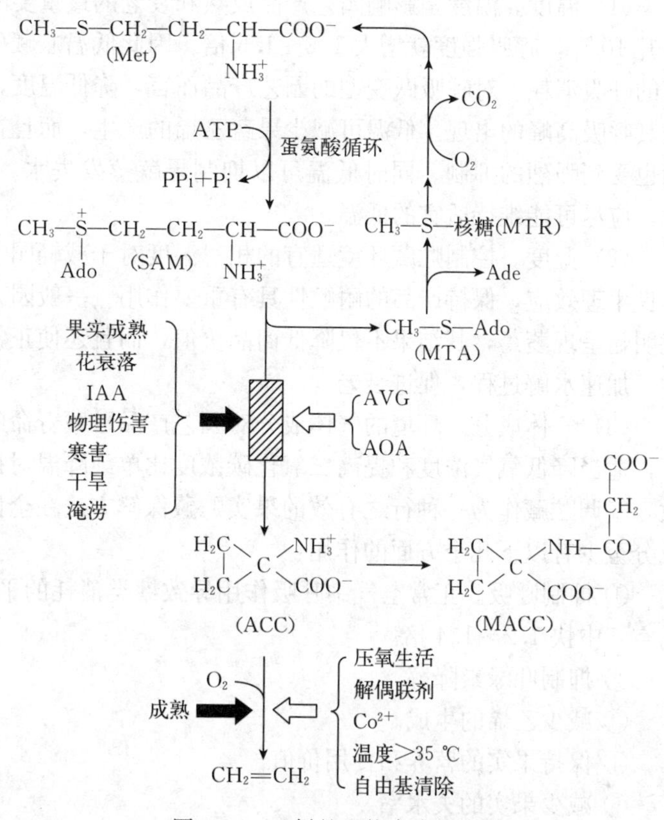

图1-3 乙烯的生物合成与控制

② 伤害。贮藏前要严格剔除有机械伤、病虫害的果实，这类产品不但呼吸旺盛，传染病害，还由于其产生伤乙烯，会刺激成熟度低且完好的果实很快成熟衰老，缩短贮藏期。干旱、淹水、温度等胁迫以及运输中的振动都会使产品形成伤乙烯。

③ 贮藏温度。乙烯的合成是一个复杂的酶促反应，一定范围内的低温贮藏会大大降低乙烯合成。一般在0 ℃左右乙烯生成很弱，后熟得到抑制，随温度上升，乙烯合成加速，许多果实乙烯合成在20～25 ℃最快。因此，采用低温贮藏是控制乙烯的有效方式。此外，多数果实在35 ℃以上时，高温抑制了ACC向乙烯的转化，乙烯合成受阻。

④ 贮藏气体条件。乙烯合成最后一步是需氧气的，低氧气浓度可抑制乙烯产生；提高环境中二氧化碳浓度能抑制ACC向乙烯的转化和ACC的合成，二氧化碳还被认为是乙烯作用的竞争性抑制剂，因此，适宜的高二氧化碳浓度从抑制乙烯合成及乙烯作用两方面都可推迟果实后熟；少量的乙烯，会诱导ACC合成酶活性，造成乙烯迅速合成，因此，贮藏中要及时排除已经生成的少量乙烯。

⑤ 化学物质。一些药物处理可抑制内源乙烯的生成。ACC合成酶是一种以磷酸吡哆醛为辅基的酶，强烈受到磷酸吡哆醛酶类抑制剂AVG和AOA的抑制，Ag^+能阻止乙烯与酶结合，抑制乙烯的作用，在花卉保鲜上常用银盐处理。Co^{2+}和DNP能抑制ACC向乙烯的转化。还有某些解偶联剂、铜螯合剂、自由基清除剂、紫外线也破坏乙烯并消除其作用。最

近发现多胺也具有抑制乙烯合成的作用。

5. 成熟衰老的调控 在园艺产品贮藏中，常采用控制贮藏条件，结合化学药剂处理等措施来控制其内部物质转化和乙烯合成，从而达到控制成熟与衰老的目的。

(1) 温度。温度是影响园艺产品成熟和衰老的最重要的环境因素。在5～35℃，温度每上升10℃，呼吸强度就增大1.0～1.5倍。因此低温贮藏可以降低果蔬的呼吸强度，减少果蔬的呼吸消耗。对呼吸跃变型的园艺产品而言，降低温度，不但可降低其呼吸强度，还可延缓其呼吸高峰的出现。低温可减少果蔬乙烯的产生，而且在低温下，乙烯促进衰老的生理作用也受到强烈的抑制。同时低温可以抑制果蔬蒸发失水，低温还能抑制病原菌的生长。因此，应尽可能维持适宜的低温。

(2) 湿度。控制贮藏环境适宜的相对湿度对于减轻园艺产品失水，避免由于失水产生的不良生理效应，保持产品的耐贮性具有重要作用。一般园艺产品损失原有重量5%的水分时就明显呈现萎蔫，其结果不仅降低商品价值，而且还使正常的呼吸作用受到破坏，促进酶活性，加速水解过程，促进衰老。

(3) 气体成分。环境的气体成分对园艺产品贮藏寿命的影响是十分明显的，在低温条件下，适当降低氧气浓度和提高二氧化碳浓度比单纯降温对抑制园艺产品的成熟与衰老更为有效，气调贮藏作为一种行之有效的果实贮藏保鲜方法在全世界得到了应用和推广。调节气体成分至少有以下几个方面的作用：

① 抑制呼吸。正常空气中呼吸作用导致糖类消耗的平均速率比10%氧气、其余为氮气的空气中快1.2～1.4倍。

② 抑制叶绿素降解。

③ 减少乙烯的生成。

④ 保持果实的营养和食用价值。

⑤ 减少果实的失水率。

⑥ 延缓不溶性果胶的分解，保持果实硬度。

⑦ 抑制微生物活动，减少腐烂率。

但氧气浓度过低或二氧化碳浓度过高都会对产品产生伤害。

(4) 化学药剂。化学药剂是控制成熟与衰老的重要辅助措施。细胞分裂素（BA）对叶绿素的降解有抑制作用；赤霉素（GA）可以降低呼吸强度，推迟呼吸高峰的出现，延迟变色；马来酰肼处理可以增加果蔬硬度，抑制呼吸，防止大蒜等蔬菜贮藏过程中的发芽；丁酰肼用于增加果实的着色和硬度，并能抑制乙烯的产生。

(5) 钙处理。钙在延缓园艺产品衰老、提高品质和控制生理病害方面有较好的效果。缺钙会加剧产品的成熟衰老、软化和生理病害。采后钙处理可减轻某些生理病害发生，如冷害、苹果苦陷病、柑橘浮皮病、油梨的褐变和冷害等。钙处理还可抑制呼吸作用和乙烯生成，从而延缓成熟和衰老。杧果、香蕉、杨桃、油梨、苹果和梨等果蔬，进行采后钙处理，可降低呼吸强度，抑制乙烯释放，保持硬度。钙处理的方法有多种，如采前喷钙，采后用钙溶液喷涂、浸泡、减压或加压浸渗等，都可以增加组织的钙含量。目前人们主要是采用氯化钙溶液浸泡，使用浓度一般为2%～12%。

(四) 低温伤害生理

园艺产品在采后贮藏过程中，采取低温可降呼吸强度、抑制水分蒸发、延缓成熟和衰老，有利于贮藏保鲜。然而，不适宜的低温，则影响正常的生理代谢，使产品的耐贮性和抗病性下降。由温度不适引起的低温伤害有冷害和冻害。

1. 冷害 冷害是指由园艺产品组织在冰点以上的不适宜的低温引起的生理代谢失调现象，它是园艺产品贮藏中最常见的生理病害。

（1）冷害的症状。冷害的主要症状是出现凹陷、变色、成熟不均和产生异味。一些原产于热带、亚热带的果蔬，往往属于冷敏性，如香蕉、柑橘、杧果、菠萝、番茄、青椒、茄子、菜豆、黄瓜等，在低于冷害临界温度下，组织不能进行正常的代谢活动，耐贮性和抗病性下降，表现出局部表皮组织坏死、表面凹陷、颜色变深、水渍状斑点、果肉组织褐变，不能正常成熟、易被微生物侵染、腐烂等冷害症状。不同果蔬的冷害症状不一样，黄瓜出现水渍状斑点，色泽变暗；番茄不能显现正常的红色，辣椒表现为成片的凹陷斑等。常见果蔬冷害症状如表 1-8 所示。

表 1-8 常见园艺产品的冷害症状

产品名称	冷害临界温度（℃）	冷害症状
香蕉	12～13	表皮有黑色条纹，不能正常后熟，中央胎座硬化
柠檬	10～12	表面凹陷，有红褐色斑
杧果	5～12	表面无光泽，有褐斑甚至变黑，不能正常成熟
菠萝	6～10	果皮褐变，果肉水渍状，有异味
西瓜	4.5	表皮凹陷，有异味
黄瓜	13	果皮有水渍状斑点，凹陷
绿熟番茄	10～12	褐斑，不能正常成熟，果色不佳
茄子	7～9	表皮呈烫伤状，种子变黑
食荚菜豆	7	表皮凹陷，有赤褐色斑点
菜椒	7	表皮凹陷，种子变黑，萼上有斑
番木瓜	7	表皮凹陷，果肉水渍状
甘薯	13	表面凹陷，有异味，煮熟发硬

（2）冷害对园艺产品贮藏的影响。表现在：

① 生理代谢异常。冷害使细胞膜由软弱的液晶态转变为固态胶体，细胞膜透性增大，电解质外渗，酶活性增强，呼吸上升，乙烯增加，成熟、衰老加快。同时出现反常呼吸，乙醇、乙醛、丙二醛等有毒物质积累，组织受到伤害。

② 耐贮性和抗病性下降。遭受冷害的果蔬新陈代谢紊乱，可溶性糖含量明显减少，维生素 C 含量减少，有机酸和果胶也发生变化，果蔬的外观、质地、风味变劣，耐贮性和抗病性下降，极易被微生物侵染腐烂。

（3）影响果蔬冷害的因素。

① 贮藏温度和时间。在导致发生冷害的温度下，一般温度越低，发生越快；温度越高，越不容易出现冷害。但也有特殊情况，如葡萄柚在 0 ℃或 10 ℃下贮藏 4～6 周后极少出现冷害，而中间温度则导致严重冷害发生。贮藏温度和时间是冷害发生与否及程度轻重的决定因素，某些中间温度出现严重冷害症状，只是局限于一定的时间，长期贮藏后，冷害的程度与

贮藏温度是呈负相关的，如果将遭受冷害的产品放到常温中，都会迅速表现冷害症状和腐烂。

② 园艺产品的冷敏性。冷敏性因产品种类、品种、成熟度不同而异。热带、亚热带园艺产品冷敏性较高，容易遭受冷害；同一种类不同品种也存在冷敏性差异，温暖地区栽培的产品比冷凉地区栽培的冷敏性高，夏季生长的比秋季生长的冷敏性高。成熟度也影响冷敏性，提高产品的成熟度可以降低冷敏性。一般不耐寒的植物线粒体膜中不饱和脂肪酸的含量低于耐寒的植物，冷敏性高。此外，果实大小，果皮厚薄和粗细对冷害发生的迟早和程度都会有影响。

(4) 防止冷害的措施。

① 低温预贮调节。采后在稍高于临界温度的条件下放置几天，增加耐寒性，可缓解冷害。

② 低温锻炼。贮藏初期，贮藏温度从高温到低温，采取逐步降温的方法，使之适应低温环境，减少冷害。这种方法只对呼吸跃变型果实有效，对非跃变型果实则无效。

③ 间歇升温。低温贮藏期间，在产品还未发生伤害之前，将产品升温到冷害临界温度以上，使其代谢恢复正常，从而避免出现冷害，但应注意升温太频繁会加速代谢，反而不利于贮藏。

④ 提高成熟度。提高成熟度可减少果蔬冷害的发生。粉红期的番茄在 0 ℃下放置 6 d 后，在 22 ℃下完全后熟而无冷害；绿熟期的番茄 0 ℃贮藏 12 d，大量发生冷害，果实变味。

⑤ 提高湿度。接近100%的相对湿度可以减轻冷害症状，相对湿度过低则会加重冷害症状。采用塑料薄膜包装，可以保持贮藏环境的相对湿度，减少冷害。

⑥ 采用气调贮藏。二氧化碳浓度从 1.7%～7.5%都能够影响冷害的发生，贮藏中适当提高二氧化碳浓度，降低氧浓度可减轻冷害。对防止冷害来说 7%的氧是最适宜的浓度。

⑦ 化学处理。氯化钙、乙氧基喹啉、苯甲酸钠等化学物质，通过降低水分的损失，可以修饰细胞膜脂类的化学组成和增加抗氧化物的活性，减轻冷害。

2. 冻害 冻害是园艺产品在组织冰点以下的低温下，细胞间隙内水分结冰的现象。

(1) 冻害症状。园艺产品受冻害后，组织最初出现水渍状，然后变为透明或半透明水煮状，并由于代谢失调而有异味，色素降解，颜色变深、变暗，表面组织产生褐变，出库升温后，会很快腐烂变质。

(2) 冻害的机制。园艺产品处于其冰点环境时，组织的温度直线下降，达到一个最低点，虽然此时温度比冰点低，但组织内并不结冰，物理学上称为过度冷却现象。随后组织温度骤然回升到冰点，细胞间隙内水分开始结冰，冰晶体首先是由纯水形成，体积很小，在缓慢冻结的情况下，水分不断从原生质和细胞液中渗出，细胞内水分外渗到细胞间隙内结冰，冰晶体体积不断增大，细胞脱水程度不断加大，严重脱水时会造成细胞质壁分离。

(3) 冻害对园艺产品贮藏的影响。冻害的发生需要一定的时间，如果贮藏温度只是稍低于园艺产品冰点或时间很短，冻结只限于细胞间隙内水分结冰，细胞膜没有受到机械损伤，原生质没有变性，这种轻微冻害危害不大，采用适当的解冻技术，细胞间隙的冰又逐渐融化，被细胞重新吸收，细胞可以恢复正常。但是，如果细胞内水分外渗到细胞间隙内结冰，损伤了细胞膜，原生质发生不可逆凝固（变性），加上冰晶体机械伤害，即使产品外表不表现冻害症状，产品也会很快败坏。解冻以后不能恢复原来的新鲜状态，风味也受到影响。

（4）冻害预防。防止冻害的关键是掌握园艺产品最适宜的贮藏温度，避免园艺产品长时间处于冰点温度下。如果管理不善，发生轻微冻害，在解冻前切忌随意搬动，已经冻结的产品非常容易遭受机械损伤，可采用缓慢解冻技术恢复正常，在4.5 ℃下解冻为好。温度过低，附着于细胞壁的原生质吸水较慢，冰晶体在组织内保留时间过长会伤害组织。温度过高，解冻过快，融化的水来不及被细胞吸收，细胞壁有被撕裂的危险。

（五）休眠生理

休眠是植物在生长发育过程中为度过严冬、酷暑、干旱等不良环境条件，为了保护自己的生活能力而出现器官暂时停止生长的现象，它是植物在长期系统发育中形成的一种特性。

1. 休眠的作用 休眠是植物生命周期中生长发育暂时停顿的阶段，此期新陈代谢降到最低水平，营养物质的消耗和水分蒸发都很少，一切生命活动进入相对静止状态，对不良环境条件的抵抗力增强，对贮藏是十分有利的。园艺产品贮藏应充分利用休眠特点，创造条件延长休眠期，从而延长产品的贮藏寿命。一旦脱离休眠而发芽时，器官内贮存的营养物质迅速转移，消耗于芽的生长，产品本身则萎缩干空，品质急剧恶化，最终不堪食用。

2. 休眠的类型

（1）强迫休眠（他发性休眠）。强迫休眠是由外界环境条件不适如低温、干燥等所引起的，一旦遇到适宜的发芽条件即可发芽，是被动休眠。结球白菜和萝卜的产品器官形成以后，严冬已经来临，外界环境不适宜其生长因而进入休眠，但春播的结球白菜和萝卜没有休眠。

（2）生理休眠（自发性休眠）。生理休眠是由内在原因引起的，主要特点是给收获后的产品提供其适宜生活的温度、水分、气体等条件，不能启动其发芽生长。如洋葱、大蒜、马铃薯等，它们在休眠期内，即使有适宜的生长条件，也不能脱离休眠状态，暂时不会发芽。

3. 休眠期间的生理生化变化 具有生理休眠的蔬菜，其休眠期大致有三个阶段。

第一阶段是休眠诱导期（休眠前期），此期产品器官刚采收，生命活动还很旺盛，处于休眠的准备阶段，体内的物质小分子向大分子转化，若环境条件适宜可迫使其不进入休眠；第二阶段是深休眠期（生理休眠期），这个时期内的产品新陈代谢下降到最低水平，产品外层保护组织完全形成，即使拥有适宜的环境条件，也不能停止休眠；第三个阶段是休眠苏醒期（休眠后期），此期产品由休眠向生长过渡，体内物质大分子向小分子转化，可利用的营养物质增加，若外界条件适宜生长，可终止休眠，若外界条件不适宜生长，则可延长休眠。

进入生理休眠期的细胞，先有原生质的脱水过程，同时积聚大量疏水胶体，这些物质聚积在原生质和液泡的界面上，阻止水和细胞液的透过，休眠期的细胞出现原生质与细胞壁分离，细胞间的胞间连丝消失，原生质几乎不能吸水膨胀，电解质也很难通过，这样就大大降低了细胞内外的物质交换，所以休眠期呼吸和其他代谢活动的水平都很低，器官内贮藏的各种养分如糖类、蛋白质、维生素 C 等变化都很小。脱离休眠后，细胞内的原生质又重新紧贴细胞壁，胞间连丝恢复，原生质中的疏水胶体减少，亲水胶体增多。

酶与休眠有直接关系，休眠是激素作用的结果。RNA 在休眠期中没有合成，打破休眠后才有合成；赤霉素可以打破休眠，促进各种水解酶、呼吸酶的合成和活化；脱落酸可以抑制 mRNA 合成，促进休眠。休眠实际是脱落酸和赤霉素维持一定平衡的结果。

4. 休眠的调控 目前生产上使用控制贮藏环境条件、喷洒生长激素、进行辐照处理等办法来调节蔬菜的休眠期。

(1) 控制贮藏条件。温度是控制休眠的主要因素，降低贮藏温度是延长休眠期最安全、最有效、应用最广泛的一种措施。板栗、萝卜在0℃能够长期处于休眠状态而不发芽，中断冷藏后才开始正常的发芽。高温也可抑制萌芽，如洋葱、大蒜等蔬菜，当进入生理休眠以后，处于30℃的高温干燥环境，也不利于萌芽。低氧、高二氧化碳有利于抑制萌芽，延长休眠期，但对马铃薯的抑制发芽效果不明显。

(2) 辐照处理。用钴60发生的γ射线辐照处理可以抑制园艺产品发芽。辐照处理抑制发芽的效果关键是要掌握好辐照的时间和剂量。辐照的时间一般在休眠中期进行，辐照的剂量因产品种类而异。

(3) 化学药剂处理。化学药剂有明显的抑芽效果。目前使用的主要有马来酰肼、萘乙酸甲酯（NNA）等。洋葱、大蒜在采收前用0.25%的马来酰肼喷洒在植株叶子上，可抑制贮藏期的萌芽。马来酰肼应用时，必须在采前喷到叶子上，药剂吸收后渗透到鳞茎内的分生组织中和转移到生长点，才能有效。喷药过晚，叶子干枯，没有吸收与运转马来酰肼的功能；喷药过早，鳞茎还处于生长阶段，影响产量。一般在采前2周使用较好。采收后的马铃薯用0.003%萘乙酸甲酯粉拌撒，也可抑制萌芽。

四、园艺产品商品化处理及运输

园艺产品的采收、商品化处理和运输是做好贮藏工作十分重要的环节，果蔬的贮运损耗、品质和贮藏期都受到影响。由于果蔬生产季节性强，采收集中，鲜嫩易腐，不适宜的采收和运输会造成大量损失，所以做好果蔬采收、商品化处理和运输对贮藏效果有非常重要的意义。

(一) 园艺产品采收

采收工作是果蔬栽培上的最后环节，又是果蔬商品处理的最初一环。因此，果蔬的采收时期、采收成熟度和采收的方法，在很大程度上影响果蔬的产量、品质和商品价值。

果蔬采收的原则是适时、无损、保质、保量、减少损耗。适时就是在符合鲜食、贮藏或加工的要求下采收。无损就是要避免机械损伤，保持果蔬完整，以便充分发挥果蔬自然的耐贮性和抗病性。

1. 采收成熟度的标准 果蔬的采收成熟度与其采后销售策略有很大关系。一般作为当地鲜销的产品，可以晚采，以达到最大产量和最佳品质。作为长期贮藏和远途运输的果实，有的在充分成熟时采收，这有利于保证质量和提高其耐藏能力。

(1) 贮运成熟度。果实已充分长大，但未完全成熟，适当提早采收，果实质地尚硬实，有利于贮藏和长途运输。

(2) 食用成熟度。果实充分成熟，表现出良好的色、香、味，营养价值也高，适于即时鲜食，也适合于就地销售或短途运输。

(3) 加工成熟度。根据加工品对原料的要求来确定采收期，有利于提高加工品的质量。

(4) 生理成熟度。指植物器官在生理上达到充分成熟的程度。果菜类和水果以种子充分成熟为标准。但这时果实过熟，果肉组织软化发绵解体，品质和营养价值大为降低，既失去商品价值，也不适于食用，更不适于贮藏运输。但有些蔬菜情况例外，如供贮藏用的块根、块茎、鳞茎类蔬菜，如甘薯、马铃薯、洋葱和大蒜等必须在生长结束时采收。

2. 确定采收成熟度的方法 如何判断果实的成熟度，这要根据种类和品种特性及其生长发育规律，从果实的形态和生理指标上加以区分。判断园艺产品成熟度的方法主要有以下几种：

（1）色泽。果实在成熟前多为绿色，成熟时都显示出它们特有的色泽。因此，果皮的颜色可作为判断果实成熟度的重要标志之一。一般果实首先在果皮上积累叶绿素，随着果实成熟度的提高，叶绿素就逐渐分解，底色（如类胡萝卜素）逐渐呈现出来。如苹果、梨、葡萄、桃呈现出黄色或红色；柑橘呈现橙黄色；橙子一般要求全红或全黄。但由于果蔬色泽还受到成熟以外的其他因素的影响，所以，这个标志也并非完全可靠。而使用各种各样的反射分光光度计或透射分光光度计则可以对颜色进行比较客观的测量。

（2）硬度。果实的硬度是指果肉抗压力的强弱，抗压力愈强果实的硬度就愈大。果肉的硬度与细胞之间原果胶含量呈正相关，即原果胶含量愈多，果肉的硬度也愈大，随着果实成熟度的提高，原果胶逐渐分解为果胶或果胶酸，细胞之间也就松弛了，甚至变软，果实的硬度也就随之而下降。因此，根据果实的硬度，也可以判断果实的成熟度。有些果实采收时应保持一定的硬度，苹果、梨、桃、李等的成熟度与硬度的关系十分密切。在蔬菜方面，如甘蓝叶球、花椰菜的花球比较坚实表示发育良好，能耐贮运。番茄、辣椒较硬实也有利于贮运。但是黄瓜、茄子、豌豆、甜玉米等都应在幼嫩时采收。果实硬度常用硬度计来测定，硬度计如图 1-4 所示。

图 1-4　果实硬度压力测定计

（3）化学物质含量。园艺产品器官内某些化学物质如糖、淀粉、有机酸、可溶性固形物含量可以作为衡量品质和成熟度的标志。可溶性固形物中主要是糖分，其含量高标志着成熟度高。如红富士含糖量达到 14%～17%时采收。生产和科学试验中常用可溶性固形物的高低来判定成熟度，或以可溶性固形物与总酸之比（糖酸比）作为采收果实的依据。

（4）生长期。不同园艺产品从开花到成熟有一定的天数，如苹果早熟品种一般为 100 d，中熟品种为 100～140 d，晚熟品种为 140～175 d。用生长期判断成熟度，有一定的地区差异，要根据植株长势、各地年气候变化和管理等进行判断（表 1-9）。

表 1-9　常见树种果实开花到成熟所需的时间（d）

树种	品种	天数（d）	树种	品种	天数（d）
苹果	红富士	180～190		温州蜜柑	195
	嘎啦	100	柑橘	伏令夏橙	392～427
	红星	180	葡萄	玫瑰露	76
梨	二十世纪	179	柿	白玫瑰香	118
	黄金梨	180		平核无	162

（5）果梗脱离的难易。苹果和梨等果实在成熟时果柄和果枝间产生离层，容易脱离，也是成熟的标志之一。

（6）种子颜色。苹果、梨、葡萄等果实在成熟时内部种子变褐，可根据褐色深浅，决定成熟度。

（7）果粉。苹果、葡萄等果实成熟时表面产生一层白色粉状的果粉，也是成熟标志之一。南瓜在表皮上产生白粉并硬化时采收。冬瓜在表皮上茸毛消失、出现蜡质白粉时采收。

(8) 核的硬化。桃和杏等果实常在核硬化后不久成熟。

(9) 植株生长状态。块茎、鳞茎等蔬菜如洋葱、大蒜、马铃薯、芋头、姜等，应在地上部分开始枯黄时收获，此时产品开始进入休眠，收后最耐贮藏。而腌渍糖蒜则应在蒜瓣分开、外皮幼嫩时收获，加工后产品质量好。

(10) 果实的形状和大小。在某些情况下，果实形状可用来确定成熟度。例如，香蕉在发育和成熟过程中，其横截面上的棱角逐渐钝圆；邻近果梗处的果颊的丰满度可以作为杧果和其他一些核果成熟的标志。

在判断园艺产品成熟度时，不能单纯依靠上述方法中的一个，应根据其特性综合考虑各种因素，抓住主要方面，判断其最适的采收期。

3. 果蔬的采收方法 果蔬的采收方法有人工采收和机械采收两大类。

(1) 人工采收。人工采收需要很大的劳动量，特别是劳动力较缺及工资较高的地方，更增加了生产成本。但由于有很多果蔬鲜嫩多汁，用人工采收可以做到轻拿轻放，避免碰破擦伤。同时，果蔬生长情况复杂，成熟度一致的，可以一次性采收，成熟度不一致的要分期采收。人工采收，可针对每个个体进行成熟度鉴定，既不影响质量又不致减少产量。因此，目前世界各国的鲜食果实基本上仍然是人工采收。

(2) 机械采收。机械采收可以节约大量劳动力，适用于那些果实在成熟时果梗与枝间形成离层的种类。一般使用强风压机械，迫使离层分离脱落，或是用强力机械摇晃主枝，使果实脱落，但树下必须布满柔软的传送带，以承接果实，并自动将果实送分级包装机内。美国用此类机械收获樱桃和用于加工的柑橘等。

4. 采收注意事项

(1) 避免损伤。采收人员采收时应剪平指甲，轻拿轻放，装果容器内要加上柔软的衬垫物，以免损伤产品。

(2) 选择天气。采收时间应选择晴天的早晨露水干后进行，避免雨天和正午采收。

(3) 采果顺序。应按先下后上、先外后内逐渐进行，即采收时先从树冠下部和外部开始，然后再采内膛和树冠上部的果实。否则，常会因上下树或搬动梯子而碰掉果实，降低其等级和品质。

(二) 园艺产品采后商品化处理

发展果蔬生产的目的就是为消费者提供丰富优质的食品，并且使果蔬生产者和经营者从中获得经济收益。但是，由于果蔬的种类及品种繁多，生产条件差异很大，因而商品性状各异，质量良莠不齐。收获后的果蔬要成为商品参与市场流通或进行贮藏，只有经过贮运和销售之前的一些处理，才能使果蔬的贮运效果进一步提高，商品质量更符合市场流通的需要。

1. 分级

(1) 分级的目的。分级可以使园艺产品商品化。通过挑选分级，剔出有病虫害和机械伤的产品，减少贮藏中的损失，减轻病虫害的传播，并可将剔出的残次品及时加工处理，降低成本和减少浪费。分级是保证园艺产品品质的质量控制过程，可帮助栽培者和出口商使产品更符合市场的要求，获得较高的经济效益。

(2) 分级标准。我国把果蔬标准分为国家标准、行业标准、地方标准和企业标准四类。水果分级标准我国目前的做法是在果形、新鲜度、颜色、品质、病虫害和机械伤等方面已符合要求的基础上，再按大小进行分级，即根据果实横径的最大部分直径，分为若干等级。如苹果、梨、柑橘等大多按横径大小，每相差 5 mm 为一个等级，共分为 3～4 等级，表 1-10 为柑橘质量等级规格标准。

表 1-10　柑橘质量等级规格标准

<table>
<tr><td colspan="3" rowspan="2">项目名称</td><td colspan="3">级　别</td></tr>
<tr><td>优等品</td><td>一等品</td><td>二等品</td></tr>
<tr><td colspan="3">果　形</td><td>有该品种典型特征，形状一致</td><td>有该品种类似特征，形状较一致</td><td>有该品种类似特征，无明显畸形</td></tr>
<tr><td colspan="3">表皮光滑度</td><td>果面洁净，果皮光滑</td><td>果面洁净，果皮尚光滑</td><td>果面洁净，果皮轻度粗糙</td></tr>
<tr><td rowspan="2">色 泽</td><td colspan="2">红皮品种</td><td>橙红色或朱红色</td><td>浅橙红色或红色</td><td>淡橙黄色</td></tr>
<tr><td colspan="2">黄皮品种</td><td>金黄色或橙黄色</td><td>黄色或淡黄色</td><td>淡黄色或黄绿色</td></tr>
<tr><td colspan="3">缺　陷</td><td>痕斑、网纹、锈螨蚧类、药和附着物，其分布面积合并计算不超过果皮总面积 1/5，不允许有未愈合的损伤、褐色油斑、褐斑、枯水、水肿、冻伤等一切变质和有腐烂象征的果</td><td>痕斑、网纹、锈螨蚧类、药和附着物，其分布面积合并计算不超过果皮总面积 1/4，不允许有重伤、褐斑、枯水、水肿、冻伤等一切变质和有腐烂象征的果</td><td>痕斑、网纹、锈螨蚧类、药和附着物，其分布面积合并计算不超过果皮总面积 1/3，不允许有严重的枯水、水肿变质和腐烂果</td></tr>
<tr><td rowspan="7">果实最小横径</td><td rowspan="3">甜橙类</td><td>小果型</td><td>≥65 mm</td><td>≥60 mm</td><td>≥60 mm</td></tr>
<tr><td>中果型</td><td>≥60 mm</td><td>≥55 mm</td><td>≥55 mm</td></tr>
<tr><td>大果型</td><td>≥55 mm</td><td>≥50 mm</td><td>≥50 mm</td></tr>
<tr><td rowspan="4">宽皮橘类</td><td>小果型</td><td>≥65 mm</td><td>≥55 mm</td><td>≥55 mm</td></tr>
<tr><td>中果型</td><td>≥55 mm</td><td>≥50 mm</td><td>≥50 mm</td></tr>
<tr><td>小果型</td><td>≥50 mm</td><td>≥45 mm</td><td>≥45 mm</td></tr>
<tr><td>微果型</td><td>≥35 mm</td><td>≥30 mm</td><td>≥30 mm</td></tr>
<tr><td colspan="3">可溶性固形物（平均,%）</td><td>≥10</td><td>≥9.5</td><td>≥9</td></tr>
<tr><td colspan="3">总酸量（平均,%）</td><td>≤0.9</td><td>≤1.0</td><td>≤1.2</td></tr>
<tr><td colspan="3">固酸比</td><td>10∶1</td><td>9.5∶1</td><td>8∶1</td></tr>
<tr><td colspan="3">可食率（平均,%）</td><td>≥70</td><td>≥65</td><td>≥65</td></tr>
</table>

蔬菜由于食用部分不同，成熟标准不一致，所以很难有一个固定统一的分级标准，只能按照对各种蔬菜品质的要求制定个别的标准。蔬菜分级通常根据坚实度、清洁度、大小、质量、颜色、形状、鲜嫩度以及病虫感染和机械伤等分级，一般分为三个等级，即特级、一级和二级。特级品质最好，具有本品种的典型形状和色泽，不存在影响组织和风味的内部缺点，大小一致，产品在包装内排列整齐，在数量或质量上允许有 5%的误差。一级产品与特级产品有同样的品质，允许在色泽上、形状上稍有缺点，外表稍有斑点，但不影响外观和品

质，产品不需要整齐地排列在包装箱内，可允许10%的误差。二级产品可以呈现某些内部和外部缺点，价格低廉，采后适合于就地销售或短距离运输。

目前，国际上关于采后花卉的分级标准尚不完善，但在切花的分级上却有比较统一的规定，欧洲切花主要是根据欧洲经济委员会（ECE）所制定的标准来进行分级的，通常分为特级、一级、二级三个等级，如表1-11所示。

表1-11 切花分级的ECE标准

等级	分级质量标准
特级	花朵品质最好、无杂物、发育正常、茎秆粗壮、坚挺充实、具备该品种特征、允许3%的品质略差者
一级	花朵品质良好、发育正常、茎秆坚挺、具备该品种特征、允许5%的品质略差者
二级	花朵品质较佳、发育正常、能够满足装饰的最低要求、允许10%的品质略差者

（3）分级方法。园艺产品的分级方法有人工分级和机械分级两种，人工分级主要是通过目测或借助分级板，按产品的颜色、大小将产品分为若干级，其优点是能够最大限度地减轻园艺产品的机械伤害，但工作效率低，级别标准有时不严格。机械分级的最大优点是工作效率高，适用于那些不易受伤的果蔬产品。美国的机械分级起步较早，大多数采用电脑控制，我国在苹果、柑橘等水果上也逐步采用了机械分级机。主要的分级机械有果径大小分级机和果实质量分级机。前者是按果实横径的大小进行分级的，有滚筒式、传动带式和链条传送带式3种。后者是根据果实质量进行分级的，有摆杆秤式和弹簧秤式2种。

2. 预冷

（1）预冷的作用。预冷是将园艺产品在运输或贮藏之前进行适当降温处理，以除去产品田间热，迅速降低品温的一种措施。预冷的生理意义在于：

① 降低呼吸活性，延缓衰老进程。

② 减少水分损失，保持鲜度。

③ 抑制微生物生长，减少病害降低。

④ 降低乙烯对产品的危害。

预冷还具有较高的经济价值，通过预冷减少了贮藏和运输过程中制冷设备的能耗，减少蓄冷剂用量，降低了运输费用。预冷温度因园艺产品的种类、品种而异，一般要求达到或者接近贮藏的适温水平。预冷最好在产地进行，必须在收获后24 h之内达到降温要求，而且降温速度愈快效果愈好。而且越快越好。特别是那些组织娇嫩、营养价值高、采后寿命短以及具有呼吸跃变的产品，如果不快速预冷，很容易腐烂变质。

（2）预冷的方法。果蔬预冷的方式有多种，如冷空气、冷水、抽真空等都可以加速产品冷却。各种方式都有其优缺点（表1-12），其中以空气冷却最为通用。预冷时应根据果蔬种类、数量和包装状况来决定采用最适宜的方式和设施。

① 自然降温冷却。自然降温冷却是将采收的园艺产品放在阴凉通风的地方，让其自然降温。这种方法冷却时间长、降温效果差，但简便易行，仍可以散去部分田间热，是生产上经常采用的预冷方法之一。

② 水冷却。水冷却是将园艺产品浸在冷水中或者用冷水冲淋产品，使其降温的一种冷却方式。目前有流水系统和传送带系统，冷却水有低温水（一般为0～3 ℃）和自来水

两种。水预冷所需时间较短、成本低，其冷水流量与冷却速度呈正相关，一般在20～50 min就可使产品品温降低到所规定的温度，并可减少产品水分损失，适用于很多切叶类作物的预冷。冷却水通常是循环使用的，常常在冷却水中加入一些防腐药剂，防止冷却水对产品的污染。

表1-12　预冷方式及其利弊

预冷方式		利弊
水冷却	浸泡式 喷淋式 冲水式	适用于表面比小的水果和蔬菜 成本低，淋湿被预冷产品易使水污染
空气冷却	浸泡式 喷淋式	适用于多种水果和蔬菜，冷却速度稍慢
真空冷却		冷却速度最快 不受包装方式的影响 局限于适用的品种

③ 真空冷却。真空冷却是将园艺产品置于真空罐内，随着真空罐内的气压下降，水的沸点也相应下降，使产品表面的水在真空负压下蒸发而冷却降温。真空预冷机通常由真空罐、蒸汽喷射泵和压缩机三个部分组成。压力减小时，水分的蒸发加快，所以真空冷却速度极快。由于被冷却产品的各部分是等量失水，所以产品不会出现萎蔫现象。为了避免产品的水分损失，在进行真空预冷前应该往产品表面进行喷水，这样既可以避免产品的水分损失，也有助于迅速降温。真空冷却的效果在很大程度上取决于果蔬的表面积与体积之比（表面积/体积）、产品组织失水的难易程度以及真空罐抽真空的速度。在进行操作时应该在真空罐外监测产品的温度，并用压力计测定真空罐中的绝对压力。真空冷却的包装容器要求能够通风，便于水蒸气散发出来。

④ 强制冷风冷却。强制冷风冷却是将园艺产品放在预冷室内，利用制冷机制造冷气，通过鼓风机使冷空气经过包装容器的气孔，使冷空气流经产品表面，将产品热量带走，从而达到降温的目的。具体操作是在预冷库中设置冷墙，在墙上开启通风孔把盛有产品的容器堆码在通风孔两侧或通风孔旁，除容器的气孔以外，要将其他的一切气体通道堵严，然后用鼓风机将冷墙中的冷空气推进预冷库内，这时便会在容器两侧形成压力差，所用的容器必须有大于边板4%的通风孔，不要做内包装，也不要在容器内加设衬垫，并要保持预冷室内有较高的相对湿度。强制通风预冷成本较低，使用方便，冷却效率较高，冷却所用时间比一般冷库预冷快，但比水冷却和真空冷却所用的时间长，大部分园艺产品适合用强制冷风冷却。

⑤ 冷库冷却。冷库冷却是将园艺产品放在冷库中降温的一种冷却方式。预冷期间，库内要保证足够的湿度，垛之间、包装容器之间都应该留有适当的空隙，保证气流通过，否则预冷效果不佳。冷库冷却降温速度较慢，但其操作简单、成本低廉。

（三）化学药剂处理

目前，化学药剂防腐保鲜处理，在国内外已经成为园艺产品商品化不可缺少的一个步骤。化学药剂处理可以延缓园艺产品采后衰老，减少贮藏病害，防止品质劣变，提高保鲜效果。

1. 果蔬的化学药剂处理

（1）植物生长调节剂处理。常用的植物生长调节剂有生长素类、细胞分裂素类、赤霉素（GA）和马来酰肼。生长素类主要有2，4-D（2，4-二氯苯氧乙酸）、IAA（吲哚乙酸）和NAA（萘乙酸）等，柑橘采后用100～250 mg/L的2，4-D处理，可延长贮藏寿命。细胞分裂素类常用的有苄基腺嘌呤（BA）和激动素（KT），用5～20 mg/L的BA处理花椰菜、石刁柏、菠菜等蔬菜，可明显延长它们的货架期。GA能够抑制果蔬的呼吸强度，推迟呼吸高峰的到来。马来酰肼可以抑制洋葱、萝卜、胡萝卜和马铃薯的发芽。

（2）化学药剂防腐处理。常用的化学防腐剂有仲丁胺、苯并咪唑类、山梨酸（2，4-己二烯酸）、异菌脲、联苯、抑霉唑、二溴四氯乙烷、二氧化硫及其盐类。仲丁胺的化学名称为2-氨基丁烷，主要有噁霉灵、保果灵、橘腐净等产品，对柑橘、苹果、梨、龙眼、番茄等果蔬的贮藏保鲜具有明显效果。苯并咪唑类主要包括噻菌灵、苯来特、多菌灵、托布津等，它们对青霉、绿霉等真菌有良好的抑制效果。山梨酸毒性低，一般使用浓度为2%左右，可破坏许多重要酶系统的作用，抑制酵母、霉菌和好氧性细菌生长的效果好。异菌脲可用于香蕉、柑橘等采后防腐处理。联苯能强烈抑制青霉病菌、绿霉病菌、黑蒂腐病菌、灰霉病菌等多种病害，对柑橘类水果具有良好的防腐效果。抑霉唑对苯并咪唑类杀菌剂产生抗药性的青、绿霉有特效。二溴四氯乙烷也称溴氯烷，对青霉菌、轮纹病菌、炭疽病菌均有杀伤效果。二氧化硫及其盐类对葡萄防霉效果显著。

2. 其他处理

（1）复方卵磷脂保鲜剂处理。卵磷脂广泛存在动、植物体中，以卵磷脂为主配成的生物保鲜剂，它可作为治疗某些疾病的营养补助剂。

（2）壳聚糖处理。常温下用低浓度壳聚糖处理苹果、猕猴桃、黄瓜，可明显减少腐烂，延缓衰老，保鲜效果很好。

（3）钙处理。钙在调节果蔬组织的呼吸作用、延缓衰老、防止生理病害等方面效果显著。钙处理常用的化学药剂有氯化钙、硝酸钙、过氧化钙和硬脂酸钙等。一般用浓度为3%～5%的钙盐溶液浸果，也可将钙盐制成片剂装入果箱。

（4）抗氧化剂处理。二苯胺（DPA）、乙氧基喹和丁基羟基苯甲醚（BHA）等抗氧化剂具有较好的防病效果。

（四）包装

1. 包装的目的　合理的包装是使园艺产品标准化、商品化，安全运输和贮藏的重要措施，包装的作用是保护产品免受机械损伤、水分丧失、环境条件急剧变化和其他有害影响，以便在运输和上市过程中保持产品的质量。

2. 包装的容器　包装容器应该具有美观、清洁、无异味、无有害化学物质，内壁光滑、质量轻、成本低、便于取材、易于回收及处理等。果蔬的包装容器主要有纸箱、木箱、塑料箱、筐类、麻袋和网袋等，为了减少机械损伤，在果蔬包装过程中，经常还在果蔬表面包纸或在包装箱内加填一些衬垫物及使用抗压托盘。花卉常用的包装材料有纤维板箱、木箱、加固胶合板箱、板条箱、纸箱、塑料袋、塑料盘、泡沫箱等。随着商品经济的发展，包装标准化越来越受到人们的重视。国外在此方面发展较早，世界各国都有本国相应园艺产品包装容器的标准。东欧国家采用的包装箱标准一般是600 mm×400 mm和500 mm×300 mm，包装箱的高度根据给定的容量标准来确定。易伤果蔬每箱不超过 14 kg，仁果类不超过 20 kg。美国红星苹果的纸箱规格为 500 mm×302 mm×322 mm。日本福岛装桃纸箱，装 10 kg 的规格为 460 mm ×310 mm×180 mm，装 5kg 的规格为 350 mm×460 mm×95 mm。我国出口的鸭梨，每箱净重 18 kg，每箱装果数量有 60 个、72 个、80 个、120 个、140 个等规格。

3. 包装的方法

（1）果蔬的包装。果蔬在包装容器内要有一定的排列形式，既可防止其在容器内滚动和相互碰撞，又能使产品通风换气，并充分利用容器的空间。如苹果、梨用纸箱包装时，果实的排列方式有直线式和对角线式两种；用筐包装时，常采用同心圆式排列，马铃薯、洋葱、大蒜等蔬菜常常采用散装的方式等。包装应在冷凉的条件下进行，避免风吹、日晒和雨淋。包装时应轻拿轻放，装量要适度，防止过满或过少而造成损伤。不耐压的果蔬包装时，包装容器内应填充衬垫物，减少产品的摩擦和碰撞。易失水的产品应在包装容器内加衬塑料薄膜等。果蔬销售小包装可在批发或零售环节中进行，销售包装上应标明质量、品名、价格和日期。

（2）鲜切花的包装。大部分品种包装的第一步是捆扎成束，我国鲜切花通常 10 支、12 支、20 支或更多支扎成一束。切花经捆扎成束后，通常以报纸、耐湿纸或塑料袋包裹，箱中衬以聚乙烯膜或抗湿纸以保持箱内的高湿度。花朵应靠近两头，分层交替放置于包装箱内，层间应放纸衬垫，每箱应装满，但也不可过紧。需要湿藏的鲜切花如月季、百合等，可以在箱底固定盛有保鲜液的容器，将切花垂直插入，或直接插入塑料桶中。湿藏的包装箱外必须有保持包装箱垂直向上的标识。乙烯敏感型的切花，需在包装箱内放入乙烯吸收剂。水仙、唐菖蒲等切花包装和贮运均需垂直放置，以防止重力引起的尖部弯曲。花卉包装外的标签和发货清单必须易于识别，写清楚生产者、种类，品种或花色等必要信息。

（五）其他处理

1. 清洗　清洗的目的是除去园艺产品表面的污物和农药残留以及杀菌防腐。最简单的方法是用流水喷淋，去除污物常用 1％稀盐酸加 1％石油醚，浸洗 1～3 min，或 200～500 mg/L 的高锰酸钾溶液，清洗 2～10 min。

2. 愈伤　愈伤是指采后给园艺产品提供高温、高湿和良好通风的条件，使其轻微伤口愈合的过程。园艺产品特别是块根、块茎、鳞茎类蔬菜，在采收的过程中常常会造成一些机械损伤，容易引起腐烂。果蔬种类不同，其愈伤能力不同。不同产品愈伤时的条件要求也有差异，如马铃薯愈伤的最适宜条件为温度 21～27 ℃，相对湿度为 90％～95％。甘薯愈伤最适宜条件温度为 32～35 ℃，相对湿度为 85％～90％。但洋葱和大蒜等愈伤时要求较低的湿度，大多数园艺产品愈伤的适宜条件为温度 25～30 ℃，相对湿度 90％～95％。

3. 晾晒　果蔬含水量较高，对于大多数产品而言，在采后贮藏过程中应尽量减少其失水，以保持新鲜品质，提高耐贮性。但是对于某些果蔬在贮前进行适当晾晒，反而可减少贮藏中病害的发生，延长贮藏期。如柑橘、哈密瓜、大白菜及葱蒜类蔬菜等。柑橘特别是宽皮橘类，适当晾晒可明显减轻枯水病的发生。大白菜采后进行适当晾晒，贮藏期延长。但是晾晒过度，会降低果蔬耐贮性。

4. 催熟　香蕉、柑橘、菠萝、柿子、猕猴桃、番茄等果蔬，采收时成熟度往往不一致，为了使产品以最佳成熟度和风味品质提前上市，需要对其进行人工处理，促进其后熟，这就是催熟。用来催熟的果蔬必须达到生理成熟，催熟时一般要求较高的温度（21～25 ℃）、湿度（85%～90%）和充足的氧气，催熟环境应该有良好的气密性，还要有适宜的催熟剂。此外，催熟室内的气体成分对催熟效果也有影响，二氧化碳的累积会抑制催熟效果，因此催熟室要注意通风。乙烯是应用最普遍的果蔬催熟剂，乙醇、熏香等也能促使果蔬成熟。

香蕉催熟是将绿熟香蕉放入催熟室中，保持室内温度 20～25 ℃和相对湿度 80%～85%，通入 1 000 mg/m^3 的乙烯，处理 24～48 h，当果皮稍黄时取出即可。柑橘类果实的催熟是通入 20～300 mg/m^3 的乙烯，保持相对湿度 85%～90%，果皮转黄即可。菠萝的催熟是将 40%的乙烯利溶液稀释 500 倍，喷洒在绿熟菠萝上，保持温度 23～25 ℃和 85%～90%的相对湿度，可使果实提前 3～5 d 成熟。

5. 脱涩 柿果等某些果实，含有较多的单宁物质，完熟以前有强烈的涩味而不能食用，单宁存在于果肉细胞中，食用时部分单宁细胞破裂，可溶性单宁流出，与口舌上的黏膜蛋白质结合，产生收敛性涩味，必须经过脱涩处理才能上市。柿果的脱涩机理就是将体内可溶性的单宁物质，通过与乙醛缩合变为不溶性的单宁物质的过程。影响脱涩的因素有品种、成熟度、处理温度、脱涩剂的浓度等因素。品种不同，柿果所含单宁的量不同，脱涩速度不同；温度高，果实呼吸作用强，产生乙醇、乙醛类物质多，脱涩快；在一定浓度范围内，果实脱涩随着脱涩剂浓度的升高而加快。

6. 涂膜处理 涂膜就是在果蔬表面人工涂一层薄膜。涂膜可抑制呼吸，减少水分散失，抑制病原微生物的侵入，改善果蔬外观，提高商品价值。目前涂膜剂种类很多，但大多数都是以石蜡和巴西棕榈蜡作为基础原料，石蜡可以很好地控制失水，而巴西棕榈蜡能使果实产生诱人的光泽。近年来，含有聚乙烯、合成树脂物质、防腐剂、保鲜剂、乳化剂和湿润剂的涂膜剂逐渐得到应用，取得了良好的效果。涂膜的方法有浸涂法、刷涂法和喷涂法，涂膜处理分为人工涂膜和机械涂膜两种。涂被一定要厚薄均匀、适当，过厚会影响呼吸，导致呼吸代谢失调，引起生理病害、腐烂变质。一般情况下只是对短期贮运的果蔬或上市之前果蔬进行涂膜处理。

（六）园艺产品商品化运输

运输是动态贮藏，运输过程中产品的振动程度，环境中的温度、湿度和空气成分都对运输效果产生重要影响。

1. 园艺产品运输的要求

（1）快装快运。园艺产品采后是活体，仍然在进行新陈代谢，不断消耗体内的营养物质并散发热量，必须快装快运，保持其品质及新鲜。运输时间延长会加快切花在运后的发育和老化速度，促使切花萎蔫、病害发展和花朵褪色。

（2）轻装轻卸。园艺产品含水量高（65%～96%），表面保护组织差，很容易受到机械损伤，具有易腐性，从生产到销售要经过多次集聚和分配，一定要轻装轻卸。

（3）防热防冻。温度过高，呼吸强度增高，产品衰老加快。温度过低，产品容易产生冷害和冻害，应注意防热防冻。

2. 运输的方式和工具

（1）公路运输。公路运输是我国最常用的短途运输方式，其灵活性强、速度快，直达目的地，但成本高、运量小。主要有各种大小汽车、拖拉机等。

（2）铁路运输。铁路运输具有运输量大、速度快、连续性强、适合于长途运输等特点。目前我国铁路运输车有普通棚车、无冷源保温车、冷藏车、集装箱 4 种，其中集装箱是当今世界上发展非常迅速的一种运输工具，其抗压强度大，能反复使用，可机械化装卸，产品不易受伤害。集装箱按功能可分为普通集装箱、冷藏集装箱、冷藏气调集装箱、冷藏减压集装箱等，其规格有3种类型（表1-13）。

表1-13　国际集装箱规格

类别	箱型（mm）	长（mm）	宽（mm）	高（mm）	最大总质量（kg）
Ⅰ	IA	12 191	2 438	2 438	30 480
	IAA	12 191	2 438	2 591	30 480
	IB	9 125	2 438	2 438	25 400
	IC	6 058	2 438	2 438	20 320
	ID	2 991	2 438	2 438	10 160
	IE	1 968	2 438	2 438	7 110
	IF	1 450	2 438	2 438	5 080
Ⅱ	2A	2 920	2 300	2 100	7 110
	2B	2 400	2 100	2 100	7 110
	2C	1 450	2 300	2 100	7 110
Ⅲ	3A	2 650	2 100	2 400	5 080
	3B	1 325	2 100	2 400	5 080
	3C	1 325	2 100	2 400	2 540

（3）水路运输。利用各种轮船进行水路运输具有运输量大、行驶平稳、成本低的特点，尤其是海运是最便宜的运输方式。但运输受天气影响较大，运输安全性和准时性方面比铁路和公路稍差。

（4）空运。空运速度最快，平均送达速度比铁路高6～7倍，比水运高29倍，但其成本高，适合经济价值高的园艺产品运输。

3. 运输的注意事项

（1）果蔬运输　运输工具要彻底消毒，果蔬要合乎运输标准，快装快运，堆码稳当，注意通风，避免挤压，不同种类的果蔬最好不要混装，敞篷车船运输，果蔬堆上应覆盖防水布，最好使用冷链系统，最大限度地保持果蔬品质。

（2）花卉运输。运输前后要进行化学处理，对灰霉病敏感的切花应在采前或采后立即喷布杀菌剂，以防止该病在运输过程中发生。切花应无虫害和螨类，如果切花上有虫害，可用内吸式杀虫剂或杀螨剂处理。运输前用含有糖、杀菌剂、抗乙烯剂和生长调节剂的保鲜剂做短时脉冲处理，这样对于包装运输的切花有很大益处，尤其是在长途横跨大陆或越洋运输之前。要保证远距离、长时间运输的切花有良好的上市质量，需采用切花吸水硬化、冷却和包装与运输方面的现代技术。

4. 冷链运输　为了保持果蔬的优良品质，从商品生产到消费之间需要维持一定的低温，即新鲜水果、蔬菜采收后在流通、贮藏、销售一系列过程中实行低温保藏，以防止新鲜度和品质下降，这种低温冷藏技术连贯的体系称为冷链保藏运输系统。如果冷链系统中任何一环欠缺，就将破坏整个冷链保藏运输系统的完整性和实施（图1-5）。整个冷链系统包括了一系列低温处理冷藏工艺和工程技术，低温运输在其中担负着联系、串通的中心作用。

目前在经济技术发达的国家如日本及欧美国家逐步实现了这种以低温冷藏为中心的冷链系统，发挥了越来越显著的作用，成为人民富裕生活不可缺少的部分。为此，日本实行新鲜水果、蔬菜经营的规格化，改革市场制度，实现了更加完整的低温冷链保藏运输体系。我国近年来在宏伟的现代化建设目标指引下，生产发展迅速，人民生活水平得到提高，对新鲜果品、蔬菜和其他食品的需求剧增。随着我国经济和冷藏技术的发展，具有我国特色的低温冷链保藏体系必将随着世界性的趋势得到迅速的发展。

生产基地水果、蔬菜采收⟶生产园地

↓ 普通车船短途运输

分级、包装、成件、预冷等商品化处理冷藏库⟶产地单位

↓ 冷藏车船运输

收购、运送、分配、调运批发冷藏库⟶经营单位

↓ 冷藏车运送商店

超级市场、小卖店零售陈列冷藏柜⟶销售单位

↓ 冷藏箱、瓶、袋

消费者、食堂、饭店、宾馆小型冷库、电冰箱⟶消费者

图 1-5　低温冷链保藏运输系统

任务一　园艺产品主要化学成分的测定

子任务一　园艺产品总酸度的测定

技能目标

1. 能正确配制测定所需试剂。
2. 能正确进行样品处理，能正确进行滴定分析操作。
3. 能准确进行结果计算。

测定原理

总酸度是指食品中所有酸性成分的总量，通常用所含主要酸的质量分数来表示，其大小可用滴定法来确定。在同一样品中，往往有几种有机酸同时存在，但在分析有机酸含量时，是以主要酸为计算标准。通常仁果类、核果类及大部分浆果类以苹果酸计算；葡萄以酒石酸计算；柑橘类以柠檬酸计算。

材料、仪器及试剂

1. 主要材料　苹果、桃、葡萄、柑橘、柠檬、莴苣等。

2. 仪器　分析天平、高速组织捣碎机。

3. 试剂

(1) 1%酚酞乙醇溶液。称取酚酞 1 g 溶解于 100 mL 95%乙醇中。

(2) 0.1 mol/L 氢氧化钠标准溶液的配制与标定。称取 5 g 氢氧化钠或吸取 1 g/mL 氢氧化钠溶液 5 mL，置于 1 000 mL 无二氧化碳的水中，摇匀。称取 0.6 g 于 105～110 ℃烘至恒重的基准邻苯二甲酸氢钾，精确至 0.000 1 g，溶于 50 mL 无二氧化碳的水中，加 2 滴酚酞指示剂，用配制好的氢氧化钠溶液滴定至溶液呈粉红色，同时做空白试验。按下式计算其浓度：

$$c(\mathrm{NaOH})=\frac{m}{(V_1-V_2)\times 0.2042}$$

式中：$c(\mathrm{NaOH})$——氢氧化钠标准溶液的物质的量浓度，mol/L；

m——邻苯二甲酸氢钾的质量，g；

V_1——氢氧化钠溶液的用量，mL；

V_2——空白试验氢氧化钠溶液的用量，mL；

0.204 2——与 1.00 mL 氢氧化钠标准溶液［$c(\mathrm{NaOH})=1.000$ mol/L］相当的以克表示的邻苯二甲酸氢钾的质量。

测定步骤

1. 样品处理　将果蔬原料去除非可食用部分后置于组织捣碎机中捣碎备用。

2. 样品测定　称取捣碎并混合均匀的样品 20.00～25.00 g 于小烧杯中，用 150 mL 刚煮沸并冷却的蒸馏水分数次将样品转入 250 mL 容量瓶中，充分振摇后加水至刻度，摇匀后用干燥滤纸过滤。准确吸取 50 mL 滤液于锥形瓶中，加入酚酞指示剂 2～3 滴，用 NaOH 标准溶液［$c(\mathrm{NaOH})=0.1$ mol/L］滴定至终点（微红色在 1 min 之内不退色为终点）。

结果计算

$$X=\frac{V\times c\times K\times F}{m}\times 100\%$$

式中：X——样品中总酸的质量分数，%［或 g/100 mL］；

V——滴定消耗标准溶液的体积，mL；

c——NaOH 标准溶液的浓度，mol/L；

F——稀释倍数，按上述操作，$F=5$；

m——样品质量，g；

K——折算系数，苹果酸为 0.067，酒石酸为 0.075，乙酸为 0.060，草酸为 0.045，柠檬酸为 0.064。

子任务二　园艺产品可溶性糖含量的测定

方法一　折光仪测定法

技能目标

能正确操作使用手持糖量计进行果蔬含糖量的测定。

测定原理

手持糖量计（图1-6）是生产上常用来测定果蔬中可溶性固形物的含量的仪器，由于果实中可溶性固形物主要是糖，故可用以代表果蔬中的含糖量。这个方法简单易行、速度快、适于野外作业。

材料及仪器

待测果蔬、手持糖量计、不锈钢小刀、镜头纸、压汁器。

操作步骤

1. 仪器校正 掀开照明棱镜盖板，用柔软的绒布或镜头纸仔细将折光仪棱镜擦拭干净，注意不能划伤镜面，取蒸馏水或清水1～2滴于折光棱镜上，合上盖板，使进光窗对准光源，调节校正螺丝将视场分界线校正为“0”。

2. 测定 擦净折光棱镜，取果汁或菜汁液数滴于折光棱镜面上，合上盖板，同时进光窗对准光源，调节目镜视度圈，使视场内分画线清晰可见，视场中所见明暗分界线相应的读数，即为果蔬汁中可溶性固形物质量分数，用以代表果实中的含糖量。

3. 实验注意事项 手持糖量计的测定范围常为0～90%，其刻度标准温度为20℃，若测量时在非标准温度下，则需进行温度校正。测定时温度最好控制在20℃，或者接近20℃左右范围内观测，其准确性较好。

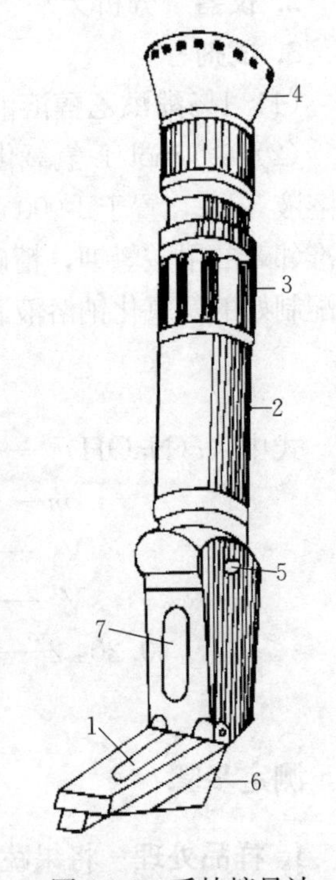

图1-6 手持糖量计
1. 进光窗 2. 望远镜 3. 旋钮 4. 眼罩视度圈 5. 校正螺丝 6. 盖板 7. 折光棱镜

方法二 苯酚-硫酸法

技能目标

1. 能正确配制测定所需试剂。
2. 能正确进行样品处理，并正确进行滴定分析操作。
3. 能准确进行结果计算。

测定原理

糖在浓硫酸的作用下脱水生成的糖醛或羟甲基糠醛能与苯酚缩合成一种橙红色化合物。这种化合物在波长485 nm处具有最大吸收峰。在10～100 mg范围内，该橙红色化合物的颜色深浅与糖的含量呈正相关关系，故可通过比色法测定此波长下吸光度值来计算出糖含量。苯酚-硫酸法可用于甲基化的糖、戊糖和多聚糖的测定，方法简单，试剂便宜，灵敏度高。实验时基本不受蛋白质存在的影响，并且产生的颜色可稳定160 min以上。

材料、仪器及试剂

1. 材料 各种果蔬组织。

2. 仪器及用具　分光光度计、水浴锅、具塞刻度试管（25 mL）、移液管（10 mL,）或移液器、研钵、容量瓶（100 mL）、滤纸、漏斗、玻璃棒等。

3. 试剂

（1）0.09 g/mL 苯酚溶液。称取 90.0 g 重结晶苯酚，加蒸馏水溶解、稀释至 100 mL，即为 0.9 g/mL 苯酚溶液，可在室温下保存数月。

取 10 mL 0.9 g/mL 苯酚溶液，加蒸馏水稀释至 100 mL，混匀，即为 0.09 g/mL 苯酚浴液，现用现配。

（2）浓硫酸（相对密度 1.84）。

（3）100 μg/mL。蔗糖标准液。将分析纯蔗糖在 80 ℃下烘至恒重，精确称取 1.000 g，加少量蒸馏水溶解，转入到 100 mL 容量瓶中，加入 0.5 mL 浓硫酸，再用蒸馏水定容至刻度，即为 0.01 g/mL 蔗糖标准液。

精确吸取 1 mL 0.01 g/mL，蔗糖标准液于 100 mL 容量瓶中，加蒸馏水至刻度，摇匀，即为 100 μg/mL 蔗糖标准液。

测定步骤

1. 标准曲线的制作　取 6 支 25 mL 刻度试管（重复做 2 组），编号后按表 1－14 加入 100 μg/mL 蔗糖标准液和蒸馏水。再按顺序向试管内加入 1.090 g/L 苯酚溶液，摇匀，再在 5～20 s 内加入 5 mL 浓硫酸，摇匀。混合液总体积为 8 mL，在室温下放置 30 min 进行反应。然后，以空白为参比，在波长 485 nm 处比色测定混合反应液的吸光度。以蔗糖质量为横坐标，吸光度为纵坐标，绘制标准曲线，求出线性回归方程。

表 1－14　苯酚-硫酸法测定可溶性糖绘制蔗糖标准曲线的试剂量

项目	管号					
	0	1	2	3	4	5
100 μg/L 蔗糖标准液（mL）	0	0.2	0.4	0.6	0.8	1.0
蒸馏水（mL）	2.0	1.8	1.6	1.4	1.2	1.0
相当于蔗糖质量（μg）	0	20	40	60	80	100

2. 可溶性糖的提取　称取 1.0 g 果蔬组织置于研钵中，研磨成浆状后，加入少量蒸馏水，转入到刻度试管中，再加入 5～10 mL 蒸馏水，用塑料薄膜封口，于沸水中煮沸提取 30 min，取出待冷却后过滤，将滤液直接滤入到 100 mL 容量瓶中，再将残渣回收到试管中，加入 5～10 mL 蒸馏水再煮沸提取 10 min，并过滤入容量瓶中，用水反复漂洗试管及残渣，过滤后一并转入容量瓶并定容至刻度。

3. 可溶性糖的测定　取 1 支 25 mL 刻度试管，吸取 0.5 mL 样品液于试管中，加入 1.5 mL蒸馏水。测定步骤与步骤 1 标准曲线的制作相同，按顺序分别加入 0.09 g/mL 苯酚溶液、浓硫酸，显色并测定吸光度，重复 3 次。如果吸光度读数过高，可将样品液稀释后再吸取 0.5 mL 进行反应和测定。

结果与计算

根据显色液吸光度，在标准曲线上查出相应的蔗糖质量，按下式计算果蔬组织中可溶性糖含量，以质量分数（%）表示。计算公式如下：

$$可溶性糖含量=\frac{m'\times V\times N}{V_s\times m\times 10^6}\times 100\%$$

式中：m'——从标准曲线查得的蔗糖质量，μg；

V——样品提取液总体积，mL；

N——样品提取液稀释倍数；

V_s——测定时所取样品提取液体积，mL；

m——样品质量，g。

注意事项

（1）由于苯酚-硫酸法测定糖含量受到多种因素的影响，重现性较差，所以在测定果蔬组织中糖含量时，对操作者要求很高。最好始终一人操作，把每个细节都能固定下来。要尽量多做平行实验，以减少个人操作习惯带来的误差。

（2）利用苯酚-硫酸法测定可溶性糖对苯酚的要求很高。最好利用经过重蒸馏、结晶的苯酚。

（3）浓硫酸的纯度、滴加方式和速度，如直接加在液面上还是慢加等，都会对实验结果产生影响。因此，操作方式一定要一致才能获得较好的重现性。

（4）果蔬组织糖含量很高，在测定时应注意进行适当的稀释。一般可以取 1 mL 或 10 mL 样品提取液，置于 100 mL 容量瓶中，加蒸馏水稀释至刻度，即将样品液稀释了 100 倍或 10 倍。

（5）样品中可溶性糖含量的测定过程必须与步骤 1 标准曲线的制作过程相同。

（6）如果样品中含有较多葡萄糖，加热时间应延长至 45 min，因为葡萄糖显色较慢。

子任务三　园艺产品果胶物质含量的测定

方法一　质 量 法

技能目标

1. 能正确配制测定所需的试剂。
2. 能正确进行样品处理。
3. 能正确进行测定操作。
4. 能准确进行结果计算。

测定原理

在一定条件下，果胶物质与沉淀剂氯化钙作用生成果胶酸钙而沉淀析出，而后分别用乙醇、乙醚处理沉淀以去除可溶性糖类、脂肪、色素等干扰物，所得残渣再用酸或水提取总果胶或水溶性果胶。果胶经皂化、酸化、钙化后生成的果胶酸钙沉淀物，干燥至恒量。由所得残留物的质量即可计算出果胶物质的含量。

果胶沉淀剂依果胶酯化程度不同分两类，果胶酯化程度在20%～50%时，可用电解质沉淀剂，如氯化钙、氯化钠等；果胶酯化程度大于50%，则用有机溶剂为沉淀液，如乙醇、丙酮等，且随酯化程度的升高，醇的浓度也应加大。

材料、仪器及试剂

1. 材料　苹果、山楂、猕猴桃、柑橘、葡萄、胡萝卜等。

2. 仪器　烘箱、称量瓶、分析天平。

3. 试剂

（1）0.1 mol/L 氢氧化钠溶液。

（2）1 mol/L 醋酸溶液。量取58.3 mL化学纯乙酸，加水稀释至1 000 mL。

（3）0.05 mol/L 氢氧化钠溶液。

（4）1 mol/L 氯化钙溶液。称取110.99 g无水氯化钙，加水溶解后，稀释定容至1 000 mL。

（5）0.05 mol/L 盐酸溶液。

（6）乙醇。分析纯级。

（7）乙醚。分析纯级。

测定步骤

1. 样品处理　新鲜样品应尽量磨碎。样品中存在有果胶酶时，为了钝化酶的活性，可以加入适量热的95%乙醇，使样品溶液的乙醇最终浓度约为70%，然后于沸水回流15 min，使果胶酶钝化，冷却过滤后，以95%乙醇洗涤多次，再用乙醚洗涤，以除去全部糖类、脂类及色素，最后风干除去乙醚。

2. 果胶提取

（1）总果胶提取。磨碎的新鲜样品50 g，放入1 000 mL烧杯中，加入0.05 mol/L盐酸溶液400 mL，置沸水浴中加热1 h，加热时应随时补充蒸发损失的水分。冷却后，移入500 mL容量瓶，定容摇匀，过滤，滤液待用。

（2）水溶性果胶的提取。将样品研碎，新鲜样品准确称取30～50 g，置于250 mL烧杯，加入150 mL水。加热至沸腾，并保持此状态1 h。加热过程随时添补蒸发损失的水分。取出冷却，将杯中物质移入250 mL容量瓶，用水洗涤烧杯，洗液并入容量瓶，最终定容至刻度，摇匀过滤，记录滤液体积。

3. 测定　取一定量提取液（其量相当于能生成果胶酸钙约25 mg）于1 000 mL烧杯中，充分搅拌，放置0.5 h，进行皂化。加入1 mol/L醋酸溶液50 mL，静置5 min后，边搅拌边缓慢加入0.1 mol/L氯化钙溶液25 mL，然后再滴加2 mol/L氯化钙溶液25 mL，充分搅拌后，放置1 h（陈化）。加热煮沸5 min，趁热用烘干至恒重的滤纸过滤，用热水洗涤至无氯离子为止（用10%硝酸银溶液检验）。滤渣连同滤纸一起放入称量瓶中，置于105 ℃烘箱中干燥至恒重。

结果计算

$$X=\frac{0.923\,3\times(m_1-m_2)\times V}{G\times V_1}\times 100\%$$

式中：X——果胶酸含量，%；

m_1——果胶酸钙和滤纸的质量，g；

m_2——滤纸的质量，g；

V_1——测量时取用提取液的体积，mL；

V——果胶提取液的总体积，mL；

G——样品质量，g。

0.922 3——由果胶酸钙换算成果胶酸的系数，果胶酸钙的实验式为 $C_{17}H_{22}O_{16}Ca$，其中钙含量约 7.67%，果胶酸含量为 92.33%。

方法二　咔唑比色法

技能目标

1. 能正确配制测定所需的试剂。
2. 能正确进行样品处理。
3. 能正确操作使用分光光度计。
4. 能准确进行结果计算。

测定原理

由于果胶水解后产物为半乳糖醛酸，它可在酸性环境中与咔唑试剂产生缩合反应，生成紫红色化合物，其呈色深浅与半乳糖醛酸含量正比，由此可进行比色定量测定果胶。

材料、仪器及试剂

1. 材料　苹果、山楂、猕猴桃、柑橘、葡萄、胡萝卜等；标准坐标纸。

2. 仪器　分光光度计、恒温水浴锅。

3. 试剂

（1）无水乙醇或 95%乙醇。化学纯级。

（2）精制乙醇。取无水乙醇或 95%乙醇 1 000 mL，加入锌粉 4 g，硫酸（1∶1）4 mL，置于恒温水浴中回流 10 h，用全玻璃仪器蒸馏，馏出液每 1 000 mL 加锌粉和氢氧化钾各4 g，并进行重蒸馏。

（3）0.15%咔唑乙醇溶液。称取咔唑 0.150 g，溶于精制乙醇并定容至 100 mL。

（4）半乳糖醛酸标准溶液。先用水配制成浓度为 1 g/L 的溶液，再配制成浓度分别为 0 mg/L、10 mg/L、20 mg/L、30 mg/L、40 mg/L、50 mg/L、60 mg/L 和 70 mg/L 的系列半乳糖醛酸标准溶液。

（5）硫酸。优级纯级。

（6）0.05 mol/L 盐酸溶液。

测定步骤

1. 样品处理　同质量法。

2. 果胶的提取　同质量法。

3. 标准曲线的绘制　取Ȼ25 mm×200 mm试管8只，各加入12 mL浓硫酸，置冰水浴中冷却后，分别将各种浓度的半乳糖醛糖2 mL徐徐加入一支试管中，充分混匀后，再置于冰水浴中冷却，然后置沸水浴中加热10 min，迅速冷却至室温，各加入1 mL 0.15%咔唑试剂，摇匀，与室温下静置30 min，用0号管中的溶液调仪器零点，在530 nm波长下测定各管溶液的吸光度（A，以A为横坐标，半乳糖醛酸浓度为纵坐标绘制标准曲线。

4. 测定　取果胶提取液，用水稀释至适量浓度（含半乳糖醛酸10～70 mg/L）。移取12 mL冰水冷却的浓硫酸加入试管中，然后加入2 mL样品稀释液，充分混合后，置于冰水冷却。取出后在沸水浴中加热10 min，冷却至室温，加入1 mL 0.15%咔唑试剂，摇匀，于室温下静置30 min。用空白试剂调零，在530 nm波长下测定$A_{530\ nm}$，与标样对照，求出样品果胶含量。

结果计算

$$X=\frac{C\times V\times K}{M\times 10^6}\times 100\%$$

式中：X——样品中果胶物质（以半乳糖醛酸计）质量分数，%；

V——果胶提取液总体积，mL；

K——提取液稀释倍数；

C——从标准曲线上查得的半乳糖醛酸浓度，μg/mL；

M——样品质量，g。

任务二　园艺产品贮藏条件调控

子任务一　园艺产品呼吸强度的测定

技能目标

1. 能正确配制测定所需试剂。
2. 能正确进行样品处理，并正确进行滴定分析操作。
3. 能准确进行结果计算。

测定原理

呼吸作用是果蔬采收以后进行的重要生理活动，是影响贮运效果的重要因素。测定果蔬呼吸强度可衡量果蔬呼吸作用的强弱，了解果蔬采收后的生理变化，为低温贮藏、气调贮藏、果蔬贮运以及呼吸热的计算提供必要的数据。

采用定量碱液吸收果蔬在一定时间内呼吸所释放出来的二氧化碳，再用酸滴定剩余的碱，即可计算出呼吸所释放出的二氧化碳量，求出其呼吸强度，单位为CO_2 mg/(kg·h)。

主要反应如下：

$$2NaOH+CO_2 \longrightarrow Na_2CO_3+H_2O$$
$$Na_2CO_3+BaCl_2 \longrightarrow BaCO_3\downarrow+2NaCl$$
$$2NaOH+H_2C_2O_4 \longrightarrow NaC_2O_4+2H_2O$$

测定方法

果蔬呼吸强度的测定方法有静置法和气流法两种。

方法一　静 置 法

材料、仪器及试剂

1. 材料　苹果、梨、柑橘、番茄、芸豆、马铃薯等。

2. 仪器　真空干燥器、吸收管、滴定管架、滴定管（25 mL）、三角瓶（150 mL）、烧杯（500 mL）、培养皿、小漏斗、移液管（10 mL）、容量瓶（100 mL）、洗耳球、试纸、台秤等。

3. 试剂　20%氢氧化钠、0.4 mol/L 氢氧化钠、0.1 mol/L 草酸、饱和氯化钡溶液、酚酞指示剂、正丁醇、凡士林、钠石灰。

4. 测定步骤（图 1-7）

（1）用移液管吸取 0.4 mol/L 的氢氧化钠溶液 20 mL 放入培养皿中。

（2）将培养皿放入呼吸室，放置隔板，装入 1 kg 果蔬封盖。

（3）静置 1 h 后取出培养皿把碱液移入烧杯中（冲洗 4～5 次），加饱和氯化钡溶液 5 mL、酚酞 2 滴。

（4）用 0.2 mol/L 的草酸滴定。记录读数 V_2。

（5）用同样的方法做空白滴定，在干燥器中不放果蔬样品。记录读数 V_1。

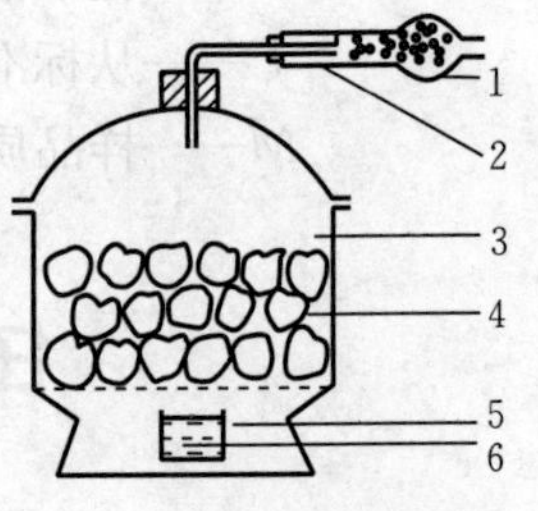

图 1-7　静置法测定呼吸强度
1. 钠石灰　2. 二氧化碳吸收管　3. 呼吸室　4. 果实　5. 培养皿　6. 氢氧化钠

5. 结果计算

$$\text{呼吸强度}\ [CO_2\,mg/(kg\cdot h)]=\frac{(V_1-V_2)\times c\times 44}{W\times h}$$

式中：c——草酸浓度 mol/L；

W——样品质量，kg；

h——测定时间，h；

V_1——对照所消耗的草酸溶液的体积，mL；

V_2——样品所消耗的草酸溶液的体积，mL；

44——二氧化碳的摩尔质量。

方法二　气 流 法

此法的特点是使果蔬处在气流畅通的环境中进行呼吸，比较接近自然状态。可以在恒定的条件下进行较长时间的多次连续测定。

材料、仪器及试剂

1. 材料　同静置法。

2. 仪器　大气采样器，其他同静置法。

3. 试剂　同静置法。

4. 测定步骤

(1) 按照图1-8连接好大气采样器，暂不接吸收管，开动大气采样器的空气泵，如果在装有20%氢氧化钠溶液的净化瓶中有连续不断的气泡产生，说明整个系统的气密性良好，否则应检查接口是否漏气。

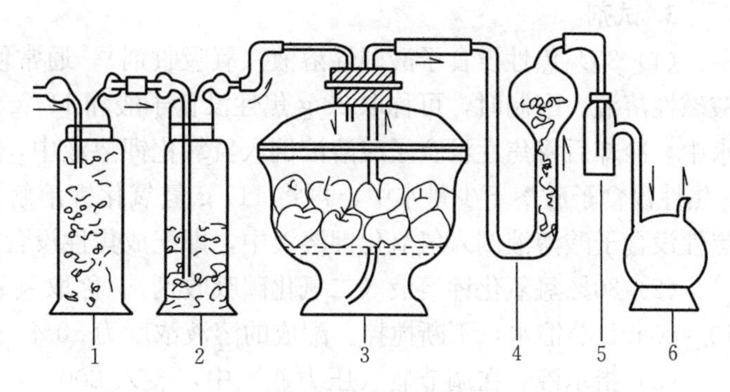

图1-8　气流法测定呼吸强度
1. 钠石灰　2. 20%氢氧化钠　3. 呼吸室　4. 吸收瓶　5. 缓冲瓶　6. 气泵

(2) 称取果蔬1 kg放入呼吸室，先将呼吸室与安全瓶连接，拨动开关，把流量调到0.4 L/min处，定时30 min，先使呼吸室抽空平衡0.5 h，然后连接吸收管开始正式测定。

(3) 取一支吸收管装入0.4 mol/L的氢氧化钠溶液10 mL，加1滴正丁醇，当呼吸室抽空平衡0.5 h后，立即接上吸收管，调整流量到0.4 L/min处，定时30 min，待样品呼吸0.5 h，取下吸收管，将碱液移入三角瓶中，加饱和氯化钡5 mL、酚酞2滴，然后用0.1 mol/L的草酸滴定至粉红色完全消失即为终点，记下滴定时草酸的用量V_1。

(4) 空白滴定是取一支吸收管装入0.4 mol/L的氢氧化钠溶液10 mL，加1滴正丁醇，稍加摇动后将碱液转移到三角瓶中，用蒸馏水冲洗5次，加饱和氯化钡5 mL、酚酞2滴，用0.1 mol/L的草酸滴定至粉红色完全消失即为终点，记下滴定时草酸的用量V_2。

5. 结果计算　同静置法。

子任务二　园艺产品贮藏环境氧气和二氧化碳含量的测定

技能目标

1. 能正确安装奥氏气体分析仪，并能进行气密性测试。
2. 能正确配制测定所需吸收剂。
3. 能正确操作奥氏气体分析仪进行测定，并能准确读数。
4. 能正确进行结果计算。

测定原理

测定果蔬贮藏保鲜环境中氧气和二氧化碳的方法有化学吸收法、物理化学测定法，本实训采用化学吸收法，即应用奥氏气体分析仪以及氢氧化钾溶液吸收二氧化碳，以焦性没食子酸碱性溶液吸收氧气，从而测出其各自含量。

材料、仪器及试剂

1. 材料 苹果、梨、香蕉、番茄、黄瓜等各种水果蔬菜，2 kg 塑料薄膜袋、乳胶管等。

2. 仪器 奥氏气体分析仪、胶管铁夹等。

3. 试剂

(1) 30%焦性没食子酸碱性溶液（氧吸收剂）。通常使用的氧吸收剂主要是焦性没食子酸碱性溶液。配制时，可称取 33 g 焦性没食子酸和 117 g 氢氧化钾，分别溶解一定量的蒸馏水中，冷却后将焦性没食子酸溶液倒入氢氧化钾溶液中，再加蒸馏水至 150 mL。也可将 33 g 焦性没食子酸溶于少量水中，再将 117 g 氢氧化钾溶解在 140 mL 蒸馏水中，冷却后，将焦性没食子酸溶液倒入氢氧化钾溶液中，即配成焦性没食子酸碱性溶液。

(2) 30%氢氧化钾溶液（二氧化碳吸收剂）。称取氢氧化钾 20～30 g，放在容器内，加 70～80 mL 蒸馏水，不断搅拌。配成的溶液浓度为 20%～30%。

(3) 指示液。在调节瓶（压力瓶）中，装入 200 mL 80%的氯化钠溶液，再滴入 2～3 滴 0.1～1.0 mol/L 的盐酸和 3～4 滴 1%甲基橙，此时瓶中即为玫瑰红色的指示液，以便于进行测量，同时，当操作时，吸气球管中碱液不慎进入量气管内，即可使指示液呈碱性反应，由红色变为黄色，可很快觉察出来。

测定步骤

1. 奥氏气体分析仪（图 1-9）的装置及各部分的用途 奥氏气体分析仪是由一个带有多个磨口的活塞的梳形管，与一个有刻度的量气筒和几个吸气管相连接而成，并固定在木架上。

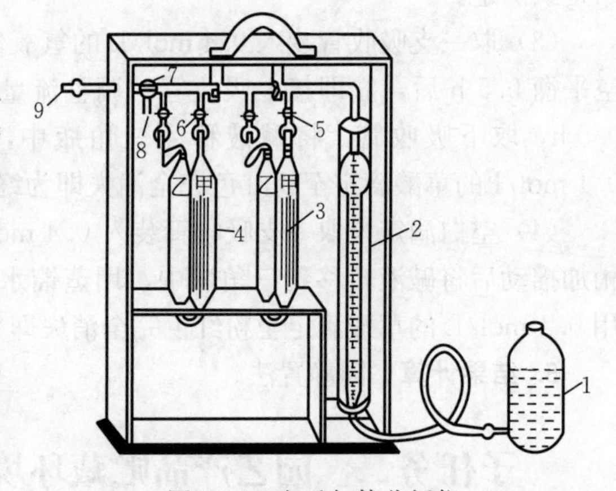

图 1-9 奥氏气体分析仪

1. 调节液瓶 2. 量气筒 3、4. 吸气球管 5、6. 两通活塞 7. 三通活塞 8. 排气口 9. 取气样口

(1) 梳形管。在仪器中起着连接枢纽的作用，它带有几个磨口活塞连通管，其右端与量气筒连接。左端为取样孔 9，套上胶管即与欲测气样相连。

(2) 两通磨口活塞。两通活塞 5、6 各连接一个吸气球管，控制着气样进出吸气球管。两通活塞 5、6 的通气孔呈 ═ 状，则切断气体与吸气球管的接触，呈 ‖ 状，使气体先后进出吸气球管，洗涤二氧化碳或氧气。

(3) 吸气球管。即图 1-9 中 3、4，又分甲、乙两部分，两者底部由一小的 U 形玻璃连通，甲管内装有许多小玻璃管，以增大吸收剂与气样的接触面。甲管顶端与梳形管上的磨口活塞相连。吸收球管内装有吸收剂，为吸收测定气样用。

(4) 量气筒。在图中 1-9 为有一刻度的圆管（一般为 100 mL），底口通过胶管与调节液瓶相连，用来测量气样体积。刻度管固定在一圆形套筒内，套筒上下应密封并装满水，以保证量气筒的温度稳定。

(5) 调节液瓶。在图中 1－9 是一个有下口的玻璃瓶，开口处用胶管与量气筒底部相连，瓶内装有蒸馏水，由于它的升降，造成瓶内水位的变动而形成不同的水压，使气样被吸入或排出或被压进吸气球管使气样与吸收剂反应。

(6) 三通磨口活塞。是一个带有“╤”形通孔的磨口活塞，转动活塞 7 改变“╤”形通孔的位置呈╧状、╟状、╟状，起着取气、排气或关闭的作用。

2. 清洗与调整

(1) 将仪器的所有玻璃部分洗净，磨口活塞涂凡士林，并按图装配好。

(2) 在各吸气球管中注入吸收剂。管 3 注入浓度为 30％的氢氧化钾溶液，作为吸收二氧化碳用。管 4 装入浓度为 30％的焦性没食子酸和等量的 30％的氢氧化钾混合液，作为吸收氧气用。吸收剂要求达到球管口。在液瓶 1 中和保温套筒中装入蒸馏水。最后将取样孔 9 接上待测气样。

(3) 将图 1－9 中所有的磨口活塞 5、6、7 关闭，使吸气管与梳形管不相通。转动 7 呈╟状并高举 1，排出 2 中的空气，以后转动 7 呈╢状，关闭取气孔和排气口，然后打开活塞 5 下降 1，此时 3 中的吸收剂上升，升到管口顶部时立即关闭 5，使液面停止在刻度线上，然后打开活塞 6 同样使吸收液面到达刻度线上。

3. 洗气　右手举起 1，用左手同时将 7 转至╟状，尽量排除 2 内的空气，使水面到达刻度“100”时为止，迅速转动 7 呈╧状，同时放下 1 吸进气样，待水面降到 2 底部时立即转动 7 回到╟状，再举起 1，将吸进的气样再排出，如此操作 2～3 次，目的是用气样冲洗仪器内原有的空气，以保证进入 2 内的气样的纯度。

4. 取样

(1) 洗气后转 7 呈╧状并降低 1，使液面准确达到零位，并将 1 移近 2，要求 1 与 2 两液面同在一水平线上并在刻度零处，这时吸收了 100 mL 气样。记录初试体积 V_1。

(2) 然后将 7 转至╟状，封闭所有通道，再举起 1 观察 2 的液面，如果液面不断往上升，说明有漏气，要检查各连接处及磨口活塞，堵塞后重新取样。若液面在稍有上升后停在一定位置上不再上升，说明不漏气，可以开始测定。

5. 测定

(1) 测定二氧化碳含量。转动 5 接通 3 管，举起 1 把气样尽量压入 3 中，再降下 1，重新将气样抽回到 2，这样上下举动 1 使气样与吸收剂充分接触，4～5 次以后下降 1，待吸收剂升到 3 的原来刻度线位置时，立即关闭 5，把 1 移近 2，在两液面平衡时读数，记录后，重新打开 5，来回举动 1，如上操作，再进行第二次读数，若两次读数相同，即表明吸收完全。否则重新打开 5 再举动 1 直至读数相同为止。记录测定体积 V_2。

(2) 测定氧气含量。转动 6 接通 4 管，用上述方法测出氧气的含量 V_3。

结果计算

$$O_2\ 含量=\frac{V_1-V_2}{V_1}\times 100\%$$

$$CO_2\ 含量=\frac{V_2-V_3}{V_1}\times 100\%$$

式中：V_1——量气筒初始体积，mL；

V_2——测定 CO_2 时残留气体体积，mL；

V_3——测定 O_2 时残留气体体积，mL。

注意事项

（1）举起1时2内液面不得超过最高刻度；液面也不能过低，否则吸收剂流入梳形管时要重新洗涤仪器才能使用。

（2）举起1时动作不宜太快，以免气样受压过大冲击吸收剂成气泡状自乙管溢出，如发生这种现象，要重新测定。

（3）先测二氧化碳后测氧气。

（4）焦性没食子酸的碱性溶液在15～20 ℃时吸收氧气效能最大，吸收效果随温度下降而减弱，0 ℃时几乎完全丧失吸收能力。

（5）吸收剂的浓度按百分比浓度配制，多次举1读数不相等时，说明吸收剂的吸收性能减弱，需要重新配制吸收剂。

（6）吸收剂为碱性溶液，使用时应注意安全。

子任务三　园艺产品贮藏环境乙烯含量的测定

技能目标

1. 能正确采集果蔬贮藏环境气样。
2. 能正确操作使用气相色谱仪。
3. 能根据测定结果，判断乙烯对贮藏效果的影响。

测定原理

乙烯对果蔬产品的采后生理生化进程、品质变化等方面有着重要作用。但是其在贮藏中含量很少，须采用气相色谱法进行分析测定。气相色谱仪中的分离系统包括固定相和流动相。由于固定相和流动相对各种物质的吸附或溶解能力不同，因此各种物质的分配系数（或吸附能力）不一样。当含混合物的待测样（含乙烯的混合气）进入固定相以后，不断通以流动相（通常为 N_2 或 H_2），待测物不断地再分配，最后，依照分配系数大小顺序依次被分离，并进入检测系统得到检测。检测信号的大小反映出物质含量的多少，在记录仪上就呈现色谱图，根据色谱图确定乙烯含量。

材料、仪器及试剂

1. 材料　苹果、梨、香蕉、番茄、青椒等若干。

2. 仪器

（1）密封装置。为带空心橡皮塞的三角瓶或真空干燥器。

（2）气相色谱仪（163 型 Hitachi 或 SQ－204）。

3. 试剂　标准乙烯。

测定步骤

1. 处理试验材料 将试验材料进行不同的处理（如离体、伤害、发芽、黑暗、辐射、冷藏、催熟等），然后置于适宜的密封装置中若干时间，以收集待测气样。

2. 启动色谱仪

（1）启动流程。

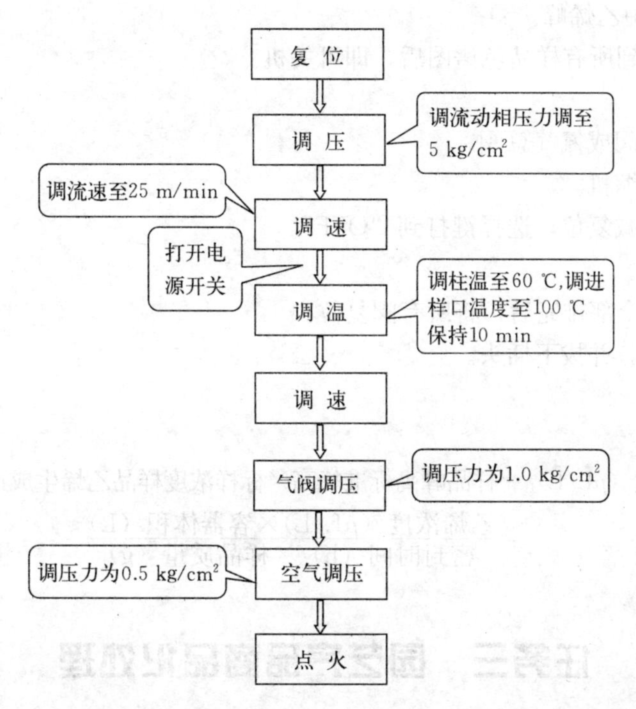

（2）启动步骤。

① 检测仪器各部件是否复位。若没有，需复位。

② 打开流动相（N_2），将压力调至 5 kg/cm²。然后打开仪器上的 N_2 阀，将流速调至 25 m/min（管道 1、2 一样）。

③ 插上电源，打开仪器上电源开关。

④ 调节柱温至 60 ℃，将进样口温度调至 100 ℃（乙烯为气体，进样口温度不需太高）。

⑤ 打开点火装置电源及空气压缩机开关，调节适当的量程和衰减（关机时，量程应打至“1”，衰减为“∞”）。

⑥ 打开钢瓶氢气阀，调压力为 1.0 kg/cm²（两管道一样），同时将空气压力调至 0.5kg/cm²。打开记录仪电源，并选择 10 mV 的输出电压和适当的走纸速度（10 nm/min）。

⑦ 点火。空气和氢气调好后，将选择键打到“ON”位置。按点火键 10 s 左右，氢气既可在燃烧室燃烧，在点火并点着时，可以看到记录笔向上移动。

⑧ 条件选择。将选择键打到“2”，并将空气压力调至 1.0 kg/cm²，氢气调至 0.5～0.7 kg/cm²（两管道一样）。待基线稳定后即可正式测定。

3. 测定

（1）取一定浓度（单位为 μL/L，以 N_2 作为稀释剂），一定量（100～1 000 μL）的标准乙烯进样，并注意出峰时间。待乙烯峰至顶端时即为乙烯的保留时间，重复3～4次，得到平均值。该平均值即作为样品中乙烯定性的依据之一。

（2）取同样量的待测样品，注入色谱柱（进样）。待样品峰全部出完后，即可做下一个样品。

（3）定性。外标法定性：样品中与标准乙烯保留时间相同的峰，即为样品乙烯峰；内标法定性：在得到某一样品的色谱图后，向该样品中加入一定量的标准乙烯进样，若某峰增高，该峰即为样品中乙烯峰。

4. 关机 待得到所有样品色谱图后，即可关机。

关机步骤：

① 关掉氢气总阀或氮气总阀。

② 关掉空气压缩机。

③ 将量程或衰减复位，选择键打到“OFF”。

④ 关掉记录仪。

⑤ 待 H_2、N_2 全部排完后，将所有阀复位。

⑥ 关主机电源，并拔下插头。

结果计算

样品中乙烯浓度（μL/L）＝样品峰高标准峰高×标样浓度样品乙烯生成速率（μL/g·h）

$$=\frac{\text{乙烯浓度（}\mu L/L\text{）×容器体积（L）}}{\text{密封时间（h）×样品质量（g）}}$$

任务三　园艺产品商品化处理

子任务一　果实硬度的测定

技能目标

能正确操作不同规格型号的硬度计进行果实硬度的测定。

测定原理

质地是果蔬的重要属性之一，它不仅与产品的食用品质密切相关，而且是判断许多果蔬贮藏性与贮藏效果的重要指标，果蔬硬度是判断质地的主要指标。测定果实的硬度，目前多用硬度计法。在我国现在常见的有HP－30硬度计（筒式硬度计）和GY－1型硬度计（盘式硬度计）（图1－10）。

材料与用具

各种水果、蔬菜，HP－30硬度计、GY－1型硬度计。

测定步骤

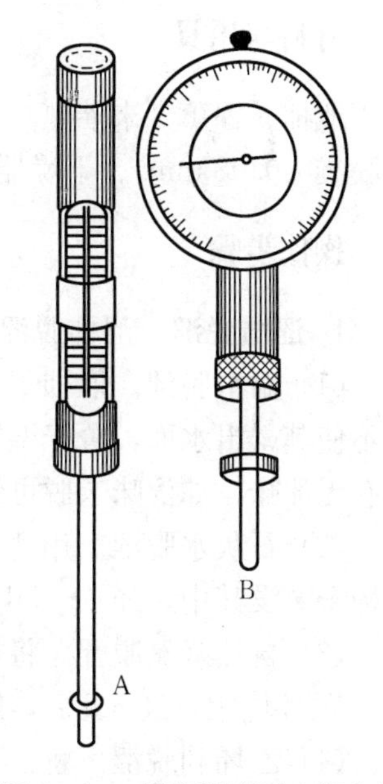

图1-10　果实硬度压力测定计
A. 筒式硬度计　B. 盘式硬度计

（1）去皮。将果实待测部分的果皮削掉。

（2）对准部位。硬度计压头与削去果皮的果肉相接触，并与果实切面接触，并与果实切面垂直。

（3）加压。左手紧握果实，右手持硬度计，缓缓增加压力，直到果肉切面达压头的刻度线上为止。

（4）读数。这时游标尺随压力增加而被移动，它所指的数值即表示每平方厘米（或 0.5 cm^2）上的硬度值。

注意事项

（1）测定果实硬度，最好是测定果肉的硬度，因为果皮的影响往往掩盖了果肉的真实硬度。

（2）加压时，用力要均匀，不可转动加压，亦不能用猛力压入。

（3）探头必须与果面垂直，不要倾斜压入。

（4）果实的各个部位硬度不同，所以，测定各处理果实硬度时，必须采用同一部位，以减少处理间的误差。

HP-30 型硬度计。这种硬度计的外壳是一个带有隙缝的圆筒，沿隙缝安有游标。隙缝两侧画有刻度，圆筒内装有轴，有一端顶的一个弹簧，另端装有压头，当压头受力时，弹簧压缩，带动游标，从游标所指的刻度，读出果实硬度读数。这种硬度计一般适用于苹果、梨等硬度较大的果实。压头有两种，截面积有所不同，大的为 1 cm^2，小的为 0.5 cm^2。

GY-1 型果实硬度计。这种硬度计虽然与采用压力来测定果实的硬度，但其读数标尺为圆盘式，当压力受到果实阻力，推动弹簧压箱，使齿条向上移动，带动齿轮旋转，与齿轮同轴的指针也同时旋转，指出果实硬度的数值。此硬度计可测定苹果、梨等的硬度。测定前，转动表盘，使指针与刻度 2kg 处重合。压头用圆锥和平压头两种，平压头适用不带皮果肉硬度的测定，圆锥形压头可用于带皮或不带皮的果实硬度的测定。测定方法与 HP-30 型果实硬度计相同。

子任务二　果实的催熟与脱涩

技能目标

能针对不同种类的果蔬，采用不同的催熟方法进行催熟处理。

实训原理

某些果蔬由于自身生理特性不能在植株上正常成熟；有的为了提早上市，需要早采，采收后进行催熟。果蔬催熟是采取一些人工措施，并配合适宜的温度，以促进酶活性，增强果蔬的呼吸作用，促进其成熟过程。

材料与用具

涩柿、香蕉（未催熟）、番茄（由绿转白）、乙醇、乙烯利、石灰、温水、温箱、聚乙烯薄膜袋（0.08 mm）、干燥器、温度计等。

操作步骤

1. 涩柿脱涩　涩柿脱涩的方法常用的有如下几种：

（1）温水脱涩。取柿子10～20个，放入小盆中，加入45 ℃温水，使柿子淹没，上压竹箅不使其露出水面，置于温箱中，将温调至40 ℃，经16 h取出，用小刀削下柿子果顶，品尝有无涩味，如涩味未脱可继续处理。

（2）石灰水脱涩。用清水50 kg，加石灰水1.5 kg，搅匀后稍加澄清，吸取上层清液，将柿子淹没其中，经4～7 d取出，观察脱涩及脆度。

（3）自然降氧脱涩。将柿子放于0.08 mm厚聚乙烯薄膜袋内，封口，将袋子放于22～25 ℃的环境中，经5 d后，解袋观察脱涩、腐烂及脆度。

（4）乙烯利脱涩。将乙烯利配成500 mg/kg的水溶液，将果实浸于溶液中，取出自行晾干，置于果筐（箱）中密封，于20～25 ℃条件下4～6 d观察脱涩效果。

2. 香蕉催熟

（1）乙烯利催熟。将乙烯利配成1 000～2 000 mg/kg的水溶液，取香蕉5～10 kg，将香蕉浸于溶液中，取出自行晾干，置于果筐（箱）中密封，于20～25 ℃条件下3～4 d观察脱涩及色泽变化。

（2）对照。用同样成熟的香蕉5～10 kg，不加处理，置于同样的温度条件下，观察脱涩及色泽变化。

3. 番茄催熟

（1）乙醇催熟。番茄于转白期采收，用乙醇喷洒果面，放于果箱中密封，于20～24 ℃环境中观察其色泽变化。

（2）乙烯利催熟。将番茄喷上500～800 mg/kg的乙烯利水溶液，用塑料薄膜密封，于20～24 ℃环境中观察其色泽变化。

（3）对照。用同样成熟的番茄，不加处理，置于同样的温度条件下，观察其色泽变化。

子任务三　果蔬贮藏保鲜品质的感官鉴定

技能目标

能根据果蔬贮藏产品品质好坏，判定贮藏效果。

材料与用具

1. 材料　选择当地有代表性的果蔬产品2～3种，如苹果、葡萄、柑橘、香蕉、猕猴桃、桃、李子、杏、马铃薯、胡萝卜、大白菜、花椰菜、甘蓝、番茄等。

2. 用具　天平、硬度计、折光糖度计、台秤、烧杯（100 mL）、纱布、不锈钢果刀等。

操作步骤

1. 苹果

（1）取样。随机取贮藏后的苹果（包括腐烂和病果）20～30 kg，平均分成6份，每组一份。

（2）鉴定内容。按照鉴定表进行，并将鉴定结果填入表1-15内。

表1-15　苹果贮藏品质鉴定表

品种	贮藏期			硬度（kg/cm^2）		固形物（%）		色泽			好果率（%）	贮藏病害种类	风味	等级	备注
	入贮期	鉴定期	贮藏天数（d）	贮藏前	贮藏后	贮藏前	贮藏后	果皮	果肉	果心					

2. 柑橘

（1）取样随机取贮藏后柑橘20～30kg（包括病果），平均分成6份，每组一份。

（2）鉴定内容。按照鉴定表进行，并将鉴定结果填入表1-16内。

表1-16　柑橘贮藏品质鉴定表

品种	采后处理内容	贮藏期			色泽		果汁率（%）	固形物含量（%）		好果率（%）	风味	贮藏病害种类
		入贮期	鉴定期	贮藏天数（d）	果皮	橘瓣		贮藏前	贮藏后			

注意事项

（1）在同样条件下鉴定，保证鉴定结果一致。

（2）果蔬贮藏要有一定时间，最好不要在贮藏初期进行鉴定。

（3）鉴定果蔬一定要随机取样。

（4）果蔬样品分组注意随机和平均。

（5）鉴定做到仔细、认真，按顺序进行。

【练习与作业】

1. 试述园艺产品的基本化学组成。

2. 什么是呼吸作用、呼吸强度、呼吸热、温度呼吸系数、田间热、呼吸系数、呼吸跃变？

3. 试述有氧呼吸、无氧呼吸与园艺产品贮藏的关系。

4. 影响呼吸强度的因素有哪些？如何利用这一原理延长园艺产品的贮藏寿命？

5. 影响园艺产品水分蒸发的因素有哪些？如何控制园艺产品贮藏中失水？

6. 试述乙烯的作用机理、生物合成途径及影响其合成的因素。

7. 试述控制园艺产品成熟、衰老的措施。

8. 何为冷害？其症状有哪些？如何控制冷害的发生？
9. 何为冻害？冻害对园艺产品贮藏有哪些影响？
10. 什么是休眠？如何控制和利用休眠？
11. 如何确定园艺产品的采收成熟度？
12. 园艺产品在采收过程中应注意哪些问题？
13. 园艺产品采后商品化的主要内容有哪些？
14. 园艺产品运输中应注意哪些事项？
15. 园艺产品采后商品化在贮运中有何重要意义？
16. 测定环境气体成分时为什么要先测定二氧化碳，后测定氧气？

项目二 园艺产品贮藏技术

学习目标 能根据不同情况，提出园艺产品贮藏库的初步设计方案；能对当地主要园艺产品贮藏库种类、贮藏方法、贮藏量、贮藏效益进行调查，并形成调查报告；能阅读并编制各种园艺产品贮藏技术方案；能进行贮藏组织工作及现场技术指导；能准确判断贮藏过程中常见的质量问题，并采取有效措施解决或预防；会对产品贮藏保鲜效果进行质量鉴定。

职业岗位 保鲜员。

工作任务

1. 清扫贮藏库，对库房及库内设备、用具进行消毒。
2. 对库内的蒸发器、送风管道、气体净化系统、氮气发生系统、库温调节系统和库内气体循环系统等设备进行检查。
3. 对气调库进行气密检查。
4. 对入库贮藏的园艺产品进行抽样检查、挑选整理。
5. 检查记录库内温度、湿度及气体指标的变化。
6. 根据不同季节、不同品种、不同贮藏方法和技术要求，调节库内的温度、湿度。
7. 检查库内贮藏的园艺产品质量，发现问题及时处理。

相关知识准备

一、园艺产品简易贮藏

简易贮藏是利用自然低温来维持和调节贮藏适宜温度的贮藏方法，主要有沟藏（埋藏）、窖藏和冻藏等形式，这种方法简单易行，成本低廉，在我国许多水果和蔬菜产区使用非常普遍。

（一）沟藏

沟藏也称为埋藏，是将园艺产品（主要是果蔬产品）按一定层次埋放在泥、沙等埋藏物里的一种贮藏方法。沟藏构造简单、成本低，利用较稳定的土壤温度来维持所需要的贮藏温度，也较易控制一定的湿度和积累一定的二氧化碳来减少自然损耗和抑制园艺产品的呼吸强度。但贮藏初期散热差，易产生高温，贮藏期间内不易检查等。

用于沟藏的贮藏沟，应选择地势平坦干燥、地下水位较低的地方；沟深视当地冻土层而定，一般为1.2～1.5 m，应避免产品受冻；宽度一般为1.0～1.5 m；沟的方向要根据当地气候条件确定，在较寒冷地区以南北向为宜，以减少冬季寒风的直接袭击；在较温暖地区，多为东西向，以减少阳光的照射和增大外迎风面，从而加快贮藏初期的降温速度。沟藏主要利用分层覆盖、通风换气和风障、荫障设置等措施调节贮藏温度。随着外界气温的变化逐步进行覆草或覆土、设立风障和荫障、堵塞通风设施，以防降温过低，产品受冻。贮藏沟的结构如图2-1所示。

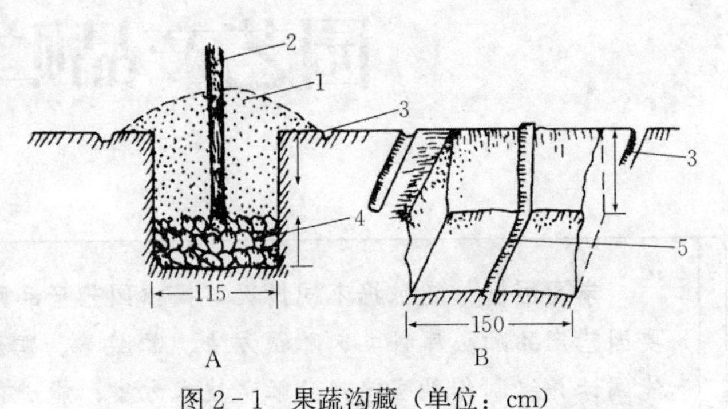

图2-1　果蔬沟藏（单位：cm）

A. 北京萝卜沟藏　B. 陕西果蔬沟藏

1. 覆土　2. 通风塔　3. 排水沟　4. 产品　5. 通风沟

（二）窖藏

窖藏是在埋藏的基础上发展起来的一种贮藏方式，主要有棚窖、井窖和窑窖3种类型，它既能利用变化缓慢的土温，又可以利用简单的通风设备来调节窖内的温度和湿度，在全国各地被广泛应用。

1. 窖藏的类型

（1）棚窖。棚窖分为地下式和半地下式两种，其形式和结构，因地区气候条件和贮藏产品而大同小异。较寒冷的地区多采用地下式，窖深2.5～3.0 m，温暖或地下水位较低的地方，多采用半地下式，入土深1.5 m。在北方常用于贮藏苹果、葡萄、大白菜等产品。棚窖的窖内的温、湿度是通过通风换气来调节的，因此建窖时需设天窗（图2-2）。

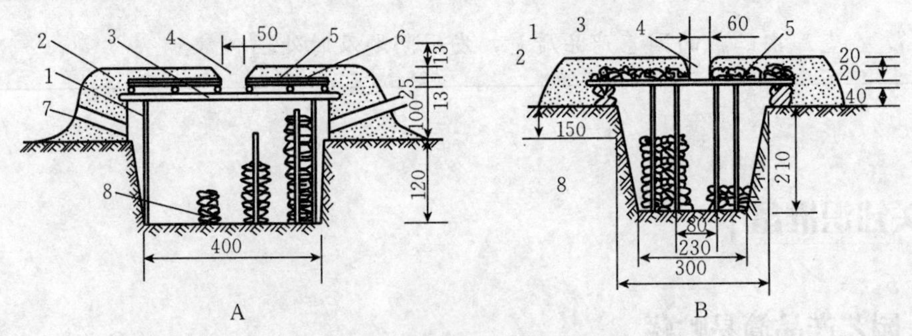

图2-2　棚窖（单位：cm）

A. 半地下式（北京）　B. 地下式（沈阳）

1. 支柱　2. 覆土　3. 横梁　4. 天窗　5. 秫秸　6. 檩木　7. 气孔　8. 白菜

（2）井窖。井窖能充分利用土壤的弱导热性和干燥土壤的绝缘作用，保持适宜的温湿条件。室内室外都可以建窖，室内窖贮藏初期，窖温较高，腐烂严重。但开春后，窖内温度回升慢，适宜长期贮藏。而室外窖正好相反，适宜短期贮藏（图2-3）。

（3）窑（窖）藏。窑藏是我国北方广泛应用的一种贮藏方式，多建在丘陵山坡，土质坚实的迎风处。其建在地平面上之上的称为窑，建在地平面以下的称为窖，基本结构一样。目前，在太行山以西、秦岭以北，东起洛阳、西至兰州的西北黄土高原地区，仍比较普遍应用。其贮藏的代表性果蔬有苹果、梨、马铃薯等。

生产上推广使用的窑洞主要有大平窑和母子窑两种土窑洞。大平窑主要由窑门、窑身和通气孔 3 部分构成（图 2-4）；而母子窑又称侧窑，是从大平窑发展而成的，主要由母窑窑门、母窑窑身、子窑窑门、子窑窑身和母窑通气孔 5 部分构成。

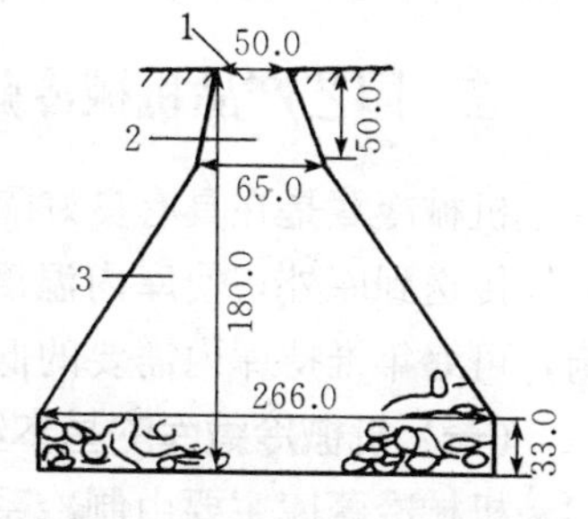

图 2-3　南充井窖（单位：cm）

1. 窖口　2. 窖颈　3. 窖体

窑洞从建造方式上可分为掏挖式和开挖式两种。建造掏挖式土窑洞的前提是窑顶土层深厚，至少在 5 m 以上，有时达几十米；开挖式土窑洞则通过开挖取土，砖砌建窑，深入地下，窑顶覆土或覆以保温材料。

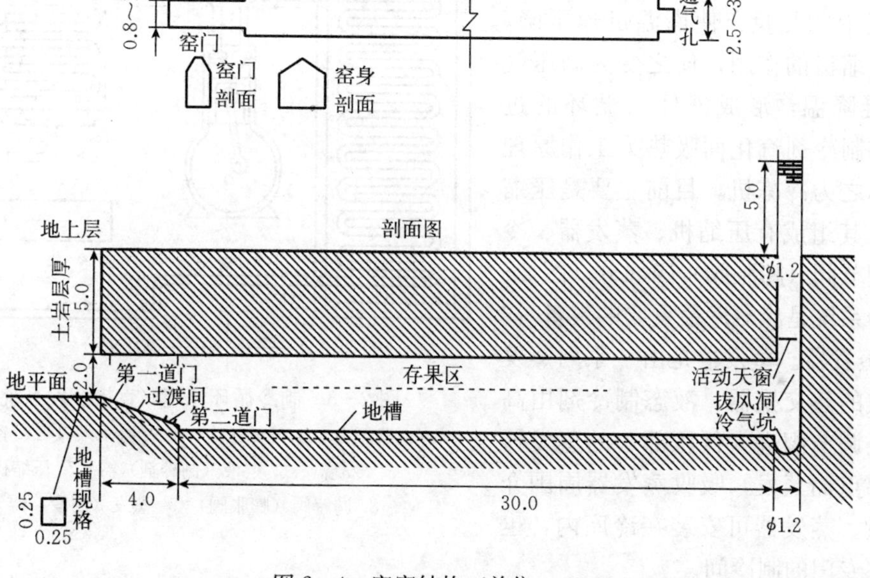

图 2-4　窑窖结构（单位：m）

2. 窑藏的管理　产品在入窑前，先要对窑体进行清洁消毒杀菌处理。一般采用熏蒸法，即每立方米用硫黄 10 g 熏蒸或喷洒 1% 的甲醛溶液，密闭 2 d，通风后使用。贮藏用具用 0.5% 的漂白粉溶液浸泡 0.5 h 后晒干备用，产品经挑选、防腐保鲜、预冷后入库。温度的管理分三个阶段：

（1）降温阶段。入窖后的贮藏初期，夜间要经常打开窑口和通风孔，尽量多导入外界冷空气，加速降低窑内及产品温度。白天外界温度高于窑内温度，要及时关闭窑口和通气孔，防止外界热空气侵入。

（2）蓄冷阶段。贮藏中期的冬季，在保证贮藏产品不受冻害的情况下，应尽量充分利用外界低温，使冷量积蓄在窑体内。蓄冷量愈大，则窑体保持低温时间愈长，愈能延长产品的贮藏期限。

（3）保温阶段。贮藏后期的春季，窑外温度逐步回升，为了保持窑内低温环境，此时应尽量少开窖盖和减少人员入窖时间。

二、园艺产品机械冷藏

机械冷藏是在具有良好隔热性能的贮藏场所内，借助机械冷凝系统的作用，将库内的热空气传送到库外，使库内温度降低并保持一定相对湿度的贮藏方式。它不受气候条件的影响，可终年维持库内需要的低温，是园艺产品贮藏的主要形式。

（一）机械冷藏库的基本结构

机械冷藏库主要由制冷系统和冷藏库两部分组成，制冷系统主要是根据冷藏库贮藏园艺产品的不同，为冷藏库提供冷量，降低冷藏库的温度。冷藏库则是要有良好的隔热防潮性能，以尽可能减少外界气温对库内温度的影响，维持恒定的低温。

1. 制冷系统

（1）机械制冷原理。机械制冷是利用汽化温度很低的制冷剂汽化，来吸收贮藏环境中的热量，使库温迅速下降，再通过压缩机的作用，使之变为高压气体后冷凝降温，形成液体后循环的过程。依靠制冷剂汽化而吸热为工作原理的机械称之为冷冻机，目前主要是压缩冷冻机，其组成有压缩机、蒸发器、冷凝器和调节阀（膨胀阀）四部分（图2-5），制冷系统是冷藏库最重要的设备。

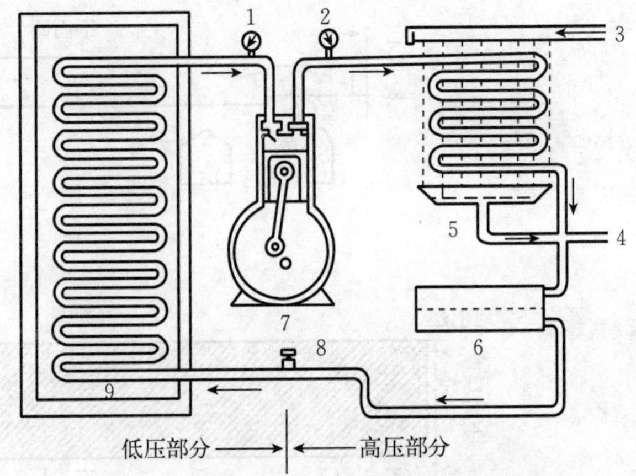

图2-5　制冷循环原理（直接蒸发系统）

1. 回路压力　2. 开始压力　3. 冷凝水入口　4. 冷凝水　5. 冷凝器　6. 贮液（制冷剂）器　7. 压缩机　8. 调解阀（膨胀阀）　9. 蒸发（制冷）器

① 蒸发器。蒸发器是由一系列蒸发排管构成的热交换器，液态制冷剂由高压部分经调节阀进入低压部分的蒸发器时达到沸点而蒸发，吸收蒸发器周围介质的热量。蒸发器可安装在冷库内，也可安装在专门的制冷间。

② 压缩机。在整个制冷系统中，压缩机起着心脏的作用，是冷冻机的主体部分。目前常用的是活塞式压缩机，压缩机通过活塞运动吸进来自蒸发器的气态制冷剂，将制冷剂压缩成为高压状态而进入冷凝器中。

③ 冷凝器。冷凝器有风冷和水冷两类，主要是把来自压缩机的制冷剂蒸气，通过冷却水或空气带走它的热量，使之重新液化。

④ 调节阀。又称为膨胀阀，它装置在贮液器和蒸发器之间，用来调节进入蒸发器的制冷剂流量，同时，起到降压作用。

（2）制冷剂。在制冷系统中，蒸发吸热的物质称为制冷剂，制冷系统的热传递任务是靠制冷剂来进行的。制冷剂要具备沸点低、冷疑点低、对金属无腐蚀作用、不易燃烧、不爆炸、无刺激性、无毒无味、易于检测、价格低廉等特点。

制冷系统中使用的制冷剂有很多种，归纳起来大体上可分四类：即无机化合物、甲烷和乙烷的卤素衍生物、碳氢化合物、混合制冷剂。目前在实际生产中常用的制冷剂主要有氨

(R717)、氟利昂等。

a. 氨。氨是目前使用最为广泛的一种中压中温制冷剂。氨的凝固温度为－77.7 ℃，标准蒸发温度为－33.3 ℃，在常温下冷凝压力一般为 1.1～1.3 MPa。氨的单位标准容积制冷量大约为 1 260 kJ/kg，蒸发压力和冷凝器压力适中。氨有很好的吸水性，即使在低温下水也不会从氨液中析出而冻结，故系统内不会发生“冰塞”现象。氨对钢铁不起腐蚀作用，但氨液中含有水分后，对铜及铜合金有腐蚀作用，且使蒸发温度稍许提高。因此，氨制冷装置中不能使用铜及铜合金材料，并规定氨中含水量不应超过 0.2%。

b. 氟利昂。氟利昂属于甲烷和乙烷的卤素衍生物，是小型制冷设备中较好的制冷剂，最早使用的氟利昂制冷剂有 R12（CF_2Cl_2）、R22（CHF_2Cl），但是其对臭氧层有破坏作用，目前已限制使用。许多国家在生产制冷设备时已采用了其代用品，目前常用的主要有氟利昂 502（R502）、氟利昂 134a（R134a，四氟乙烷）等。R502 是由质量分数为 48.8%的 R22 和 51.2%的 R115 组成，属共沸制冷剂。R502 与 R115、R22 相比具有更好的热力学性能，更适用于低温。其标准蒸发温度为－45.6 ℃，正常工作压力与 R22 相近，用于全封闭、半封闭或某些中小制冷装置，其蒸发温度可低达－55 ℃，R502 在冷藏柜中使用较多。R134a 是一种新开发的制冷剂，在标准大气压力下沸点为－26.25 ℃，凝固点为－101 ℃，临界温度为 101.05 ℃，临界压力为 4.06 MPa。R134a 的热力性质与 R12 非常接近，安全性好、无色、无味、不燃烧、不爆炸、基本无毒性、化学性质稳定，不会破坏空气中的臭氧层，为近年宣传的一种环保制冷剂，是比较理想的 R12 替代品。生产中开发的不破坏大气臭氧层的环保新型制冷剂还有 R407C、R410A、R417A、R404A 等。

2. 冷藏库建筑的建造形式　目前冷库建筑的建造方式主要有三种形式：采用砌块和钢筋混凝土结构加保温建造的土建冷库，轻钢结构加装配式冷库，土建或钢混结构加装配式冷库。选用具体形式主要可根据不同区域、地理环境、投资成本、运行成本等因素而决定。

(1) 土建冷库。在冷库体结构形式上，单层冷库多采用梁板式结构，多层冷库则采用无梁楼盖结构形式。冷库的墙、柱、楼板等主体采用砌块、钢筋混凝土结构，冷库墙体内侧粘贴保温层，保温层两侧需做防潮隔汽层，内侧再做土建防护层，冷库的保温材料由稻壳、软木、聚苯乙烯发展为聚氨酯喷涂，防潮隔汽材料已淘汰石油沥青油毡的做法，而改用聚氨酯防水涂料及聚乙烯薄膜现场铺贴的做法，土建冷库的围护结构属重型结构，热惰性较大，受外界空气温度及太阳辐射引起的温度波动较小，库温较稳定。土建冷库的优点是坚固，承重高，防火和耐久性好；缺点是施工工期较长，自重较重，地质情况要求高，冷库内柱子较多，影响货物堆放，降低了冷库的有效使用容积。

(2) 轻钢结构加装配式冷库。随着轻钢结构的发展和现代物流的需要，大柱网、大跨度钢结构装配式冷库迅猛发展。冷库承重采用钢柱、钢梁等轻型钢结构形式，保温采用预制库板现场拼接，轻钢结构与保温板之间，有两种结构形式，一种是外结构，另一种是内结构。轻钢承重结构在保温板的外侧，称为外结构，反之为内结构，外结构比内结构用钢量少。为了降低太阳的辐射热，屋顶设有波纹压型薄钢板制成的屋面并下挂 1.5 m 左右，与保温层之间至少有 600 mm 的空气层，国内多采用外结构方式，主要是考虑结构与地坪隔热处理，而国外多采用内结构方式，结构与地坪使用了隔热垫块的技术措施。

轻钢结构加装配式冷库这种形式的围护结构属轻型结构，热惰性较小，受外界空气温度及太阳辐射引起的温度波动较大。这种结构形式的缺点是防火性差投资成本和维护费用较高。

近年来，我国装配式冷库有了很大的发展，由于它具重量轻、刚性好、强度高、结构紧凑、安装快捷、美观卫生等优点，越来越受到用户的青睐，特别在中小型冷库建造中，装配式冷库逐渐取代了以稻壳、矿渣棉、软木为隔热层的土建冷库。

装配式冷库的库板可分为粘贴型与浇注型两类，后者应用较广，库板的面板材料有镀锌钢板、喷塑复合板、铝合金板、胶合板和不锈钢板等，面板一般都做压筋处理，两面板间的隔热材料有聚氨酯泡沫塑料、聚苯乙烯泡沫塑料，前者因有较好的保温性和抗湿性，应用较广，采用这种方式可无需设防潮隔汽层，但要做好库板间接缝处理，通常的方法有锁钩连接或聚氨酯灌发。装配式冷库结构如图 2-6 所示。

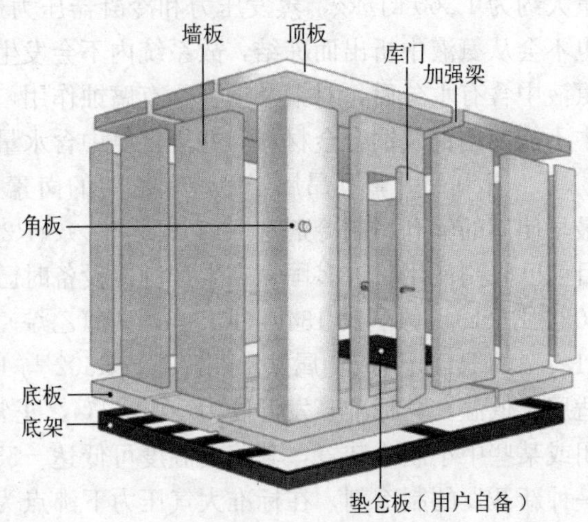

图 2-6 装配式冷库结构

(3) 土建或钢混结构加装配式冷库。冷库结构为土建结构，保温采用预制冷库板，这种形式较为多用。钢混结构介于以上土建和轻钢结构之间，它可适应大跨度要求，墙体为土建形式，屋顶采用钢梁或钢网架结构，跨度、荷载低的一般选用钢梁，（一般钢梁单跨跨度不超 30 m）；跨度大、荷载重的选用钢网架结构。土建或钢混结构加装配式冷库形式的维护结构热惰性介于以上两种形式之间，它在一定程度上避免了以上两种结构的缺点近年来也应用较多。

3. 冷藏库的隔热 冷藏库的隔热性能是一项重要的经济技术指标。隔热性能好，对节省制冷设备的投资及运转费用、维持库温稳定具有重要意义。冷藏库隔热材料应选择隔热性能好（导热系数小）、造价低廉、无毒无异味、难燃或不燃、保持原形不变的隔热材料。各种隔热材料隔热性能请参照表 2-1。

表 2-1 常见材料的隔热性能

材料	导热系数 [W/(m·℃)]	热阻 (m²·℃/W)	材料	导热系数 [W/(m·℃)]	热阻 (m²·℃/W)
静止空气	0.025	40.0	加气混凝土	0.08～0.12	12.5～8.3
聚氨酯泡沫塑料	0.02	50.0	泡沫混凝土	0.14～0.16	7.1～6.2
聚苯乙烯泡沫塑料	0.035	28.5	普通混凝土	0.25	0.8
聚氯乙烯泡沫塑料	0.037	27.0	普通砖	0.68	1.47
膨胀珍珠岩	0.03～0.04	33.3～25.0	玻璃	0.68	1.47
软木板	0.05	20.0	干土	0.25	4.0
油毛毡、玻璃棉	0.05	20.0	湿土	3.25	0.31
纤维板	0.054	18.5	干沙	0.75	1.33
锯屑、稻壳、秸秆	0.061	16.4	湿沙	7.50	0.13
刨花	0.081	12.3	雪	0.4	2.5
炉渣、木料	0.18	5.6	冰	2.0	0.5

根据我国冷库设计规范《冷库设计规范》（GB50072—2010）的规定，冷库外围护结构单位面积的热流量一般控制在 7～11 W/m²，冷藏库冷间隔墙之间的热流量控制在 10～12 W/m²。冷藏库外围护结构（墙体、屋面或顶棚）的热阻值根据设计采用的室内外两侧温度差，结合面积热流量选取确定值而确定，如一般的园艺产品冷藏库，设计采用的室内外温差为 40 ℃，面积热流量为 7 W/m²，则冷库外围护结构的热阻值应达到 5.71 m²・℃/W，一般来讲，选取确定的面积热流量越小，冷库外围护结构的热阻值越大，冷藏库的保温性越好，反之亦然。

冷藏库外围护结构及冷间隔墙隔热材料厚度的要求，依据确定的热阻值及隔热材料的导热系数进行计算，其计算公式为：

$$d=\lambda R_0$$

式中：d——隔热材料厚度，m；

λ——隔热材料的导热系数，W/(m・℃)；

R_0——围护结构总热阻，m²・℃/W。

隔热材料的选择上，除考虑其导热系数小、吸湿性小之外，还应考虑造价。20 世纪 80 年代以前，冷库常用的隔热材料有稻壳、软木、炉渣和膨胀珍珠岩等，80 年代后，新型保温材料迅速发展，岩棉、玻璃棉、聚苯乙烯泡沫塑料和聚氨酯泡沫塑料等越来越广泛使用，施工方法也多种多样，目前冷库保温广泛使用的材料主要有聚苯乙烯泡沫塑料、聚氯乙烯泡沫塑料和聚氨酯泡沫塑料。

4. 冷库的防潮　冷藏库围护结构两侧的温度不一致，很容易在其两侧形成水蒸气分压差，水蒸气会渗入使隔热材料受潮而降低其隔热性能。水蒸气是通过建筑材料（如砖块、木材等），在水蒸气内外有差异的情况下和在毛细管的作用下，由外表渗入到墙壁中，水蒸气逐渐达到饱和，凝结为水，积留于绝缘层中。因此在隔热材料两面与建筑材料之间要加一层防水气层，封闭水汽进入通道。用于封闭水汽的材料有塑料薄膜、金属箔片、沥青胶剂、树脂黏胶、绝缘材料。不管用哪类防水汽材料，用时要注意完全封闭，不能留有各种微小缝隙漏泄，如果只在绝热层的一面敷设防水汽层，防潮层必须设在墙壁、地面或天花板接触温度较高的一面上。天花板的表面也要设防潮层，天花板与屋顶之间则需要有空隙，以利于空气流通。

（二）冷库的管理

1. 消毒　园艺产品腐烂的重要原因是有害菌类的污染，冷藏库在使用前必须进行全面的消毒。常用的消毒方法是将库内打扫干净，所有用具用 0.5%的漂白粉溶液或 2%～5%硫酸铜溶液浸泡、刷洗、晾干。然后对冷库用下列方法进行消毒。

（1）乳酸消毒。将浓度为 80%～90%的乳酸和水等量混合，按每立方米库容用 1 mL 乳酸的量，将混合液放于瓷盆内于电炉上加热，待溶液蒸发完后，关闭电炉。闭门熏蒸 6～24 h，然后开库使用。

（2）过氧乙酸消毒。将 20%的过氧乙酸按每立方米库容用 5～10 mL 的量，放于容器内于电炉上加热促使其挥发熏蒸，或按以上比例配成 1%的水溶液全面喷雾。因过氧乙酸有腐蚀性，使用时应注意对器械、冷风机和人体的防护。

（3）漂白粉消毒。将含有效氯 25%～30%的漂白粉配成 10%的溶液，用上清液按每立方米库容 40 mL 的用量喷雾。使用时注意防护，用后库房必须通风换气除味。

(4) 福尔马林消毒。按每立方米库容用 15 mL 福尔马林的量，将福尔马林放入适量高锰钾或生石灰，稍加些水，待发生气体时，将库门密闭熏蒸 6～12 h。开库通风换气后方可使用库房。

(5) 硫黄熏蒸消毒。用量为每立方米库容用硫黄 5～10 g，加入适量锯末，置于陶瓷器皿中点密闭熏蒸 24～48 h 后，彻底通风换气。

2. 入库 园艺产品进入冷藏库之前要先预冷。由于园艺产品收获时田间热较高，增加了冷凝系统的负荷，若较长时间达不到贮藏低温，则会引起严重的腐烂败坏。进入冷贮的产品应先用适当的容器包装，在库内按一定方式堆放，尽量避免散贮方式。为使库内空气流通，以利降温和保证库内温度分布均匀，货物应离墙 30 cm 以上，与顶部约留 80 cm 的空间，而货与货之间应留适当空隙。

3. 温度管理 产品入库后应尽快达到贮藏适宜温度，在贮藏期间应尽量避免库内温度波动。园艺产品种类和品种不同，对贮藏环境的温度要求也不同。如有些切花（如菊花、郁金香等）可在－0.5～0 ℃条件下包装贮藏，而黄瓜、四季豆、甜辣椒等蔬菜在 0～7 ℃就会发生伤害。冷藏库的温度要求分布均匀，可在库内不同的位置安放温度表，以便观察和记载冷藏库内各部温度的情况，避免局部产品受害。另外，结霜会阻碍热交换，影响制冷效果，必须及时冲霜。

4. 湿度管理 贮藏园艺产品的相对湿度要求在 85%～95%。在制冷系统运行期间，湿空气与蒸发管接触时，蒸发器很容易结霜，而经常性的结霜会使冷藏库内湿度不断降低，常低于贮藏园艺产品对湿度的要求。因此，贮藏园艺产品时要经常检查库内相对湿度，采用地面洒水和安装喷雾设备或自动湿度调节器的措施来达到对贮藏湿度的要求。

一些冷藏库出现相对湿度偏高，这主要是由于冷藏库管理不善，产品出入频繁，以致库外含有较高的绝对湿度的暖空气进入库房，在较低温度下形成较高的相对湿度，甚至达到露点，而出现“发汗”现象，解决这一问题的方法在于改善管理。

5. 通风换气管理 园艺产品贮藏过程中，会放出二氧化碳和乙烯等气体，当这些气体浓度过高时会不利于贮藏。冷藏库必须要适度通风换气，保证库内温度均匀分布、降低库内积累的二氧化碳和乙烯等气体浓度，达到贮藏保鲜的目的。冷藏库的通风换气要选择气温较低的早晨进行，雨天、雾天等外界湿度过大时暂缓通风，为防止通风而引起冷藏库温、湿度发生较大的变化，在通风换气的同时开动制冷机以减缓库内温、湿度的升高。

三、园艺产品气调贮藏

气调贮藏即调节气体成分贮藏，即在适宜的低温条件下减少贮藏环境空气中的氧气并增加二氧化碳的贮藏方法，是目前国际上园艺产品保鲜的现代化贮藏手段。

(一) 气调贮藏的原理与特点

21 世纪初，Kidd 和 West 研究了空气组分对果实、种子的生理影响，创造了改变空气组成保存农产品的商业性贮藏技术，并将这种方法称为气体贮藏。在一定的范围内，降低贮藏环境中氧气浓度，提高二氧化碳的浓度，可以降低产品的呼吸强度和底物氧化作用，减少乙烯生成量，降低不溶性果胶物质分解速度，延缓成熟进程，延缓叶绿素分解速度，提高抗坏血酸保存率，明显抑制园艺产品和微生物的代谢活动，延长园艺产品的贮藏寿命。气调贮藏的原理就是在维持园艺产品的正常生命活动的前提下，通过调节贮藏环境中氧气、二氧化碳及其他一些气体的浓度来抑制园艺产品的呼吸作用、蒸发作用和微生物的侵染，达到延缓园艺产品的生理代谢，推迟后熟、衰老和防止变质的目的。

人为调节氧气和二氧化碳含量指标的贮藏方法被称之为气调贮藏，用CA表示；而将产品置于密封的容器中依靠其呼吸代谢来改变贮藏环境的气体组成，基本不进行人工调节的气调贮藏称为自发气调或限气贮藏，用MA表示。气调贮藏仅靠调节气体组成难以达到预期的贮藏效果，还应该考虑温、湿度等因素，特别是温度因素对延缓呼吸作用、减少物质消耗、延长贮藏及保鲜期限尤为重要，是其他手段不可替代的。因此对气调贮藏来说，控制和调节最适宜的贮藏温度是该方法的先决条件。特别要注意的是，二氧化碳浓度过高或氧气浓度过低会引起或加重生理失调、成熟异常、产生异味、加重腐烂。

（二）气调贮藏的技术参数

气调贮藏多用于果蔬的长期贮藏。因此，无论是外观或内在品质都必须保证原料产品的高质量，才能获得高质量的贮藏产品，取得较高的经济效益。入贮的产品要在最适宜的时期采收，不能过早或过晚，这是获得良好贮藏效果的基本保证。另外，只有呼吸跃变型的果蔬采取气调贮藏，才能取得显著效果。影响气调贮藏寿命除决定于贮藏品种的遗传特性外，还受以下环境因素的影响。气调贮藏是在一定温度条件下进行的，在控制空气中的氧气和二氧化碳含量的同时，还要控制贮藏的温度，并且使三者得到适当的配合。

1. 温度　降低温度对控制呼吸作用、延长贮藏寿命的重要性是其他因素不能替代的。在保证园艺产品正常代谢不受干扰的前提下，尽可能降低和稳定贮藏温度。当温度接近0℃时，温度的稍微的波动都会对呼吸产生刺激作用，因此气调贮藏库的温度比冷藏库的稍高（1℃左右）。采用气调贮藏法贮藏果品或蔬菜时，在比较高的温度下，也可能获得较好的贮藏效果。新鲜果品和蔬菜之所以能较长时间地保持其新鲜状态，主要是降低温度，提高二氧化碳浓度和降低氧气浓度等逆境的适度应用，抑制了果蔬的新陈代谢。各种果蔬其抗逆性都有一定的限度，苹果在常规冷藏的适宜温度是0℃，如果用0℃再加以高二氧化碳和低氧气的气调贮藏，则苹果会出现二氧化碳伤害等病症，如在气调贮藏时，其贮藏温度提高到3℃左右，就可以避免氧气伤害。绿色番茄在20～28℃进行气调贮藏的效果，与在10～13℃下普通空气中贮藏的效果相仿。由此看出，气调贮藏法对热带、亚热带果蔬来说有着非常重要的意义，因为它可以采用较高的贮藏温度从而避免产品发生冷害。当然这里的较高温度也是很有限的，气调贮藏必须有适宜的低温配合，才能获得良好的效果。

2. 气体浓度

（1）低氧气效应。气调贮藏中低浓度氧气在抑制后熟作用（调控乙烯的产生）和呼吸抑制中具有关键作用。贮藏温度升高时，叶绿素分解加速，低氧气有延缓叶绿素分解的作用。贮藏之前，将苹果放在氧气浓度为0.2%～0.5%的条件下处理9 d，然后继续贮藏在二氧化碳与氧气含量比值为1.0∶1.5的条件下，对于保持斯密斯苹果的硬度和绿色，以及防止褐烫病和红心病，都有良好的效果，气调贮藏中，氧气浓度一般以能维持正常的生理活性、不发生缺氧（无氧）呼吸为底线，引起多数果蔬无氧呼吸的临界氧气浓度在2.0%～2.5%。

（2）高二氧化碳效应。提高二氧化碳的浓度对延长多种园艺产品的贮藏期都有效果。刚采摘的苹果大多对高二氧化碳浓度和低氧气浓度的忍耐性较强，在气调贮藏前给以高浓度二氧化碳处理，有助于加强气调贮藏的效果。将采后的果实放在12～20℃下，二氧化碳浓度维持在90%，经1～2 d可杀死所有的介壳虫，而对苹果没有损伤。经二氧化碳处理的金冠苹果贮藏到2月，比不处理的硬度高9.81N左右，风味也更好些。但二氧化碳浓度过高(超过15%)，就会导致风味恶化和二氧化碳中毒的生理病害。二氧化碳的最有效浓度取决于不同种类的园艺产品对二氧化碳的敏感性，以及其他因素的相互关系。

(3) 氧气、二氧化碳和温度的互作效应。气调贮藏中的气体成分和温度等诸条件，不仅个别影响产品，而且诸因素之间也会对贮藏产品起着综合的影响。贮藏效果的好坏正是这种互作效应是否被正确运用的反映，要取得良好贮藏效果，氧气、二氧化碳和温度必须有最佳的配合。不同的贮藏产品都有各自最佳的贮藏条件组合（表2-2），但这种最佳组合不是一成不变的。当某一条件因素发生改变时，可以通过调整别的因素而弥补由这一因素的改变所造成的不良影响。

另外，气调贮藏在不同的贮藏时期还应控制不同的气调指标，以适应果实从健壮向衰老不断地变化，对气体成分的适应性也在不断变化的特点，从而得到有效的延缓代谢过程，保持更好的食用品质的效果，此法称为动态气调贮藏，简称DCA。

表2-2　常见果蔬的气调贮藏条件

种类	温度（℃）	O_2 含量（%）	CO_2 含量（%）	潜在效益	商业应用
苹果	0.5	2～3	1～2	极好	40%应用
杏	0.5	2～3	2～3	尚好	无
甜樱桃	0.5	3～10	10～12	好	应用
无花果	0.5	5	15	好	应用
葡萄	0.5	2～4	3～5	略微	结合 SO_2 杀菌
猕猴桃	0.5	2	5	极好	应用
桃	0.5	1～2	5	好	应用
梨	0.5	1～2	5	好	应用
草莓	0.5	10	15～20	极好	应用
油梨	5～13	2～5	3～10	好	应用
香蕉	13～14	2～5	2～5	极好	应用
葡萄柚	10～15	3～10	5～10	尚好	无
柠檬	10～15	5	0～5	好	应用
橙类	5～10	10	5	尚好	无
杧果	10～15	5	5	尚好	无
菠萝	10～15	5	5	尚好	无
番茄（绿熟）	12～20	3～5	0	好	应用
番茄（红熟）	8～12	3～5	0	好	应用
石刁柏	0～5	空气	5～10	好	微
豆类	5～10	2～3	5～10	尚好	有潜力
花椰菜	0～5	2～5	2～5	尚好	无
蘑菇	0～5	空气	10～15	好	微

（续）

种类	温度（℃）	O_2 含量（%）	CO_2 含量（%）	潜在效益	商业应用
甜玉米	0～5	2～4	10～20	好	微
洋葱	0～5	1～2	10～20	尚好	无
卷心菜	0～5	3～5	5～7	好	应用
韭葱	0～5	1～2	3～5	好	无
芹菜	0～5	2～4	0	尚好	微
结球莴苣	0～5	2～5	0	好	应用

（4）乙烯的作用。低氧可以抑制乙烯的生成。二氧化碳是乙烯的类似酶反应的竞争抑制剂，通过降低贮藏环境中氧气的浓度，提高二氧化碳的浓度，能达到减少乙烯生成量、降低乙烯作用的目的。

3. 相对湿度　相对湿度是影响气调贮藏效果的又一因素。维持较高湿度，减少园艺产品的水分损失具有重要作用。气调贮藏园艺产品对库的相对湿度一般比冷藏库高，一般为90%～93%，增湿是气调贮藏库普遍需要采取措施。

（三）气调贮藏的方法

气调贮藏自进入商业性应用以来，大致可分为两大类，即自发气调（MA）和人工气调（CA）。

1. 自发气调　自发气调又称限气气调，是指利用果蔬呼吸自然消耗氧气和自然积累二氧化碳的一种贮藏方式。自发气调贮藏方法比较简单，但达到设定的氧气和二氧化碳浓度水平所需时间较长，操作上维持要求的氧气和二氧化碳比例较困难，故贮藏效果不如CA贮藏。目前MA贮藏在国内最成功的范例应当是大蒜的塑料袋密封气调贮藏和苹果的硅胶窗气调贮藏。自发气调的主要方式有塑料大帐气调贮藏、塑料薄膜小袋气调贮藏、硅胶窗气调贮藏等。

（1）塑料大帐贮藏。将贮藏产品用透气的包装容器盛装，码成垛，垛底先铺一层薄膜，在薄膜上摆放垫木，使盛装产品的容器架空。码好的垛用塑料薄膜帐罩住，帐和垫底的薄膜的四边互相重叠卷起并埋入垛四周的土沟中，或用其他重物压紧，使帐密封（图2-7）。塑料大帐一般为长方体，在帐的两端分别设置进气袖口和排气袖口，供调节气体之用。在帐的进气袖口和排气袖口的中部设置取气口，供取气样分析之需。大帐多选用0.07～0.20 mm的聚乙烯或无毒的聚氯乙烯薄膜制成，可置于普通冷库中，也可在常温库或阴棚内。

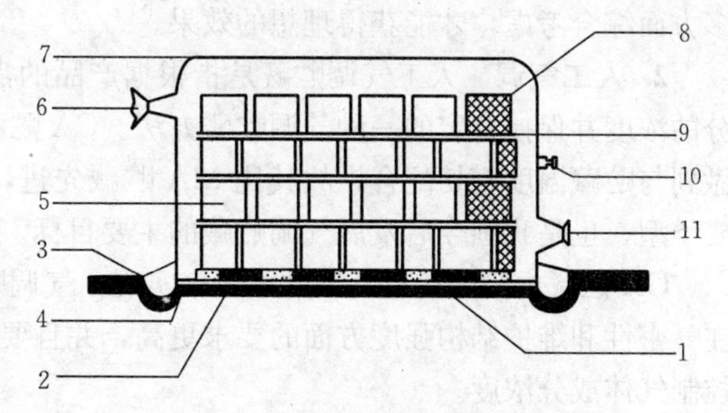

图2-7　塑料薄膜大帐贮藏图
1. 垫砖　2. 石灰　3. 卷边　4. 帐底　5. 贮藏箱
6. 进气袖口　7. 帐顶　8. 贮藏产品　9. 木杆
10. 取气嘴　11. 排气袖口

（2）薄膜塑料小袋气调贮藏。将产品装在塑料薄膜袋内（一般为厚0.02～0.08 mm的聚乙烯薄膜），扎紧袋口或热合密封后放于库房中贮藏的一种简易气调贮藏方法。袋的规格、容量不一，大的有20～30 kg，小的一般小于10 kg一袋，但在苹果、梨、柑橘类等水果贮藏时则大多为单果包装。在贮藏中，经常出现袋内氧气浓度过低而二氧化碳浓度过高的情况，故应定期放风，即每隔一段时间将袋口打开，换入新鲜空气后再密封贮藏。

（3）硅胶窗气调贮藏。硅胶窗气调贮藏是将果蔬产品贮藏在镶有硅胶窗的聚乙烯薄膜袋内，利用硅胶膜特有的透气性进行自动调节气体成分的一种简易的自发气调贮藏方法。

利用硅胶膜特有的性能，在较厚的塑料薄膜（如0.23 mm聚乙烯膜）做成的袋或帐上镶嵌一定面积的硅橡胶膜，袋内的园艺产品呼吸作用释放的二氧化碳可通过硅窗排出袋外，而消耗的氧气则可由大气通过硅窗进入而得以补充。因硅橡胶膜具有较大的氧气和二氧化碳的透气比，而且，袋内二氧化碳的透出量与袋内的浓度成正比。因此，从理论上讲，一定面积的硅胶窗，贮藏一段时间后，能调节和维持袋内的氧气和二氧化碳含量在一定的范围（图2-8）。

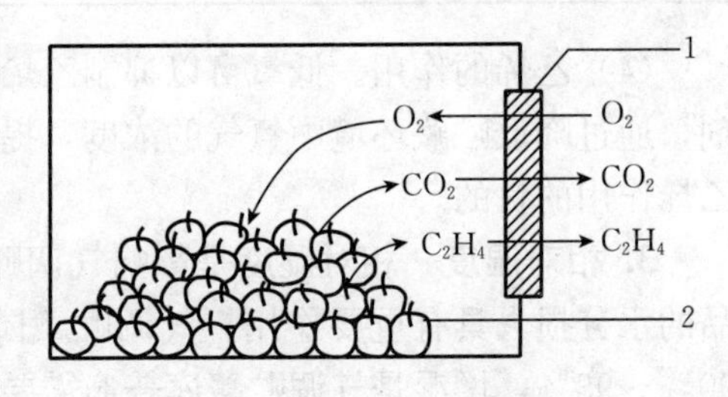

图2-8 硅窗气调
1. 硅窗 2. 贮藏产品

不同产品有各自的贮藏气体组成，需各自相适宜的硅胶窗面积。硅胶窗的面积决定于产品的种类、成熟度、单位容积的贮藏量、贮藏温度和贮藏的质量等。关于硅窗面积的大小，根据产品的质量和呼吸强度，有经验参考公式：

$$S=1013.25\times\frac{M\times RI_{CO_2}}{P_{CO_2}\times Y}$$

式中：S——硅窗面积，cm^2；

M——贮藏产品质量，kg；

RI_{CO_2}——贮藏产品呼吸强度，L/kg·d；

P_{CO_2}——硅膜渗透CO_2的速度，L/（cm^2·d·hPa）；

Y——设定的CO_2的浓度，%。

总之，应用硅窗气调贮藏，需要在贮藏温度、产品质量、膜的性质及厚度和硅窗面积等多方面综合考虑，才能获得理想的效果。

2. 人工气调 人工气调贮藏是指根据产品的需要和人为要求调节贮藏环境中各气体成分的浓度并保持稳定的一种气调贮藏方法。CA贮藏由于氧气和二氧化碳的比例严格控制而做到与贮藏温度密切配合，故其比MA贮藏先进，贮藏效果好，是当前发达国家采用的主要类型，也是我国今后发展气调贮藏的主要目标。

CA贮藏主要是通过气调贮藏库来实现，气调贮藏库的库房结构与冷藏库基本相同，但在气密性和维护结构强度方面的要求更高，并且要易于取样和观察，能脱除有害气体和自动控制气体成分浓度。

（1）气调贮藏库的基本结构。气调库一般由气密库体、气调系统、制冷系统、加湿系统、压力平衡系统以及温度、湿度、氧气、二氧化碳自动检测控制系统构成。

①气密库体。气调保鲜库按建筑可分为两种类型：装配式和土建式。装配式气调库围护结构选用彩镀聚氨酯夹心板组装而成，具有隔热、防潮和气密的作用。该类库建筑速度快、美观大方，但造价略高，是目前国内外新建气调库最常用的类型。土建式气密库为了增

强库体的气体性，采用库内壁喷涂泡沫聚氨酯（聚氨基甲酸酯）可获得非常优异的气密结构并兼有良好的保温性能，在现代气调库建筑中广泛使用。5.0～7.6 cm 厚的泡沫聚氨酯可相当 10 cm 厚聚苯乙烯的保温效果。在喷涂泡沫聚氨酯之前，应先在墙面上涂一层沥青，然后分层喷涂，每层厚度约为 1.2 cm，直至喷涂达到所要求的厚度。

气调库建成后或在重新使用前都要进行气密性检查，检查结果如不符合要求，要查明原因，进行修补，直到气密性达标后方可使用。气密性进行测试的方法是，用一个风量为 3.4 m^3/min离心鼓风机和一倾斜式微压计与库房边接（图 2－9），关闭所有门洞，开动风机，把库房压力提高到 10 mm 水柱后，停止鼓风机动转，观察库房压力降到 5 mm 所需要的时间，把所得记录与图 2－10 进行比较。

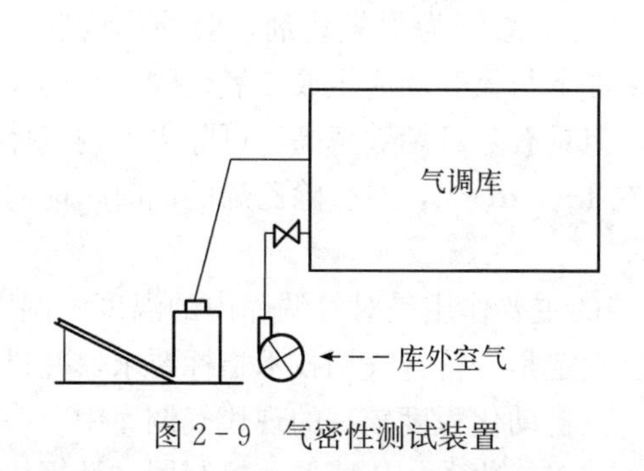

图 2－9　气密性测试装置

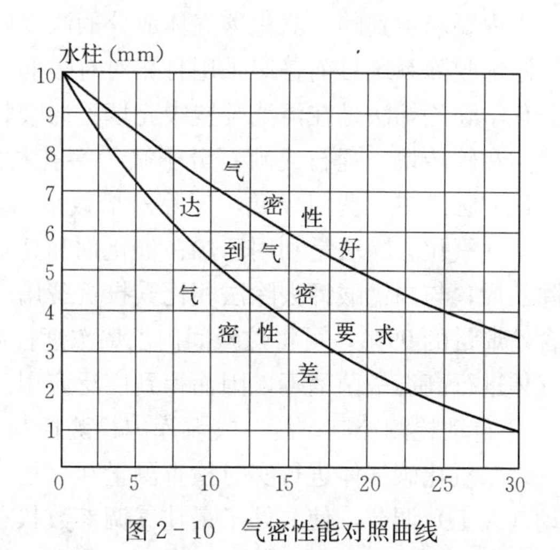

图 2－10　气密性能对照曲线

② 气调库压力平衡系统。气调冷藏库内常常会发生气压的变化（正压或负压）。如吸除二氧化碳时，库内就会出现负压。为保证库房的气密性，可设置气压袋。气压袋常做成一个软质不透气的聚乙烯袋子，体积为贮藏容积的 1%～2%，设在贮藏室的外面，用管子与贮藏室相通。贮藏室内气压发生变化时，袋子膨胀或收缩，因而可以始终维持贮藏室内外气压基本平衡。但这种设备体积大、占地多，现多改用水封栓，保持 10 mm 厚的水封层，贮藏库内外气压差超过 10 mm 水柱时便起自动调节作用（图 2－11）。

③ 调气设备。整个气调系统包括制氮系统，二氧化碳脱除系统，乙烯脱除系统，温度、湿度及气体成分自动检测控制系统。

制氮系统目前普遍采用碳分子筛、中空纤维膜分离制氮及 VSA 制氮。碳分子筛吸附制氮机碳分子筛制氮是采用变压吸附原理制氮，由于氧分子与氮分子的动力学直径不同，氧分子的扩散速度比氮分子快数百倍。而吸附量与压力成正比，利用氧、氮短时间内吸附量差异较大的特点，由程序控制器按特定的时间程序在两个塔之间进行快速切换，结合加压氧吸

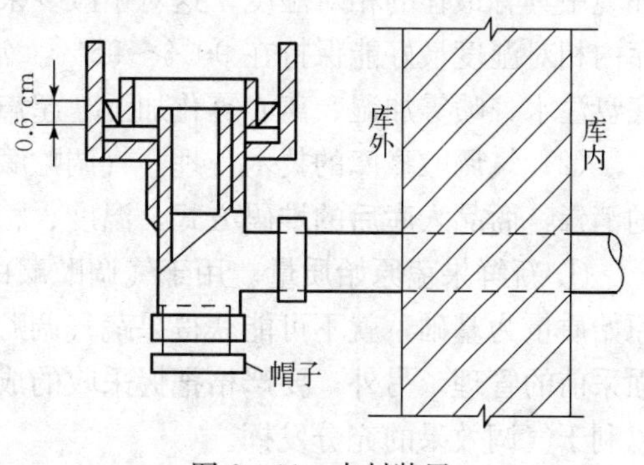

图 2－11　水封装置

附、减压氧解吸的过程，将氧从空气中分离出来。中空纤维膜分离制氮机膜分离制氮是利用氧气与氮气透过中空纤维膜壁的速度差异特点，将氧气从空气中分离出来。中空纤维膜制氮机是目前气调贮藏使用最广泛的设备。它由压缩机、贮罐、冷干机、过滤器、加热器、中空纤维膜及管、阀组成。

二氧化碳脱除系统主要用于控制气调库中二氧化碳的含量。通常的二氧化碳脱除装置大体上有4种形式，即：消石灰脱除装置、水清除装置、活性炭清除装置、硅橡胶膜清除装置。活性炭清除装置是利用活性炭较强的吸附力，对二氧化碳进行吸附，待吸附饱和后鼓入新鲜空气，使活性炭脱附，恢复吸附性能，是当前气调库脱除二氧化碳普遍采用的装置。二氧化碳脱除系统应根据贮藏果蔬的呼吸强度、气调库内气体自由空间体积、气调库的贮藏量、库内要求达到的二氧化碳气体成分的浓度确定脱除机的工作能力。

乙烯脱除系统目前普遍采用且相对有效的方法为高锰酸钾化学除乙烯法和空气氧化去除法。化学除乙烯法是在清洗装置中充填乙烯吸收剂，常用的乙烯吸收剂是将饱和高锰酸钾溶液吸附在碎砖块、蛭石或沸石分子筛等多孔材料上，乙烯与高锰酸钾接触，因氧化而被清除。该方法简单、费用极低，但除乙烯效率低，且高锰酸钾为强氧化剂，会灼伤皮肤。目前，空气氧化去除法是利用乙烯在催化剂和高温条件下与氧气反应生成二氧化碳和水的原理去除乙烯，与高锰酸钾去除法相比其投资费用高，但具有除乙烯效率高，可除去库内气体中所含乙烯量的99%，可将贮藏间内乙烯浓度控制在1～5 μL/L，在去除乙烯的同时，能对库内气体进行高温杀菌消毒，因而得到广泛应用。

④ 自动检测控制系统。气调库内检测控制系统的主要作用是对气调库内的温度、湿度、氧气、二氧化碳气体进行实时检查测量和显示，以确定是否符合气调技术指标要求，并进行自动（人工）调节，使之处于最佳气调参数状态。在自动化程度较高的现代气调库中，一般采用自动检测控制设备，它由（温度、湿度、氧气、二氧化碳）传感器、控制器、计算机及取样管、阀等组成，整个系统全部由一台中央控制计算机实现远距离实时监控，既可以获取各个分库内的氧气、二氧化碳、温度、湿度数据，显示运行曲线，自动打印记录和启动或关闭各系统，同时还能根据库内物料情况随时改变控制参数，技术人员可以方便直观地获取各方面的信息。

⑤ 加湿系统。与普通果蔬冷库相比，由于气调贮藏果蔬的贮藏期长，果蔬水分蒸发较高，为抑制果蔬水分蒸发，降低贮藏环境与贮藏果蔬之间的水蒸气分压差，要求气调库贮藏环境中具有最佳的相对湿度，这对于减少果蔬的干耗和保持果蔬的鲜脆有着重要意义。一般库内相对湿度最好能保持在90%～95%。常用的气调库加湿方法有地面充水加湿、冷风机底盘注水、喷雾加湿、离心雾化加湿、超声雾化加湿。

（2）气调贮藏库的技术管理。气调贮藏库的管理在许多方面与机械冷藏相似，包括库房的消毒，商品入库后的堆码方式，温度、相对湿度的调节和控制等，但也存在一些不同。

① 新鲜果蔬原始质量。用于气调贮藏的新鲜果蔬原始质量要求很高。没有贮前优质的原始质量为基础，就不可能获得果蔬气调贮藏的效果。贮藏用的最好在专用基地生产，且加强采前的管理。另外，要严格把握采收的成熟度，并注意采后商品化处理措施的综合应用，以利于气调效果的充分发挥。

② 产品入库和出库。新鲜果蔬入库时要尽可能做到按种类、品种、成熟度、产地、贮藏时间要求等分库贮藏，不要混贮，以避免相互间的影响和确保提供最适宜的气调贮藏条

件。气调条件解除后，应在尽可能短的时间内一次性出库。

③ 温度、湿度管理。新鲜果蔬采收后应立即预冷，排除田间热后再入库贮藏。经过预冷可使果蔬一次入库，缩短装库时间及尽早达到气调条件；另外，在封库后应避免因温差太大导致内部压力急剧下降，从而增大库房内外压力差而造成对库体的伤害。贮藏期间的温度管理与机械冷藏相同。通常气调贮藏的温度一般比冷藏库的温度高约1℃。

气调贮藏过程中由于能保持库房处于密闭状态，且一般不进行通风换气，故能使库内维持较高的相对湿度，有利于产品新鲜状态的保持。气调贮藏对库房的相对湿度一般比冷藏库的要高，要求在90%～93%。气调贮藏期间可能会出现短时间的高湿情况，一旦发生这种现象即需除湿（如氧化钙吸收等）。

④ 空气洗涤。在气调贮藏条件下，果蔬易挥发出有害气体和异味物质且逐渐积累，甚至达到有害的水平，而这些物质又不能通过周期性的库房内外通风换气被排除，故需增加空气洗涤设备（如乙烯脱除装置、二氧化碳洗涤器等）定期工作来保证空气的清新。

⑤ 气体调节。气调贮藏的核心是气体成分的调节。根据新鲜果蔬的生物学特性、温度与湿度的要求决定气调的气体组分，通过调节使气体指标在尽可能短的时间内达到规定的要求，并且整个贮藏过程中维持在合理的范围内。气调贮藏采取的调节气体组分的方法有调气法和气流法两类。在气调库房运行中要定期对气体组分进行监测。不管采用何种调气方法，气调条件要尽可能与设定的要求一致，气体浓度的波动最好能控制在0.3%以内。

⑥ 安全性。安全性由于新鲜果蔬对低氧气、高二氧化碳等气体的耐受力是有限度的，产品长时间贮藏在超过规定限度的低氧气、高二氧化碳等气体条件下会受到伤害，导致损失。因此，气调贮藏时要注意对气体成分的调节和控制，并做好记录，以防止意外情况的发生，及有助于意外发生后原因的查明和责任的确认。另外，气调贮藏期间应坚持定期通过观察窗和取样孔加强对产品质量的检查。

除了果蔬产品安全性之外，工作人员的安全性不可忽视。气调库房中的氧气浓度一般低于10%，这样的氧气浓度对人的生命安全是有危险的，且危险性随氧气浓度降低而增大。所以，气调库在运行期间门应上锁，工作人员不得在无安全保证下进入气调库。解除气调条件后应进行充分彻底的通风后，工作人员才能进入库房操作。

任务一　落叶果树果品贮藏技术

子任务一　苹果贮藏技术

【相关知识】

（一）贮藏特性

苹果品种众多，目前的主栽品种以富士系、嘎啦系、元帅系、秦冠、金冠、寒富、国光、华冠、乔纳金等为主（占85%～95%）。苹果相对于其他水果耐藏性较好，但不同品种耐藏性的差异较大。早熟和中早熟品种如藤牧1号、秦阳、信浓红、黄魁、红魁、特早红、早金冠、嘎啦、美国8号、金红等的果实采收早，但糖分积累少，质地疏松，耐藏性差，一般采后应立即上市销售。中熟和中晚熟品种如红将军、蜜脆、红星、首红、金冠、华冠、元帅、红玉、寒富、鸡冠等的果实生育期适中，冷藏条件下可贮至翌年的3～4月；晚熟品种如富士、粉红女士、华红、澳洲青苹、丹霞、秦冠、国光、印度、青香蕉、胜利等，果实糖分积累多，组织紧实，耐藏性好，用冷藏或气调贮藏，贮期可达6～11个月。同时，同一品种果实的不同产区贮藏性有差异，一般高原、丘陵地区较平原地区生长的果实耐藏性好。另外，不同品种的苹果在贮藏中发生的主要病害也不同，如富士和蜜脆品种的果实易发生二氧化碳伤害，元帅系品种贮后果肉易发绵，元帅、澳洲青苹、青香蕉、印度等品种的果实易发生虎皮病，红玉苹果则易生斑点病和果肉褐变等。

苹果属于典型的呼吸跃变型果实，成熟时乙烯生产量很大，从而导致贮藏环境中有较多的乙烯积累，一般采用通风换气或者脱除技术降低贮藏环境中的乙烯。在贮藏过程中，通过降温和调节气体成分，可推迟呼吸跃变的发生，延长贮藏期。另外，采收成熟度对苹果贮藏的影响也很大，对需要长期贮藏的苹果，应在呼吸跃变启动之前采收。

（二）贮藏条件

大多数苹果品种的贮藏适宜温度为－1～1℃。对低温比较敏感的品种如红玉、旭等在0℃贮藏极易发生生理失调现象，故贮藏温度可提高为2～4℃。在低温下应采用高湿度贮藏，库内相对湿度保持在90%～95%。如果是在常温库贮藏或者采用MA贮藏方式，库内相对湿度可稍低些，保持在85%～95%，以降低腐烂损失。对于大多数苹果品种而言，2%～5%氧气和3%～5%二氧化碳是比较适宜的贮藏环境气体组合，个别对二氧化碳敏感的品种，如红富士应将二氧化碳含量控制在3%以下。而CA贮藏时，应将乙炔浓度控制在10 μL/L以下。

【任务准备】

1. 主要材料 贮藏用苹果、0.1～0.2 mm厚的聚氯乙烯薄膜、0.04～0.07 mm厚的低密度PE或PVC薄膜袋、包装苹果的专用纸箱、乳酸或福尔马林或漂白粉等消毒剂。

2. 仪器及设备 贮藏冷库、气调库、手持糖量计、硬度计、测定贮藏环境气体浓度的设备（如奥氏气体分析仪）、温度计、湿度计、贮藏货架、电子秤等。

【任务实施】

（一）市场调查

调查拟打算贮藏后苹果在目标市场每年的总体销售量以及哪种苹果品种销售量最好，也就是在目标市场的某种苹果的需求量，每年能有多大的需求，作为确定某种苹果产品贮藏量的一个依据。根据市场调查确定总体的贮藏量后，可以确定自己的贮藏量。

（二）采收

苹果采收过早，果实的颜色和风味就会比较差，并且更易出现生理失调，如苦痘病和虎皮病等；如果采收过晚，果实过熟变软，易发生机械伤和产生生理性病害，如水心病和果实衰败，并且更容易感染侵染性病害。因而在果实完全成熟之前采收，能够延长苹果的贮藏期，但是成熟度越低，果实的品质特性如风味就会越差。适度早采用于长期贮藏的果实与成熟度较高的果实相比风味更淡，虽然它们的风味差强人意，但与较好的质地结合起来，消费者还是可以接受的。在苹果的每个上市期，难度最大的就是给每个品种确定各自适宜的采收期，以保障周年供应国内外市场的需求。

判断苹果贮藏的适宜采收成熟度的参考指标有果实发育期、果皮的颜色或底色、果实硬度、主要化学物质含量（可溶性固形物含量、可滴定酸含量或糖酸比、乙烯释放速率或内源乙烯浓度）等。在一定的栽培条件下，从落花到果实成熟，需要一定的天数，即果实发育期。各地可根据多年的经验得出当地各苹果品种果实的平均发育天数。一般情况下，以果实盛花后发育的天数作为成熟指标，对大多数品种来说是比较可靠的。表 2－3 是主要苹果品种果实的发育天数，可作为采收时期的参考。

表 2－3　主要苹果品种果实的发育期

品种	果实发育期（d）	品种	果实发育期（d）
藤牧 1 号	90～95	珊厦	90～110
美国 8 号	95～110	嘎啦	110～120
津轻	120～125	金冠	135～150
新红星	135～155	乔纳金	135～150
红玉	135～145	国光	160～175
王林	145～165	陆奥	160～170
粉红女士	180～195	澳洲青苹	165～180
富士	170～185	王林	150～160

苹果成熟时，果皮的颜色可作为判断果实成熟度的标志之一。未成熟果实的果皮中有大量的叶绿素，随着果实的成熟，叶绿素逐渐分解，果皮底色由深绿色逐渐转为黄绿色可以作为果实成熟的标志，可借助标准比色卡、色差仪或经验来判断。对于一些双色苹果品种的果实，底色被认为是一个重要的成熟度指标。成熟果实的种子呈黄褐色，种子颜色的深浅程度和果实成熟度相关。果实硬度和可溶性糖含量等其他指标多作为品质指标而不是成熟度指标，因为这些指标受到果实受光面等果园因素的影响极大。采收期之前，果实硬度下降，但糖含量却持续增加。同时，这些品质指标也为预测果实在贮藏期间的特征提供了信息。

乙烯含量通常通过测定果实的内源乙烯浓度来衡量，淀粉指数通过淀粉水解的程度来衡量，这两个指标被广泛用来判断果实的成熟度。因为乙烯生成量的增加与果实成熟的起始密切相关，所以提出乙烯的生成速率或内源乙烯的浓度是确定采收期的一个重要指标。然而，乙烯生成与最佳采收时间的相关性很差，乙烯产生的时间、部位及乙烯生成速率的增加在不同品种间的差异很大，即使同一品种也深受其生长的地区、同一地区的不同果园、栽培的品系、生长季节的自然条件和营养状况等因素的影响。因此，某一栽培品种苹果果实乙烯的生成与其采收期的关系并不密切。

通常认为，没有哪个单一成熟度指标适用于所有品种，实践中常采用多种成熟度指标来综合判断果实的成熟度。

苹果要避免在雨天和雨后采收，晴天时避开高温和有露水的时段采收。用于鲜食贮藏的果实要人工采摘，根据成熟度分期采收，留果梗，但部分品种的果梗要剪短（如富士）；采收全过程要轻拿轻放，避免机械损伤；采后的果实在田间地头要搭建遮阳棚保护，以免发生日灼。

（三）商品化处理

苹果采后商品化处理主要包括分级、包装和预冷。严格按照产品质量标准进行分级，出口苹果必须按照国际标准或者协议标准分级。包装采用定量的大小木箱、塑料箱和瓦楞纸箱包装，每箱装 10 kg 左右。机械化程度高的贮藏库，可用容量大约 300 kg 的大木箱包装。出库时再用纸箱分装。

预冷处理是提高苹果贮藏效果的重要措施，国外果品冷库都配有专用预冷间，而国内则不然，一般将分级包装的苹果放入冷藏间，采用强制通风冷却，迅速将果温降至接近贮藏温度后再堆码贮藏。

苹果预冷就是采收后将果实温度由室温降到贮藏温度、去除田间热的过程。苹果预冷的速度影响其品质的保持程度，但是这种影响的重要性会因苹果的品种、采收成熟度、果实营养状况和贮藏期的不同而各异。对于早熟品种来说，快速冷却非常重要，因为它们比晚熟品种软化得快。对于同一品种，成熟度高的果实要比成熟度低的果实软化快，因而预冷也要快。贮藏期越长，延迟预冷造成的影响也越大。因此，采后未能快速预冷的效应会直到果实贮藏后期，当果实硬度不能满足市场需要时才显现出来。例如，对于旭苹果来说，采后在 21 ℃下延迟 1 d 预冷果实，就将导致贮藏期缩短 7～10 d。苹果预冷的方式有冷库预冷、强制通风预冷及水预冷。强制通风预冷和水预冷可以快速降低果实的温度。在大多数地区，冷库预冷是主要的方法，是在冷库中通过正常空气流动来降低果实的温度。

（四）库房消毒

1. 福尔马林消毒 按每立方米库容用 15 mL 福尔马林的比例，将福尔马林放入适量高锰酸钾或生石灰，稍加些水，待发生气体时，将库门密闭熏蒸 6～12 h。开库通风换气后方可使用库房。

2. 硫黄熏蒸消毒 用量为每立方米库容用硫黄 5～10 g，加入适量锯末，置于陶瓷器皿中点燃，密闭熏蒸 24～48 h 后，彻底通风换气。库内所有用具用 0.5%的漂白粉溶液或 2%～5%硫酸铜溶液浸泡、刷洗、晾干后备用。

（五）贮藏与管理

1. 沟藏 选择地势平坦的地方挖沟，深 1.3～1.7 m，宽 2.0 m，长度随贮藏量而定。当沟壁已冻结 3.3 cm 时，即把经过预冷的苹果入沟贮藏。先在沟底铺约 33 cm 厚的麦秸，放下果筐，四周围填麦秸约 21 cm 厚，筐上盖草。到 12 月中旬沟内温度达－2 ℃时，再覆土 6～7 cm 厚，以盖住草根为限。要求在整个贮藏期不能渗入雨、雪水，沟内温度保持－2～－4 ℃。至 3 月下旬以后沟温升至 2 ℃以上时，即不能继续贮藏。

2. 窑窖贮藏 在我国的山西、陕西、甘肃、河南等产地多采用窑窖（土窑洞）贮藏苹果。一般苹果采收后要经过预冷，待果温和窖温下降到 0 ℃左右入贮。将预冷的苹果装入箱或筐内，在窑的底部垫木枕或砖，苹果堆码在上面，各果箱（筐）要留适当的空隙，以利于通风。堆码离窖顶有 60～70 cm 的空隙，与墙壁、通气口之间要留空隙。

3. 机械冷藏 苹果冷藏入库时果筐或果箱采用品字或井字形码垛。码垛时要充分利用库房空间，且不同种类、品种、等级、产地的苹果要分别码放。垛码要牢固，排列整齐，垛与垛之间要留有出入通道。每次入库量不宜太大，一般不超过库容量的 15%，以免影响降温的速度。

入贮后，库房管理技术人员要严格按冷藏条件及相关管理规程进行定时检测库内的温度和湿度，并及时调控，维持贮温－1～0 ℃，上下波动不超过 1 ℃。适当通风，排除不良气体。及时冲霜，并进行人工或自动的加湿、排湿的处理，调节贮藏环境中的相对湿度为85%～90%。

苹果出库前，应有升温处理，以防止结露现象的产生。升温处理可在升温室或冷库预贮间内进行，升温速度以每次高于果温 2～4 ℃为宜，相对湿度 75%～80%为好，当果温升到与外界相差 4～5 ℃时即可出库。

4. 气调贮藏

（1）塑料薄膜袋贮藏。在苹果箱中衬以 0.04～0.07 mm 厚的低密度 PE 或 PVC 薄膜袋，装入苹果，扎口封闭后放置于库房中，每袋构成一个密封的贮藏单位。初期二氧化碳浓度较高，以后逐渐降低，在贮藏初期的 2 周内，二氧化碳的上限浓度 7%较为安全，但富士苹果的二氧化碳浓度应不高于 3%。

（2）塑料薄膜大帐贮藏。在冷库内，用 0.1～0.2 mm 厚的聚氯乙烯薄膜黏合成长方形的帐子将苹果贮藏垛封闭起来，容量可根据需要而定。用分子筛充氮机向帐内冲氮降氧，取帐内气体测定氧气和二氧化碳浓度，以便准确控制帐内的气体成分。贮藏期间每天取气分析帐内氧气和二氧化碳的浓度，当氧气浓度过低时，向帐内补充空气；二氧化碳浓度过高时可用二氧化碳脱除器或消石灰可脱除二氧化碳，消石灰用量为每 100 kg 苹果用 0.5～1.0 kg。

在大帐壁的中下部粘贴上硅橡胶窗，可以自然调节帐内的气体成分，使用和管理更为简便。硅胶窗的面积是依贮藏量和要求的气体比例来确定。如贮藏 1 t 金冠苹果，为使氧气浓度维持在 2%～3%、二氧化碳浓度为 3%～5%，在 5～6 ℃条件下，硅胶窗面积为 0.6 m×0.6 m 较为适宜。苹果罩帐前要充分冷却和保持库内稳定的低温以减少帐内凝水。

（3）气调库贮藏。苹果气调库贮藏要根据不同品种的贮藏特性，确定适宜的贮藏条件，并通过调气保证库内所需要的气体成分及准确控制温度、湿度。对于大多数苹果品种而言，控制 2%～5%氧气浓度和 3%～5%二氧化碳浓度比较适宜，而温度可以较一般冷藏高0.5～1.0 ℃。在苹果气调贮藏中容易产生二氧化碳中毒和缺氧伤害。贮藏过程中，要经常检查贮藏环境中氧气和二氧化碳的浓度变化，及时进行调控，可防止伤害发生。

【常见问题及解决办法】

1. 苹果虎皮病　在贮藏期间，苹果容易发生虎皮病，发病初期病果皮呈不明显、不规则的淡黄色斑块，微凹陷，呈褐色，严重时病斑遍及整个果面，一般病斑不深入果肉。虎皮病发病的原因是果实着色差，贮运环境温度过高，通风不良。预防虎皮病的技术措施：

① 适期采收。

② 及时预冷。

③ 注意贮藏库的通风。

④ 气调贮藏可以用二苯胺 1.5～2.0 g/L 的包果纸单果包装或用石蜡油纸包果。

2. 苹果苦痘病　苹果由于采前生理缺钙和氮、钙营养失调导致产生苦痘病。苦痘病的症状是果面呈色泽较暗而凹陷的小圆斑，在绿色品种上圆斑呈深绿色，在红色品种上，圆斑呈紫红色。斑下果肉坏死深及果肉数毫米至 1 cm，味微苦。后变深褐或黑褐色，病斑多发生于果顶处。病斑直径一般为 2～4 mm。苹果苦痘病的控制措施主要有三点：

① 合理施肥，降低果实氮/钙的值。

② 防止枝条旺长，排出果园积水。

③ 果实发育的中后期喷施0.8%硝酸钙或0.5%氯化钙溶液4～7次，先后间隔20 d。

④ 采后用2%～6%的钙盐浸果。

子任务二　梨贮藏技术

【相关知识】

（一）贮藏特性

梨果按成熟果的质地可分为硬质梨和软质梨两类。硬质梨较耐贮藏，从成熟到衰老无明显的呼吸跃变期，始终保持果实的脆嫩多汁，如鸭梨、雪花梨、砀山酥梨、慈梨等品种；软质梨果实采收时果肉粗硬，口味生淡或酸涩，需要经过后熟过程，才能表现出其固有的风味和色泽，但果肉变软，如巴梨、京白梨、子母梨、红霄梨等。按成熟期梨果可分为早熟和中晚熟两类。早熟品种一般不耐贮藏，中晚熟品种耐贮性强。

此外，在梨的4个主要栽培种中，白梨系统的品种大部分耐贮藏；砂梨系统的品种耐贮性次于白梨；秋子梨系统的优良品种多数较耐贮藏；西洋梨系统的品种多数都不耐贮藏。

（二）贮藏条件

影响梨果贮藏效果的条件主要有温度、湿度和气体成分。低温可有效抑制梨果的呼吸强度，减少营养物质的消耗，延缓后熟期的到来；同时低温条件下还可以减轻病菌及其他微生物的危害。梨果长期贮藏保鲜的温度一般控制在－1～3 ℃，具体温度条件要视具体的梨品种而定。梨果含水量很高，表皮组织也不发达，易失水损耗致品质下降，因此贮藏环境应保持较高的相对湿度，一般在90%～95%为宜。果品贮藏期间由于呼吸作用和生理代谢要产生二氧化碳（CO_2）及乙烯等气体。梨果对二氧化碳比较敏感，高二氧化碳浓度会引起梨果代谢失调而发生果肉、果心褐变的生理病害，因此要加强库房通风换气，防止二氧化碳以及乙烯等有害气体的积累。不同的贮藏方式采用不同的通风换气方法。窖藏通常在贮藏前期和后期每天通风换气1～2 h；中期每2～3 d换气一次，每次1～2 h。如果条件允许，还可放置活性炭或生石灰等吸附剂，直接放入库内或置于风扇、冷风机下，用以吸收二氧化碳和制冷剂产生的气味。应用此法能相对减少通风次数及通风带来的干耗。

【任务准备】

1. 主要材料　贮藏用梨果、聚乙烯硅窗袋或聚氯乙烯透湿硅窗袋或包装梨果的专用纸箱、乳酸或过氧乙酸或漂白粉等消毒剂、涂膜剂等。

2. 仪器及设备　贮藏冷库、气调库、手持糖量计、硬度计、测定贮藏环境气体浓度的设备（如奥氏气体分析仪）、温度计、湿度计、贮藏货架、电子秤等。

【任务实施】

（一）市场调查

调查拟打算贮藏后梨在目标市场每年的总体销售量以及哪种梨品种销售量最好，也就是在目标市场的某种梨的需求量。每年能有多大的需求，作为确定某种梨产品贮藏量的一个依据。根据市场调查确定总体的贮藏量后，可以确定自己的合适贮藏量。

（二）采收

适宜的采收期可根据品种特性和贮藏期的长短而定。对于白梨和砂梨系统的品种，当梨果呈现本品种固有的色泽、肉质由硬变脆、种子颜色变为褐色、果梗从果台容易脱落时即可以采收。对于西洋梨和秋子梨系统的品种，由于它们有着明显的后熟过程，可以适当早采，即果实大小已经基本定型、果面绿色开始减退、种子尚未明显变褐、果梗从果台容易脱落时采收为好。

要求在采摘、包装以及运输过程中尽量避免压、碰、砸等机械损伤，减少倒筐、换装次数。装车、码筐要装满、装紧，避免运输颠簸造成梨果的挤压、摩擦，以减少梨果贮藏期间腐烂变质。

（三）商品化处理

将梨果用干净的清水冲洗，去除果实表面带有的病虫和微生物，然后剔除病虫果，按照级别要求将梨果分级。

梨果采收后仍然进行着旺盛的呼吸与蒸发、分解与消耗的作用，同时梨果从田间采收后还要释放大量的田间热，会使采后梨果周围的环境温度迅速升高，加速果实的成熟与衰老，其新鲜度和品质明显下降。因此，必须在梨果采收后的较短时间内，在原产地将其冷却到3～4 ℃，使梨果维持较低的代谢水平，以延缓衰老。梨果预冷的方法主要有空气预冷、冷水预冷、真空预冷和湿预冷。

1. 涂膜 涂膜是为了使梨果更耐贮藏而采取的一项措施。近年来，随着人民生活水平的不断提高，对食品卫生和安全的要求越来越严格，高效低毒的涂膜剂是梨果贮藏的关键技术。

（1）天然树脂涂膜。天然树脂中醇溶性虫胶成膜较好、干燥快、有光泽，在空气中较为稳定，适宜作为涂膜保鲜剂使用。配方为虫胶 50 g、氢氧化钠 20 g、乙醇 80 mL、乙二醇 8 mL、水 1500 mL。将虫胶加入到盛有乙醇、乙二醇混合溶液的容器中浸泡、溶解备用。

（2）蜡膜涂膜。不含有毒物质。配方为蜂蜡 100 g、酪蛋白钠 20 g、蔗糖脂肪酸酯 10 g。先将蜂蜡和蔗糖脂肪酸酯溶解在乙醇中，再将酪蛋白钠溶解在水中，两种混合液定容至 1 000 mL，经迅速搅拌，乳化后即为所要求的保鲜剂。该保鲜剂各种原料无毒，使用安全，具有适宜的黏稠度。

（3）油脂涂膜。主要成分是不溶于水的脂肪酸中的甘油，具体配方为豆油 400 g、脂肪族单酸甘油酯 3 g、酪蛋白 2 g、琼脂 1 g、水 1 000 mL。先将琼脂浸泡在温水中，待其溶化后，加入脂肪族单酸甘油酯、酪蛋白和豆油，经高速搅拌得到乳化液。乳化液光泽自然，不含有毒物质，将梨果放入乳化液中浸渍后取出风干，可达到延长保鲜期的作用。

（4）壳聚糖涂膜。将壳聚糖涂膜保鲜剂稀释 1 倍，摇匀后喷涂在梨果上，晾干后，装入塑料保鲜袋，送入冷库内预冷 24 h 后扎紧袋口，于 0 ℃±0.5 ℃、相对湿度 85%～90%下贮藏。

2. 包装 梨果一般不采用塑料薄膜包装单果或纸箱内衬塑料薄膜的包装方式，因为这样会使二氧化碳浓度过高而容易造成果肉、果心褐变。采用 0.01～0.02 mm 后的聚乙烯小袋单果包装，既能起到明显的保鲜效果，又不会使果实发生二氧化碳伤害，是一种简便、经济、实用的处理措施。

（四）库房消毒

1. 乳酸消毒 将浓度为 80%～90%的乳酸和水等量混合，按每立方米库容用 1 mL 乳酸的比例，将混合液放于瓷盆内于电炉上加热，待溶液蒸发完后，关闭电炉。闭门熏蒸 6～

24 h，然后开库使用。

2. 过氧乙酸消毒 将20%的过氧乙酸按每立方米库容用5～10 mL的比例，放于容器内于电炉上加热促使其挥发熏蒸；或按以上比例配成1%的水溶液全面喷雾。因过氧乙酸有腐蚀性，使用时应注意对器械、冷风机和人体的防护。

3. 漂白粉消毒 将含有效氯25%～30%的漂白粉配成10%的溶液，用上清液按库容每立方米40 mL的用量喷雾。使用时注意防护，用后库房必须通风换气除味。

（五）贮藏及管理

1. 机械冷库贮藏 机械冷藏库贮藏应用比较广泛，是目前最有效的果品贮藏方法。第一步也要进行预冷处理，将采收后经预处理的梨果尽快运至已彻底消毒、库温已设定到相应温度（一般设定温度为0～3 ℃）的预冷间，按批次、等级分别摆放，预冷1～2 d即可达到预冷目的。但要注意，有些品种如鸭梨对温度特别敏感，降温过快易引起大量果实黑心，要采用缓慢降温的预冷方法。开始保持库温10～12 ℃，7～10 d后每5～7 d降1 ℃，以后改为每3 d降1 ℃，掌握降温前期慢、后期快的原则，在35～40 d内将库温降到0 ℃并保持0 ℃，不要低于－1 ℃。冷库管理的技术要点是：

① 普通冷库内设定温度通常会出现1～2 ℃的波动，所以考虑到冻结的危险性，果堆（品）中心温度设定为0 ℃为宜。

② 冷库内堆码梨果箱时，底部要用架空的垫板垫起，例如，安装木楞条，避免最底层果箱通气不畅，使冷空气尽快通达整个冷库。

③ 有些品种如巴梨、茄梨、子母梨等，成熟后果肉易软化，在自然低温下不能久存，必须及时入冷库才能长期贮藏。

④ 每天梨果的出入库数量宜控制在总库容的20%以内，以免库温波动过大。

冷藏是梨贮藏的主要形式之一，它是采用高于梨果组织冻结点的低温实现梨果的保鲜冷藏，可降低梨的呼吸代谢、病原菌的发病率和果实的腐烂率，达到阻止组织衰老、延长果实贮藏期的目的。王文生研究报道，适期采收的京白梨在20 ℃下，随着呼吸跃变的发生和乙烯释放量的增加果实硬度迅速下降；0 ℃的低温可有效地延缓京白梨的完熟，增强果实的贮藏力。

赵晨霞研究指出，新世纪梨常温（18 ℃）下贮藏，品质最佳时期为7～10 d，而低温（5 ℃）下贮藏品质最佳时期为45 d，说明低温冷藏提高了新世纪梨的贮藏能力。邹波报道，金秋梨在0～1 ℃条件下冷藏60 d以内能较好地保持果实品质，与谢培荣的报道一致，而黄花梨只能在30 d以内基本维持鲜食价值。由此可见，冷藏保鲜至关重要。但在冷藏中，不适宜的低温反而会影响贮藏寿命，丧失商品价值。防止冷害和冻害的关键是按不同品种的习性严格控制温度，冷藏期间有些水果如鸭梨需采用逐步降温的方法以减轻或避免发生冷害。此外，水果贮藏前的预冷处理、贮期升温处理、化学药剂处理等措施均能起到减轻冷害的作用。近年来，冷藏技术的新发展主要表现在冷库建筑、装卸设备、自动化冷库方面，计算机技术已开始在自动化冷库中应用。

2. 气调贮藏 气调贮藏是在冷藏的基础上，通过改变贮藏环境中气体成分的相对比例，降低果蔬的呼吸强度和自我消耗，抑制催熟激素乙烯的生成，减少病害发生，延缓果蔬的衰老进程，从而达到长期贮藏保鲜的目的。袁艳春报道，将气调库或塑料薄膜大帐内气体成分控制在氧气浓度为2.0%～2.5%、二氧化碳浓度为0.8%～1.0%，可使梨果保持良好的色泽风味及新鲜度。陈国刚对库勒香梨气调贮藏保鲜研究表明，香梨气调贮藏最佳气体成分是氧气浓度4%～6%，二氧化碳浓度2%～4%。香梨果实对贮藏环境中高二氧化碳十分敏感，高二氧化碳往往是引起组织褐变的重要原因。一般贮藏环境中的二氧化碳浓度越高，细胞膜的破坏程度就越大，越容易发生果肉、果心褐变；低氧气也会导致香梨褐变。据张平、辛广等报道，氧气浓度为5%～8%，二氧化碳浓度为5%，在0℃温度下贮藏180 d的南果梨，可获得最佳感官品质。另据刘永泗等、张平等的报道，南果梨利用聚乙烯膜袋密封贮藏，可降低其贮藏果实的呼吸强度和后熟、衰老过程，在好果率、保鲜指数、失重率、转色指数、硬度等方面均有明显效果。苹果梨对二氧化碳比较敏感，在二氧化碳浓度>2.8%时易发生二氧化碳中毒（即果皮、果肉呈褐色光滑的蒸煮状）；在氧气含量<13.5%时，易得蜜病。据张四伟报道，日本三水梨（新水、幸水和丰水），在0℃的气调库，调节保持氧气浓度3%，氮气浓度97%，除去库内因三水梨呼吸产生的二氧化碳。这样贮藏的梨比普通冷藏品，果皮色和肉质、食味等都要好，贮藏期可达到6个月以上。王文生研究报道，0℃的低温结合2%～4%氧气、2%～4%二氧化碳的气体成分贮藏，可进一步降低京白梨的呼吸强度，推迟乙烯释放的高峰期，降低果肉组织中乙烯合成酶的活性，延缓果实硬度、果皮叶绿素的变化，进而增强果实的耐贮藏性能。张光弟报道，适期采收的红巴梨放入厚0.33～0.04 mm的气调袋，分别预冷24 h和不预冷处理，然后置入冷藏库在−0.4～0℃下贮藏，贮藏4个月后，果实保持了固有风味，且不预冷果实的品质好于预冷果实。

3. 简易贮藏保鲜　简易贮藏方式有埋藏、堆藏、窖藏和通风库贮藏等，是利用当地的气候条件，创造梨果适宜的温度、湿度环境并利用土壤的保温作用来实现梨果的保温。这就要求要做好隔温层设计，以防止高温或低温伤害，另外，还要定期通风换气。

（1）窖藏。在梨产地多用窖藏，将适时采收的梨剔除残伤病果，分好等级，用纸单果包装后装入纸箱中，也可不包纸直接放入铺有软草的箱中。刚采收的梨果呼吸旺盛，又带有大量的田间热，一般不直接将梨果入窖，而是先在窖外阴凉通风处散热预冷。白天适当覆盖遮阳防晒，夜间揭开覆盖物降温，当果温和窖温都接近0℃时入窖，将不同等级的梨果分别码垛堆放，堆间、箱间及堆的四周都要留有通风间隙。

（2）通风贮藏。用通风库贮藏梨果，其预处理程序与窖藏相同。两种贮藏方法的管理技术要点是：

① 贮藏初期主要是控制通风，由通风道、通风口、码垛间隙在早晚或夜间导入库（窖）外冷空气，以降低内部温度。有条件的可安装温度自动调控装置，使温度尽量符合梨果贮藏要求。

② 贮藏中期以防冻保温为主，此时天气严寒，可利用草帘、棉被、秸秆等物在垛顶、四周适当覆盖以免受冻；要关闭通风系统，通风换气只能在白天或中午外界气温高于冻结温度时适当进行。

③ 春季气温回升后逐渐恢复初期管理方式，通过开关进出气口，引入冷空气排出热空气来调节库（窖）内温度。当夜间温度难以调节到适宜的贮藏低温时，就应及时将梨果出库（窖）销售。

【常见问题及解决办法】

梨果在贮藏期间除了发生虎皮病和苦痘病外，还容易发生梨果黑心病。梨果黑心病典型症状是果心变软，果皮色泽暗黄，果肉组织松散，严重时部分果肉变褐，并有乙醇气味。发病原因：

① 贮藏温度过低。

② 衰老引起。

③ 梨果中氮素过高，钙素过低。

控制梨果黑心病的主要措施：

① 在生长期加强管理，发育后控制氮肥施用量和水量。

② 适期采收。

③ 入库时要缓慢降温入库。

子任务三　猕猴桃贮藏技术

【相关知识】

猕猴桃原产我国，是一种藤本水果，营养丰富，酸甜适口，特别是每 100 g 果肉富含维生素 C 高达 100～420 mg，被人们称之为“水果之王”。近几年猕猴桃的发展速度不断加快，据不完全统计，全国猕猴桃种植面积已达 4 万 hm^2，居世界第一位。

（一）贮藏特性

猕猴桃属于呼吸跃变型果实，并且呼吸强度大，是苹果的几倍。由于猕猴桃的这一生理特性，所以贮藏用猕猴桃应在呼吸高峰出现之前采收，采后必须尽快入库，快速降至 0～2 ℃，以延长贮藏寿命。猕猴桃对乙烯非常敏感，贮藏环境中 0.1 mg/L 的乙烯也会引起猕猴桃软化早熟，所以贮藏环境中不能有乙烯存在，并避免与产生乙烯的果蔬及其他货物混存，避免病、虫、伤果入库，因为病、虫、伤果会刺激自身的呼吸，产生较多的乙烯，这样就会因互感作用，影响整库果实的贮藏寿命。在贮藏过程中要及时挑拣出已提前软化的果实，以减少对其他果实的影响。另外采用乙烯吸收剂、乙烯脱除器等脱除乙烯是猕猴桃贮藏的必要措施。

猕猴桃的品种繁多，用于贮藏的主要鲜食品种有两大类：中华猕猴桃和美味猕猴桃。美味猕猴桃果实表面具有硬毛，较耐贮藏；中华猕猴桃果实表面光滑或有短绒毛，不如美味猕猴桃耐贮藏。从成熟期看早熟品种不耐贮藏，晚熟品种较耐贮藏。主要的贮藏品种有秦美、海沃德、红阳、金魁、金丰、魁蜜等。

合理地施肥、浇水、喷药都能增加耐贮性，相反则会降低耐贮性。猕猴桃应在采前 10 d 停止浇水。应特别注意近几年使用的植物生长调节剂 KT－30，其虽然起到增大果实个头的增产作用，但对贮藏不利，所以贮藏用果应避免使用。

（二）贮藏条件

猕猴桃的适宜贮藏环境温度为－0.5～0 ℃，最低温度不得低于－2 ℃，否则会引起冷害。湿度是低温贮藏保鲜不可忽视的重要因素，猕猴桃因其表面无蜡质，被覆有绒毛，所以当失水达 3%时，果皮皱缩，品质下降，代谢失调，在贮藏期间要求环境中有较高的相对湿度，范围为 90%～95%。适当提高二氧化碳浓度，可显著维持猕猴桃的果肉硬度，但超过 5%的二氧化碳浓度可使其产生伤害，猕猴桃适于气调贮藏，其理想的气调指标为氧气浓度 2%～3%，二氧化碳浓度 4%～5%，目前国内多采用塑料薄膜包装在冷库内进行自发气调贮藏，乙烯浓度小于 0.1 mg/L。另外采后快速降温也是猕猴桃贮藏的必要条件。

【任务准备】

1. 主要材料　贮藏用猕猴桃、木质果箱、薄膜袋、高锰酸钾乙烯吸收剂、贮藏库消毒剂（硫黄、乳酸等）。

2. 仪器及设备　贮藏冷库或气调库、手持糖量计、硬度计、测定贮藏环境气体浓度的设备（如奥氏气体分析仪）、温度计、湿度计、贮藏货架、电子秤等。

【任务实施】

（一）采收

采收成熟度是影响猕猴桃贮藏的重要因素。早采果，营养物质的积累少，不耐贮藏；晚采果，硬度下降，趋向衰老也不耐贮藏。只有适时采收才能保证入贮果的质量，提高耐贮性。贮藏果的成熟度指标主要根据果实生育期、果实硬度、果实中可溶性固形物含量等综合判断。如中华猕猴桃果实生育期为 140～150 d，在此期间采收为宜，美味猕猴桃则需要 170～180 d 的果实生长期才能采收。多数猕猴桃的可采硬度应为 14.2～15.0 kg/cm^2。果实的可溶性固形物含量应不低于 6.5%。

采收时间应选择晴天的早晨（露水已干）、傍晚（未结露水）天气凉爽时或多云天气时采收果实，避免在中午高温时采收，采果时如果遇雨，应等果实表面的雨水蒸发以后再采收。采收时要注意避免果实机械损伤，以免损伤刺激果实内部乙烯生成，加速果实软化、衰老和变质。采收应分批进行，先采收大果、好果，再采生长正常的小果，对伤果、病虫危害果、日灼果等应分开采收，不要与商品果混淆。采摘时应轻拿轻放，使用的木箱、果箱等应铺有柔软的铺垫，如草秸、粗纸等，以免果实撞伤，尽量避免果实的刺伤、压伤、撞伤，尽量减少倒筐、倒箱的次数，将机械损伤减少到最低程度。计划直接上市且经过分级包装的猕猴桃果实，可在室外冷凉处放置一晚，待果实中的田间热散失后在清晨冷凉时装运。

（二）预贮或预冷

果实采收运回以后，先放在阴凉处过夜，第二天再入库，这一过程称为预贮。经预贮的果实，可直接进冷库，但一次进库量应掌握在库容量的 20%～30%。最好能在预冷间先预冷后，再进入冷贮库。预冷时要求果心达到 0 ℃的时间越短越好。如新西兰要求从采摘到果心温度降到 0 ℃的预冷过程必须在 36 h 内完成，以 8～12 h 内完成最好。预冷时库内相对湿度应保持在 9%左右。

（三）分级与包装

严格剔除病虫害果、机械伤果及残次果。按果实质量、大小进行人工分级。采收时不同品种、成熟期、大小、产地的果实应分开采收和贮存，切忌混在一起。目前我国还没有形成适应现代化市场要求的猕猴桃分级标准，新西兰的美味猕猴桃、海沃德品种的分级标准已经得到了世界市场的认可，可以作为我国果实进入世界市场的参考。该分级标准首先要求猕猴桃果实在外形、果皮色泽、果肉色泽等方面符合品种特征，无瘤状突起、无畸形果，果面无泥土、灰尘、枝叶、萼片、霉菌、虫卵等异物，无虫孔、刺伤、压伤、撞伤、腐烂、冻伤、严重日灼、雹伤及软化果，再按照果实的质量通过自动分拣线分级（表 2-4）。

表 2-4　新西兰猕猴桃分级标准

每箱果数（个）	最小重量（g）	最大重量（g）
25	143	160
27	127	143 以下
30	116	127 以下
33	106	116
36	98	106
39	88	98

注：每箱重 3.6 kg。

分级前可用 0.5%高锰酸钾、50%甲基硫菌灵 1 000 倍液浸果 1～2 min 防腐，并在阴凉处晾干。分级方法大多采用手工分级，条件许可采用机械进行质量分级具体方法：果实采收之后应装入适宜的容器中如木箱、塑料箱或硬质纸箱中，然后运至包装场，首先进行手工分选，剔除病虫果、日灼果、伤果和畸形果，然后按质量分级。

猕猴桃包装多采用小型纸箱或木盒，内置单层托盘，要求同一包装盒内的果实品种相同、大小一致。猕猴桃运输和贮藏用的包装有板条木箱、纸箱和塑料箱，箱子宜低不宜高、塑料箱尺寸为（内径）长×宽×高为 40.5 cm×29.0 cm×23.0 cm，木箱尺寸为 45.0 cm×33.0 cm×23.5 cm。在入库堆垛之前，在每果箱中间直接夹放一包保鲜剂，以吸附乙烯气体，杀菌保鲜，延长贮藏期。

（四）运输

1. 普通运输　果实运输包括从果园到包装厂，从包装厂到贮藏库，以及从藏库到销售地。入库前运输，特别是从田间到包装厂的运输，不能用拖拉机，此阶段果实散装，道路不平整时，会使果实间碰撞和摩擦造成损伤，田间土路应以人力挑运为主，且要轻起轻放，柏油水泥路上用电动车或电瓶车低速运输，以防乙烯污染。出库后运输，一般为长途运输，最好采用集装箱和冷藏车或（冷藏船）运输。如用纸箱包装运输，则箱子不宜太大（10 kg 以下），堆叠不宜太高，以防压坏果品。

2. 保鲜运输　普通货车运输一定要采取措施防震减轻果实碰撞，运输过程中可加冰或先预冷再加保温层。有条件的可以采用集装箱式保温车（先预冷，后隔热保温运输）或冷藏保温车运输。

（五）贮藏与管理

1. 气调贮藏

（1）MA 贮藏。猕猴桃采用塑料薄膜袋或薄膜帐封闭在机械冷库内贮藏是目前生产中最普遍的方式。其贮藏保鲜效果与 CA 贮藏相差无几。塑料薄膜袋用 0.03～0.05 mm 厚聚乙烯袋，每袋装 5～10 kg。塑料薄膜帐用厚度为 0.2 mm 左右的聚乙烯或无毒聚氯乙烯制作，每帐贮量 1t 至数吨。贮藏期应控制温度在－0.5～0 ℃，相对湿度 90%～95%。并定期检查果实的质量，及时检出软化腐烂果。严禁与苹果、梨、香蕉等释放乙烯的果混存。贮藏结束出库时，要进行升温处理，以免出现因温度的突然上升，产生结露水，影响货架期和商品质量。

（2）CA 贮藏。在意大利、新西兰等国家猕猴桃的贮藏，大多都采用现代化的气调贮藏库，此为最理想的贮藏方法，能够调整贮藏指标在最佳状态。气调库贮藏应做到适时无伤采收，及时入库预冷贮藏，严格控制氧气浓度在2%左右，二氧化碳浓度在5%左右，乙烯0.1 μL/L以下，温度在0 ℃±0.5 ℃，相对湿度在90%～95%，可贮藏5～8个月。

（3）1-MCP保鲜剂贮藏法。猕猴桃采后及时运至贮藏库内，放入贮藏架上（也可用木箱或带孔纸箱盛装码垛），立即用1-MCP保鲜剂熏蒸处理24 h，然后同MA贮藏法一样包装贮藏。能减少猕猴桃的硬度变化，减少维生素C损失，保鲜效果明显。

2. 机械冷库贮藏　低温能降低猕猴桃的呼吸强度，延缓乙烯产生。适合猕猴桃果实贮藏的温度为0～1 ℃，低温贮藏要求相对湿度在95%左右。在高湿条件下，库温低于−0.5 ℃，果实就会受冷害。为了准确测定库内的温度，每15～20 m应均匀放置一支温度计，温度计应放置在不受冷凝、异常气流冲击和震动的地方。对有温控设备的冷库，要定期对温控器温度和实际库温进行校正，每周至少1次。

冷库贮藏中需要注意的事项主要有三点：

① 贮果期间不宜频繁开库门出入，更不容许喝过酒或使用挥发性物品如汽油、煤油、化妆品的人进入冷库。

② 冷库所用保温材料均为易燃品，所以不能在库内抽烟，或使用明火。也不能使用大功率照明设施，以免影响库温。

③ 在果品贮藏中，万一出现了果实结冰现象，要分析受冻的原因和冻结的程度。若是轻微的冻结还可以恢复，但需注意要缓慢解冻，使细胞间隙的冰晶缓慢融化。不可将受冻的果实在高温下迅速解冻。同时要注意在解冻之前不可搬动果箱，以避免细胞间的冰晶触及细胞壁而人为造成损伤。

【常见问题及解决办法】

1. 猕猴桃的蒂腐病　猕猴桃在贮藏期间容易发生侵染性的蒂腐病，主要症状是在果蒂处出现明显的水渍状病斑，然后病斑均匀向下扩展，手感柔软而有弹性，其他部分与健康果无多大区别。切开病果，果蒂处无腐烂，腐烂在果肉中并向下蔓延。腐烂的果肉为水渍状、略有透明感、有酒味、稍有变色。随着病害的发展，病部生长出一层白色霉菌，病果外部的霉菌常向邻近果实扩展。主要防治方法：

① 做好田间管理，减少病原。

② 采果前20 d喷代森锌或异菌脲。

③ 采果24 h内及时用京-2B膜剂加多菌灵或甲基硫菌灵进行防腐保鲜处理，再低温贮藏。

2. 果实软化　由于生理特性导致猕猴桃果实采后极易变软，贮藏保鲜过程中只要管理稍有失误就会发生整库软化造成严重的经济损失。有关研究表明，猕猴桃果实采后置于20 ℃条件下，从采收当天算起，到采后7 d果实硬度下降很快。平均每天的硬度下降速率为6%；7～25 d果实硬度损失率下降相对变得缓慢，平均每天硬度损失率为2.5%。科研人员经多年对冷库贮藏保鲜猕猴桃果实观察结果发现，贮藏前期果实硬度下降很快，贮藏中后期果实硬度下降缓慢。

3. 果实失水　猕猴桃果实含水量高，正常蒸腾生理消耗的水分是果实细胞纤维之间的游离水分子。果实失水后，既加速了后熟软化，又降低了果实的商品价值，果实失水率为

5%时，贮藏果实表面萎蔫，果皮皱缩、失去光泽，果肉泛黄。因此，一定要在相对湿度较高的贮藏环境中，才能防止果实失水，所以猕猴桃果实贮藏环境保持较高湿度十分重要。

子任务四 葡萄贮藏技术

【相关知识】

（一）贮藏特性

鲜食葡萄品种很多，但耐贮性差异较大。一般来说，早熟品种耐贮性差。中熟品种次之，晚熟品种耐贮。果皮厚韧、果面及穗轴含蜡质、不易脱粒、果粒含糖量高的品种耐贮。

就葡萄种群来说，欧亚种较美洲种耐贮藏，欧亚种里东方品种群尤耐贮藏。如我国原产的龙眼、牛奶和日本的玫瑰香、新玫瑰等都较耐贮藏；其次，还有欧美杂交种白香蕉、吉香、意斯林和巨峰、大宝等。我国从美国引种的红提、圣诞玫瑰、秋黑等品种颇受消费者和种植者的关注，这些葡萄品种是我国目前栽培的所有鲜食品种中经济性状、商品性状和贮藏性状均较佳的葡萄品种。近年来用冷库贮存的品种多为龙眼、玫瑰香、马奶、巨峰、红地球、黑大粒、秋黑、瑞必尔、黑奥林、龙眼、玫瑰香、保尔加尔等。

通常整穗葡萄为非呼吸跃变型果实，采后呼吸呈下降趋势，成熟期间乙烯释放量少，但在相同温度下穗轴尤其是果梗的呼吸强度比果粒高 10 倍以上，且出现呼吸高峰，果梗及穗轴中的IAA、GA、ABA 的含量水平均明显高于果粒。葡萄果梗、穗轴是采后物质消耗的主要部位，也是生理活跃部位，所以，葡萄贮藏保鲜的关键就在于推迟果梗和穗轴的衰老，控制果梗和穗轴的失水变干及腐烂。

（二）贮藏条件

葡萄多数品种的最佳贮藏温度为－1～1℃，且保持稳定的贮温，贮藏期间库房内相对湿度保持在 90%～95%，温度以果梗不发生冻害为前提，葡萄采后要及时入库、预冷、快速降温，以降低其呼吸等代谢强度。湿度在 95%以上时易导致多种病原菌产生，造成果梗霉变、果粒腐烂，低于 85%则会使果梗失水。

【任务准备】

1. 主要材料 贮藏用葡萄、（0.02～0.03 mm）高压低密度聚乙烯塑料袋、纸箱或塑料箱或木箱、防腐保鲜剂、库房消毒剂等。

2. 仪器及设备 贮藏冷库、手持糖量计、温度计、湿度计、贮藏货架、电子秤等。

【任务实施】

（一）市场调查

调查拟打算贮藏后葡萄在目标市场每年的总体销售量以及哪种葡萄品种销售量最好，也就是在目标市场的某种葡萄的需求量。每年能有多大的需求，作为确定某种葡萄产品贮藏量的一个依据。根据市场调查确定总体的贮藏量后，可以确定自己的合适贮藏量。

（二）采收

葡萄是非跃变型果实，不存在后熟过程。用于贮藏的葡萄应在充分成熟时采收，在不发生冻害的前提下可适当晚采，晚采收的葡萄含糖量高，果皮较厚、韧性强、着色好、果粉多，耐贮藏，多数葡萄品种采收时可溶性固形物应达到 15%以上。采收成熟度可依据葡萄的可溶性固形物含量、生育期、生长积温、种子的颜色或有色品种的着色深浅等综合确定。

采前 7～10 d 应停止浇水，如遇雨天则应推迟采收时间，采摘时最好在晴天的上午露水干后进行，若在阴雨天或有露水的时候采，果实带水容易腐烂。采收时应轻拿轻放，避免损伤，并尽量保护果实表面的果粉。采后挑选穗大、果粒紧密均匀、成熟一致的果穗贮藏。凡破裂损伤、遭病虫损伤的果粒及青绿穗尖和未成熟的小粒均除去，然后按自然生长状态装箱，及时放置阴凉通风处，散去田间热。

（三）包装

外包装可采用厚瓦楞纸板箱、木条箱、塑料周转箱等。箱体不宜过高并呈扁平形。纸箱容量不超过 8 kg 为宜，箱体应清洁、干燥，坚实牢固、耐压，内壁平滑，箱两侧上、下有直径 1.5 cm 的通气孔 4 个。木条箱和塑料周转箱，容量不超过 10 kg，内衬包装纸，放 1～2 层葡萄。内包装宜采用洁白无毒、适于包装食品的 0.02～0.03 mm 高压低密度聚乙烯塑料袋。袋的长宽与箱体一致，长度要便于扎口，袋的上面、底面铺纸便于吸湿。

（四）防腐保鲜剂处理

防腐保鲜剂处理是葡萄保鲜的必需环节，在生产上应用较广泛的是释放二氧化硫的各种剂型的保鲜剂，即亚硫酸盐或其络合物，一般分为粉剂和片剂两种。粉剂是将亚硫酸盐或其络合物用纸塑复合膜包装，片剂是将亚硫酸盐或其络合物加工成片，再用纸塑复合膜包装。实际生产应用的主要有以下几种：

（1）亚硫酸氢钠和吸湿硅胶混合粉剂。亚硫酸氢钠的用量为果穗质量的 0.3%，硅胶为 0.6%。二者在应用时混合后分成 5 包，按对角线法放在箱内的果穗上，利用其吸湿反应时生成的二氧化硫保鲜贮藏。一般每 20～30 d 换一次药包，在 0 ℃的条件下即可贮藏到春节以后。

（2）焦亚硫酸钾和硬脂酸钙、硬脂酸与明胶或淀粉混合保鲜剂。保鲜剂配方是 97%焦亚硫酸钾加 1%硬脂酸钙和 1%硬脂酸，与 1%淀粉或明胶混合溶解后制成片剂。在贮藏 8 kg 葡萄的箱子里，放 5 g（每片 0.5 g）防腐保鲜剂，置于葡萄上部，在 0～1 ℃的温度和 87%～93%的相对湿度下，贮藏 210 d 后，只有 6%腐烂率。

（3）S-M 和 S-P-M 水果保鲜剂。每千克葡萄只需 2 片药（每片药重 0.62 g），能贮存 3～5 个月，可降低损耗率 70%～90%，适于贮藏龙眼、巨峰、新玫瑰等葡萄品种。

（4）二氧化硫熏蒸。二氧化硫处理的方法之一是燃烧硫黄粉：葡萄入库后，按每立方米容积用硫黄 1.5～2 g，使之完全燃烧生成二氧化硫，密闭 20～30 min 以后，开门通风，熏后 10 d 再熏一次，以后每隔 20 d 熏一次。另一方法是从钢瓶中直接放出二氧化硫气体充入库中，在 0 ℃左右的温度下，每千克二氧化硫汽化后约占 0.35 m^3 体积，熏蒸时可按库内容积的二氧化硫占 0.6%比例熏 20～30 min。以后熏蒸可把二氧化硫浓度降至 0.2%。为了使箱内葡萄均匀吸收二氧化硫，包装箱应具有通风孔。

采用药剂处理方法：放药时间一般于入贮预冷后放入药剂，扎口封袋。但在进行异地贮藏或经过较长时间的运输才能到冷库时，应采收后立即放药。片剂包装的保鲜剂每包药袋上用大头针扎 2 个孔，最多不超过 3 个孔（即袋两面合计 4～6 个孔）。在异地贮藏或采收葡萄距冷库较远时，应扎 3 个孔，这样可能会使受伤果粒产生不同程度药害，但为防止霉菌引起的腐烂，仍需这样做。由于保鲜剂释放出的二氧化硫密度比空气大，所以保鲜剂应放在葡萄箱的上层。

（五）预冷

采后立即对葡萄进行预冷，暂不能进行预冷的，需把葡萄放置在阴凉通风处，但不得超过 24 h，预冷时将打开箱盖及包装袋，温度可在－1～0 ℃。巨峰等欧美杂交品种，预冷时间过长容易引起果梗失水，因此应限定预冷时间在 12 h 左右，预冷超过 24 h，贮藏期间容易出现干梗脱粒。对欧洲种中晚熟、极晚熟品种的预冷时间，则要求果实温度接近或达到 0 ℃时再放药封袋。为实现快速预冷，应在葡萄入贮前 3 d 开机，空库降温至－1 ℃。另外，入贮葡萄要分批入库，避免集中入库导致库温骤然上升和降温困难。

（六）库房消毒

冷藏库被有害菌类污染常是引起葡萄腐烂的重要原因。因此，冷藏库在使用前需要进行彻底的消毒，以防止葡萄腐烂变质。葡萄贮藏库的消毒主要采用二氧化硫熏蒸杀菌法，详见苹果、梨贮藏库房消毒。

（七）贮藏与管理

1. 机械冷库贮藏 机械冷库结合塑料小包装是葡萄贮藏的主要形式。入库葡萄箱要按品种和不同入库时间分等级码箱，以不超过 200 kg/m^3 的贮藏密度排列。一般纸箱依其抗压程度确定堆码高度，多为 5～7 层，垛间要留出通风道。入满库后应及时填写货位标签，并绘制平面货位图。在冷库不同部位摆放 1～2 箱观察果，扎好塑料袋后不盖箱盖，以便随时观察箱内变化。

葡萄多数品种的最佳贮藏温度为－1～1 ℃，在整个冷藏期间要保持库温稳定，波动幅度不得超过 0.5 ℃，贮藏期间库房内相对湿度保持在 90%～95%。为确保库内空气新鲜，要利用夜间或早上低温时进行通风换气，但要严防库内温、湿度的波动过大。

定期检查葡萄贮藏期间的质量变化情况，如发现霉变、腐烂、裂果、二氧化硫伤害、冻害等变化，要及时销售。

2. 气调贮藏 首先应控制适宜的温度和湿度条件，在低温高湿环境下，大多数品种的气体指标是氧气浓度 3%～5%、二氧化碳浓度 1%～3%。用塑料袋包装贮藏时，袋子最好用 0.03～0.05 mm 厚聚乙烯薄膜制作，每袋装 5 kg 左右。葡萄装入塑料袋后，应该敞开袋口，待库温稳定在 0 ℃左右时再封口。

采用塑料帐贮藏时，先将葡萄装箱，按帐子的规格将葡萄堆码成垛，待库温稳定在 0 ℃左右时罩帐密封。定期逐帐测定氧气和二氧化碳含量，并按贮藏要求及时进行调节，使气体指标尽可能接近贮藏要求的范围。气调贮藏时亦可用二氧化硫处理，其用量可减少到一般用量的 1/3～3/4。

3. 棚窖贮藏 将经过处理的葡萄装筐或箱，置于预冷场所，下垫砖块或枕木以利于通风。上盖芦苇遮阳，直至小雪后入窖。窖内用木板搭成离地面 60～70 cm 的垫架，果筐放在垫架上。在筐或箱上搁木条，上面再放筐或箱，依次摆放 3 层，呈品字形。每窖摆 3～4 行，中间留人行道。入窖后采用通风、洒水、封闭等办法来保持贮藏的温度和湿度。在贮藏过程中不宜翻动葡萄，并应严防鼠害。

【常见问题及解决办法】

葡萄贮藏中常发生的主要问题是二氧化硫中毒、灰霉病、腐烂、干枝和脱粒。

1. 二氧化硫中毒 由于在葡萄商品化处理过程中使用药剂过多，易造成二氧化硫中毒。

导致中毒葡萄粒上产生许多黄白色凹陷的小斑，与健康组织的界限清晰，通常发生于果蒂部，严重时整穗多数果粒成片绿色，甚至整粒果实呈黄白色，最终被害果实失水皱缩，但是穗茎能较长时间保持绿色。控制二氧化硫中毒的措施就是在防腐及贮藏过程中严格控制二氧化硫的使用量并注意通风。

2. 葡萄的灰霉病　贮藏期间，葡萄最易发生灰霉病，灰霉病的症状是病斑早期呈现圆形、凹陷状，有时界限分明，色浅褐或黄褐，蓝色葡萄上颜色变异小，感病部位润湿，长出灰白菌丝，最后变灰色。烂果通过接触传染，密集短枝的果穗尤其严重，在贮藏期有时整穗腐烂，造成“烂窝”。防治方法主要有四种：

① 在晴天进行采收。

② 采前用苯莱特、多菌灵、波尔多液等杀菌剂喷果。

③ 采后用杀菌剂处理。

④ 贮藏过程中定期用二氧化硫熏蒸，低温贮藏等。

子任务五　板栗贮藏技术

【相关知识】

（一）贮藏特性

板栗属呼吸跃变型果实，特别在采后第一个月内，呼吸作用十分旺盛。板栗贮藏中既怕热、怕干，又怕冻、怕水，贮藏中常常因管理不当，发生霉烂、发芽和生虫等。栗果采收成熟度是影响栗果实质量和贮藏时间长短的重要因素。采收过早，气温偏高，坚果组织鲜嫩，含水量高，淀粉酶活性高，呼吸旺盛，不利贮藏，若采收过迟，则栗苞脱落，造成损失。一般北方品种板栗的耐藏性优于南方品种，中、晚熟品种强于早熟品种。在同一地区，干旱年份的板栗较多雨年份的耐藏。适当降低贮藏环境中氧气的含量，提高二氧化碳含量，可以创造出一个较为缺氧的环境，降低呼吸强度，但二氧化碳的浓度不要超过 20%，否则栗果会变苦。

（二）贮藏条件

温度是影响栗果贮藏成败的关键因素之一。板栗从入库至翌年 1 月底前的贮藏温度为 0±0.5 ℃，2 月以后贮藏温度调整为 −3±0.5 ℃，贮藏环境的相对湿度条件为 85%～95%，采用气调贮藏气体含量为氧气 2%～3%、二氧化碳 10%～15%。

【任务准备】

1. 主要材料　贮藏用板栗、0.03～0.04 mm 厚的聚乙烯塑料保鲜袋或聚氯乙烯透湿硅窗袋、包装板栗果的专用箱（木箱或塑料周转箱、麻袋等）、乳酸或过氧乙酸或漂白粉等库房消毒剂、防虫剂（二硫化碳、溴代甲烷、磷化铝等）。

2. 仪器及设备　贮藏冷库、气调库、测定贮藏环境气体浓度的设备（如奥氏气体分析仪）、温度计、湿度计、贮藏货架、电子秤等。

【任务实施】

（一）原料选择

短期贮藏（4 个月以内）适用于所有板栗品种，中长期贮藏（4～10 个月）则应选择北方品种及南方晚熟品种。

（二）采收

一般当刺苞由绿色转为黄褐色，并有30%～40%的刺苞顶端已微呈十字形开裂时采收比较合适，采收应根据成熟度分期分批进行。对中晚熟品种，应在8月下旬至10月下旬采收，阴雨天、雨后初晴及露水未干时一般不宜采收。

（三）采后处理

1. 合理堆制 栗苞要堆放在地势较高的阴凉通风处，堆积高度一般为0.4～1.0 m。为防止栗苞发热，堆放时不能将栗苞压紧，更不能让太阳直晒，上面可盖些杂草等物，以达到降温保湿的目的。在堆积期间栗果有一定的后熟作用，可使栗苞中的部分营养物质转到栗果中，栗果果皮颜色由浅变深，角质化程度提高，光泽度增加。一般堆放7～10 d才可将栗苞中的栗子取出。未裂口的栗苞不能用脚踩或刀削，应继续堆放，直至栗苞裂口、栗子自然脱出。

2. 挑选分级 板栗采收后应进行挑选，剔除霉变、虫蛀、风干和开裂的栗果，同时去除杂质，并根据栗果的大小、质量、形状、色泽、成熟度、新鲜度及病虫害和机械损伤程度等商品性状，按照GB/T 1029的规定进行分级。

3. 去虫防病 为防止栗果在贮藏保鲜期间的腐烂变质，栗果贮藏前的杀虫防病是一项重要的措施。特别对于受象鼻虫、桃蛀螟等蛀果害虫危害严重的南方产区，此项措施显得尤为重要。杀虫一般采用熏蒸法，将栗子装入麻袋或竹篓等透气的容器中，然后放入密闭的室内，将二硫化碳倒入表面积较大的器皿内，放于栗子袋的上面，让汽化后的二硫化碳气体下沉。药液可分装数个器皿，分布室内的不同部位，使二硫化碳气体分散到每个角落。每50 m^3用二硫化碳1.5～2.5 L，若气温高，药量可少些，气温低，则相反。熏蒸时门窗要关严，其缝隙用纸封好1～2 d后即可把害虫杀死。溴代甲烷熏蒸用量为40～60 g/m^3，处理时间以3.5～4.0 h最为理想，杀虫率可达95%以上。也可用磷化铝熏蒸2～3 d，用量为12 g/m^3。用二氧化硫（50 g/m^3）处理18～24 h也有一定的杀虫效果。以二溴四氯乙烷熏蒸，每25 kg栗果用药10 g。另外，可用0.05%的2，4－D加500倍液甲基硫菌灵浸栗果3 min，此法能减少病菌的侵入，进而减少栗果的腐烂变质。

4. 预冷 大部分板栗品种是在9月中下旬至10月上旬采收的，此时气温较高，刚从栗苞中脱出的栗子其体温接近外界气温，且栗果含水量较高，温度下降慢，热量不易散失，故极易腐烂。为保持栗果的新鲜度、优良品质和延缓其衰老，必须在后贮前采取预冷处理，一些发达国家已经将其作为板栗贮前不可或缺的一项技术措施。在产地，一般是将采后的栗子摊于阴凉通风的室内或凉棚下，使栗子散热冷却，此过程称为“发汗”，一般2 d即可；也有直接将栗子置于冷库中预冷的，称为空气预冷；还有以冷水为冷媒将栗子冷却的，方法有喷水式、浸水式或混合式，其中以喷水式应用较多。水预冷设备简单、操作方便、冷却速度快，具有栗果冷却后不减重和适用性广等特点，但缺点是加速了某些病菌的传播，易引起外伤栗子的腐烂。

5. 包装 冷藏和气调贮藏采用木箱或塑料周转箱，箱内铺垫聚乙烯塑料薄膜。采用麻袋包装时，应使用双层麻袋，内层为干麻袋，内层为湿麻袋。MA气调贮藏应选用厚度为0.03～0.04 mm厚的聚乙烯塑料保鲜袋包装，再将塑料保鲜袋码放在木箱或塑料周转箱。

（四）库房消毒

贮前应对贮藏库进行彻底的清扫消毒灭菌处理，消毒灭方法详见苹果、梨贮藏库房消毒。

（五）贮藏方式与管理

1. 机械冷库贮藏　低温冷藏是板栗贮藏保鲜效果较好的方法之一。一般库温控制在0～5℃，相对湿度为90%以上。李全宏等认为板栗冷藏可使其生理代谢减弱，减少贮藏物质的消耗，在库温－2℃、相对湿度92%～95%的条件下，更加有利于提高板栗长期保鲜的效果。刘一和等在相对湿度为90%以上，库温为－3℃的条件下贮藏板栗发现，贮藏板栗在第二年的8月的腐烂率为5.6%，无发芽现象出现。王贵禧等采用变温冷藏并用保鲜袋包装，即在贮藏初期、贮藏中期和贮藏后期分别将温度控制在－2～0℃、0～2℃、－4～－2℃，即降低了板栗营养物质的消耗，又保持了板栗的新鲜度，其贮藏期达9个月以上，好果率为92.1%，发芽率为0。此外，板栗还可用速冻法保鲜，但温度不能忽高忽低，栗果也不能随意搬动。

2. 气调贮藏　气调贮藏是近年来快速发展起来的一种新型的板栗贮藏方法。是在冷藏的条件下（0～2℃）对果实所处环境的气体成分进行调节，降低氧气的浓度，增加二氧化碳的浓度，从而达到降低果实的呼吸强度，抑制酶的活性和微生物的活动，减少乙烯的生成以此来延缓果实的衰老，提高果实的贮藏保鲜效果。

气调贮藏包括聚乙烯塑料薄膜小包装自发性气调贮藏（MA）、人工气调贮藏（CA）和硅窗气调贮藏。MA贮藏是将板栗装入0.03～0.04 mm厚的聚乙烯塑料薄膜袋中，通过板栗自身的呼吸作用来调节袋内氧气和二氧化碳的浓度，使板栗得到贮藏保鲜。CA是利用人工或机械控制库内气体的组成，并结合低温处理，减弱板栗的代谢，达到延长贮藏期的目的，条件为氧气浓度2%～3%、二氧化碳浓度10%～15%、温度－1～0℃、相对湿度90%～95%。硅窗气调贮藏是利用硅橡胶膜对氧气和二氧化碳气体独特的渗透性，并结合投放高效除氧剂贮藏板栗。无论是塑料薄膜小包装自发气调、硅窗气调还是人工气调，板栗气调环境中的氧气浓度均控制在不低于2%、二氧化碳浓度控制在不高于15%的范围内。

3. 沙藏　沙藏法是我国传统的贮藏板栗的方法，可在室内、室外，采用沟藏、窖藏、容器沙藏等方式进行。河沙的作用是使板栗在贮藏过程中具有保湿性和透气性。但湿沙的含水量应以10%为宜，湿度过大，栗果表面黑色发暗，极易腐烂。沙子与板栗的比例为7∶3，在入贮的头2个月，每周翻堆1次，以利透气散热，并将腐烂的栗果剔除。随着气温的不断下降，贮藏板栗的呼吸强度逐渐降低，可以延长翻堆时间，减少翻堆次数。在整个贮藏期间，应严格控制沙的湿度。这种方法一般可贮藏5个月左右，但腐烂损耗常为30%～40%。

【常见问题及解决办法】

1. 板栗的腐烂变质　栗果在贮藏保鲜期间的腐烂变质主要发生在贮藏保鲜的前期，即入贮保鲜后1个月至1.5个月的期间内。安徽农业大学郑国社的试验结果表明：入贮后1个月的板栗其霉烂果量约占整个贮藏期（3个月）霉烂果的70%～80%。由此可见，板栗贮藏保鲜前期是防止或减少其霉烂损失的关键时期。有关研究者认为，栗实的腐烂有黑斑型、褐斑型和腐烂型3种类型：其中，黑斑型和褐斑型是干腐，前者由链格孢菌所致，后者由镰刀菌引起；而腐烂型是湿腐，是由青霉菌入侵所致的青霉病和种仁斑点病而造成的。除以上病原菌外，还有木霉菌、炭疽菌、毛孢菌、红粉霉菌、裂褶菌和曲霉菌，这些病菌的侵入也是引起栗果腐烂的直接原因之一。

2. 板栗风干失重 刚从栗苞中脱出的栗子其含水量多在55%以上，若在常温下不加包装处理，则风干失重现象极为严重。据北京林业科学研究所报道，在室外自然条件下风干1 d，栗子失水11.2%，沙藏1个月后却无霉烂现象；风干2 d，栗壳变黄，失重19.0%，沙藏后有26.7%的霉烂；风干3 d，则失重25.4%，沙藏后有80%的霉烂；风干5 d以上，沙藏后全部霉烂。贮藏保鲜期间栗果含水量过高或过低都会影响板栗的贮藏保鲜效果，只有适当的含水量才能保证栗果正常的生命活动。

3. 板栗发芽 贮藏保鲜的前期和中期是栗果从形态成熟转向生理成熟的过程，即处于休眠期。这期间即使外界的湿度达到80%～90%，栗果也很少有发芽的；但是，到了贮藏保鲜的后期，即到翌年的2月，即使外界湿度仅有10%，栗果也会发芽，外界的湿度或填充物的含水量越大，发芽率就越高，在产地采用沙藏的栗果一般3～4月进入发芽的旺盛期。

防止栗果提早发芽的措施主要有如下：

① 辐射处理。即贮藏50～60 d后用γ射线照射，计量为7.74C/kg。

② 药剂处理。采用0.1%的2，4-D、0.001%的丁酰肼、0.1%的马来酰肼或0.1%的萘乙酸浸果，均可抑制栗果的发芽。

③ 盐水处理。将完成后熟快要发芽的栗果，用2%的食盐与2%的纯碱（碳酸钠）的混合液浸果1 min，捞出后装入筐或袋中继续贮藏，可抑制发芽。

④ 二氧化碳处理。在2 ℃条件下用浓度为3%的二氧化碳处理30 d，或在－2 ℃条件下用浓度为3%～7%的二氧化碳处理10 d，均可抑制栗果发芽，高浓度二氧化碳处理越及时则效果越好。

⑤ 低温处理。当栗果结束休眠进入萌芽期后，采用－3 ℃或－4 ℃的低温处理5～15 d，随后在－2～0 ℃条件下能有效地抑制栗果的大量发芽。

任务二 常绿果树果品贮藏技术

子任务一 香蕉贮藏技术

【相关知识】

（一）贮藏特性

香蕉品种多，可分为香牙蕉、大蕉、粉蕉和龙牙蕉四类，其中香牙蕉（华蕉）产量和销量居各类之首，耐藏性最强，是我国主要栽培品种。另外，广东还种植大蕉和粉蕉，广西为西贡蕉，福建以天保蕉和台湾蕉较多，台湾以仙人蕉和北蕉为主。

香蕉是典型的呼吸跃变型果实。跃变期间，果实内源乙烯明显增加，促进呼吸作用加强。随着呼吸高峰的出现，占果实20%左右的淀粉不断水解为糖，单宁物质发生转化，果实逐步从硬变软，果皮由绿转黄，涩味消失，香气浓郁，方宜食用。当全黄的果皮出现褐色小斑点（梅花斑）时，已属过熟期。香蕉一旦出现呼吸跃变，就意味着进入不可逆的衰老阶段。为此，贮藏香蕉就是要尽量延迟呼吸跃变的出现。

（二）贮藏条件

香蕉适宜贮藏温度为 13 ℃，相对湿度 85%～90%。

【任务准备】

1. 主要材料 贮藏用香蕉、聚乙烯袋、乙烯吸收剂和二氧化碳吸收剂、防腐剂（多菌灵或甲基硫菌灵或抑霉唑）等。

2. 仪器及设备 贮藏冷库、温度计、湿度计、测定贮藏环境气体浓度的设备（如奥氏气体分析仪）、手套、箱或筐、贮藏货架、电子秤等。

【任务实施】

（一）采收

用于长途运输的香蕉应在 70%～80%饱满度时采收。采收时需两人合作，一人托果穗，一人砍倒果轴，使果穗直接落到肩上，然后集结悬挂到索道上或放在衬垫有柔软物的地方。切忌托着走或乱堆放，以避免果实重压、摩擦和刺伤，保证蕉果商品质量。

（二）去轴落梳

去轴落梳时，可将香蕉吊起或竖起，用半弧形落梳刀分割，刀口须平整。也可直接在水池中落梳，以减少机械伤。

（三）清洗修整

将落梳的香蕉浸入含 0.6%的明矾或漂白粉的水池漂洗，同时去除蕉乳、残果，剔除伤果、残次果、修平落梳伤口，淘汰质量较差的尾梳、“鬼头黄蕉”“回水蕉”之后，再转入清水中复洗，起到清洁和提高商品质量的作用。

（四）防腐保鲜

以喷洒 500 mg/kg 多菌灵或甲基硫菌灵或用 500 mg/kg 抑霉唑溶液浸果 0.5 min，稍沥干即可进行包装贮运，可有效减少果实病害。防腐后用保鲜剂浸泡或喷洒果蒂，能防止蕉柄脱落。

（五）包装

香蕉按大小和成熟度进行分级包装，不宜统装，外包装用竹筐和纸箱两种。国外多使用具天地盖的瓦楞纸箱包装，我国香蕉包装目前也正在逐步以纸箱取代竹筐（箩）。选用的瓦楞纸箱强度必须较坚硬与耐压。国外标准的香蕉包装纸箱规格为 30 cm×53 cm×23 cm，每箱装 4～6 梳（12～13 kg）。

纸箱内部最好衬垫聚乙烯薄膜袋。装箱时，先在纸箱内部套好聚乙烯薄膜袋，蕉指对蕉指，蕉头靠箱边朝下，果弓背朝上，蕉指紧密排齐，梳蕉与梳蕉之间加垫泡沫塑料纸（海绵纸），将每梳香蕉隔开，以避免香蕉之间的碰、压、擦伤。再将聚乙烯薄膜袋口扎紧，能起到自发性气调的作用。最好一边收拢袋口，一边抽气（可使用吸尘器）扎紧袋口，可起到简易真空包装的效果。

如长期贮运或高温运输，包装时则要在袋内加放乙烯吸收剂和二氧化碳吸收剂（用纱布或微孔薄膜袋进行小包装），然后置于包装蕉果的聚乙烯袋内，切忌吸收剂与香蕉接触。

（六）贮藏与管理

1. 低温冷藏 经过预冷（12～13 ℃）后的香蕉可进行冷藏。冷藏能降低香蕉呼吸强度，推迟呼吸跃变期，减少乙烯生成量，延缓后熟过程。但香蕉对低温十分敏感，多数品种于12 ℃以下易遭受冷害，冷藏贮运温度以13～14 ℃（短期贮藏可用11 ℃）、湿度85%～95%为宜，并注意通风换气，以排除自身产生的乙烯，防止自然催熟。

2. 气调贮藏 在香蕉上，应用气调贮藏对果实的贮藏、运输和后熟具有明显的作用。拉丁美洲国家商业上运输香蕉时，主要采用气调集装箱，或者是采用冷藏船，船上装有冷藏保存设备，并可控制氧气和二氧化碳的浓度水平，此为CA贮藏。

在香蕉的国际贸易中，通常也采用聚乙烯塑料薄膜袋包装来进行MA贮藏：香蕉经防腐剂处理并稍风干后，装入0.03～0.04 mm厚的聚乙烯薄膜袋中，同时加入乙烯吸收剂并密封包装。乙烯吸收剂可采用高锰酸钾浸泡碎砖块、珍珠岩、沸石或活性炭等多孔性物质制成，用量为每12～15 kg香蕉用高锰酸钾4～5 g。另外，可同时在袋内加入占香蕉果重0.8%的熟石灰来吸收过量的二氧化碳，以免造成二氧化碳毒害（青果变软，有异味）。采用MA贮藏，30 ℃下香蕉可贮存2周而不致黄熟；20 ℃下存放6周以上；12～13 ℃下冷藏，保鲜效果更佳，贮藏期会更长。

（七）催熟

香蕉在催熟过程中温度不能过低，但也不能过高，一般在20～25 ℃；初期相对湿度为90%，中后期为75%～80%。同时，根据香蕉的饱满度、催熟时间的长短及催熟温度，确定催熟剂的用量；在催熟前要选择饱满度适宜、无机械伤和冷伤的香蕉果实；用乙烯催熟时要注意密封和通风。

民间常用熏香催熟、自然（混果）催熟法；商业上主要用乙烯催熟、乙烯利催熟等方法。

1. 乙烯催熟 把香蕉放在不通风的密室或塑料帐内，通进乙烯气体。乙烯与香蕉的量为1∶1 000。

2. 乙烯利催熟 17～19 ℃时，用2 000～3 000 mg/kg乙烯利，70 h后果皮大黄；20～25 ℃时，用1 500～2 000 mg/kg乙烯利，60 h后果皮大黄；25 ℃以上时，用1 000 mg/kg乙烯利，48 h后果皮大黄。方法是只要把香蕉的每个蕉果蘸到药液中（不用浸湿整个蕉果），然后放入塑料袋中并扎紧口袋，3～4 d便黄熟。

【常见问题及解决办法】

香蕉在贮藏过程中由于贮藏环境的温度过低和二氧化碳浓度过高，以及病菌的侵染，易发生生理病害和病理病害。

1. 生理病害

（1）冷害。香蕉对低温极为敏感，冷害的临界温度为12 ℃。轻度冷害的果实果皮发暗，不能正常成熟。严重冷害的果实，果皮变黑，果肉生硬无味，极易感染病菌，完全丧失商品价值。

（2）二氧化碳伤害。常温运输时造成损失的常常是二氧化碳伤害，受害香蕉果皮青绿如常，轻则果肉产生异味，重则果肉呈黄褐色糖浆状，完全失去商品价值。在包装袋中放入熟石灰，可以降低袋中二氧化碳浓度，减少伤害，但石灰不能与香蕉直接接触。

2. 侵染性病害

（1）炭疽病。炭疽病是香蕉采后最主要的病害之一，属真菌性病害，主要在果园侵入，运销期发病。成熟和未成熟的香蕉均可被感染，在被害的青果果皮上首先出现褐色或黑褐色的小圆斑，随果实成熟衰老，病斑迅速扩大，形成大斑块，后期还会下陷。非潜伏型炭疽病通常发生在收获期或收获后果实的损伤处，在贮运中病斑迅速扩大，危害整个果实，采收、包装、运输过程中尽量减少机械损伤。潜伏型炭疽病通常发生在田间未受损伤的绿色果实上，病菌多以菌丝体潜伏在表皮下，很少见到危害症状，在采后果实变黄时才表现症状。采后用1 000 mg/kg 噻菌灵或多菌灵或苯来特浸果，防治炭疽病效果明显。

（2）黑腐病。黑腐病是仅次于炭疽病的主要病害，无论在田间或是在收获后的果实上都可发生。病原菌可危害花、主茎，主要是导致果实贮运期间的腐烂，它可引起香蕉轴腐、冠腐、果指断落和果实腐烂。采后用1 000 mg/kg 噻菌灵处理果实，能有效防止发病。

子任务二　柑橘贮藏技术

【相关知识】

柑橘种类、品种较多，分布在世界亚热带地区，主要种类大多原产于我国，是我国长江流域及其以南地区主要果树之一。

（一）贮藏特性

柑橘种类、品种不同，其贮藏性差异很大。一般柠檬类和柚类最耐贮藏，其次是甜橙、柑、橘。在适宜的贮藏条件下，柠檬可贮7～8个月，甜橙可贮6个月左右，温州蜜柑可贮3～4个月，橘类仅1～2个月。一般组织紧密、果心维管束小、含酸量高者，则耐贮性较好；反之，组织疏松、果心维管束大者，耐贮性较差。

柑橘黄熟时采收，其果实品质和耐藏性都比绿果好。贮藏柑橘要求果实长大，皮色转黄，肉质坚实未软，芦柑、温州蜜柑以九成熟为好，柚、甜橙、柠檬则以充分成熟为好，但过熟的果实也不利于贮藏。柑橘果皮组织结构疏松，内含油细胞，极易造成机械损伤。为此，采收时要做到无伤采收、不带露水采收，才有利于贮藏。

柑橘采后用植物生长调节剂和杀菌剂混合处理的护蒂、防腐、保鲜的效果。预贮可降低果温，使果实水分适当蒸发，促使果皮软化，气孔收缩，减少贮运过程中机械损伤，有利于防止枯水和贮藏。此外，用塑料薄膜包装单果可大幅度降低贮藏中的果实失重和腐烂损失，提高柑橘果实耐藏性和商品性的有效措施。

（二）贮藏条件

柑橘贮藏温度依种类、品种、栽培条件、成熟度、采收期不同而异，柑橘适宜贮温分别是甜橙1～3 ℃，宽皮橘类3～5 ℃，柠檬、葡萄柚10～15 ℃。但宽皮橘类中有不耐低温的，如蕉柑适宜贮温为7～9 ℃，芦柑为10～12 ℃。

另外，不同类柑橘对湿度要求不一，甜橙和柚类要求较高的湿度，最适湿度为90%～95%。宽皮柑类在高湿环境中易发生枯水病（浮皮），故一般控制较低的湿度，最适湿度为80%～85%。据研究表明，当相对湿度低于80%或高于90%，烂果率都高。

【任务准备】

1. 主要材料 贮藏用柑橘、20～40 μm 厚的聚乙烯袋、植物生长调节剂（赤霉素）和杀菌剂（多菌灵、甲基硫菌灵、抑霉唑、噻菌灵、双胍辛胺乙酸盐等）。

2. 仪器及设备 贮藏冷库、温度计、湿度计、测定贮藏环境气体浓度的设备（如奥氏气体分析仪）、贮藏货架、电子秤、果剪等。

【任务实施】

（一）采收

1. 采收期指标 以果皮色泽、果汁可溶性固形物含量、果汁固酸比作为柑橘采收期确定的指标。果实七八成成熟，果皮已转色，且转色程度为充分成熟的70%～80%。固酸比脐橙≥9.0，低酸甜橙≥14.0，其他甜橙≥8.0；温州蜜柑≥8.0，椪柑≥13.0，其他宽皮柑橘≥9.0；沙田柚≥20.0，其他柚类≥8.0；柠檬有机酸≥3.0%，果汁率≥20.0%。

2. 采收条件 采收前1周不应灌水，雨天、雾天、落雪、打霜、刮大风的天气、果面水分未干前不宜采收。

3. 采收用具 剪刀采用圆头果剪，盛果箱、采果袋或采果篓内壁平滑或有防伤衬垫，木质人字梯。

4. 采收操作 宜用复剪法采收，第一剪离果蒂1 cm处剪下，再齐果蒂复剪一刀剪平果蒂，萼片完整。采果人员戴软质手套，采果时轻拿轻放，避免机械伤。

（二）挑选分级

剔除病虫果、畸形果、脱蒂果和损伤果后，按分级标准或不同消费对象进行分级。分级方法有分级板人工分级、直径分级机分级。

（三）防腐保鲜

柑橘采收后可使用植物生长调节剂（赤霉素）或杀菌剂（多菌灵、甲基硫菌灵、抑霉唑、噻菌灵、双胍辛胺乙酸盐）。浸泡果实1～2 min，具有较好的护蒂、防腐、保鲜作用。果实采后48 h内用药物水溶液浸洗或机械喷药处，处理后尽快晾干水分。目前，常用的柑橘采后杀菌剂种类及浓度见表2-5。

表2-5 常用的柑橘采后杀菌剂种类及浓度

杀菌剂名称	使用浓度（mg/kg）	杀菌剂名称	使用浓度（mg/kg）
噻菌灵	1 000	苯菌灵	250～500
咪鲜胺	1 000	抑霉唑	2 000
多菌灵	500		

（四）预贮

预贮具有愈伤、预冷散热、发汗、减少柑橘枯水病等作用。方法是将采后果实置于干燥、阴凉、通风的场所，时间为2～5 d。一般橙类预贮2～3 d，果皮稍软化，失水约3%即可；宽皮柑橘类则以预贮3～5 d，失水3%～5%为好。

（五）包装

预贮后的果实，再严格精选，挑出无蒂果、损伤果后，用透明聚乙烯薄膜袋单果包装

（膜厚：柚类 0.015～0.03 mm，其他柑橘类 0.01 mm），拧紧袋口，袋口朝下放置；也可以用机械在 150～170 ℃高温下进行塑料包封。塑料薄膜袋单果包装（包封）可大幅度降低柑橘贮藏中的失重、交叉感染和腐烂损耗，是提高柑橘果实耐贮性、减少烂果的有效措施。

贮藏包装用木箱或塑料箱装箱，箱内最上层留有 5～10 cm 高的空间，每箱装果 15～25 kg为宜。

出库包装使用双瓦楞纸板箱或单瓦楞塑板箱，箱体大小以装果 5～15 kg 为宜。

（六）贮藏与管理

柑橘因种类、品种不同，对贮藏环境条件的要求各异，加之贮期长短和各地自然条件、经济条件的差异，贮藏方法可以多种多样。

1. 常温 MA 贮藏 我国柑橘产区，冬季气温不高，可利用普通民房或仓库进行 MA 贮藏。华南地区的农户主要采用这种方式贮藏柑橘。此法贮藏甜橙、椪柑，贮藏期一般可达 4～5 个月。

柑橘常温 MA 贮藏可采用架贮法，即在房屋内用木板搭架，将药物处理后的塑料薄膜单果袋包装的果实堆放在木板上，一般放果 5～6 层，上用塑料薄膜覆盖，但不能盖得太严，天太冷的地方，顶上可覆盖稻草保温；也可采用箱贮法，即将单果袋包装好的果实装箱后堆码直接存放在室内贮藏。贮藏期间检查 2～3 次，发现烂果立即捡出。

2. 通风库贮藏 通风库贮藏是目前国内柑橘产区大规模贮藏柑橘采取的主要贮藏方式。自然通风库一般能贮至 3 月，总损耗率为 6%～19%。

果实入库前 2～3 周，库房要彻底消毒（消毒可用每立方米 10 g 硫黄粉和 1 g 氯酸钾点燃熏蒸，密闭 5 d 后，通风 2～3 d）。果实入库后 15 d 内，应昼夜打开门窗和排气扇，加强通风，降温排湿。对于贮藏甜橙类和宽皮柑橘类适宜库温为 5～8 ℃，柚类为 5～10 ℃，柠檬为 12～15 ℃；贮藏甜橙类和柠檬的库内适宜相对湿度为 90%～95%，宽皮柑橘和柚类为 85%～90%。为此，对于12月至翌年 2 月上旬气温较低，库内温、湿度比较稳定，应注意保暖，防止果实遭受冷害和冻害。当库内湿度过高时，应进行通风排湿或用消石灰吸潮。当外界气温低于 0 ℃时，一般不通风。开春后气温回升，白天关闭门窗，夜间开窗通风，以维持库温稳定。若库内湿度不足可洒水补湿。

3. 冷库贮藏 冷库贮藏可根据需要控制库内的温度和湿度，又不受地区和季节的限制，是保持柑橘商品质量、提高贮藏效果的理想贮藏方式，但成本相对较高。

柑橘经过装箱，最好先预冷再入库贮藏，以减少结露和冷害发生。不同种类、品种的柑橘不能在同一个冷库内贮藏。设定冷库贮藏的温度和湿度要根据不同柑橘种类和品种的适宜贮藏条件而定。柑橘适宜温度都在 0 ℃以上，冷库贮藏时要特别注意冷害。

柑橘出库前应在升温室进行升温，果温和环境温度相差不能超过 5 ℃，相对湿度以 55%为好，当果温升至与外界温度相差不到 5 ℃即可出库销售。

4. 留树贮藏 留树贮藏也称为留树保鲜，是指在果实成熟以后，继续让其挂在树上进行保藏的贮藏方式。挂果期间，应对树体加强综合管理。

（1）果实管理。在柑橘基本成熟，果实颜色从深绿色变为浅绿色时（红橘在 10 月上旬，甜橙在 10 月中下旬），向树冠喷赤霉素 10 mg/kg＋磷酸二氢钾 0.2%，以后每隔 45 d 喷施 1～2 次，并注意盖膜（盖棚）防寒、防霜。

（2）土壤管理。及时增施有机肥，保证土壤养分的充足供应。若果实果皮松软，应及时浇水，保持土壤湿润。

通常甜橙可留树保鲜至翌年 3 月，红橘、中熟温州蜜柑及金柑可保鲜至翌年 2 月。据报道，美国加利福尼亚州甜橙可留树贮藏 6 个月之久，留树果实果色光亮，果肉充实、果汁多、风味浓。近年来，美国、日本、澳大利亚、墨西哥等许多国家都在推广柑橘留树贮藏。

【常见问题及解决办法】

柑橘在贮藏过程中由于贮藏环境的温度、湿度以及二氧化碳浓度不适，会导致贮藏的柑橘发生生理病害和病理病害。

1. 生理病害

(1) 褐斑病。褐斑病是橙类在贮藏过程中最普遍、最严重的生理病害。一般在贮藏 1 个月左右出现，多数发生在果蒂周围，果身有时也出现。发病初期为浅褐色不规则斑点，以后病斑扩大，颜色变深，病斑处油胞破裂，凹陷干缩。发病部位仅限于有色皮层，时间长了病斑下白皮层变干，果肉风味变淡。甜橙褐斑病病因与贮藏环境低温、低湿有关，贮藏过程中调控好温度，保持较高的相对湿度，采用塑料薄膜单果包装等方法，有利于降低褐斑病发病率。

(2) 枯水病。宽皮橘发病后表现为果皮发泡，皮肉分离，瓤瓣汁胞失水干缩，果重减轻，果肉糖酸含量下降，逐步失去固有的风味，严重者食之如败絮。甜橙发病则表现为果皮油胞突出，失水严重时果实显著变轻，果皮变厚，白皮层疏松，皮易剥离，中心柱空隙增大，瓤瓣壁变厚而硬，汁胞失水，随着枯水加重，果实失去原有风味。其防治措施是入贮前剔除果皮发浮的果实，将果实置于低温通风环境进行预贮，待果皮水分部分蒸发、表面微显萎蔫时再入贮；贮藏中降低贮藏的相对湿度，维持适宜而稳定的低温。

(3) 水肿病。发病初期颜色变淡，果皮无光泽，食之果肉稍有异味，随着病情的发展，果皮颜色变为淡白，局部果皮出现不规则的半透明的水渍状，表面饱胀，易剥皮，食之有浓厚的乙醇气味，若继续贮藏，则被其他真菌侵染而腐烂。发病原因是贮藏温度偏低和贮藏环境通风不良积累过多二氧化碳。为此，保持贮藏环境适宜的温度，加强通风，库内二氧化碳浓度不超过 1%，氧气浓度不低于 19%均有预防效果。

2. 侵染性病害

(1) 青霉病和绿霉病。青霉病和绿霉病是柑橘贮藏期间普遍发生的病理病害。发病初期，果实出现水渍状褐色圆形病斑，病部果皮变软腐烂，后扩展迅速，用手指按压果皮易破裂，病部先长出白色菌丝，很快就转变为青色或绿色霉层，在适宜的条件下，从开始发病到全果腐烂只需 1～2 周。青霉病和绿霉病病菌孢子萌发后，必须通过果皮上的伤口才能侵入危害，为此，在果实采收、运输、贮藏中尽量防止机械损伤和冷害伤，从而减少青霉病和绿霉病的发生。药剂防治用 0.1 mg/kg 噻菌灵或多菌灵或苯来特浸果 1～2 min。

(2) 蒂腐病。蒂腐病是由田间感染带菌引发，病害主要特征为环绕蒂部出现水渍状、淡褐色病斑，逐渐变成深褐色，病部渐向脐部扩展，边缘呈波纹状，最后全果腐烂。由于病果内部腐烂比果皮腐烂快，当外果皮变色扩大至果面的 1/3～1/2 时，果心已全部腐烂，故有“穿心烂”之称。防治方法参考青霉病和绿霉病。

(3) 黑腐病。黑腐病是由田间感染带菌引发贮藏期病害，病果有两种症状：

① 果皮先发病，引起果肉腐烂，外表症状明显，初期果皮出现水渍状淡褐色病斑，长

出灰白色菌丝，很快就转变为墨绿色霉层，果肉变苦，不能食用，这种症状在温州蜜柑上发生较多。

② 果实外表不表现症状，而果心和果肉发生腐烂，这种症状在甜橙和红橘上较多。防治方法参考青霉病和绿霉病。

子任务三　荔枝贮藏技术

【相关知识】

荔枝是我国南方名贵水果，它在炎热的夏季极不耐贮藏，常出现“一日色变，二日香变，三日味变”。

（一）贮藏特性

荔枝原产亚热带地区，但对低温不太敏感，能忍受较低温度；荔枝属非跃变型果实，但呼吸强度比苹果、香蕉、柑橘大；荔枝外果皮松薄，表面覆盖层多孔，内果皮是一层比较疏松的薄壁组织，极易与果肉分离，从而造成果肉中的水分极易散失；荔枝果皮富含单宁物质，在 30 ℃下荔枝果实中的蔗糖酶和多酚氧化酶非常活跃，从而导致果皮极易发生褐变，使果皮抗病力下降、色香味衰败。

荔枝栽培品种较多，不同品种其耐藏性不一样，长期贮藏要选择耐藏品种。其中广东的桂味荔枝较耐藏，准枝和黑叶次之，糯米糍较差。另外，果皮较厚、果肉较硬、呼吸强度较低的品种耐藏性高；反之耐藏性低。

（二）贮藏条件

荔枝适宜贮温为 1～5 ℃，相对湿度为 90％～95％。在 3％二氧化碳和 5％氧气、温度 1～3 ℃下，准枝可贮藏 30～40 d，但二氧化碳浓度过高，荔枝产生异味和褐变。

【任务准备】

1. 主要材料　贮藏用荔枝、0.25～0.50 mm 厚的聚乙烯袋、1 000 mg/kg 苯来特和 1 000倍的多菌灵等。

2. 仪器及设备　贮藏冷库、温度计、湿度计、手持糖量计、贮藏货架、电子秤等。

【任务实施】

（一）采收

1. 成熟度要求　贮运用的荔枝宜在八九成熟时采收，即在外果皮大部分转红、裂片沟转黄、内果皮仍为白色、糖酸比为（50～70）：1 时采收为宜。

2. 采收时间　应在晴天上午露水干后或阴天进行，不宜在烈日中午、雨天或雨后采收。

3. 采收方法　整穗采收，用枝剪将成穗果实剪下。对于成熟度不均匀的树，可分批采收。采收时应轻采轻放，尽可能避免机械损伤。也可根据客户要求单果采收。采收后果实不要堆放在烈日下暴晒，采后应放在阴凉处，尽快运到加工厂进行处理。

（二）预冷

预冷是果实采后迅速排除田间热的过程。要求采收后 6 h 内进行预冷，24 h 内使果心温度降低到 10 ℃以下。一般采用强制通风预冷、冰水预冷、冷库预冷。

1. 强制通风预冷 将果实按包装的通风孔对齐堆叠好，以强力抽风机让冷风经过果实货堆，在 30～50 min 内让果心温度降低到 10 ℃以下。

2. 冰水预冷 将果实浸泡在 0～2 ℃的冰水中 10～15 min，使果心温度降至 10 ℃以下（包装需要使用塑料筐、竹箩等耐水材料）。

3. 冷库预冷 将果实包装堆放于 0～3 ℃的冷库中，堆垛高度不应超过 5 层，堆垛方向应顺着冷库冷风的流动方向，在 24 h 内使果心温度降到 10 ℃以下。

（三）防腐护色

荔枝果实采后极易褐变发霉，感染霜疫霉、酸腐病、青绿霉和炭疽病等，所以无论采用哪种保鲜法，都需要采用高效低毒药剂进行杀菌处理。一般用 500 mg/kg 的咪鲜胺类杀菌剂、500 mg/kg 的抑霉唑或 1 000 mg/kg 的噻菌灵溶液浸果 1 min，然后取出晾干。

荔枝果色很易褐变，采后应立即进行护色处理，其处理方法如表 2-6 所示。

表 2-6 荔枝护色保鲜的常用方法

方法	处理方法
化学处理法	2%亚硫酸钠＋10%柠檬酸＋＋2%氯化钠浸果 2～5 min 丁酰肼 0.01%～0.10%浸果 10 min SSC 药剂（1%NaCl ＋ 2%Na_2SO_3＋5%柠檬酸）浸果 3～5 min 0.01%细胞分裂素＋0.01%赤霉素浸果 1 min
热烫浸酸法	将果实在 100 ℃沸水中烫 7s，取出立即投入 3～5 ℃冷水中，再用 5%～10%柠檬酸＋2%氯化钠溶液浸果 2 min
蒸汽杀酶喷酸法	用 100 ℃水蒸气处理果实 20s，再喷洒 30%柠檬酸溶液 2 次
SO_2 熏蒸法	用 SO_2 熏蒸（硫黄 80～100 g/m^3）20～30 min 后，再用 0.5～1.0 mol/L 稀盐酸（pH1～2）或 10%柠檬酸＋2%氯化钠溶液浸果 2～5 min

由于荔枝变色与果皮失水有关，采后将果实迅速预冷降温，实行冷链运输和低温贮藏也可抑制荔枝褐变。

（四）贮藏与管理

1. 常温 MA 贮藏 常温 MA 贮藏荔枝一般可保存 6～8 d。可用药物浸果或二氧化硫熏蒸后，稍晾干，用 0.02～0.04 mm 厚的聚乙烯薄膜袋包装（0.25～0.5kg/袋），再装进加冰块的聚苯乙烯泡沫箱内，箱外用聚烃烯树脂特种复合包装袋包装。

2. 低温 MA 贮藏 低温 MA 贮藏是目前荔枝贮运上应用最普遍且效果较好的方法。采后 24 h 内及时预冷（1～4 ℃），用托布津、多菌灵、苯菌灵、乙膦铝等药液浸果、晾干后，装入聚乙烯塑料小袋或盒中，袋厚 0.02～0.04 mm，每小袋 0.2～0.5 kg，加入 0.9%的乙烯吸收剂（高锰酸钾或活性炭）后封口。置于装载容器中贮运。在 2～4 ℃下可保鲜 45 d。也可采用大袋包装法（15～25 kg/袋）包装，但实践证明：采用小包装比大包装保鲜效果好。包装、入贮越及时，保鲜效果越好，从采收到入贮以在 12～24 h 内完成为佳。

3. 冷链贮运 冷链贮运是目前荔枝贮运最有效的保鲜方法。因品种而异，一般可保鲜 25～45 d。其采后冷链保鲜处理程序为：

采收→初步分选→装入塑料周转箱→冰水药液浸果→冷藏车或加冰保温车运输→2～4 ℃冷库预冷→冷库中去果梗或扎成果束分选→果温 4 ℃时包装→2～4 ℃贮运→冷库批发→

冷柜销售→消费者冰箱存放。

贮运中尽量维持稳定的低温（1～4 ℃）。保持贮运环境稳定而适宜的温、湿度及气体成分，是决定荔枝贮运保鲜成败的关键。

【常见问题及解决办法】

荔枝在贮藏过程中由于贮藏环境的温度、湿度以及二氧化碳浓度不适，会导致贮藏的荔枝发生生理病害和病理病害。

1. 生理病害

（1）褐变。褐变是荔枝贮藏过程中的一种生理病害，主要是由果皮失水、机械伤和低温伤害造成。采用低温可抑制果皮酶的活性，减少褐变；增加贮藏环境的湿度（95%左右）或塑料薄膜包装可防止果皮失水，抑制褐变；此外，气调、化学药剂处理及辐射都可减少褐变。

（2）二氧化碳伤害。二氧化碳浓度过高会造成荔枝果实生理伤害，当二氧化碳浓度为8%时，果皮微有异味，果肉乙醇含量增加；当二氧化碳浓度超过10%时，不但烂果增加，而且好果也有浓烈酒味。防治措施主要是加强通风，控制贮藏环境二氧化碳浓度。

2. 侵染性病害 荔枝果实带有大量微生物，而且果肉多汁，果皮薄软，很易产生机械伤，常常被微生物侵染，造成腐烂。通过低温抑菌、化学杀菌可防止微生物侵染性病害。

子任务四 龙眼贮藏技术

【相关知识】

龙眼也称桂圆，原产于缅甸、印度及中国南部等地区，其果形浑圆，果肉鲜嫩，色泽晶莹，果汁甜美，营养丰富。

（一）贮藏特性

龙眼的品种很多，我国有400多个，不同品种的耐藏性差异很大。如冰糖肉、东壁品质好且较耐贮藏；泉州本地的品种耐藏性也较好，福建的福眼、赤壳、水涨等不耐贮藏。

龙眼在8～9月的高温高湿条件下成熟、采收，果实中的水分、糖分含量较高，采后的果实生理、生化变化剧烈，营养物质消耗快。鲜果易变色变质，不耐长期贮藏运输，在28 ℃的室温下，果实一般在1周内变质腐烂。用于贮藏运输的果实应在九成熟采收，此时果实由坚实变软而有弹性，果皮由粗糙转为薄而光滑，果核由白色变为黑褐色，种子充分硬化，果肉生青味消失，味由淡变甜，含糖量由低到高。采收过早，果实发育不全，肉薄味淡，有生青味，品质差；采收过迟，品质下降易落果。

（二）贮藏条件

龙眼在低温条件下可延长贮藏期，其最适贮藏温度为2～3 ℃，相对湿度90%～95%，在此温度下果实不表现冷害，褐变只在30 d后出现。

【任务准备】

1. 主要材料 贮藏用龙眼、0.04～0.06 mm厚的聚乙烯袋、防腐保鲜剂等。

2. 仪器及设备 贮藏冷库、温度计、湿度计、手持糖量计、贮藏货架、电子秤等。

【任务实施】

(一) 采收

贮运龙眼宜在八九成熟时采收，标准是果皮由青色转褐色，由厚且粗糙转为薄而光滑，果肉由坚硬开始转为柔韧、富有弹性、生青味消失，种子充分硬化，由白色变为黑褐色。

(二) 预冷

刚采收的龙眼果实带有大量田间热，如不迅速预冷直接入库，易加快果实腐烂。预冷的方法有以下两种：

(1) 冰药预冷。在浸药时用 5 ℃左右的冰水或冷却水配药，合防腐与预冷于一体，既快速又省力。处理中加碎冰和药，以保持低温和药浓度，冰药水浸果 5～10 min，处理完后要防止温度回升。在我国目前缺乏预冷设备的情况下，最好利用此法进行预冷。

(2) 冷库预冷。在药物处理后进入预冷间进行选果包装，利用分选时间进行预冷。也可在冷库中先分开散热，待温度接近贮温（4 ℃左右）时再码垛。

(三) 防腐护色

防腐处理常用方法有药剂浸果、气体熏蒸、保鲜纸包装（表 2-7）。

表 2-7 龙眼防腐处理的常用方法

类型	药物处理方法
药剂浸果	300～400 倍噻菌灵（3～6 ℃冰水稀释），浸果 1 min 0.1%噻菌灵+0.1%异菌脲+0.02%GA_3，浸果 1 min 500 mg/kg 抑霉唑浸果 1 min 1 000 mg/kg 双胍盐浸果 1 min 1 000 mg/kg 乙膦铝+1 000 mg/kg 加噻菌灵浸果 1 min
气体熏蒸	每千克龙眼用 0.1 mL 噁霉灵与果实一起密封在塑料袋 24 h 每千克龙眼用 0.15 mL 仲丁胺与果实密封在 0.04～0.06 mm 聚乙烯袋中 24 h 二氧化硫熏蒸或二氧化硫保鲜片熏蒸
中草药保鲜纸*包装	用高良姜、百部、虎仗等制成的中草药保鲜纸包装龙眼果实

*中草药保鲜纸的制法是取百部 350 g、虎仗 300 g、高良姜 500 g、甘草 100 g，粉碎过筛，得中草药粉末；另取淀粉 200 g、高锰酸钾 1.2 g、硼砂 1.5 g、氢氧化钠 1 g、水约 100 mL，加热到 90～95 ℃，持续搅拌 20～30 min 后，冷却即成氧化淀粉液；中草药粉末与氧化淀粉液以 1∶2 的比例混合，然后均匀的涂布于普通包装纸上，于 60～80 ℃下烘干。

龙眼护色可与防腐处理同时进行，常用 1%柠檬酸溶液、0.5%柠檬酸+0.03%维生素 C 溶液或 2%亚硫酸钠+1%柠檬酸+2%食盐水溶液浸果 2 min 左右，能收到一定的护色效果。

(四) 贮藏与管理

1. 常温 MA 贮藏 龙眼在常温下只能短期保鲜，一般 6～7 d，最多 10 d。可用药物浸果或二氧化硫熏蒸后，稍晾干，用 0.02～0.04 mm 厚的聚乙烯薄膜袋包装（0.25～0.50 kg/袋），最好再装进加冰块的聚苯乙烯泡沫箱内，箱外用聚烃烯树脂特种复合包装袋包装贮运。

2. 低温 MA 贮藏 目前，龙眼商品化贮运常采用药物防腐处理结合低温自发气调进行。经过防腐保鲜及预冷处理使果温降至 4 ℃时，用 0.04 mm 的聚乙烯薄膜袋或双层 0.025 mm

乙烯-醋酸乙烯薄膜袋进行小包装（500 g/袋），然后装箱。也可内衬0.04 mm的聚乙烯塑料袋后大箱包装。

从采收→预冷→防腐保鲜→包装→冷藏，最好在5～6 h完成。贮运中尽量维持稳定的低温（2～4 ℃）。冷藏龙眼出库时，应采取逐渐升温（3～5 ℃，8 h→10 ℃，8 h→室温26 ℃）出库方式。

3. 低温CA贮藏 龙眼果实采收以后，先行预冷2 d，然后对果实进行整理，剪除劣果、烂果后，用0.1%甲基硫菌灵淋洗果穗以杀菌消毒。然后将消毒的龙眼果实直接装在0.04 mm厚的聚乙烯薄膜袋中，或先装在塑料周转箱中，再套上塑料袋（厚度0.04 mm）放入低温CA库中设定其适宜的气调条件进行贮存。也可对塑料袋进行抽气或者抽气充氮，加快氧气含量的减少，有利于抑制龙眼果实的呼吸作用和长期贮藏。

有研究表明，福眼龙眼经0.1%甲基硫菌灵防腐处理后，用塑料袋包装，然后进行抽气充氮处理，在0～5 ℃或6～10 ℃的条件下贮藏，保鲜效果很好，贮藏40 d，好果率尚达93%左右。

4. 冷链贮运 若有条件，对龙眼最好实施冷链贮运，其采后冷链保鲜处理工艺流程如下：

采收→初步分选→装入塑料周转箱→冰水药液浸果→冷藏车或加冰保温车运输→2～4 ℃冷库预冷→冷库中去果梗或扎成果束分选→果温4 ℃时包装→2～4 ℃贮运→冷库批发→冷柜销售→消费者冰箱存放。

【常见问题及解决办法】

龙眼在贮藏过程中由于贮藏环境的温度、湿度以及二氧化碳浓度不适，会导致贮藏的荔枝发生生理病害和病理病害。

1. 生理病害

（1）褐变。褐变是因龙眼果皮失水、机械伤和低温伤害引起的，在采收、贮运过程中减少伤害及利用塑料袋包装减少果实水分蒸发都可防止果皮褐变。

（2）二氧化碳伤害。二氧化碳浓度达到10%时，果肉乙醇含量明显增多，引起浓烈酒味。防治措施主要是加强通风，控制贮藏环境二氧化碳浓度。

（3）低温伤害。龙眼在5～7 ℃以下就可出现冷害，其主要表现为果皮褐变和果实移到常温后抗病力下降。防治措施是维持适宜稳定的低温。

2. 侵染性病害 龙眼侵染性病害导致的腐烂多从果实内部开始，由于果实本身降解酶的作用产生自溶，破坏了果皮表面的防腐膜，使高糖果汁外溢，引起各种微生物滋生而加速了果实的腐烂。

子任务五 杧果贮藏技术

【相关知识】

杧果是热带、亚热带名果，其色、香、味、形极佳，享有“热带果王”的美誉。

（一）贮藏特性

杧果的品种较多，不同品种的耐藏性不一样。其中紫花杧、桂花杧等较耐藏，而青皮杧等不耐藏。耐藏果实经防腐处理在冷藏条件下贮期可适当延长。

（二）贮藏条件

杧果最适宜贮藏温度因品种、成熟度、贮前处理条件的不同而不同。其最适贮藏温度为12～13 ℃，相对湿度为85%～90%。

【任务准备】

1. 主要材料 贮藏用杧果、0.01～0.02 mm厚的聚乙烯袋、防腐保鲜剂等。

2. 仪器及设备 贮藏库、测定贮藏环境气体浓度的设备（如奥氏气体分析仪）、温度计、湿度计、贮藏货架、电子秤等。

【任务实施】

（一）采收

一般以果肩浑圆、皮色变浅、果肉转黄、果园中个别黄熟果跌落为适宜采收期。采收时实行一果二剪，第一剪留果梗长3～5 cm，第二剪留果梗长约0.5 cm。田间装果用的容器应用软物衬垫，以防刺伤果实。果实放置时剪口向下，每放一层果实垫一层报纸，尽量减少乳汁相互污染果面。采收时应尽量避免机械损伤，以减少后熟期果实腐烂。

（二）选果、清洗

采后尽快剔除机械伤果、病虫害果、畸形果、过熟果或过青果，以免影响整批杧果的贮藏效果。洗果的目的是为了除去果梗剪口处流出的乳汁、果上黏附的污物和农药残毒等。洗果时可用清水，也可用1%漂白粉水溶液或1%～2%乙酸溶液，用石灰水洗果，钙离子可与乳汁中和，效果更佳。用清洁剂和消毒剂洗后的果实，还需用清水冲洗。要注意经常换水，以免病菌聚集于水池内，引起健康果实受病菌感染。洗净后进一步选果，将裂果、有孔果、畸形果、病虫害果及机械伤果挑出，并进行分级。

（三）防腐保鲜

1. 热处理 防腐处理用47～55 ℃的热水浸果数分钟或数十分钟，能有效地控制炭疽病引起的腐烂。许多国家对出口杧果采取热水浸果的方式有55 ℃热水浸果5～10 min，50～55 ℃热水浸果15 min，47 ℃热水浸果20 min等几种。

2. 药物处理 用500～1 000 mg/kg的咪鲜胺锰络合物、苯来特、噻菌灵、异菌脲、普克唑等杀菌剂溶液浸果1～3 min，也能有效地防止炭疽病。若将热水浸果和药剂浸果两种方法结合起来，则防腐效果更好。

另外，用1 000 mg/kg的NAA处理可不同程度地延缓杧果后熟。用几丁质衍生物水溶液浸果，能有效地抑制呼吸强度的上升和果实硬度的下降，保持杧果组织结构的完整性，同时可有效地阻止维生素C含量减少和SOD活性下降。

（四）包装

宜采用带通气孔的瓦楞纸箱包装杧果，每箱装40～60果，质量为10～15 kg，纸箱分两层，两层之间用纸板隔开，每层又分20～30个格，每格放1个杧果，格子大小应与水果大小相合。

内包装一般用白纸或0.01～0.02 mm厚的聚乙烯薄膜袋进行单果包装，再装于纸箱中运输或贮藏。内包装的主要作用是保护杧果免受碰伤、压伤，并减少水分的损失和病果的接触传染。

（五）贮藏与管理

1. 低温贮运　杧果最适低温贮藏温度视杧果品种、成熟度、贮前处理等条件的不同而异。华南地区主栽品种紫花杧果的贮藏适温为 8～10 ℃，贮期为 20～28 d；印度西部杧果的最适贮藏温度为 7～8 ℃，贮藏寿命为 20～25 d；美国农业部推荐的杧果贮藏适温为 13 ℃，相对湿度为 85%～90%，贮藏寿命为 14～21 d，取出后置于常温下可正常后熟。杧果对低温敏感，在低温贮运过程中易遭受冷害，其冷害温度随品种不同而相差很大，从 3～13 ℃均有报道，应特别注意防止冷害发生。

2. 低温 CA 贮运　除美国的 Keitt 杧果和印度的 Alphonso 杧果和 Pair 杧果等少数品种建议用于商业规模的气调贮藏外，其他杧果品种的气调贮藏尚处于试验阶段。据报道，Keitt 杧果在 13 ℃，5%氧气浓度和 5%二氧化碳浓度的环境条件下贮藏，最长寿命可达 20 d；Alphonso 杧果在 8～10 ℃，7.5%二氧化碳浓度的条件下可贮藏 35 d。

3. 减压贮藏　杧果在温度 13 ℃、相对湿度 98%～100%和 10～20kPa 压力下贮藏 3 周，与常压下贮藏的果实相比，可延缓果肉软化，减少腐烂且无萎缩现象。

【常见问题及解决办法】

杧果在贮藏过程中由于贮藏环境温度的影响和病菌侵害，会导致贮藏的杧果发生病害。

1. 冷害　冷害是杧果贮藏过程中常见的生理病害，冷害的果实果皮出现灰黑色污斑，后熟不均，有异味，不能正常成熟。减轻冷害最安全的方法是将杧果贮温调到 13 ℃以上。

2. 炭疽病　炭疽病是杧果产区发生最普遍的一种真菌病害，也是杧果贮运期间是主要的病害。侵染开始于花期，幼嫩果很容易感病，杧果成熟及贮运中迅速发展，全果腐烂。病斑呈黑色，形状不一，略凹陷，有裂痕，在潮湿条件下病斑上产生红色的黏质粒。采后用 52 ℃的 500～1 000 mg/kg 苯来特、噻菌灵等溶液浸果 5～15 min，能有效控制炭疽病。

3. 蒂腐病　蒂腐病主要发生在贮藏期间的软熟期，多发生在果蒂周围，病斑褐色、水渍状、不规则。减少机械伤、采用低温贮藏可有效延缓此病发生。

任务三　蔬菜贮藏技术

子任务一　蒜薹贮藏技术

【相关知识】

蒜薹，又称蒜毫，是从抽薹大蒜中抽出的花茎，是人们喜爱的蔬菜之一。蒜薹在我国分布广泛，南北各地均有种植，是我国目前蔬菜冷藏业中贮量最大、贮期最长的蔬菜品种之一。

（一）贮藏特性

蒜薹为可食用的幼嫩花茎，其新陈代谢旺盛，表面无保护组织，收获时外界气温尚高，蒜薹易老化、脱水、腐烂。老化表现为外观上出现黄化、纤维增多，蒜薹变糠发软，薹苞膨大；风味上出现蒜味减少，失去食用价值。薹条粗而长，适于长期贮藏。蒜薹在常温下只能贮存 20～30 d，但用冷藏气调贮藏方法可贮 7～10 个月。

（二）贮藏条件

1. 贮藏温度 蒜薹的冰点为－1.0～－0.8 ℃（因其固形物含量而有微小差异），当贮藏环境温度达到蒜薹冰点时，保鲜效果最佳，这就是我们所说的冰温贮藏。因此贮藏温度控制在－1～0 ℃为宜。温度是贮藏的重要条件，温度越高，蒜薹的呼吸强度越大，贮藏期越短；温度过低，蒜薹会出现冻害。贮藏温度要保持稳定，温度波动过大，会严重影响贮藏效果。

2. 贮藏湿度 蒜薹贮藏的相对湿度以 90％为宜，湿度过低易失水，过高又易腐烂。由于蒜薹的适宜贮藏温度在冰点附近，温度稍有波动就会出现凝聚水而影响湿度。

3. 气体成分 蒜薹贮藏适宜的气体成分为氧气浓度 2％～3％、二氧化碳浓度 5％～7％。氧气含量过高会使蒜薹老化和霉变；过低又会出现生理病害。二氧化碳过高会导致比受氧害更严重的二氧化碳中毒。

【任务准备】

1. 主要材料 贮藏用蒜薹、聚乙烯硅窗袋或聚氯乙烯透湿硅窗袋、消毒剂（分为贮藏场所消毒和蒜薹消毒用两种）、塑料绳等。

2. 仪器及设备 贮藏冷库、温度计、湿度计、测定贮藏环境气体浓度的设备（如奥氏气体分析仪）、贮藏货架、电子秤等。

【任务实施】

（一）市场调查

调查蒜薹每年在本地区的总体销售量，也就是在本地区的需求量，作为产品贮藏量的一个依据。根据市场调查确定总体的贮藏量后，可以确定自己的贮藏量。

（二）采收

1. 采收和质量要求 适时采收是确保贮藏蒜薹质量的重要环节。蒜薹的产地不同采收期不同，一般在薹苞下部发白、蒜薹顶部开始弯曲时采收。我国南方蒜薹采收期一般在 4～5 月，北方一般在 5～6 月。在每个产区的最佳采收期往往只有 3～5 d，一般情况下，在适合采收的 3 d 内采收蒜薹质量好，稍晚 1～2 d 采收的蒜薹，薹苞偏大、质地偏老，入贮后效果不好。采收时应选择无病虫害的原料产地。

2. 采收方式 采收前 7～10 d 停止灌水，雨天和雨后采收的蒜薹不宜贮藏。采收时以抽薹方式采收最好，不得用刀割或用针划破叶鞘方式采收蒜薹，收后应及时放在包装容器内，避免日晒、雨淋，迅速运到阴凉通风的预冷场所，散去田间热，降低品温。

（三）贮前准备

1. 材料准备 贮藏蒜薹要求袋装、架藏，所以在入库前要把贮藏架和包装袋准备好。贮藏架制作一定要牢固、安全，其尺寸要求是架层间距 35～40 cm，架间距 60 cm，最上层距库顶 50 cm 以上，最下层距地面 20 cm，并要求平滑，避免损伤包装袋。包装袋主要有聚乙烯硅窗袋和聚氯乙烯透湿硅窗袋等。

2. 库房消毒 冷藏库被有害菌类污染常是引起蒜薹腐烂的重要原因。因此，冷藏库在使用前需要进行彻底的消毒，以防止蒜薹腐烂变质。

常用的消毒方法有以下几种：

(1) 乳酸消毒。将浓度为80%～90%的乳酸和水等量混合，按每立方米库容用1 mL乳酸的比例，将混合液放于瓷盆内于电炉上加热，待溶液蒸发完后，关闭电炉。闭门熏蒸6～24 h，然后开库使用。

(2) 过氧乙酸消毒。将20%的过氧乙酸按每立方米库容用5～10 mL的比例，放于容器内于电炉上加热促使其挥发熏蒸；或按以上比例配成1%的水溶液全面喷雾。因过氧乙酸有腐蚀性，使用时应注意对器械、冷风机和人体的防护。

(3) 漂白粉消毒。将含有效氯25%～30%的漂白粉配成10%的溶液，用上清液按库容每立方米40 mL的用量喷雾。使用时注意防护，用后库房必须通风换气除味。

(4) 福尔马林消毒。按每立方米库容用15 mL福尔马林的比例，将福尔马林放入适量高锰酸钾或生石灰，稍加些水，待发生气体时，将库门密闭熏蒸6～12 h。开库通风换气后方可使用库房。

(5) 硫黄熏蒸消毒。用量为每立方米库容用硫黄5～10 g，加入适量锯末，置于陶瓷器皿中点燃，密闭熏蒸24～48 h后，彻底通风换气。库内所有用具用0.5%的漂白粉溶液或2%～5%硫酸铜溶液浸泡、刷洗、晾干后备用。

3. 冷库降温　为确保蒜薹入库后能迅速降到贮藏适宜温度，蒜薹入库前10 d要对空库进行缓慢降温，至入库前2 d将库温降到0 ℃左右。

(四) 采后运输

蒜薹采后应尽快组织装运，运输时间一般以不超过48 h为宜。运输时应避免日晒雨淋，装量大的汽车，堆内要设置通风塔（道），避免蒜薹伤热。

(五) 贮前处理

贮藏用的蒜薹应质地脆嫩、色泽鲜绿、成熟适度、不萎缩、不糠心、无病虫害、无机械损伤、无划薹、无杂质、无畸形、无霉烂，薹茎粗细均匀、长度大于30 cm、薹茎基部无老化，薹苞白绿色、不膨大、不坏死。经过高温和长途运输后的蒜薹薹温较高，老化速度快。因此，到达目的地后，要及时卸车，在阴凉通风处加工整理；有条件的最好放在0～5 ℃预冷间进行预冷，并在预冷过程中进行挑选、整理。在挑选时要剔除过细、过嫩、过老、虫咬、带病和有机械伤的薹条，剪去薹条基部衰老部分（1 cm左右），然后将蒜薹薹苞对齐后，用聚丙烯塑料绳（带）在距离薹苞3～5 cm的薹茎部位上捆扎、打捆，每捆质量0.5～1.0 kg。

(六) 预冷

加工后蒜薹放入0 ℃冷库，产品入库后继续预冷，当蒜薹温度降到0 ℃时装入硅窗保鲜袋，不扎口，继续预冷。

(七) 贮藏方式及管理

1. 冰窖贮藏　冰窖贮藏是采用冰来降低和维持低温高湿的一种方式。蒜薹收获后，经分级、整理、包装。先在窖底及四周放2层冰块，再一层蒜薹一层冰块交替码至3～5层蒜薹，上面再压2层冰块，各层空隙用碎冰块填实。

贮藏期间应保持冰块缓慢地融化，窖内温度保持在0～1 ℃，相对湿度接近100%。冰窖贮藏蒜薹在我国华北、东北等地已有数百年历史。贮藏至第二年，损耗约为20%。但冰窖贮藏时不易发现蒜薹的质量变化，所以蒜薹入窖后每3个月检查一次，如个别地方下陷，必须及时补冰。如发现异味，则要及时处理。用冰窖贮藏蒜薹的优点是环境温度较为稳定，相对湿度接近饱和湿度，蒜薹不易失水，色泽较好；缺点是窖容量小，工作量大，贮藏中途不易处理，一旦发生病害，损失较大。

2. 气调贮藏

（1）塑料薄膜袋贮藏。采用自然降氧并结合人工调控袋内气体成分进行贮藏。用0.06～0.08 mm 的聚乙烯薄膜做成长 100～110 cm、宽 70～80 cm 的袋子，将蒜薹装入袋中，每袋装 18～20 kg，待蒜薹温度稳定在 0 ℃后扎紧袋口，每隔 1～2 d，随机检测袋内氧气和二氧化碳浓度，当氧气浓度降至 1%～3%，二氧化碳浓度升至 8%～13%时，松开袋口，每次放风换气 2～3 h，使袋内氧气浓度升至 18%，二氧化碳浓度降至 2%左右。如袋内有冷凝水要用干毛巾擦干，然后再扎紧袋口。贮藏前期可 15 d 左右放风一次，贮藏中后期，随着蒜薹对二氧化碳的忍耐能力减弱，放风周期逐渐缩短，中期约 10 d 一次，后期 7 d 一次。贮藏后期，要经常检查质量，观察蒜薹质量变化情况，以便采取适当的对策。

（2）塑料薄膜大帐贮藏。先将捆成小捆的蒜薹薹苞朝外均匀地码在架上预冷，每层厚度为 30～35 cm，待蒜薹温度降至 0 ℃时，即可罩帐密封贮藏。具体做法：先在地面上铺长5～6 m、宽 1.5～2.0 m、厚 0.23 mm 的聚乙烯薄膜。将处理好的蒜薹放在箱中或架上，箱或架成并列两排放置。在帐底放入消石灰，每 10 kg 蒜薹放约 0.5 kg 的消石灰。每帐可贮藏 2 500～4 000 kg 蒜薹，大帐比贮藏架高 40 cm，以便帐身与帐底卷合密封。另外，在大帐两面设取气孔，两端设循环孔，以便抽气检测氧气和二氧化碳的浓度，帐身和帐底薄膜四边互相重叠卷起再用沙子埋紧密封。

大帐密封后，降氧的方法有两种：一种是利用蒜薹自身呼吸使帐内氧气含量降低；另一种是快速充氮降氧气含量，即先将帐内的空气抽出一部分，再充入氮气，反复几次，使帐内的氧气浓度下降至 4%左右。有条件的可采用气调机快速降氧。降低氧气浓度后，由于蒜薹的呼吸作用，帐内的氧气浓度进一步下降。当降至 2%左右时，再补充新鲜空气，使氧气浓度回升至 4%左右。如此反复，使帐内的氧气浓度控制在 2%～4%，二氧化碳也会在帐内逐步积累，当二氧化碳浓度高于 8%时可被消石灰吸收或气调机脱除。用此法贮藏比较省工，贮藏时间长达 8～9 个月，质量良好，好菜率可达 90%，且薹苞不膨大，薹梗不老化，贮藏量大。缺点是帐内的相对湿度较高，包装材料易感染病菌而引起蒜薹腐烂。

（3）硅窗袋贮藏。将一定大小的硅橡胶膜镶嵌在聚乙烯塑料袋或帐上，利用硅橡胶对氧气和二氧化碳的渗透系数比聚乙烯薄膜大的特点，使帐内蒜薹释放的二氧化碳透出，而大帐外的氧又可透入，使氧气和二氧化碳浓度维持在一定的范围。采用硅橡胶袋或大帐贮藏时，最主要的是计算好硅橡胶的面积，因不同品种、不同产地的蒜薹呼吸强度不同，而硅橡胶的规格也有差别。中国科学院兰州化学物理研究所研制成功 FC－8 硅橡胶气调保鲜膜，按每 1 000 kg蒜薹 0.38～0.45 m^2 硅橡胶面积的比例，制成不同大小规格的硅橡胶袋或硅橡胶帐，在 0 ℃条件下，可使袋内或帐内的氧气浓度达到 5%～6%，二氧化碳浓度为 3%～7%。蒜薹贮藏前应经过预冷、装袋、扎口，再放置在 0 ℃的架上。贮藏一般可达 10 个月，损失率在 10%左右。

3. 冷藏 将选择好的蒜薹经充分预冷（12～14 h）后，装入箱中，或直接码在架上。库温控制在 0～1 ℃。采用这种方法，贮藏时间较长，但容易脱水及失绿老化。

【常见问题及解决办法】

蒜薹在贮藏过程中常见的病害和主要问题有薹苞膨大、薹梢霉腐、薹茎腐烂、薹茎老化、薹基抽空、低氧伤害和二氧化碳中毒等。

1. 薹苞膨大　薹苞膨大表现的症状是薹苞变黄变大，严重时苞片开裂，长出气生鳞茎。引起蒜薹薹苞膨大的原因有：采收时间过晚、采后入贮不及时、贮藏温度过高、贮藏环境中氧气浓度过高等。

防治方法是适时采收、采后及时入库、保持库内适宜而稳定的低温、选用合格的硅窗袋以维持适宜的氧气浓度。

2. 薹梢霉腐　薹梢霉腐表现的症状是薹梢变为黑褐色，表面有霉菌斑点，严重时菌丝连接成片，菌丝初期为白色，后期为黑色。引起薹梢霉腐的原因主要是采后在高温环境下放置时间过长或入贮后贮温较高，使薹梢变黄衰老，抗性下降；贮藏过程中湿度较大，氧气含量过高或者入贮后库温频繁波动，使袋内结露水增多，促进微生物活动，使薹梢霉腐。

薹梢霉腐是由多方面因素造成的，可采用以下综合防治技术：

① 蒜薹采后尽量缩短在高温下放置的时间。

② 入贮前剪去薹梢变黄的部分。

③ 入贮后保持适宜而稳定的低温。

④ 维持适宜的氧气和二氧化碳的浓度。

⑤ 蒜薹在预冷过程中，用蒜薹保鲜防腐剂 ST1 或 ST2 处理。

⑥ 蒜薹装袋后，待品温降到－0.5 ℃时再扎口。

⑦ 在贮藏过程中，于 9 月中旬用蒜薹保鲜剂 ST2 熏蒸。采用上述方法可有效地防止薹梢的霉腐。

3. 薹茎腐烂　薹茎腐烂表现的症状是薹茎软烂、变色、水渍状，严重时有霉菌产生，闻之有恶臭味。引起薹茎腐烂的原因主要有库体消毒不彻底；蒜薹采后在高温环境下放置时间过长，造成捂包伤热；入贮前加工整理粗放，将带有蒜叶、病虫害和机械伤的薹条混入库内；贮温较高，波动频繁；氧气浓度过低或二氧化碳浓度过高造成气体伤害；贮温过低造成冻害。

防治方法是蒜薹采后尽量缩短运输时间，迅速加工入库，加工时剔除杂质、有病虫害和机械伤的薹条，入库前将库体彻底消毒，保持库内适宜而稳定的低温，维持氧气和二氧化碳浓度在 3%～8%。

4. 薹茎老化　薹茎老化主要症状是蒜薹薹条变黄、变硬，纤维增多、折而不断。引起薹茎老化的原因有采收过晚；采后在高温下放置时间过长；贮藏温度较高；氧气浓度过高等。

防治方法是适期采收，及时入库，维持适宜的温度和氧气浓度。

5. 薹基抽空　薹基抽空主要症状是蒜薹基部失水萎缩，呈圆锥形空洞向内收缩。引起薹基抽空的原因是蒜薹在采收前浇水；采收时间过晚；在雨中或雨后采收；入库前遭受日晒雨淋；采后入贮不及时；贮藏温度过高而相对湿度过低；贮藏环境中氧气浓度过高等。

防治方法是采收前 7～10 d 停止灌水，确定适宜的采收时间，采后避免日晒雨淋，加工时剔除薹基老化的部分，加工后及时入库，维持适宜的贮藏温度、湿度和气体成分。

6. 低氧伤害　低氧伤害的主要症状是薹条萎软、色泽变暗、水渍状、开袋后有乙醇的气味，严重时导致蒜薹腐烂。引起低氧伤害的原因主要是氧气浓度过低。

防治方法主要是在贮藏过程中维持适宜的氧气浓度，使之不能低于2%。

7. 二氧化碳伤害 受到二氧化碳伤害的蒜薹表现为薹条萎软，色泽变暗变黄，薹条表面有不规则的、向下凹陷的黄褐色病斑，开袋后有乙醇的气味，严重时导致蒜薹腐烂。二氧化碳伤害往往和低氧伤害同时发生。引起二氧化碳伤害的原因主要是二氧化碳浓度过高。

防治方法主要是在贮藏过程中维持适宜的二氧化碳浓度，如用硅窗气调贮藏，二氧化碳浓度不能高于10%；如采用普通塑料袋贮藏，二氧化碳浓度不能高于15%。

8. 低温病害 低温可降低果蔬的呼吸代谢，延缓组织衰老，抑制微生物繁殖，减少腐烂，延长贮期。但是温度过低则会发生低温病害。贮藏蒜薹的最适温度为0℃，最低不得低于−1℃。薹温短时间低于−1℃，蒜薹尚可恢复，时间过长，细胞膜被破坏，就不能复原，造成冻害，表现为外观呈水泡状，组织半透明，色素降解，解冻后呈水煮状，有异味。贮藏中应严格控制库温（0～−1℃）、薹温（±0.5℃）。

子任务二 番茄贮藏技术

【相关知识】

番茄又称为西红柿，原产南美洲热带地区。16世纪中期仅作庭园观赏植物，18世纪以来才作为蔬菜食用，明代传入我国。番茄营养丰富，经济价值高，是人们喜爱的蔬菜兼水果食品。

（一）贮藏特性

番茄果实为多汁浆果，果肉由果皮（中果皮）及胎座（果肉部分）组成，大型果实有心室5～6个，小型品种只有2～3个。优良品种的果肉厚，种子腔小。果实形状有圆球形、扁圆形、卵圆形、梨形、长圆形等。颜色有红色、粉红色、橙黄色、黄色等。单果一般质量为50～300 g，小于70 g为小型果，70～200 g为中型果，200 g以上为大型果。

番茄果实成熟度分五个时期：绿熟期、微熟期、半熟期（半红期）、坚熟期、软熟期。番茄是呼吸跃变型果实，在成熟过程中会产生乙烯，诱发呼吸高峰，呼吸高峰过后果实很快衰老。坚熟期已通过呼吸高峰，生食较适，不耐贮藏。番茄滞留在呼吸跃变之前的时期越长，贮藏期就越长，这段时间称为压青。故可通过延长压青期，来抑制果实成熟，达到延长贮藏期的目的。

（二）贮藏条件

番茄最适贮藏温度取决于其成熟度及预计的贮藏天数。一般来讲，成熟果实能承受较低的贮藏温度，故可根据果实的成熟度来确定贮藏温度。绿熟期或变色期的番茄贮藏温度为12～13℃，红熟前期及中期的番茄贮藏温度为9～11℃，红熟后期的番茄贮藏温度为0～2℃。但绿熟番茄贮藏温度低于8℃会造成低温伤害，而冷害果往往不能转红或着色不均匀，果面出现凹陷、腐烂。

番茄贮藏适宜的相对湿度为85%～95%。湿度过高，病菌易侵染造成腐烂；湿度过低，水分易蒸发，同时还会加重低温伤害。在10～13℃温度条件下，绿熟番茄气调指标的氧气浓度和二氧化碳浓度均为2%～5%，可抑制后熟，延长贮藏期。当氧气浓度过低或二氧化碳浓度过高时会产生生理伤害。

【任务准备】

1. 主要材料　贮藏用番茄、包装箱、筐、衬垫纸、0.1～0.2 mm 厚的聚乙烯或聚氯乙烯塑料膜、氯气等。

2. 仪器及设备　贮藏库或贮藏窖、温度计、湿度计、测定贮藏环境气体浓度的设备（如奥氏气体分析仪）、贮藏货架、电子秤等。

【任务实施】

（一）原料选择

选择种子腔小、子室少、果皮厚、肉质密、可溶性物含量高、组织保水力强、果型中等的品种，黄色品种比红色品种较耐贮藏。作为长期贮藏的番茄含糖量要求在 3.2%以上，因含糖量在 2%以下，风味明显淡，食用品质下降。适于贮藏的品种有橘黄佳辰、满丝、苹果青、台湾红、强力米寿、太原 2 号等中晚熟品种。

（二）采收

用于贮藏的番茄，采收前 2 d 不宜灌水，防止果实吸水膨胀和裂果，从而导致微生物感染和果实腐烂。应在早晨或傍晚无露水时采摘，采摘时轻拿轻放，避免造成损伤。选用植株中部生长的果实贮藏，因为底部的果实易得病，顶部的果实可溶性物质积累的少。采用中等大小的产品。用于贮藏的番茄，应以绿熟期至微熟期比较合适，即在呼吸跃变前进行采收，此时的果实已充分长成，并积累了丰富的营养物质，生理上正处于呼吸跃变预备期，在外部特征上果皮仍为绿色，果脐部位已经泛白，采收后在贮藏过程中完成后熟，可获得接近植株上成熟的品质。

（三）选果

对番茄认真挑选，剔除过青、过熟、机械伤、病虫害的果实，然后分级，并在低温下预冷。

（四）装箱

箱内衬垫物用 0.5%漂白粉溶液消毒，防止果实硌伤，一般装果 3～4 层。也可不装箱，直接堆在架上或地上，码放 3～5 层，架宽不超过 0.8 m，以利于通风散热，并防止压伤。层间垫消毒蒲包或牛皮纸，最上层可稍加覆盖（纸或薄膜）。

（五）贮藏与管理

1. 简易贮藏　夏秋季节利用土窖、通风库、地下室等阴凉场所贮藏，采用筐或箱存放时，应内衬干净纸垫，上用 0.5%漂白粉消毒的蒲包，防止果实硌伤。将选好的番茄装入容器中，一般只装 4～5 层。包装箱码成 4 层高，箱底垫枕木或空筐，箱间留有空隙，利于通风。也可将果实直接堆放在架上或地面，码放 3～5 层果实为宜，架宽和堆宽不应超过0.8～1.0 m，以利于通风散热并防止压伤，衬垫物同筐装时要求，层间垫消毒蒲包或牛皮纸，最上层可稍加覆盖（纸或薄膜）。贮藏后，加强夜间通风换气降低库温。贮藏期间每 7～10 d 检查一次，挑出有病和腐烂果实，红熟果实及时挑出销售或转入 0～2 ℃库中继续贮藏。该法一般贮藏 20～30 d 果实全部转红。秋季如果能将温度控制在 10～13 ℃，番茄可以贮藏 1 个月。

2. 冷藏　夏季高温季节用机械冷藏库贮藏，温度控制好，效果比较理想。绿熟果的适宜温度为 12～13 ℃，红熟果为 1～2 ℃，贮藏期可延长到 30～45 d。

3. 气调贮藏　当气温较高或需长期贮藏时，宜采用气调贮藏。

（1）塑料薄膜帐气调贮藏法。用0.1～0.2 mm厚的聚乙烯或聚氯乙烯塑料膜做成密闭塑料帐，塑料帐内气调容量为1 000～2 000 kg。由于番茄自然完熟速度快，因此采后应迅速预冷、挑选、装箱、封垛。一般采用自然降氧法，用消石灰（用量为果实质量的1%～2%）吸收多余的二氧化碳。氧不足时从袖口充入新鲜空气。塑料薄膜封闭贮藏番茄时，垛内湿度较高易感病，要设法降低湿度，并保持库温稳定，以减少帐内凝水。可用防腐剂抑制病菌活动，通常应用氯气。每次用量为垛内空气体积的0.2%，每2～3 d施用一次，防腐效果明显。可采用0.5%的过氧乙酸，置盘中放于垛内，效果与氯气相仿。可用漂白粉代替氯气，一般用量为果实质量的0.05%，有效期为10 d。用仲丁胺也有良好效果，使用量按帐内体积算为0.05～0.10 mL/L，过量时也易产生药害。有效期为20～30 d，每月使用一次。

（2）小包装自然降氧气调。可用于少量番茄贮藏，果实放于0.06 mm厚的聚乙烯塑料膜袋中，每袋装5 kg，扎紧袋口置于库中。贮藏期间每2～3 d打开袋口换气15 min，将袋壁上的水滴擦干，然后仍将袋口扎紧。1～2周后番茄转红。若需继续贮藏，则应减少袋内番茄数量，只平放1～2层，以免相互压伤。果实成熟后，因呼吸旺盛，产生大量乙烯，则将袋口敞开，一般可贮藏10～30 d。

【常见问题及解决方法】

一是由于温度过低而发生冷害；二是由于病菌的侵入而引起的病害，如番茄果腐病、根霉腐烂病、绵疫病、灰霉病、炭疽病等。

在生产上主要是采用综合技术措施予以防治。具体方法有：

① 采前管理好菜园，及时喷洒农药，减少田间带菌数。

② 适时采收，仔细操作，防止机械损伤。

③ 贮藏场所、工具、用具应事先消毒。

④ 化学药剂处理。采用仲丁胺熏蒸或向帐内充入氯气消毒。

⑤ 准确调节温度和相对湿度，维持适宜的贮藏环境。

子任务三　洋葱贮藏技术

【相关知识】

（一）贮藏特性

洋葱食用部分是肥大的鳞茎，其有明显的休眠期。收获后外层鳞片干缩成膜质，能阻止水分进入内部，有耐湿耐干的特性。洋葱在夏季收获后，即进入休眠期，生理活动减弱，即使遇到适宜的环境条件，鳞茎也不发芽。洋葱的休眠期一般为1.5～2.5个月，因品种不同而异。休眠期过后，遇适宜条件便萌芽生长。一般在9～10月鳞茎中的养分向生长点转移，致使鳞茎发软中空，品质下降，失去食用价值。因此，使洋葱长期处于休眠状态、抑制发芽是贮藏洋葱的关键技术。休眠期后的洋葱适应冷凉干燥的环境，温度维持在－1～0 ℃，相对湿度低于80%才能减少贮藏中的损耗。如收获后遇雨，或未经充分晾晒，以及贮藏环境湿度过高，都易造成腐烂损失。

（二）贮藏条件

洋葱腐烂的主要原因是湿度偏高，湿度高还会促使洋葱发芽和生根。贮藏适宜的温度为

−3～0 ℃，相对湿度 80%以下。贮藏环境中适宜的气体浓度为氧 2%～4%、二氧化碳 10%～15%，对抑制发芽有极好的作用。

【任务准备】

1. 主要材料　贮藏用洋葱、贮藏筐、马来酰肼、0.1～0.2 mm 厚的聚乙烯或聚氯乙烯塑料膜等。

2. 材料及设备　贮藏库、温度计、湿度计、测定贮藏环境气体浓度的设备（如奥氏气体分析仪）、贮藏货架、电子秤等。

【任务实施】

（一）原料选择

洋葱按皮色可分为黄皮、红（紫）皮及白皮 3 种；按形状可分为扁圆和凸圆两类，红皮洋葱多为中晚熟种，肉质不如黄皮细嫩，水分较多，质地较脆，辣味重，耐藏性较差，其中球形的比扁圆形的耐贮藏。黄皮洋葱多为早熟和中熟品种，其中扁圆种，肉质白里带黄，细嫩柔软，甜而稍带辣味，水分较少，品质好，休眠期长，假茎紧细，不易出芽，耐贮藏；如天津黄皮、辽宁黄玉等。圆球种，假茎粗大，贮藏性略差。白皮洋葱为早熟种，鳞茎较小，产量较低，肉柔嫩，容易发芽，不耐贮藏。

（二）采收

对准备贮藏的洋葱，适时收获对洋葱贮藏很重要。用于贮藏的洋葱应在充分成熟、组织紧密时采收，成熟的洋葱叶色变黄，地上部管状叶呈倒伏状，外部鳞片变干。采收前 7～10 d应停水，造成干燥环境，促使洋葱鳞茎加速成熟，进入休眠。收获过早，鳞茎尚未长成，未成熟或未进入休眠的洋葱，其鳞茎中可利用的养分含量高，容易发芽和引起病菌繁殖，造成腐烂；收获过晚，易裂球，迟收遇雨，不易晾晒，鳞茎难于干燥，容易腐烂。收获时应选晴天进行，带叶连根拔起，避免机械损害。

（三）晾晒

采后在田间晾晒 3～4 d，晒时不要暴晒，用叶子遮住葱头，只晒叶不晒头，可以促进鳞茎后熟、外皮干燥，以利贮藏。一般就地将葱头放在畦埂上，叶片朝下呈覆瓦状排列。一般晒 4～6 d，中间翻动一次，当叶绵软能编辫子即可。如遇雨时，最好收集起来加以覆盖，以免耐贮性降低。

（四）编辫或装筐

晾晒过的葱头再次挑选后，将发黄、绵软的叶子互相编成长约 1 m 的辫子，两条结在一起成为一挂。每挂约有洋葱头 60 个，质量为 10 kg 左右。如晾晒后的叶子少而短时，可添加微湿的稻草编辫。编辫的洋葱，还需晾晒 5～6 d，晒至葱头充分干燥，颈部完全变成皮质，抖动时鳞茎外皮沙沙发响时为宜。中午阳光强烈时，最好用苇席稍盖一段时间再揭开晾晒，遇雨时应予以覆盖。洋葱贮藏也可以不编辫子，挑选后直接盛放在容器内以备贮存。

（五）贮藏及管理

1. 挂藏　选阴凉、干燥、通风的房屋或遮阳棚下，将洋葱辫挂在木架上，不接触地面，四周用席子围上，防止淋雨，贮藏中不倒动。此法通风好，洋葱腐烂少，但休眠期过后会陆续发芽，因此要在休眠期结束前上市。

2. 垛藏 垛藏洋葱在天津、北京、河北唐山一带有悠久的历史，贮期长、效果好。垛藏应选择地势高燥、排水良好的场所。先在地面上垫上 30 cm 高的枕木，上面铺一层秸秆，秸秆上面放葱辫，纵横交错摆齐，码成长方形垛。一般垛长 5.0～6.0 m、宽 1.5～2.0 m、高 1.5 m，每垛 5 000 kg 左右。垛顶覆盖 3～4 层席子或加一层油毡，四周围上 2 层席子，用绳子横竖绑紧。用泥封严洋葱垛，防止日晒雨淋。封垛后一般不倒垛，如垛内湿度过大可视天气情况倒垛 1～2 次，必须注意倒垛要在洋葱完成休眠期前进行，否则会引起发芽。贮藏到 10 月以后，视气温情况，加盖草帘防冻，寒冷地区应转入库内贮藏。

3. 机械冷藏库贮藏 机械冷藏库贮藏，是当前洋葱较好的贮藏方式。方法是在 8 月下旬洋葱脱离自然休眠以前装箱（筐）存放冷库。入库前先将挑选好的葱头预冷降温，当洋葱产品温度接近贮藏温度时，入冷库贮藏，库房温度控制在 0～3 ℃，相对湿度 70% 以下（64%左右）。温度波动要尽量小，波动大易引起生理病变。湿度过低干耗大，湿度过大，洋葱表面易霉变和长白须。因此必须严格控制温、湿度，同时要保证库房内通风良好。

4. 气调贮藏 在洋葱完成休眠期之前 10 d 左右，将洋葱装筐在通风窖或荫棚下码垛，用塑料薄膜账封闭，每垛 500～1 000 kg，维持 3%～6%氧气浓度和 8%～12%的二氧化碳浓度，抑芽效果明显。如在冷库内气调贮藏，并将温度控制在 0～－1 ℃，贮藏效果更好。

5. 坯藏 这种办法只限于少量贮藏。把晒干的洋葱混入细沙和泥，制成质量为 2.5～5.0 kg 的土坯，晒干后堆在通风干燥的地方，注意防雨防潮，天冷时防冻。贮藏期间，如发现土坯开裂，应及时使用潮土填补裂缝。

【常见问题及解决方法】

洋葱贮藏中易出现的问题是腐烂、发芽。腐烂对洋葱贮藏造成严重威胁，有时会造成极大损失。防止腐烂的关键措施有以下几点。

① 要使洋葱充分成熟，使其在贮藏时进入休眠期。成熟的洋葱叶色变黄，假茎倒伏状，鳞茎外部几片叶片干燥，并呈现出品种特有的颜色，根群枯干，此时鳞茎开始进入休眠。

② 收后要充分干燥，这一方面要充分晾晒。晾晒标准：洋葱叶子绿色全退，假茎完全干燥变成皮质，抖动时外部鳞片发出沙沙响声，并且千万不能遭受雨淋。许多地区洋葱收获之际正逢雨季，随时都有遭雨淋的危险，给贮藏带来很大困难。

③ 贮藏前进行严格挑选，剔除有病、有机械损伤和太小、晾晒不合格的植株。

发芽是洋葱解除休眠后易出现的主要问题，一经发芽，产品的食用价值便大大降低，而且不能继续贮藏。洋葱干燥程度与发芽率呈高度负相关，干燥程度越高其发芽率越低。只有充分干燥才有利于贮藏。控制发芽的方法除使其保持干燥外，还可采取气调贮藏；在收获前 10～15 d 喷 0.25%的马来酰肼，每公顷用药液 750 kg 左右，喷后 3～5 d 停止浇水；用 0.77～1.29 C/kg γ 射线照射洋葱，也可起到明显抑制发芽的效果。

子任务四　大蒜贮藏技术

【相关知识】

大蒜（*Allum sativum* L.）为百合科葱属植物，产于亚洲西部，我国早在 2 000 多年前就开始种植，蒜被称为土里长出的“青霉素”，除含有常规的营养成分外，还有蒜氨酸、大蒜辣素、大蒜新素，对多种球菌、杆菌、霉菌、真菌、病毒、阴道滴虫等都有抑制和杀灭作用，是人类日常生活中不可缺少的调味品。

（一）贮藏特性

大蒜具有明显的休眠期，一般为2～3个月，在休眠期过后，设法创造适宜休眠的环境条件，达到抑制幼芽萌发生长和腐烂的目的，是大蒜贮藏的关键。北方大蒜可忍受－7℃低温，高于5℃易萌芽，高于10℃易腐烂；空气相对湿度超过85%时，大蒜容易生根；贮藏环境中氧气的浓度在不低于2%的情况下，愈低抑制发芽的效果愈明显；大蒜能耐高浓度的二氧化碳，二氧化碳浓度为12%～16%有较好的贮藏效果。

（二）贮藏条件

大蒜耐寒性强，鳞茎可抵抗－6～－7℃的低温。适宜的贮藏温度－1～－3℃。大蒜喜欢干燥，空气的相对湿度以70%～75%为宜。大蒜的冰点是－3℃，若贮藏温度低于－7℃时，大蒜会受到冻害。贮量波动应尽量小，温度波动大，容易引起生理病变。另外，大蒜对温度的要求比较严格，相对湿度过高，鳞茎吸水受潮，大蒜表面易霉变，并逐渐影响内部质量；相对湿度过低，干耗大，大蒜易干瘪。

大蒜贮藏的适宜气体指标：氧气浓度为2.2%～4.3%，二氧化碳浓度为3%～5%。若氧气浓度低于1%、二氧化碳浓度高于7%～13%时，贮藏效果差。

【任务准备】

1. 主要材料　贮藏用大蒜、吸湿剂（CaO或$CaCl_2$）、0.23～0.40 mm厚的耐压聚乙烯或聚氯乙烯薄膜等。

2. 仪器及设备　贮藏库、温度计、湿度计、测定贮藏环境气体浓度的设备（如奥氏气体分析仪）、贮藏货架、电子秤等。

【任务实施】

（一）采收

适时收获是贮藏大蒜的重要条件。大蒜成熟时外部鳞片逐渐干枯成膜，能防止内部水分蒸发，隔绝外部水分进入，具有耐热、耐干的特征，有利于休眠；收获过晚大蒜的鳞片容易开裂，并促使小芽萌动生长，对贮藏不利；收获过早成熟度不够，产量低，贮藏损耗大。

（二）采后处理

采收后的大蒜，要选择蒜瓣肥大、色泽洁白、无病斑、无机械损伤的进行贮藏。剔除发黄、发软、腐烂的蒜瓣。然后及时给予高温干燥的条件，使叶鞘、鳞片充分干燥失水，促使蒜头迅速进入休眠期，这个过程也称为预贮，是大蒜任何一种贮藏方式必不可少的环节。预贮环境条件为：30℃以上的高温，50%～60%的空气相对湿度。

（三）贮藏与管理

1. 简易贮藏

（1）挂藏。将采收后的大蒜，选蒜瓣肥大、色泽洁白、无病斑、无伤口的贮藏。先在阳光下晒2～4 d，然后每40～60个蒜头编成一组，每两组合在一起，切忌打捆。在阴凉、干燥、通风好的房屋或荫棚下支架，将大蒜辫挂在架上，四周用席围上，不能靠墙，防止淋雨或水浸。

（2）架藏。对贮存场地要求比较高，通常选择通风良好、干燥的室内场地，室内放置木制或竹制的梯架，架形有台形梯架、锥形梯架等。

（3）窖藏。贮存窖多数为地下式或半地下式。窖址宜选在干燥、地势高、不积水、通风好的地方。窖内的温度由窖的深浅决定，窖的形式多种多样，采用较多的是窑窖、井窖，大蒜在窖内可以散堆，也可以围垛。最好是窖底铺一层干麦秆或谷壳，然后一层大蒜一层麦秆或谷壳，不要堆得太厚，窖内设置通风孔，要经常清理窖，及时剔出病变烂蒜。

2. 机械冷藏 机械冷藏是借助机械制冷系统来降低贮藏环境的温度，它是大蒜实现安全贮存的高级形式，冷库的管理主要是库内温度、湿度的控制和调节通风，冷库内的温度要保持恒定，库内不同位置要分别放置温度计，保持温度在－1～3 ℃且分布均匀；库内空气湿度也需经常测定，保持在50%～60%的相对湿度，若湿度过高可在库内墙根处放吸湿剂，如氧化钙、氯化钙；库内通风装置在设计时解决，或在过道上安放电风扇，加强空气流通，出库时，大蒜应先缓慢温升温，并注意通风，以缩小库内外温度差，防止大蒜鳞茎表层结露。

3. MA 气调贮藏 在适宜大蒜贮藏的温度下，改变贮藏环境的气体含量，降低贮藏环境中的氧气含量和提高二氧化碳含量，从而抑制大蒜的呼吸、发芽及致病微生物繁殖。其适应性强，应用范围广，抑芽效果好，贮存成本低，在窖内和通风库内一般采用 0.23～0.40 mm厚的耐压聚乙烯或聚氯乙烯薄膜贮藏大蒜，帐底为整片薄膜，帐顶黏结成蚊帐形式，并在其间加衬一层吸水物，帐上应设有采气口和充气口，容积大小视贮量而定。

【常见问题及解决方法】

1. 大蒜紫斑病 大蒜紫斑病主要为害叶片和薹，贮藏、运输期间可侵染鳞茎，田间发病多从叶尖或花梗中部，几天后蔓延至下部，初呈水渍状，稍凹陷，中央有微紫色的小斑点，扩大后病斑呈椭圆形或纺锤形，湿度大时，病部产生同心轮纹。

其主要防治措施有：施足基肥，加强田间管理，增强寄主抗病力；实行与非葱蒜类蔬菜2年以上轮作；选用无病种子，必要时种子用40%甲醛 300 倍液浸 3 h，浸后及时洗净；发病初期喷洒 75%百菌清可湿性粉剂 500～600 倍液或 64%噁霜灵・锰锌可湿性粉剂 500 倍液，40%敌菌丹可湿性粉剂 500 倍液、58%甲霜灵锰锌可湿性粉剂 500 倍液，隔 7～10 d 喷一次，连续防治 3～4 次，均有较好的效果。此外，喷洒 2%多抗霉素可湿性粉剂 30 mg/L 也有效；适时收获，低温贮藏，防止病害在贮藏期继续蔓延。

2. 大蒜发芽 大蒜在存放一定的时间后就容易发芽，发芽是影响大蒜贮藏的主要因素，控制大蒜在贮藏中发芽的主要措施有：

① 控制良好的贮藏条件。如低温、低氧、高二氧化碳环境等。

② 采前处理。大蒜采收前 1 周用 0.25%的马来酰肼喷洒植物叶片，可有效抑制贮藏期萌芽。

子任务五　辣椒贮藏技术

【相关知识】

（一）贮藏特性

辣椒的种类很多，多以甜椒、油椒耐贮，尖椒不耐贮。辣椒不同品种的耐藏性差异很大。作为贮藏或长途运输的辣椒在种植或采购时，一定要注意品种的选择。一般以角质层厚、肉质厚、色深绿、皮坚光亮的晚熟品种较耐贮藏。近年来的研究表明：麻辣三道筋、辽椒1号、世界冠军、茄门椒、巴彦、12－2、牟农1号、二猪嘴、冀椒1号等品种耐藏性较好。由于各地种植的品种差异较大，品种的更新换代速度较快，很难按品种的耐藏性和抗病性来选择贮藏品种。

（二）贮藏条件

控制温度是辣椒贮藏的基本条件。辣椒果实对低温很敏感，低于9℃时易受冷害，而在高于13℃时又会衰老和腐烂，贮藏适温为9～12℃。一般夏季辣椒的贮藏适温为10～12℃，冷害温度为9℃；秋季的贮藏适温为9～11℃，冷害温度为8℃。采用双温（两段温度）贮藏，将会使辣椒贮藏期大大延长。

保证湿度也是辣椒贮藏的重要条件。辣椒贮藏适宜的相对湿度为90%～95%。辣椒极易失水，湿度过低，会使果实失水、萎蔫。采用塑料密封包装袋，可以很好地防止失水。但另一方面，辣椒对水分又十分敏感，密封包装中湿度过高，出现结露，会加快病原菌的活动和病害的发展。因此，装袋前需彻底预冷，保持湿度稳定，使用无滴膜和透湿性大的膜，加调湿膜，可以控制结露和过湿。

应用气调贮藏是提高辣椒保鲜效果的好方法。辣椒气调贮藏适宜的气体指标一般为氧气浓度2%～7%，二氧化碳浓度1%～2%。包装内含量过高的二氧化碳积累会造成萼片褐变和果实腐烂。目前，国内外多采用PVC或PE塑料小包装进行气调冷藏，但贮藏中二氧化碳浓度往往偏高，需用二氧化碳吸收剂降低其浓度。

【任务准备】

1. 主要材料　贮藏辣椒、库房消毒剂（硫黄、漂白粉或甲醛等）、PVC或PE塑料包装袋、周转箱、贮藏筐、辣椒专用保鲜剂、消石灰等。

2. 仪器及设备　贮藏库、贮藏架、充氮机、温度计、湿度计、测定贮藏环境气体浓度的设备（如奥氏气体分析仪）、电子秤等。

【任务实施】

（一）品种的选择

根据辣椒的贮藏特性，一般应选择角质层厚、肉质厚、色深绿、皮坚光亮的晚熟品种作为贮藏原料。

（二）采收

长期贮藏应选用果实已充分膨大、营养物质积累较多、果肉厚而坚硬、果面有光泽尚未转红的绿熟果；色浅绿、手按觉软的未熟果及开始转色或完熟的果实均不宜长贮；已显现红色的果实，由于采后衰老很快，也不宜长期贮藏。

采前5～7 d停止灌水也不遇雨，其耐贮性会大大提高。若采前大量灌水，使辣椒体内的水分和质量增加，但辣椒本身的干物质如糖、维生素、色素等物质没有增加，会导致采收后辣椒呼吸强度提高，水分消耗加快，易发生机械伤害。含水量高也易引起微生物侵染，容易腐烂，使贮藏过程中损耗增加。夏季采摘一般应在晴天的早晨或傍晚气温和菜温较低时进行。以上午10时前采收为宜，此时的温度低，田间热在果实中积累少。如用土窖贮藏，采后应放阴凉处一昼夜，作为预冷时期。雨天、雾天或烈日暴晒天不宜采，否则容易造成腐烂。

（三）挑选

应选择充分膨大、果肉厚而坚硬、果面有光泽、健壮的绿熟果，剔除病、虫、伤果，因为这些果极易腐烂并会传染其他好果。

（四）库房消毒

一般采用硫黄熏蒸消毒，此方法简单易行，效果好。硫黄的用量（按库或窖体）为10 g/m^3。将硫黄与干锯末、刨花混匀，放在干燥的砖头上点燃，立即关闭门窗或窖口，24 h后充分通风。也可用漂白粉及甲醛溶液对窖或库房进行消毒。使用4%漂白粉溶液喷洒消毒，消毒后封库，48 h后开门通风。或使用1%～2%甲醛溶液喷布墙壁、屋顶、地面、包装物及周转箱，喷布后密闭窖、库24 h，用甲醛溶液消毒2次，效果更好。在第一次喷洒7 d后再进行第二次消毒。

（五）贮藏与管理

1. 窖藏法　选择地势较高的地块，根据要贮藏的青椒数量挖贮藏窖，窖内四壁要坚实，底垫砖块，窖口用木板作为盖，防止雨淋或冻害。由于青椒要求贮藏温度较高，蒸发量要少，所以窖内保温性能要好，通风面积可小些，一般不设进气孔，仅在窖顶设有通气窗。窖深一般在1.5～3.0 m。

青椒在窖内存放可采用装筐、架贮及散堆。

(1) 装筐贮藏。装筐贮藏时先在筐内垫消过毒的纸或衬上消过毒的麦秸或稻草，将挑选好的青椒装入筐中，装好筐后加上覆盖，将筐码成品字垛入窖贮藏。

(2) 架贮法。在窖内做成1.5～2.0 m高、1.5～2.0 m宽的架，贮藏架分4层，下层离地面约20 cm，将青椒平铺在架上3～4层。

(3) 散堆贮藏法。先在窖内地上铺一层厚约10 cm的稻草或麦秸，上面放青椒厚约30 cm，堆成一长条。然后视窖温情况，覆盖稻草、麦秸、蒲包等。

通常贮藏窖在白天不放风，夜间放风，保持窖温8～9 ℃，前期每7～10 d检查一次，发现烂果及时处理，后期可15 d检查一次，发现覆盖的稻草或麦秸太干要及时更换。

2. 气调贮藏法　目前使用较多的为0.06 mm厚的聚乙烯小包装和0.1～0.2 mm厚的大中帐两种简易气调贮藏方式。贮藏前严格挑选无病无伤的果实，因为在气调密闭高湿环境下，果实容易腐烂，同时要结合使用药物防腐，可用0.05～0.10 mL/L仲丁胺熏蒸剂。气调在9～11 ℃温度范围内，由于青椒对二氧化碳比较敏感，二氧化碳浓度过高时会降低果实的抗病性，塑料帐内可加入消石灰吸收过多的二氧化碳。注意调节袋内气体成分。气体管理上采用两种方式：一种为快速降氧法，封帐后进行抽氧充氮，重复4～5次使帐内含氧量降至2%～5%。二氧化碳用消石灰吸收，使其浓度达到5%以内，每隔10～12 d拆帐检查一次，剔除病变或腐烂果。换上干燥的薄膜帐或将帐内的水滴擦干。另一种为自然降氧法，封帐后利用青椒呼吸作用使帐内的氧气含量降低，二氧化碳含量增高，一般氧气浓度控制在3%～6%，二氧化碳浓度在6%以下。

【常见问题及解决方法】

1. 贮藏微生物病害及防治措施　辣椒主要贮藏病害有灰霉病、果腐病（交链孢腐烂病）、根霉腐烂病、炭疽病、疫病和细菌性软腐病等。其中真菌病害发生概率最多的为灰霉病、根霉腐烂病和果腐病等，细菌病害为软腐病。

（1）主要微生物病害。

① 辣椒灰霉病。发病初期在果实表面出现水渍状灰白色退绿斑，随后在其上面产生大量土灰色粉状物，病斑多发生在果实肩部。

② 辣椒根霉腐烂病。引起果实软烂，病菌从果梗切口处侵入，病果多从果柄和萼片处开始腐烂，并长出污白色粗糙疏松的菌丝和黑色小球状孢子囊。

③ 辣椒果腐病。症状是在果面产生圆形或近圆形凹陷斑，有清晰的边缘。病斑上生有绒毛状黑色霉层。

④ 辣椒软腐病。发病初期产生水渍状暗绿色斑，后变为褐色，有恶臭味。

（2）微生物病害的防治措施。

① 防止机械损伤。很多病原菌是在果体有伤口时才能侵入，因此避免机械损伤是有效的防病措施之一。采收时用剪子或刀片剪断果柄，使切口平滑整齐，容易愈合，可减轻发病。

② 环境消毒。仓库、采收器具、果筐、果箱都可能是侵染源，所以在使用之前都要进行消毒。常用的环境消毒剂有硫黄、漂白粉等。

③ 合理使用防腐保鲜剂。贮藏过程中病菌要大量生长繁殖，危害受伤或逐步衰老的果实。使用辣椒专用保鲜剂，可有效地抑制各种微生物生长繁殖，大大降低果实腐烂率。

④ 加强贮藏期间温、湿度和气体成分的管理。定期检查，及时挑出烂果和红果。

2. 生理病害　辣椒贮藏过程中的生理病害主要是冷害。辣椒在 0 ℃以上不适宜温度（如小于 9 ℃）会产生冷害，其冷害症状可在果皮、种子和花萼三个部位表现。种子和花萼的症状主要是褐变的发生；果皮的冷害症状比较复杂，包括果色变暗、光泽减少、表皮产生不规则的下陷凹斑，严重时产生连片的大凹斑，果实不能正常后熟等。

冷害的预防主要是控制好贮藏过程中的温度。采用双温（两段温度）贮藏，将会使辣椒贮藏期大大延长。

子任务六　食用菌贮藏技术

【相关知识】

食用菌子实体含水量高，组织脆嫩，营养丰富，100 g 鲜蘑菇中含有蛋白质 219 mg，其中约 50％是完全蛋白，同时含谷氨酸、精氨酸等人体必需氨基酸，维生素 C、维生素 K 等 6 种维生素，还含有核甘酸、矿物质及多糖类，有“素中之荤”的美称。食用菌采摘后在室温下极易腐烂变质，食用菌的贮藏与保鲜是食用菌生产中一个不可缺少的重要环节。

（一）贮藏特性

食用菌子实体采收后，呼吸作用旺盛，在常温下会很快开伞、褐变、变味，品质败坏，不适宜常温贮藏，适宜低温可有效抑制食用菌的呼吸作用，延长贮藏期。新鲜菇体含水量高达 85％～90％，水分多少会直接影响到菌体的鲜度和风味，菇体失水过多会引起收缩、起皱，菌盖翻卷、开裂，木质化程度高，质地变硬，商品质量显著降低等。适当降低环境中氧气的浓度，增加二氧化碳的浓度，可以抑制呼吸作用。另外，二氧化碳还可延缓菇体开伞和影响菇体中多酚氧化酶的活性，防止褐变。不同品种的食用菌贮藏性有差异，香菇较耐藏，平菇、双孢蘑菇、金针菇、凤尾菇等耐藏性差。

（二）贮藏条件

不同种类的食用菌贮藏条件有所不同，双孢蘑菇适宜贮藏温度为 5 ℃左右，相对湿度为 80%～90%，气调贮藏的气体成分条件为氧气浓度 2%～5%、二氧化碳浓度 10%～15%；平菇适宜的贮藏温度为 0 ℃，相对湿度为 80%～90%；香菇适宜的贮藏温度是 0 ℃，相对湿度为 80%～90%，气调贮藏的气体成分条件为氧气浓度 2%～5%、二氧化碳浓度 10%～15%。

【任务准备】

1. 主要材料 贮藏用食用菌、贮藏用保鲜剂（焦亚硫酸钠、抗坏血酸、食盐、丁酰肼、6-氨基嘌呤、麦饭石等）、0.03～0.05 mm 聚乙烯塑料薄膜袋（或 0.05～0.08 mm 聚乙烯塑料薄膜袋）等。

2. 仪器及设备 贮藏库、贮藏架、温度计、湿度计、采收剪等。

【任务实施】

（一）采收

食用菌采收过早，菌盖未长足，影响质量，过迟菌体不耐贮藏，品质下降。平菇应在菌盖充分展开，颜色变浅，下凹处有白色茸状物，边缘刚向上翻卷，而未大量散发孢子时采收。双孢蘑菇在菌盖不超过 4 cm、未开伞时采收。采收过晚易开伞褐变，缩短贮藏期。金针菇应在菌柄停止生长，菌盖的直径达 1.5～2.0 cm，菌盖边缘开始放平时采收，过迟菇体失重自溶。

采收当天不要喷水保持韧性，在清晨可少量喷水。采收时，将单个蘑菇向上转动采收，菌盖向外倾斜，不要直接从菌体上拔出。用左手手指夹紧菌托，右手用刀切断菌托基部；当菌实体众生时，如平菇，可用刀贴近床面从菌柄基部整丛切开；金针菇则轻轻握住菇丛拔下即可，采收后，菇柄朝上放入筐中。

（二）采后修整

在冷凉处将菇柄修理装筐。个体较大、菌柄较短的品种，剪短菇柄可延长贮藏期。如平菇采后留柄长 2～3 cm 为好。双孢蘑菇采收时柄长一般为 5～10 cm。金针菇的主要食用部位是菌柄，不宜剪短。修整时，将不宜贮藏的开伞菇、病菇、虫菇和有机械伤的剔除。修整后尽快冷藏。

（三）贮藏与管理

1. 低温冷藏 冷藏是指用接近于 0 ℃或稍高几度的温度贮藏食用菌的一种方式。冷藏的温度不是越低越好，不同菇类对温度的要求也不同，一般都有一个最低限度，超过这个限度会引起代谢反常，减弱对不良环境的抗性。如草菇的最适保藏温度为 0～2 ℃（可贮 14 d）。双孢蘑菇 0 ℃下可贮存 35 d，5 ℃下可贮存 28 d，15 ℃时只能贮存 12 d。冷藏可以在冷藏室、冷藏箱或冷柜中进行。贮藏数量很少时，也可用冰块或干冰降温。注意食用菌的冷藏室内不能同时放置水果，因为水果可产生乙烯等还原性物质，使双孢蘑菇、金针菇、香菇、猴头等食用菌很快变色。冷藏的食用菌要经常检查，调节好室内或箱内空气的湿度，并保持稳定的低温，同时，定期进行通风换气，排除贮藏中菇体释放的不良气体。

2. 气调贮藏　食用菌气调贮藏可采用简易气调贮藏法，选用厚度为0.03～0.05 mm的聚乙烯薄膜袋，每袋装量为0.5～1.0 kg，在适宜低温条件贮藏，贮藏过程中无需解袋换气。也可选用厚度0.05～0.08 mm的聚乙烯薄膜袋，每袋装量为3～5 kg，在适宜低温条件贮藏，贮藏过程中要根据袋内气体浓度定时解袋通风换气，以防二氧化碳中毒。

3. 化学贮藏

（1）焦亚硫酸钠处理。先用0.01%的焦亚硫酸钠（$Na_2S_2O_5$）溶液漂洗鲜菇3～5 min，再用0.1%焦亚硫酸钠浸泡30 min，捞出沥干，注意不要损伤菇体。在10～15 ℃室温下保存效果良好，菇体色泽可长期保持洁白，但贮藏温度高于30 ℃时，菇体就会逐渐变色。

（2）盐水处理。将鲜菇浸入0.6%的盐水中约10 min后，捞出沥干，装入塑料袋中保存。在10～25 ℃的温度下，经4～6 h，袋内鲜菇变为亮白色。盐水处理的鲜菇通常可保鲜3～5 d。

（3）喷抗坏血酸液。在金针菇的采收高峰期，为防止鲜菇褐变，可往鲜菇上喷洒0.1%的抗坏血酸（维生素C）液，然后装入非铁质容器中，于－5～0 ℃低温下冷藏，可保鲜24～30 h，其鲜度、色泽不变。

（4）丁酰肼处理。丁酰肼是植物生长延缓剂。以0.1%的水溶液浸泡鲜菇，10 min后取出沥干，装于塑料袋内，室温下（5～22 ℃）能保鲜8 d。此法可有效地防止菇体褐变，延缓衰老，保持新鲜，可用于蘑菇、香菇、平菇和金针菇等食用菌的保鲜。

（5）激动素保鲜。用0.01%的6-氨基嘌呤溶液浸泡鲜菇10～15 min，取出沥干后装入塑料袋内贮存，能延缓衰老，保持新鲜。

（6）麦饭石保鲜。将新鲜草菇装入塑料盒中，以麦饭石水浸没菇体，置于－22～－20 ℃低温下保存，其保鲜期长达70 d，而且菇中氨基酸的含量与新鲜菇体差别不大，色泽、口感均较好。

子任务七　花椰菜贮藏技术

【相关知识】

（一）贮藏特性

花椰菜又称西蓝花、绿花菜或嫩茎花椰菜，由于其食用部分是幼嫩的花梗与小花蕾，采后在室温下花蕾极易开放和黄化，比白菜花更难保鲜。花椰菜喜冷凉气候，比较耐寒怕热，春秋两季栽培。贮藏期间，外叶中积累的养分能向花球转移而使之继续长大充实。花椰菜在贮藏过程中有明显的乙烯释放，这是花椰菜衰老变质的重要原因。花球外没有保护组织，而有庞大的积累营养物的薄壁组织，所以花椰菜在贮藏和运输过程中极易失水萎蔫，并易受病原菌感染引起腐烂。机械伤害也会使其呼吸强度增大，促进内源乙烯的合成，加速衰老变质。

（二）贮藏条件

花椰菜较耐低温，温度过高则花球黄化，表面产生褐斑，遇凝聚水易引起腐烂。花椰菜冰点为－0.8 ℃，如长期处于0 ℃以下则易受冻害，适宜的贮藏温度为0～1 ℃。贮藏环境的相对湿度为90%～95%，如湿度偏低或通风量过大，花球失水萎蔫、松散，品质变差。在低氧（2%以下）、高二氧化碳（5%以上）环境中引起生理失调，花球出现类似煮后的症状，并产生异味而失去食用价值，气调贮藏时气体成分条件为氧气浓度3%～4%，二氧化碳浓度0～5%。贮藏中要注意通风换气，随时排除有害气体。

【任务准备】

1. 主要材料 花椰菜、0.015 mm聚乙烯薄膜袋、0.023 mm聚乙烯薄膜大账、防腐剂（托布津、噁霉灵、次氯酸钙）、保鲜剂（2，4-D、BA）等。

2. 仪器及设备 贮藏冷库、聚苯乙烯泡沫箱、温度计、湿度计等。

【任务实施】

（一）品种选择

贮藏用花椰菜最好选择晚熟品种，生长期100～120 d。生产上夏季以瑞士雪球，秋季以荷兰雪球为主。这两个品种品质好，耐贮藏。

（二）采收

用于贮藏的白花椰菜应在花球茎部的花枝松散前收获，以色泽淡白、组织紧密、大小适中的晚熟品种耐贮性最好。收获时间应选择在天气晴朗、土壤干燥的早晨采收。收获时一般保留2～3轮外叶，以对内部花球起一定保护作用。

青花椰菜采收前2 d不要浇水，采收前用10～20 mg/kg BA喷洒花球，也可在采后用保鲜剂（20 mg/kg BA+0.2%苯甲酸钠）处理，但要将浮水晾干后才能入库贮藏。

（三）挑选与整理

挑选花头直径为15 cm（中等），花头上花小紧密、洁白、无虫眼、不发黄、无病虫害、无损伤、无污染的中等花球进行贮藏。剥去外层叶，留2～3轮叶片，并切除下部过老的花茎，将花头遮盖，防止水分蒸发。

（四）包装

白花椰菜和青花椰菜在包装时，将茎部朝下码在筐中，最上层产品低于筐沿。为减少蒸腾凝聚的水滴落在花球上引起霉烂，也可将花球朝下放。严禁使用竹筐或柳条筐装运，有条件的可直接用聚苯乙烯泡沫箱装载，装箱后立即加盖入库。为延长保鲜期，可使用0.015～0.030 mm厚的聚乙烯薄膜单花球包装，必要时在袋上打2个小孔，能起到良好的自发气调作用。用聚乙烯袋密封，加硅橡胶窗即硅窗法包装，贮藏效果更佳。操作人员应戴手套，轻拿轻放，以免造成损伤。

（五）预冷

白花椰菜和青花椰菜采后经挑选、修整、保鲜处理、包装后应立即放入预冷库预冷。特别是青花椰菜，防止变色、变老和延长保鲜期最关键的措施是采收后尽快处于低温条件下。在20～25 ℃室温放置1～2 d，花蕾花茎就会失绿转黄，故最好能在3～6 h内降至1～2 ℃，通过-17 ℃低温快速预冷的方法可在5 h内使菜温降至所要求的低温。

无低温条件可采取自然气温下预冷。将待贮产品及时置于阴凉通风处，白天遮阳、夜间敞开，使大量的田间热和呼吸热尽快散发。如有冷库可先将库温渐降至4～5 ℃，启用通风设施快速降低菜体温度。此法快而稳定，效果尤佳。

（六）防腐

花椰菜贮藏中容易发生各种病害，尤为常见的是交链孢属病菌所致，使花球表面产生灰黑色的霉点，严重时蔓延成片；也易发生细菌性的软腐病等。贮前可用 0.15%托布津溶液浸醮花球蒂部（不可浸入至花球）或用噁霉灵保鲜剂挥发熏蒸防治。方法：每千克花椰菜用 0.1 mg 噁霉灵保鲜剂浸沾在吸水性好的纸或棉布条上，均匀地挂在菜垛四周或垛与垛之间，熏 24 h 即能抑制菜体表面的病原菌。对窖、库体以及包装物件、架材等用 0.5%的漂白粉液喷洒或用噁霉灵保鲜剂在密封条件下熏蒸消毒灭菌。

花椰菜黑斑病为贮藏中的主要病害，最初使花芽脱色，随后变褐，为控制病害发生，可在入贮前用 100 mg/kg 的次氯酸钙处理，有利减少贮藏中的霉烂。

在贮藏前用 50 mg/kg 2，4－D 溶液蘸根，然后在阴凉处晾半天，以防止保护叶在贮藏中老化或脱落腐烂。

先将收获的花椰菜预冷发汗后，用异菌脲药纸盖在花球表面，使花球全封在药纸内，药纸外保留 4～5 片叶，随即装箱，以预防花椰菜黑斑病。另外，贮藏期间可在贮藏室内放置适量高锰酸钾载体来吸收乙烯，减缓花椰菜衰老，有利于延长贮藏时间。

（七）运输

运输要求用冷藏车，温度不宜高于 4.5 ℃，否则小花蕾会很快黄化，对于没有冷藏设备条件贮运的，可于采收后及时在包装箱内加冰块降温，加冰量占箱总体的 1/3～2/5，并尽快运至目的地。

（八）贮藏与管理

机械制冷的冷库具有较完备的通风和控温系统，能有效地调控花椰菜贮藏温度（0～1 ℃），有利于进一步提高贮藏效果。

1. 自发气调贮藏　在冷库中搭建长 4.0～4.5 m、宽 1.5 m、高 2.0 m 左右的菜架，上下分隔成 4～5 层，架底部铺设一层聚乙烯塑料薄膜作为帐底。将待贮花球码放于菜架上，最后用厚 0.023 mm 聚乙烯薄膜制成大帐罩在菜架外并与帐底部密封。花椰菜自身的呼吸作用，可自发调节帐内的氧气与二氧化碳的比例，但须注意氧气浓度不可低于 2%，二氧化碳浓度不能高于 5%。控制方法：通过启开大帐上特制的“袖口”（即在帐壁制有一定面积的“袖口”，代替窗口，便于打开或封闭）通风（简称透帐）。贮藏最初几天呼吸强度较大，需每天或隔天透帐通风，随着呼吸强度的减弱，并日趋稳定，可 2～3 d 透帐通风一次。贮藏期间 15～20 d 检查一次，发现有病变的个体应及时处理。为防止二氧化碳伤害，可在帐底部撒些消石灰。在菜架中上层的周边摆放一些高锰酸钾载体（用高锰酸钾浸泡的砖块或泡沫塑料等）吸收乙烯。用量为：贮藏量与载体之比是 20∶1。大帐罩后也可不密封，与外界保持经常性的微量通风，加强观察，8～10 d 检查一次。以上方法可贮藏 50～60 d，商品率达 80%以上。

2. 单花套袋贮藏　用 0.015 mm 厚的聚乙烯薄膜制成长 40 cm、宽 30 cm（或根据花球大小而定）的袋子。将备贮的花球单个装入袋中，折叠袋口，再装筐码垛或直接码放在菜架上贮藏。码放时花球朝下，以免凝聚水落在花球上。这种方法既能有效地控制因水分散失而引起的散花，又可避免花球之间相互碰撞造成伤害，还能防止个体间病菌相互传染。能更好地保持花球洁白鲜嫩，贮藏达 3 个月左右，商品率约为 90%。此法贮藏效果明显优于其他贮藏方式，在有冷库地区可推广应用。应用此法需注意的是花椰菜叶片贮至 2 个月之后开始脱落或腐烂，易使花球感染病菌，如需贮藏 2 个月以上，除去叶片后贮藏为好。

3. 筐贮法 将挑选好的菜花根部朝下码在筐中，最上层菜花低于筐沿，也可将花球朝下码放，以免凝聚水滴落在花球上，引起霉烂。将筐堆码于库中，要求稳定而适宜的温度和湿度，并每隔 20～30 h 倒筐一次，将脱落及腐败的叶片摘除，并将不宜久放的花球挑出上市。

4. 架藏法 在库内搭成菜架，每层架杆上铺上塑料薄膜，菜花放其上。为了保湿，有的在架四周罩上塑料薄膜。但帐边不封闭，留有自然开缝，只起保湿作用，不起控制氧气和二氧化碳的作用。

【常见问题及解决方法】

花椰菜黑斑病是花椰菜在贮藏过程中的主要病害，在贮藏期间主要危害花球，使品质低劣，降低商品价值。

1. 症状 在花球上初为水渍状小黄点，后扩大并长出黑色霉状物，即病原菌的子实体。严重时一个花球上有数十个黑斑。感病组织腐烂，但腐烂速度较慢。贮藏期间有时病斑继而被灰葡萄孢第二次寄生而混生灰霉状物，加速腐烂进程。

2. 病原菌 为半知菌亚门丝孢纲链格孢属芸薹生链格孢（*Alternaria brassicicola*）。

3. 发病规律 贮藏中花球的感染，主要是田间采收时，叶上的病菌沾染到花球上引起的。侵染适温为 25～30 ℃，高湿度虽然可减少白花椰菜与青花椰菜丧失水分，但黑斑病发生明显增多。因此装入薄膜袋密封后，危害加重。

4. 防治 做好田间防病。择晴天采收，入库前摘掉有病的小叶片，进行预冷，贮温控制在 0～1 ℃，一般可贮 6～8 周，并可延缓出库后花球在室温下发生黄衰。如以薄膜袋密封包装可在袋内加入 2 cm^2 浸过仲丁胺（约 0.08 mL）的滤纸，一般可贮 50～60 d，或者加入适量饱和的高锰酸钾，以吸收乙烯，效果更好。用打孔薄膜袋包装，可比全封闭的薄膜袋包装发病减少。

任务四　鲜切花卉贮藏技术

子任务一　月季贮藏技术

【相关知识】

月季切花是世界花卉市场上最重要的切花之一。其花型高雅，色彩绚丽，气味芬芳，被称为“花中皇后”，深受人们的喜爱，尤其是节假日期间的用量和价格更是惊人，达到平常的数十倍之多。

(一) 贮藏特性

月季切花保鲜期短，不能长时间运输；花瓣质地较厚、花型较小的月季品种耐插性强；不同品种花朵的开放和衰老对乙烯的反应不一，但大多品种呈现典型的呼吸跃变型。

(二) 贮藏条件

月季切花贮藏的最适温度为 0～2 ℃，贮藏环境的相对湿度条件为 90%～95%，采用气调贮藏其气体成分条件为氧气浓度3%，二氧化碳浓度5%～10%，贮藏期为7～14 d。

【任务准备】

1. 主要材料　月季切花、柠檬酸、切花保鲜剂（200 mg/L 8－HQC＋50 mg/L 醋酸银＋5 g/L 蔗糖或300 mg/L 8－HQC＋100 mg/L 苯甲酸钠＋3 g/L 蔗糖）、包装纸、包装箱、0.05 mm的聚乙烯薄膜等。

2. 仪器及设备　采收剪、低温贮藏室、测定贮藏环境气体浓度的设备（如奥氏气体分析仪）等。

【任务实施】

（一）品种的选择

用作切花栽培的月季品种有上千之多，颜色也非常丰富，有红、朱红、粉、橙黄、白、蓝紫、复色和混色系等，各个品种对失水胁迫的忍耐程度和耐贮藏的能力有一些差异。因此在选择贮藏品种时不仅要根据市场行情选择适宜的颜色系，而且还要了解该品种耐贮藏特性，这直接关系到贮藏后切花质量。

（二）采收

不同切花月季品种在瓶插过程中花朵由初开到盛开的快慢不同，往往蓝色系和黄色系的品种花朵开放速度快于红色系和白色系的品种。所以在采收时，红色系和白色系的品种以外层花瓣开始松动或展开为准，蓝色系和黄色系的品种则稍早些采收。同时，用作贮藏的切花，要求花朵饱满、颜色纯正，茎秆粗壮、通直，叶片亮绿、无病。采收切花后，要立即按花色、花朵开放程度和花枝长度进行整理，不同品种在不同容器中分别进行贮藏。

（三）保鲜处理

用于贮藏的月季采后立即插入500 mg/L的柠檬酸溶液中，分级后置于热的（40 ℃）花卉保鲜液中。保鲜液可以选用200 mg/L的8－HQC＋50 mg/L的醋酸银＋5 g/L的蔗糖或300 mg/L的8－HQC＋100 mg/L的苯甲酸钠＋3 g/L的蔗糖。月季花蕾的催花是将采切后的花蕾先置于500 mg/L柠檬酸溶液中，在0～1 ℃冷藏条件下过夜，然后把花蕾置于开放液中，在23～25 ℃温度、80%相对湿度和1 000～3 000 lx连续光照下处理，经过6～7 d处理，花蕾可达到能出售的发育阶段。

（四）包装运输

按其颜色进行分类，再根据花梗长短分级后切花茎应再剪截，每20支一束进行捆绑码入箱内，置于保鲜液中。通常采用75 cm×30 cm×30 cm的衬膜瓦楞纸箱进行包装，注意衬膜、瓦楞纸箱上要设置透气孔。月季切花可采用包装纸包装后横置于纸箱中干运，或纵置于水中湿运。采用湿运能较好保持切花鲜度，但是运输中温度高，开花进程加快。一般远距离运输采用干运，近距离运输以湿运为好。远距离运输之前要用预处液处理，运输结束后用瓶插液处理。

（五）贮藏与管理

月季切花属于不耐贮藏的花卉，经保鲜液处理过后立即转入0～1 ℃冷室中，可贮存约7 d。或者包裹在纸中，置于密封的膜袋中干贮，能贮存10～14 d。但低温干藏之前不宜放在水中贮藏，干藏库中取出后，需将茎基再度剪切，并放在38～43 ℃温热保鲜液中。用

0.04～0.06 mm 的聚乙烯膜包装，保持 3%氧气浓度、5%～10%二氧化碳浓度，可以得到很好的效果。短期贮藏（4～5 d），最常用的方法是采后立即再剪切，置于去离子水或保鲜液中，采用干藏的方式。

【常见问题及解决办法】

月季在贮藏过程中常见的主要问题：

① 出现瓶插后的“弯头”“蓝变”（出现在红色品种）、“褐变”（多出现在黄色品种）以及不能正常开放等现象。

② 干藏前若将月季切花置于水中会令其瓶插寿命缩短，蓝化现象增加。

防治措施是进行 STS 处理，使保鲜液 pH 在 3.5 左右。

子任务二　百合贮藏技术

【相关知识】

百合是世界著名的球根花卉，为世界五大切花之一，全球百合切花栽培品种达 270 个以上，其以花型优雅，寓意吉祥，深受人们的喜爱。

（一）贮藏特性

百合切花对乙烯的敏感性因种类和品种的不同而异，多数品种对乙烯极其敏感，花器官呼吸作用十分旺盛，采用乙烯吸收剂及降低贮藏环境氧气浓度、提高二氧化碳浓度可延长贮藏期。去掉其小花苞，能够延长整枝花的瓶插寿命。一般来说，需要贮藏的切花采收成熟度要低一些。

（二）贮藏条件

百合贮藏的最适温度为 0～1 ℃，贮藏环境的相对湿度条件为 90%～95%，贮藏期为 15～20 d。

【任务准备】

1. 主要材料　百合切花、切花保鲜剂（STS、赤霉素、8－HQC 等）、消毒剂（苯来特）、包装纸、包装箱、0.05 mm 的聚乙烯薄膜等。

2. 仪器及设备　采收剪、遮阳小推车、切花瓶、低温贮藏室等。

【任务实施】

（一）采收

百合类切花因种类不同采收标准差别很大，干贮的切花应在花序上最低的花蕾开始显色时采切，开放的花朵在采后处理过程中易受损伤。采收早时，多数花苞不能充分开放，且促使叶片黄化。采收时间要尽量避开高温和高强度光照，一般以上午和傍晚为宜，最好棚内温度不要超过 25 ℃，采收时一定要用锋利的剪刀，避免压破茎部，否则会引起微生物感染而阻塞导管，剪截面应为一斜面，以增加花茎的吸水面积，采收花茎的部位要尽可能地靠近基部，以增加花茎的长度，但要避免剪到基部木质化程度过高的部位，否则导致鲜切花吸水能力下降。鲜切花剪下后要立即放入清水或保鲜液中，在田间采收时，应配备具有遮阳棚的小推车，防止鲜切花在阳光下长时间暴晒，采收后应尽快放入包装间。

（二）预冷

采用冷库预冷。直接把鲜切花放入冷库中，不进行包装，预冷结合保鲜液处理同时进行，使其温度降至2℃，该方法要求冷库有足够的制冷量，即冷空气以60～120 m/min的流速循环完成预冷后，鲜切花应在冷库中包装起来，以防鲜切花温度回升。

（三）保鲜处理

不同的百合品种使用的预处液不同，亚洲系杂种对乙烯特别敏感，首先要使用STS进行处理，而东方型百合对STS不敏感，预处理时要避免使用，一般使用预处理液为：每升预处理液添加100 g蔗糖且含0.2 mmol/L的STS，同时加入1 g赤霉素（GA_3），处理24 h或采用4 mmol/L的STS室温下处理2 h（2～5 ℃冷库中处理18 h），为防止叶片黄化，可添加2 g赤霉素（GA_3）。对于亚洲系百合，用STS进行脉冲处理是必不可少的，而其他类型的百合因STS对其有害，可将上述保鲜剂中的STS成分去除，使用白砂糖、硝酸银、赤霉素和8-羟基喹啉柠檬酸盐进行保鲜处理，浓度及时间与上述处理方法相同。

（四）分级捆扎

首先清除收获过程中所带的杂物，丢掉损伤、腐烂、病虫感染的花和畸形花，然后根据目前国家标准、云南省鲜切花切叶（枝）等级质量分级标准或购买者要求使用的分级标准进行分级，分级中要求鲜切花要边分级边放在装有清水或保鲜剂的容器中，每一个容器内只放置一种规格的产品，并在容器外清楚地标明品种等级数量等情况，分级后的鲜切花要根据相关标准或购买者的要求按一定的数量捆成束，一般以10支或20支为一束，注意在包扎时只能在花茎基部捆扎，不能捆扎在花茎上部，以免弄断花头，每束用纸或玻璃纸进行包扎，并按规格贴上相应的标签。

（五）包装运输

百合切花通常采用纸箱包装，每10支捆成一扎，去掉花茎基部叶片，采用干运方式。百合鳞茎包装，先把塑料薄膜放入箱内，塑料薄膜按14～18个/m^2打孔，然后箱底放一层3 cm厚的湿木屑或草炭土填充物，含水量以手捏不出水为准，再放一层种球，依次进行，放满后将塑料箱封闭，箱上挂标签。百合切花适合在5 ℃的条件下运输，未经贮藏直接运输时，运输前切花应在含有STS和赤霉酸的保鲜液中进行水合处理，有低温运输条件时，运输前必须进行预冷，最好是将预处液处理与预冷结合起来。

（六）贮藏与管理

干贮的切花采切后，立即用含有STS、70 g/L蔗糖和1 g/L赤霉酸的水合液，在20 ℃下处理24 h。湿贮的切花应在花蕾期采切，先进行水合处理（同干贮），放入盛水容器中在0～1 ℃下贮存4周。贮后，再剪截切花茎端，并置于保鲜液中。百合在0～1.7 ℃的条件下可以贮藏2～3周。一般亚洲百合在2 ℃的条件下能存放35 d，但是贮藏前必须进行预处液处理结合快速预冷。用0.05 mm的聚乙烯薄膜包装贮藏铁炮百合，在2 ℃条件下可以贮藏4～6周。

长时间贮藏百合鳞茎，必须采用冷冻处理，方法是将装有百合鳞茎的塑料箱预冷后，在冷库里一层层叠放，箱子与冷库墙壁之间要留出10 cm的空隙，每层箱子之间及箱子与冷库顶部之间也要留一定空隙。整个冷冻室温度要一致，否则可能引起冻害或发芽。一旦解冻的百合鳞茎不能再冷冻，以免产生冻害。一般亚洲百合杂种系鳞茎可以贮藏1年，东方百合杂种系和麝香百合杂种系最多贮藏 7 个月，超过 7 个月就会发芽或产生冻害。

【常见问题及解决办法】

百合切花在贮藏中常见的主要问题是百合切花采收过早，花朵不能充分开放，叶片黄化、脱落等。其防止措施为适时采收；用 STS 为主要成分的保鲜剂处理，并在保鲜剂中加入 GA_3。

子任务三　香石竹贮藏技术

【相关知识】

香石竹又称康乃馨，以其花朵绮丽、高雅、馨香，开花时间长，容易贮藏和保鲜，在各地广泛栽培。香石竹按花茎上花朵的数目和花的大小可分为：单花香石竹（标准型香石竹）其为一枝一花，多花型香石竹（散花型香石竹）主花枝上有数朵花。

（一）贮藏特性

香石竹为典型的乙烯跃变型切花，对乙烯反应极其敏感，其叶片细长，有蜡层覆盖，加之茎秆木质化程度较高，水分不容易散失，即使在萎蔫状态，复水也容易。

（二）贮藏条件

香石竹切花贮藏的最适温度为 0 ℃，贮藏环境的相对湿度条件为 90%～95%，采用气调贮藏其气体成分条件为氧气浓度 3%～5%、二氧化碳浓度 5%～15%，贮藏期为 30～60 d。

【任务准备】

1. 主要材料　香石竹切花、切花保鲜剂（STS、赤霉素、8-HQC 等）、消毒剂（苯甲酸钠）、乙烯吸收剂、包装纸、包装箱、0.05 mm 的聚乙烯薄膜等。

2. 仪器及设备　采收剪、贮藏冷库、测定贮藏环境气体浓度的设备（如奥氏气体分析仪）等。

【任务实施】

（一）采收

香石竹采切的适期为花瓣刚开始松散时，近些年来越来越多的切花在大花蕾期（2.0～2.5 cm 直径）采切，以延长贮藏期和远距离运输。标准香石竹花蕾阶段切花，准备延期干贮的香石竹应花瓣充满花托，或花瓣刚刚从花托中显露出来的大花蕾（紧实）阶段采收。

（二）保鲜处理

香石竹切花对乙烯极其敏感，在贮藏前或销售前用 1 mmol/L 的 STS 于 20 ℃的温度下浸泡花茎基部处理 30 min，或用其他乙烯抑制剂做脉冲处理，以减少乙烯的伤害。把切花置于水中或保鲜剂中之前，应再剪截花茎末端。常用的保鲜液有 200 mg/L 的 8-HQC+3 g/L 的蔗糖或 300 mg/L 的 8-HQC+100 mg/L 的苯甲酸钠+5 g/L 的蔗糖或 400 mg/L 的 8-HQC+500 mg/L 的 B_9+5 g/L 的蔗糖。保鲜液应用无离子水或蒸馏水配制，一般水质越纯净，切花越能持久保存。常用的花蕾开放液为 50 mg/L 硝酸银、200 mg/L 8-HQC 和

70 g/L蔗糖的混合液，开放液的深度勿超过 5 cm。

（三）包装运输

切花预冷后根据长度和花蕾大小仔细分级，20～25 支花捆成一束。切花应在接近 0 ℃低温下包装，先用软纸裹住，再放入薄膜袋中并密封。通常采用 75 cm×30 cm×25 cm 的衬膜瓦楞纸箱进行包装，注意衬膜、瓦楞纸箱上要设置透气孔。香石竹切花长途运输前，用含有 STS 的花卉保鲜剂进行水合处理，包装在标准的保湿包装箱中干运，运输温度 1 ℃。不做贮藏而直接运输的花材，采切后通常结合预冷进行保鲜剂处理，一般采用干运方式。也可用 0.05 mm 左右的聚乙烯膜包装，但包装袋内必须放置乙烯吸收剂，保持 3%～5%氧气浓度、5%～15%二氧化碳浓度。

（四）贮藏与管理

香石竹切花长期贮藏最好采用干藏方法，干藏前用保鲜液处理，用纤维纸等将花与湿的聚乙烯膜隔开，避免结露，防止灰霉病发生。温度维持在 0 ℃，相对湿度保持在 90%～95%。在空气湿度较低的贮藏环境中，有时会造成香石竹裂萼。存放地点不需要光照，注意环境通风，避免乙烯积累。贮藏结束后，应先把包装箱置于 8～10 ℃温度下 2～3 h，以避免温度的剧烈波动。然后把切花在室温下解开包装，花茎应从基部再剪截去 3～5 cm，接着进行花蕾开放处理。小花枝香石竹贮藏期较短，在 0 ℃温度下，不进行任何化学处理，可在水中或保湿包装箱中存放 2 周左右。标准香石竹切花可以长期贮藏，在冷库中可干贮约 2 个月。

【常见问题及解决办法】

香石竹在贮藏中常见的主要问题是很容易遭受乙烯伤害，表现为开花进程过快、花瓣凋萎等，长期贮藏的香石竹应注意防治灰霉病。其防止措施为在采切前喷布杀菌剂，或在采切后把整个切花浸入杀菌剂溶液中几秒钟后，进行水合处理；没有进行预冷处理或表面潮湿的切花不应进行包装等。

子任务四　菊花贮藏技术

【相关知识】

菊花是世界最主要的切花种类之一，占国际正常生产量和消费量的 30%。与其他切花比较，菊花的花型种类多，色彩缤纷，瓶插寿命长。

（一）贮藏特性

菊花为典型的乙烯非跃变型切花，花朵开放与衰老对乙烯不敏感，但其叶片对乙烯处理敏感，且容易形成离层而脱落，较耐贮运，具有较长的瓶插寿命。

（二）贮藏条件

菊花贮藏的最适温度为 0～1 ℃，贮藏环境的相对湿度条件为 85%～95%，贮藏期为 21～28 d。

【任务准备】

1. 主要材料　菊花、切花保鲜剂（8-HQC、硝酸银、蔗糖、柠檬酸等）、包装箱等。

2. 仪器及设备 采收剪、贮藏冷库等。

【任务实施】

(一) 采收

用于远距离运输和贮藏的大菊品种，应在舌状花序紧抱、其中一两个外层花瓣开始伸出时采收；近距离运输和就近批发出售，可适当晚采。小菊品种当主枝上的花盛开、侧枝上有3朵花色泽鲜艳时即可采收。采收过早，往往因吸水能力较弱、糖分不足而不能正常开放。采收时切口要整齐，一般还要在水中进行第二次剪切。因花茎基部硬化和木质化，水分吸收会受影响，切花应在基部之上10 cm处采切，或在采后把木质化部分剪截掉。菊花舌状花瓣娇嫩，极易受损而不能正常展开，一般在花蕾期采收。

(二) 保鲜处理

菊花保鲜液可用200 mg/L的8-HQC+2 g/L的蔗糖配制而成，此保鲜液适用于蕾期采收的菊花。菊花对糖极其敏感，糖质量分数不能超过3%，否则容易引起伤害。蕾期采收的菊花，必须进行催花处理才能保证正常开放。瓶插液为25 mg/L硝酸银、75 mg/L柠檬酸、20 g/L糖。菊花切花的开花液可用2%～5%的糖+200 mg/L的8-羟基喹啉柠檬酸盐或25 mg/L的硝酸银+75 mg/L的柠檬酸配制而成。催花的条件可维持在18～20 ℃，空气的相对湿度为60%～80%，光照度为1 000 lx。

(三) 包装运输

菊花通常采用120 cm×40 cm×30 cm的衬膜瓦楞纸箱进行包装，注意衬膜、瓦楞纸箱上要设置透气孔。也可用纸箱包装，每50支装一层，共2层，每层用薄纸包扎花朵，防止花朵在运输中受伤。菊花一般采用干运，有时在纸箱内贴一层薄的耐水性树脂，以提高纸箱内湿度，减缓花材萎蔫。长时间运输之前，应喷药预防灰霉病。菊花在运输途中极易发热，引起叶片黄化，在1 ℃温度下运输。对于运输后轻微萎蔫的切花，可浸没于热水中60 s恢复。

(四) 贮藏与管理

菊花属于耐贮藏的品种，采收的菊花预冷后进行分级，每10支一束进行捆绑码入箱内，然后立即将其置于相对湿度为90%～95%的环境中进行贮藏，存放地点不需要光照，贮藏温度为0 ℃，可贮藏3～4周或更长的时间。菊花既可采用干藏也可采用湿藏，干藏中最大的问题是贮藏中的水分损失，干藏或干运后的花材在浸入水中前要将切口端置入80～90 ℃的热水中浸泡2～3 min，也可插入开水中浸泡30s左右，其目的是排出导管中的气泡和对伤口进行消毒、杀菌，使花材顺利吸收水分，对于保证花朵正常开放、延长瓶插寿命有很大作用。

【常见问题及解决办法】

菊花在贮藏中常见的主要问题是菊花切花采收太早，花瓣不能正常展开，若运输途中发热，则叶片黄化、花瓣褐变、易脱落等。其防止措施主要是适时采收、低温运输。

子任务五 唐菖蒲贮藏技术

【相关知识】

唐菖蒲又名剑兰、大菖兰、十样锦，为尾科唐菖蒲属，多年生球茎类球根花卉，原产于非洲及地中海地区，是世界五大切花之一。其独特的蝎尾状花序既可作为花卉装饰中的主材、衬材，又可作为骨架花，同时有点、线材特点。唐菖蒲切花是国内外花卉市场上的主要鲜切花之一。

（一）贮藏特性

唐菖蒲对乙烯处理不敏感，主要表现为小花开得太快、开花不整齐，不能正常开放就萎蔫或茎叶黄化等。

（二）贮藏条件

唐菖蒲贮藏的最适温度为2～5℃，贮藏环境的相对湿度条件为90%～95%，贮藏期为5～8 d。

【任务准备】

1. 主要材料　唐菖蒲、切花保鲜剂（8－HQC、硝酸银、蔗糖、苯甲酸钠等）、包装箱等。

2. 仪器及设备　低温预冷室及贮藏室、采收剪等。

【任务实施】

（一）采收

对于唐菖蒲的采收以及采后流通与运输过程中仍然有很多的问题需要注意，当花茎上最下面一朵小花开放时即可采收，尽量保留叶片，至少需保留4～6片叶子，以免影响球茎的生长，此时，花茎向上有4～5朵小花已透色。采切时间以清晨为佳，抑或是黄昏也好，切离了母体的花穗与完整植株同样存在着老化现象，要使它具有最大的装饰作用，就应该控制花的开放或发育及维持其稳定的鲜度和颜色，因此采下的花立即竖直放入盛有清水及杀菌剂的塑料桶内，从田间送至包装房分级包装，在运出前，可放在冷库内，用4%蔗糖溶液处理24 h或1 000 mg/L硝酸银溶液处理10 min，并保持2～5℃，以增加花枝自身的糖分积累和控制乙烯的产生，可提高开花品质，若把剪下花插入冷水中，置于冷凉处可保存10 d左右，花序上的花可以一直开到顶部，应注意在包装贮运时，一定要保持花枝竖直向上，因为唐菖蒲的向性较强，若长时间平放花穗，顶端会向上弯曲。切花运往目的地后，应立即从箱内取出，削去每枝花茎基部1 cm左右，随即将花茎浸入保鲜液中，唐菖蒲切花需在一定散射光和温度21～23℃条件下开放，一旦开放就可置于4～6℃冷凉处，供瓶插和制作花束、花篮之用。

（二）预冷

预冷的温度为0～1℃，相对湿度为95%～98%，预冷的时间随箱的大小和采用预冷的方法而不同，预冷后花枝应始终保持在冷凉处，使花保持恒定的低温。在生产上常用的预冷方法还有水冷，让冰水流过包装箱而直接吸收产品的热，达到冷却的目的，最好在水中加入杀菌剂。另一种是气冷，让冷气通过未封盖的包装箱以降低温度，预冷后再封盖，以色列广泛应用此法。

（三）保鲜液处理

保鲜液可以选用100 mg/L的苯甲酸钠＋3 g/L的蔗糖或600 mg/L的8－HQS＋4 g/L的蔗糖。瓶插唐菖蒲切花的保鲜可于1 000 mg/L硝酸银预处理10 min后再瓶插，也可直接插入4%蔗糖+300 mg/L 8-羟基喹啉柠檬酸盐等瓶插液中。

(四) 包装运输

唐菖蒲切花预冷后进行分级，每20支一束进行捆绑码入箱内，通常采用120 cm×40 cm×20 cm的衬膜瓦楞纸箱进行包装，注意衬膜、瓦楞纸箱上要设置透气孔。为了避免负向地性弯曲，唐菖蒲以立式运输为理想。但一般采用横置、保湿材料包裹、纸箱包装。

(五) 贮藏与管理

唐菖蒲切花采切后可先让其吸透水，按一定数目扎成束，再吸去切花表面的水分，每束花最好都用聚乙烯薄膜包裹以防压伤或失水，置于2～5 ℃下贮藏。唐菖蒲切花以干藏为主，大多数唐菖蒲品种不适宜长期贮存，贮运前将其在20%的蔗糖溶液中，预冷16～20 h，可使唐菖蒲寿命明显增加。唐菖蒲切花的向地性很强，应使其保持直立状态来运输或立放在有杀菌剂的容器中。唐菖蒲种球常规贮藏温度控制在0～10 ℃，干燥通风，相对湿度不超过70%。低温库贮藏温度2～4 ℃，相对湿度保持在70%～80%，可实现种球的延期贮藏。

【常见问题及解决办法】

唐菖蒲在贮藏中常见的主要问题是切花常出现负向地性弯曲，基部小花和顶部小花开放不整齐，易出现灰霉病；唐菖蒲球茎经常发生球腐病和根腐病等。其防止措施主要是用立式运输；用多菌灵等杀菌剂进行球茎消毒等。

子任务六　郁金香贮藏技术

【相关知识】

郁金香别名洋荷花、草麝香，为百合科郁金香属多年生球根观赏花卉，是当今世界上著名的花卉品种之一，素有“花中之王”之称。

(一) 贮藏特性

郁金香耐藏性较差，花朵开放呈现朝开夜闭的节律，花苞在每天的开闭节律中逐渐开大，通常持续5～6 d最终以花苞脱落而结束瓶插寿命。其对乙烯较为敏感，不同品种贮藏性有一定差异。

(二) 贮藏条件

郁金香贮藏最适温度为0～1 ℃，贮藏环境的相对湿度条件为90%～95%，贮藏期为5～7 d。

【任务准备】

1. 主要材料　郁金香、切花保鲜剂（8-HQC、吡啶醇、蔗糖、矮壮素等）、包装纸、包装箱等。

2. 仪器及设备　贮藏冷库、采收用具等。

【任务实施】

(一) 采收

郁金香花朵发育到半透明，即花颜色完全形成时为最佳采收时期。采收时间一般选择在早晨7～8时或傍晚5时左右进行。开花期间，待花朵晚上闭合后再采收。采收时带球一起拔出即带球收获，并保留基部2～3片叶。带球收获可减少土壤病害传播；花株贮藏时间延长；若高度不够时，可利用茎中的（2～3 cm）凑够高度。郁金香切花高度一般为45～70 cm。

（二）采后整理

采后先放在2～3 ℃、相对湿度90%的冷库中2 h，然后将球去掉，花头朝同一方向捆扎，一般10支为一束、5束为一包用纸包好，放入水中，水温1～2 ℃，吸水时间约24 h。在冷库贮存时，竖放、避光以防植株弯曲，贮存时间不应超过3 d，否则影响花的品质。

（三）保鲜处理

郁金香切花属于非跃变型切花，国外通常不用保鲜剂处理，但以糖分和杀菌剂为主要成分的保鲜剂对于促进花苞开放是有效的。

（四）包装运输

郁金香采切后，待其充分吸水后即可包装上市。需贮运的切花，则待其稍许凋萎后再包装于保湿箱内在1 ℃下干运，注意切花宜垂直放置，运输时包装箱内不宜装得太满，应松散一些。理想的运输方式是直立在容器内进行湿运，但操作难度大。鳞茎收获后进行清洗、消毒、分级处理。

（五）贮藏与管理

郁金香切花属于不耐贮藏的花卉，贮藏前结合预处液处理进行预冷，可干贮于0～2 ℃下，花茎应紧密包裹，水平放置。如湿贮于水中，应再剪截花茎基部，将其插于蒸馏水中。为减缓花茎向光弯曲，可于瓶插时在水中加入25 mg/L吡啶醇或用50～100 mg/L吡啶醇溶液喷布切花。瓶插保鲜可直接插于5%蔗糖+300 mg/L 8-羟基喹啉硫酸盐+50 mg/L矮壮素（ABA）等瓶插液中。

【常见问题及解决办法】

郁金香贮藏中常出现花朵不能充分开放、弯茎、花瓣脱落、负向地性弯曲、花枝基部腐烂等问题，栽培中使用乙烯利能够抑制花枝的伸长和花苞的开放，减轻弯茎现象。

【练习与作业】

1. 简易贮藏的方式有哪些？特点是什么？
2. 机械制冷的原理是什么？有哪几种冷却方式？各有什么优缺点？
3. 气调贮藏的原理是什么？气调贮藏的方式有哪些？如何管理？
4. 比较各种贮藏方式的结构性能、方法、类型、管理的异同点？
5. 调查某一果蔬贮藏库，总结和分析其管理经验及存在的问题，并提出合理化建议。
6. 叙述提高苹果、葡萄、猕猴桃、梨、板栗贮藏保鲜效果的综合技术。
7. 选择某一园艺产品，制订贮藏保鲜的最佳技术方案。

项目三

园艺产品加工技术

学习目标 能正确解释各类园艺产品加工的基本原理；能准确陈述园艺产品加工制品的基本技术（工艺）；能编制各种园艺产品加工技术方案；能利用实训基地或实训室进行园艺加工制品的加工生产；能准确判断加工制品中常见的质量问题，并采取有效措施解决或预防；会对产品进行一般质量鉴定；能操作加工中的主要设备。

职业岗位 果蔬加工（工）、产品质量检验员（工）。

工作任务

1. 根据生产任务，制订园艺加工制品生产计划。
2. 按生产质量标准和生产计划组织生产。
3. 正确选择加工原料，并对原料进行质量检验。
4. 按工艺要求对加工原料进行去皮、烫漂、护色等预处理。
5. 按工艺要求操作加工主要设备。
6. 监控各工艺环节技术参数，并进行记录。
7. 对生产设备进行清洗并消毒。
8. 按产品质量标准对成品进行质量检验。

任务一 干制品加工技术

相关知识准备

果蔬干制是指在一定条件下，果蔬脱去一定水分，而将可溶性物质的浓度提高到微生物难以利用的程度，同时抑制果蔬中酶活性而使制品得以长期保存的加工方法。干燥过程也就是果蔬所含水分的蒸发过程，其产品是干制品，不包括通过诸如油炸、浓缩、离心、萃取等方法脱除水分的操作。

近年来，随着干制研究的不断深入，先进的干制技术得以应用，干制品的产量和质量不断提高，干制品的品质与营养更接近于新鲜原料，因此干制品加工具有越来越大的发展潜力。

一、干制的基本原理

果蔬干制，目的在于将果蔬中的水分减少，而将可溶性物质的浓度提高到微生物不能利用的程度，同时，果蔬中所含酶的活性也受到抑制，产品能够长期保存。

（一）果蔬中水分存在的状态及性质

果蔬中水分存在的状态对控制水分蒸发极为重要。新鲜果蔬中含有大量水分，一般果品含水量为70%～90%，新鲜蔬菜含水量为75%～95%。无论含水量多少，一般认为，果蔬中的水分，按其存在状态可分游离水、胶体结合水、化合水3种。

1. 游离水　游离水又称毛细管水，它是以游离状态存在于果蔬的毛细管中，所以也称为毛细管水。游离水是主要的水分状态，它占果蔬含水量的70%～80%。如马铃薯总含水量为81.5%，游离水就占64.0%，结合水仅占17.5%；苹果总含水量为88.7%，其中游离水占64.6%，结合水占24.1%。游离水的特点是能溶解糖、酸等多种物质，流动性大，借毛细管和渗透作用可以向外或向内迁移，所以干燥时排除的主要是游离水。

2. 胶体结合水　在果蔬的组织细胞中，与产品本身所含的蛋白质、淀粉、果胶等亲水性胶体物质相结合，不能自由流动的水称胶体结合水，占总含水量的15%～20%。胶体结合水对那些在游离水中易溶解的物质不表现溶剂作用，它比游离水稳定，不易被微生物和酶利用。果蔬干燥时，除非在高温下才能排除部分胶体结合水。其相对密度为1.02～1.45，热容量为0.7，比游离水小，在低温甚至－75℃也不结冰。

3. 化合水　它是以化学状态存在，即与果蔬中化学物质相结合的水分，占总含水量的10%～15%。这部分水最稳定，不能因干燥作用而排除，也不能被微生物利用，所以，也是果蔬中允许保留的水分。

（二）水分活性

水分活性又称水分活度，是指物料中水分蒸汽压与同温度下纯水蒸气压之比。通常以Aw表示，即：

$$Aw=\frac{Pv}{Ps}=\frac{ERH}{100}$$

式中：Aw——水分活度；

Pv——物料水分的蒸汽压；

Ps——同温下纯水的饱和蒸汽压；

ERH——平衡相对湿度，即在一定温度下物料达平衡水分时的大气相对湿度。

果蔬中的水分，由于溶有各种有机盐和无机物，并且总有一部分以结合水的形式存在，果蔬中的蒸汽压远低于纯水的蒸汽压，所以果蔬中的$Aw<1$。果蔬中结合水含量越高，产品中的水分活度就越低，故可用水分活度表示果蔬中水分被束缚的程度和被微生物利用的程度。

物料的水分活度与含水量是不同的概念。含水量通常是指在一定温度、湿度等环境条件下，处于平衡状态时物料的含水量。水分活度是对介质内能参加化学反应的水分的估量，主要决定于物料中自由水的含量，通常情况下，物料的含水量越高，水分活度也越高，但当物料的含水量处于低含水量区时，极少量的含水量变化即可引起水分活度极大地变动。另外，两种物料的绝对水分虽相同，水分与食品结合的程度或它的游离程度并不相同，水分活度也不相同；反之，水分活度相同的不同物料，其含水量可能相差很大。

水分活度常用于衡量微生物忍受干燥程度的能力。各种微生物都有它自己生长最旺盛的适宜水分活度（表3-1）。

表3-1　一般微生物生长繁殖的Aw值

微生物种类	生长繁殖的最低Aw
革兰氏阴性菌、部分细菌孢子和某些酵母	1.00～0.95
大多数球菌、乳杆菌，杆菌科的营养体细胞，某些霉菌	0.95～0.91
大多数酵母	0.91～0.87
大多数霉菌、金黄色葡萄球菌	0.87～0.80
大多数耐盐霉菌	0.80～0.75
耐干燥霉菌	0.75～0.65
耐高渗透压霉菌	0.65～0.60
任何微生物不能生长	<0.60

当制品中的水分活度高于微生物发育所必需的最低Aw时，微生物活动活跃即可导致食品变质。因此，可通过测定制品的Aw来估价制品的耐贮性和腐败情况，一般认为室温下贮藏的干制品，其水分活度应降到0.7以下方为安全，但还要根据其他条件，如果蔬种类、贮藏温度和湿度等因素而定。

（三）果蔬的干制机理

1. 水分的扩散作用　果品蔬菜在干制过程中，水分的蒸发主要是依赖两种作用，即水分外扩散作用和内扩散作用。果疏干制时所需除去的水分，是游离水和部分胶体结合水。由于果蔬中水分大部分为游离水，所以蒸发时，水分从原料表面蒸发得快，称水分外扩散（水分转移是由多的部位向少的部位移动），蒸发至50%～60%后，其干燥速度依原料内部水分转移速度而定。干燥时原料内部水分转移，称为水分内部扩散。由于外扩散的结果，造成原料表面和内部水分之间的水蒸气分压差，水分由内部向表面移动，以求原料各部分平衡。此时，开始蒸发胶体结合水，因此，干制后期蒸发速度就明显变得缓慢。另外，在原料干燥时，因各部分温差发生与水分内扩散方向相反的水分的热扩散，其方向从较热处移向不太热的部分，即由四周移向中央。但因干制时内外层温差甚微，热扩散作用进行得较少，主要是水分从内层移向外层的作用。如水分外扩散远远超过内扩散，则原料表面会过度干燥而形成硬壳，降低制品的品质，阻碍水分的继续蒸发。这时由于内部含水量高，蒸汽压力大，原料较软部分的组织往往会被压破，使原料发生开裂现象。干制品含水量达到平衡水分状态时，水分的蒸发作用就看不出来，同时原料的品温与外界干燥空气的温度相等。

2. 干燥过程　干燥过程可分为两个阶段，即恒速干燥阶段和降速干燥阶段。在两个阶段交界点的水分称为临界水分，这是每一种原料在一定干燥条件下的特性。

图3-1　表示干燥时原料的温度、绝对含水量与干燥时间的关系。开始干燥时，原料的温度低于干燥介质的温度。欲使原料温度再升高，则需要一定时间。因此，在这段时间内，原料的温度与干燥时间成直线关系（*BC*段），达到*C*点即临界点以后，原料的体温因

接受干燥介质的温度而升高，与干燥时间呈曲线上升关系（*CD* 段）。原料的绝对含水量在整个干燥期间逐渐降低，开始干燥时，由于游离水较高又易于蒸发，所以呈直线降低，达到 *C* 点以后（这时候原料的湿度称为临界湿度），因游离水大量蒸发，原料的绝对含水量大为降低，与时间略成曲线关系下降。

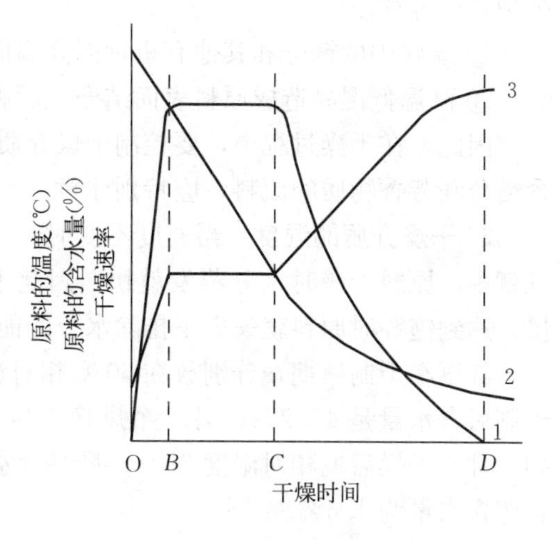

图 3－1　果蔬干燥过程曲线
1. 干燥曲线　2. 原料的含水量曲线
3. 原料的温度曲线

图 3－1 表示干燥速度和干燥时间的关系。干燥速度系指单位时间内绝对含水量降低的百分数，原料的干燥速度最初是不随着干燥时间变化而变化的（*BC* 段），达到 *C* 点之后，干燥速度随着时间的延长而下降。这是因为，一方面原料蒸发一定量的水分要消耗一定量的热能，在干燥初期，干燥介质传热和原料本身吸收热，需要一段时间才使原料品温逐渐升高而开始蒸发水分，另一方面蒸发作用进行时，原料本身所含的有机物、空气、水分都受热膨胀，就其膨胀系数而言，通常气体比液体，液体又比固体大。干燥初期，原料内部存在较多的空气和大量的游离水，品温不断增高，致使空气和水蒸气膨胀，原料内部压力增大，促使原料内部的水分向表面移动而蒸发，这时候只要原料表面有足够的水分，原料表面的温度维持在湿球温度。此时，水分在表面汽化的速度是起控制作用的，称之为表面汽化控制，干燥速度不随时间的变化而变化，所以又称 *BC* 段为恒速干燥阶段。随着干燥作用的进行，当原料的含水量减少到 50％～60％时，游离水大为减少，开始蒸发部分胶体结合水，这时，内部水分扩散速度较表面汽化速度小，内部水分扩散速度对于干燥作用起控制作用，这种情况称为内部扩散控制，干燥速度随着干燥时间的延长而下降（*CD* 段），这一阶段称为降速干燥阶段。

干燥后期，干燥的热空气使原料的品温上升得较快，当原料表面和内部水分达到平衡状态时，原料的温度与空气的干球温度相等，水分的蒸发作用停止，干燥过程也告结束。

(四) 影响干燥速度的因素

在干燥脱水过程中，干燥速度快慢，对成品品质起决定性作用。在其他条件相同的情况下，干燥速度越快，越不容易发生不良变化，成品的品质就越好，而干燥速度取决于干燥介质的温度、相对湿度和气流循环速度，同时也受果蔬种类、状态、装载量等因素的影响。

1. 干燥介质的温度　果蔬的干燥是把预热的空气作为干燥介质。它有两个作用，一是向原料传热，原料吸热后使它所含水分汽化；二是把原料汽化水汽带到室外。要使原料干燥，就必须持续不断地提高干空气和水蒸气的温度，温度升高，空气的湿度饱和差随之增加，达到饱和所需水蒸气越多，空气中湿度含量越高。温度低，干燥速度慢，空气中湿度含量也就低。空气中相对湿度每降低 10％，饱和差增加 100％，干燥速度越快。所以采取升高温度同时降低相对湿度是提高果蔬干制速度的最有效方法。

果蔬干制时，尤其在干制初期，一般不宜采用过高的温度，否则会产生以下不良现象：① 果蔬含水量很高，骤然和干燥的热空气相遇，则组织中汁液迅速膨胀，易使细胞壁破裂，内容物流失。

② 原料中的糖分和其他有机物因高温而分解或焦化，有损成品外观和风味。

③ 高温低湿易造成原料表面结壳，而影响水分的散发。

因此，在干燥过程中，要控制干燥介质的温度稍低于致使果蔬变质的温度，尤其对于富含糖分和芳香物质的原料，应特别注意。

2. 干燥介质的湿度 当温度不变时，干燥介质的相对湿度减少，达到饱和所需的水蒸气就多，原料干燥时水分蒸发就快，因此干燥的速度就越快，若相对湿度高，水分蒸发就慢，达到饱和时原料就失去了排除水分的能力。

红枣在干制后期，分别放在60℃相对湿度不同的烘房中，一个烘房湿度为65%，红枣干制后含水量是47.2%；另一个烘房湿度为56%，干制后的红枣含水量则为34.1%。再如，甘蓝干燥后期相对湿度30%，最终含水量为8.0%，在相对湿度8%～10%条件下，干甘蓝含水量为1.6%。

3. 气体流动速度 干燥空气的流动速度越大，越容易将聚集在原料附近的饱和湿空气带走，干燥速度就越快。据测定，风速3 m/s以下的范围内，水分蒸发速度与风速大体成正比例的增加。

4. 大气压力或真空度 大气压力为1.013×10^5 Pa（一个大气压）时，水的沸点为100℃。若大气压下降，则水的沸点也下降。气压越低，沸点也越低。若温度不变，气压降低，则水的沸腾加剧。因而，在真空室内加热干制时，就可以在较低的温度下进行。如采取与正常大气压下相同的加热温度，则将加速食品的水分蒸发，还能使干制品具有疏松的结构。云南昆明的多味瓜子质地松脆，就是在隧道式负压下干制机内干制而成。对热敏性食品采用低温真空干燥，可保证其产品具有良好的品质。

5. 果蔬种类和状态 果蔬种类、品种不同，所含化学成分和组织结构也不同。在同一干燥条件下，可溶性固形物含量低的、组织结构疏松和表皮蜡粉薄的果蔬，干燥速度快；反之，干燥速度慢。如在烘房干制红枣采用同样的烘干方法，河南灵宝产的泡枣，由于组织比较疏松，经24 h即可达到干燥，而陕西大荔县产的疙瘩枣则需36 h才能达到干燥。此外，果蔬原料切分的大小，以及去皮、脱蜡、烫漂及熏硫等预处理，对干燥速度的影响也很大。原料切分越小，缩短了热量向原料中心传递和水分从原料中心外移的距离，同时增加了原料和干燥介质接触的表面积，从而加速了水分蒸发，加快了原料的干燥速度，去皮、脱蜡后的果蔬原料，利于水分蒸发，干燥速度就加快，由于烫漂和熏硫处理均能改变细胞壁的性质，破坏细胞的持水力，利于水分由内向外扩散，因此也就加快了干燥速度。

6. 原料装载量 原料在烘盘或晒盘上装载的数量与厚薄，对原料的干燥速度有影响。原料装载量多，厚度大，不利于空气流通，则影响水分蒸发，干燥速度慢，反之干燥快，但不够经济，故装载量的多少及厚度以不妨碍空气流通为原则。干燥过程中，可以随着原料体积的变化，改变其厚度。同时，通过倒盘、翻盘措施加快干燥速度，保证干燥均匀。

二、果蔬干制方法和设备

（一）自然干制法

利用自然条件如太阳辐射热、热风等使果疏干燥，称为自然干燥。其中，原料直接受太阳光照射干制的，称为晒干或日光干燥；原料在通风良好的场所利用自然风力吹干的，称为阴干或晾干。

自然干制的特点是不需要复杂的设备、技术简单易于操作、生产成本低。但干燥条件难以控制、干燥时间长、产品质量欠佳，同时还受到天气条件的限制，使部分地区或季节不能采用此法。如潮湿多雨的地区，采用此法时干制过程缓慢、干制时间长、腐烂损失大、产品质量差。

自然干制的一般方法是将原料经选择分级、洗涤、切分等预处理后，直接铺在晒场，或挂在屋檐下阴干。自然干制时，要选择合适的晒场，要求清洁卫生、交通方便且无尘土污染、阳光充足、无鼠鸟家禽危害，并要防止雨淋，要经常翻动原料以加速干燥。

自然干制所需设备简单，主要有晒场和晒干用具，如晒盘、席箔、运输工具等，此外还有工作室、熏硫室、包装室和贮藏室等。

晒场要向阳、交通方便，远离尘土飞扬的大道，远离饲养场、垃圾堆和养蜂场等，以保持清洁卫生，避免污染和蜂害。

晒盘可用竹木制成，规格视熏硫室内的搁架大小而定，一般为长 90～100 cm、宽 60～80 cm、高 3～4 cm。

熏硫室应密闭，且有门窗便于原料取出前散发硫气，使工作人员能安全进入。

工作室应及时清除果皮、菜叶等废弃部分，以免因其腐烂而影响卫生。

包装室和贮藏室应干燥、卫生、无虫鼠危害。

自然干制过程中，要经常翻动产品，加速干燥，同时，要注意防雨和鸟兽。当原料中的水分大部分已排除，应做短期堆积，使之回软后再晒，能提高干制效果。

（二）人工干制法

人工干制是利用机械设备进行加工，以获取优质干制产品。干制时，采用给热及强制通风，以及时去除鲜品中的水分。用人工干制（采用机械代替手工）除能减轻体力劳动外，更重要的是提高了卫生水平和加速了生产流程，能保证生产出优质高产的产品，但技术较复杂，成本高，投资要比自然干燥高。人工干制根据机械化水平的高低有以下几大类：

1. 烘房　烘房建造容易、生产能力较大、干燥速度较快，便于在乡村推广（图 3-2）。目前国内推广的烘房，多属烟道内加热的热空气对流式干燥设备，其形式有：一炉一囱直线升温式、一炉一囱回火升温式、一炉两囱直线升温式、一炉两囱回火升温式、两炉两囱直线升温式、两炉两囱回火升温式、两炉一囱直线升温式、两炉一囱回火升温式及高温烘房。现将生产上广泛使用的两炉一囱回火升温式烘房介绍如下：

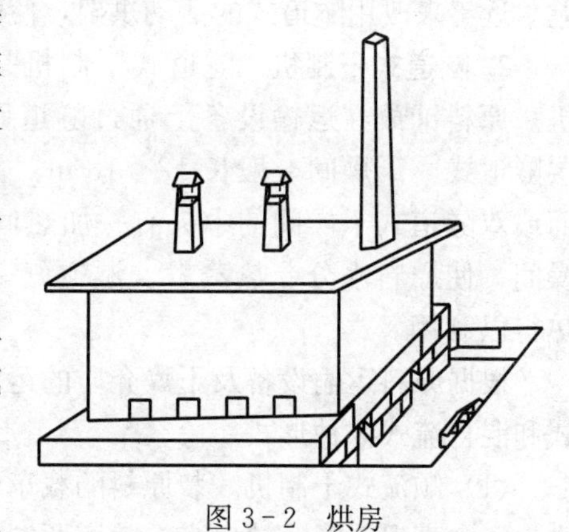

图 3-2　烘房

（1）结构。为土木结构，一般长度为 6.0～8.0 m、宽为 3.0～3.4 m、高为 2.0～2.2 m（均指内径）。多数房顶采用平顶，在椽子上铺席箔一层，上置 10～15 cm 厚的三合土，其上再抹以 3～5 cm 厚的水泥，房顶中部稍隆起，两侧墙中部安装水管。

（2）地点选择。宜选择地质坚实、空旷通风、交通方便、干净卫生、靠近产地处建筑烘房。

（3）方位。视当地干制时期的主风向而定，要求烘房的长边与主风向垂直或基本垂直，以利于冷空气通过进气窗进入烘房内，易于通风排湿；同时可避免风对炉火燃烧的干扰，便于掌握烘房内的温度和操作管理。

（4）升温设备。采用火坑面回火升温。于烘房后山墙一端设炉灶2个，每个灶膛长85～90 cm、宽45～50 cm、高45 cm，成椭圆形。炉条自前向后倾斜，高度差为12 cm。炉门宽20 cm、高24 cm，灰门高80 cm、宽50 cm。在炉膛内左右两侧沿炉膛方向各设一火坑成为主火道。主火道上部高于室内地平10 cm，下部低于室内地平20 cm，宽1.0～1.2 m。主火道内用土坯交错成雁翅形，靠近炉膛一端的土坯排列较另一端稀，土坯间距一般为15～18 cm。土坯排列好后，从距炉膛3 m处用干细土垫成缓坡至前山墙，靠前山墙处垫土厚12 cm。主火道烟火从此处拐至墙火道，墙火道底线距主火道坑面30 cm，呈缓坡至后山墙，距主火道60 cm，在沿后山墙入烟囱。烟囱高6.0～7.0 m，两烟囱用12 cm厚的墙隔开，筑于后山墙中间。

（5）通风排湿设备。于两侧墙（距主火道10 cm处）各均匀设置5个进气窗，每个进气窗宽20 cm、高15 cm，内小外大呈喇叭状。于烘房房顶中线均匀设置排气筒2～3个，每个排气筒底部口径为40 cm×40 cm，上部口径为30 cm×30 cm。排气筒底部与房顶齐平，高1 cm，底部设开关闸板，上设遮雨帽。

（6）装载设备。主火道上设烘架8层，距主火道25 cm，各层间距20 cm。烘架、烘盘均用竹木制成，烘盘底有方格或条状空隙，以便透过热空气。

（7）其他。走道宽度应便于烘盘的进出，一般为80～100 cm宽。门高180 cm、宽80～100 cm，朝外开启。照明设备为砌筑于门的上方墙上、朝内呈喇叭状的照明孔，内装电灯，孔外嵌以双层玻璃。电线和开关均安于室外。测温测湿孔位于烘房前、中、后部，选择具有代表性的地方安装干湿球温度表，以观测烘房内的温度和湿度。

这种烘房的主要缺点是干燥作用不均匀，因下层烘盘受热多和上部热空气积聚多，因而上下层干燥快，中层干燥慢。所以在干燥过程中需倒换烘盘。因此劳动强度大，工作条件差。近年来改用隧道式的活动烘架，使劳动条件得到改善。

2. 隧道式干制机　隧道式干制机是指干燥室为一狭长隧道形的空气对流式人工干制机。原料铺放在运输设备上通过隧道而实现干燥。隧道可分为单隧道式、双隧道式及多层隧道式。干燥间一般长12～18 m、宽1.8 m、高1.8～2.0 m。在单隧道式干燥间的侧面或双隧道式干燥间的中央有一加热间，其内装有加热器和吸风机，推动热空气进入干燥间，使原料水分受热蒸发。湿空气一部分自排气孔排出，一部分回流到加热间使其余热得以利用。

根据原料运输设备及干燥介质的运动方向的异同，可将隧道式干制机分为逆流式、顺流式和混合流式3种形式。

（1）顺流式干制机。装原料的载车与空气运动方向相对，即载车沿轨道由低温高湿一端进入，由高温低湿一端出来。随道两端温度分别为40～50 ℃和65～85 ℃。这种设备适用于含糖量高、汁液黏稠的果蔬，如桃、李、杏、葡萄等的干制。应当注意的是，干制后期的温度不宜过高，否则会使原料烤焦，如桃、李、杏、梨等干制时最高温度不宜超过72 ℃，葡萄不宜超过65 ℃。

（2）顺流式干制机。装原料的载车与空气运动的方向相同，即原料从高温低湿（80～

85 ℃）一端进入，而产品从低温高湿端（55～60 ℃）出来。这种干制机，适用于含水量较多的蔬菜和切分的果品的干制。但由于干燥后期空气温度低且湿度高，因此有时不能将干制品的水分减少到标准含量，应避免这种现象的发生。

（3）混合式干制机。该机有 2 个加热器和 2 个鼓风机，分别设在隧道的两端，热风由两端吹向中间，湿热空气从隧道中部集中排出一部分，另一部分回流利用（图 3 - 3）。混合式干制机综合了逆流式与顺流式干制机的优点，克服了两者的不足。果蔬原料首先进入顺流隧道，温度较高、风速较大的热风吹向原料，水分迅速蒸发。随着载车向前推进，温度渐低，湿度渐高，水分蒸发渐缓，也不会使果蔬因表面过快失水而结成硬壳。原料大部分水分干燥后，被推入逆流隧道，温度渐升，湿度渐降，水分干燥较彻底。原料进入逆流隧道后，应控制好空气温度，过高的温度会使原料烤焦和变色。

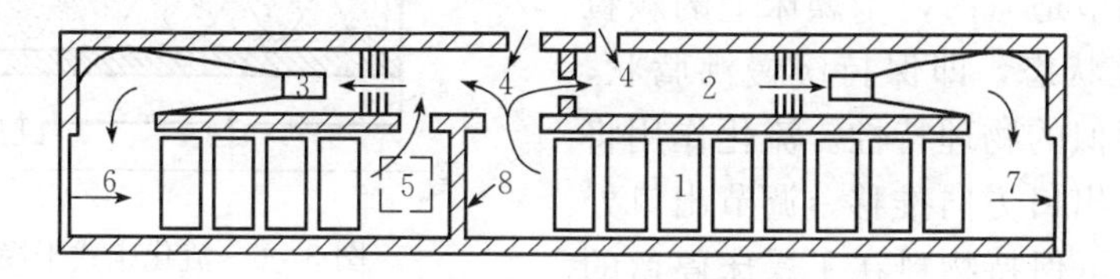

图 3 - 3　混合式干燥机

1. 运输车　2. 加热器　3. 电扇　4. 空气入口　5. 空气出口
6. 新鲜品入口　7. 干燥品出口　8. 活动隔门

隧道式干燥设机具有适应性广、生产能力大、结构简单、制作容易、投资少、操作方便等许多优点，是目前生产中常用的干燥设备。

3. 厢式干燥设备　厢式干燥设备是一种较简单的间歇式干燥设备，其结构如图 3 - 4 所示，新鲜空气由鼓风机吸入干燥室内，流经载有物料的托盘，再经传热、吸湿后，将湿热空气由排风口排除。料盘具有筛眼，装载物料较薄，厚 2～3 cm。若干燥需要，将部分吸湿后的热空气还可与新鲜空气混合后再次循环使用，以提高热能利用率和改善干制品品质。

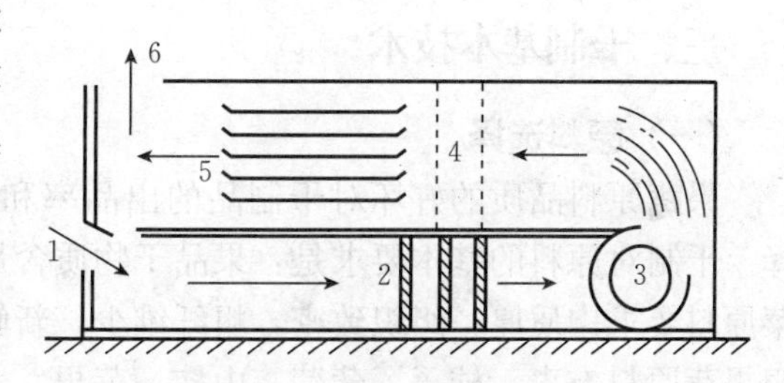

图 3 - 4　强制通风厢式干燥设备

1. 新鲜空气进口　2. 排管式加热器　3. 鼓风机
4. 滤屏　5. 料盘　6. 排气口

这种设备仅适用于小批量生产，能较精确地控制工艺条件。最高空气干球湿度可达94 ℃，空气流速 2～4 m/s，干制果蔬效果好，干制时间因原料不同为 10～20 h。

4. 传输带式干燥机　传输带式干燥机是使用环带作为输送原料装置的干燥机。常用的输送带有帆布带、橡胶带、涂胶布带、钢带和钢丝网带等。原料铺在带上，借机械力而向前转动，与干燥室的干燥介质接触，而使原料干燥。图 3 - 5 为四层传送带式干燥机，能够连续转动。当上层部位温度达到 70 ℃，将原料从柜子顶部的一端定时装入，随着传送带的转动，原料依次

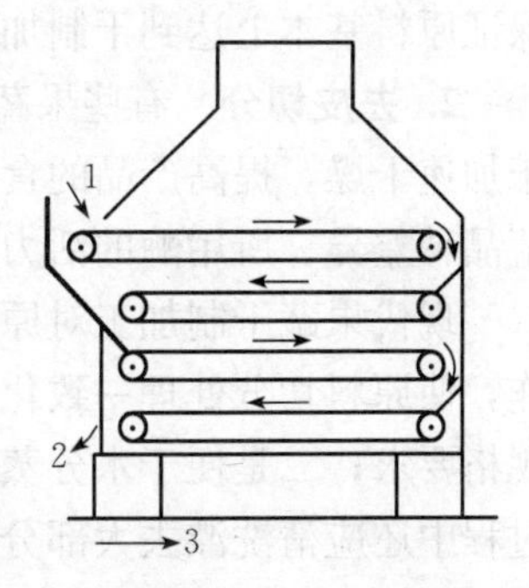

图 3 - 5　带式干燥机

1. 原料进口　2. 原料出口
3. 原料运动方向

由最上层逐渐向下移动，至干燥完毕后，从最下层的一端出来。这种干燥机用蒸汽加热，暖管装在每层金属网的中间，新鲜空气由下层进入，通过暖管变成热气，使原料水分蒸发，湿气由顶部出气口排出。带式干燥机适应于单品种、整季节的大规模生产。苹果、胡萝卜、洋葱、马铃薯和甘薯都可在带式干燥机上进行干燥。

5. 流化床干燥机 多用于颗粒状物料的干制。如图 3-6 所示，干燥用流化床呈长方形或长槽状。它的底部为不锈钢丝编织的网板、多孔不锈钢板或多孔性陶瓷板。颗粒状的原料由进料口分布在多孔板上，热空气由多孔板下面送入，流经原料，对其加热干燥。当空气的流速调节适宜时，干燥床上的颗粒状物料则呈流化状态，即保持缓慢沸腾状，显示出与液体相似的物理特性。流化作用将被干燥的物料向出口方向推移。调节出口处挡板的高度，即可保持物料在干燥床停留的时间和干制品的含水量。流化床式干燥设备可以连续化生产，其设备设计简单，物料颗粒和干燥介质密切接触，并且不经搅拌就能达到干燥均匀的要求。

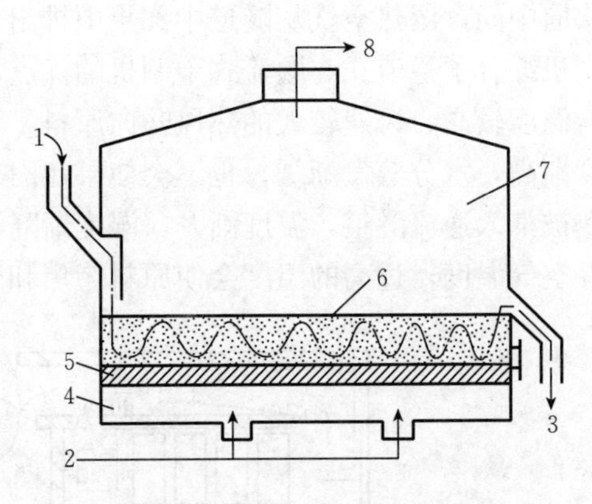

图 3-6 流化床式干燥设备

1. 物料入口 2. 空气入口 3. 出料口 4. 强制通风室 5. 多孔板 6. 沸腾床 7. 干燥室 8. 排气窗

三、干制基本技术

（一）原料选择

果蔬原料品质的好坏对干制品的出品率和品质影响很大，必须对果蔬原料进行精心选择。干制对原料的基本要求是：果品干物质含量高，纤维素含量低，风味好，核小皮薄；蔬菜原料要求肉质厚，组织致密，粗纤维少，新鲜饱满，色泽好，废弃部分少。适宜干制的理想果蔬原料有枣、柿子、葡萄、山楂、苹果、龙眼、荔枝、杏、黄花菜、胡萝卜、马铃薯、辣椒、南瓜、洋葱、姜及大部分的食用菌类。

（二）原料预处理

1. 清洗去杂 用人工清洗或机械清洗，除去泥沙、杂质和部分农药、微生物、昆虫，保证原料基本上达到干制加工的要求。

2. 去皮切分 有些果蔬原料如马铃薯、大蒜、胡萝卜等在干燥加工前应去除表皮，利于加速干燥，提高产品的食用口感。去皮的方法现多用化学去皮和热力去皮，酶法去皮因果蔬品种差异、所用酶的活力、处理工艺等条件的限制，在生产上的应用还不是很多。

现代果蔬干制加工对原料的切分处理已普遍采用机械化操作，或用固定的刀具由人工操作，使原料切分处理一致化。将原料切成片、条、粒、丝状等，一是为适应食用要求和出口规格要求；二是便于水分蒸发的工艺要求。对于甜椒、葱蒜等含胶质黏液的果蔬品种在切分过程中还应清洗漂去大部分黏液，以保证产品的松散性和防止色泽加深或变色，使产品更加美观。

3. 护色处理 护色工序在果蔬干制加工过程中是至关重要的，它不仅直接影响到果蔬干品的外观品质，而且还对保持产品的营养价值具有重要的作用。护色内容包括控制非酶褐变和避免酶促褐变，以及脱色、着色等。护色方法分为物理法和化学法两类。物理法主要是热处理，其次有真空处理、辐射处理等。化学法包括酸处理、硫处理、化学试剂处理等。

（1）热处理法。热处理法即烫漂，亦称热烫、预煮、杀青等，一般是用一定温度或煮沸的清水，也可用饱和热蒸汽对原料进行的一种短时间的热处理过程。主要用于钝化原料中的酶活性，是控制酶促褐变最常用的和行之有效的方法之一，该法被认为是果蔬干制加工必不可少的一道工序。

烫漂的目的主要是：

① 钝化酶的活性，减少氧化现象，保持色泽、营养、风味的稳定性。

② 增加原料组织的透性，排除空气，利于干燥，并且易于复水。

③ 去除一些原料的不良风味，如苦、涩、青草味等。

④ 杀灭原料表面的大部分微生物和虫卵。

烫漂的方法常用的是热水和蒸汽，温度为90～100 ℃，操作时控制温度的稳定性是关键，可使物料受处理的程度一致，产品色泽、形态的均一性好。为增强护色效果，烫漂时应根据不同的果蔬品种加入食品添加剂，如0.1%氯化钙、0.1%～0.5%的柠檬酸、0.1%～0.3%的碳酸氢钠、0.1%～0.3%的亚硫酸或其盐类等。采用蒸汽热烫时应注意原料需分层铺放，使之受热均匀，烫漂时间要根据果蔬品种特性、形状、大小和切分程度做适当的调整。一般整形果蔬（竹笋、豆角、豌豆等）的烫漂时间可适当长一些，为3～8 min；经切分的果蔬或叶菜类时间较短，为1～3 min，有的数十秒钟即可。热烫后应迅速用冷水冷却，以防原料组织软烂。经过烫漂处理的原料进入干燥阶段，因水分迅速蒸发，水分活度下降，再加上其他如氧气含量、酶活性的下降等因素，通常可保持良好的色泽。

（2）酸处理法。利用酸处理是化学法护色中广泛使用的方法。常用的酸有柠檬酸、苹果酸、磷酸以及抗坏血酸等。从风味和经济的角度看，柠檬酸的口味纯正、来源广泛、价格适宜，使用的量和范围最大；苹果酸和磷酸带有涩味，来源和价格存在一定限制；抗坏血酸作为抑制酶促褐变的作用和作为营养物质的作用是众所皆知的，其口味纯正，添加量无限制，但作为护色处理中的酸剂，其使用中的经济可行性是值得注意的问题。

酸法护色的作用原理是因酸中解离出的氢离子降低了物料的pH，控制了多酚氧化酶的活性。因为多酚氧化酶的最适pH为6～7，pH低于4时其活力已大大降低。如马铃薯中多酚氧化酶的最适pH为5.8，当pH下降为3.5时，其活力仅为最适活力的25%～30%。

（3）硫处理。硫处理是防止酶促褐变和非酶褐变有效的方法之一，干制果蔬的原料中除葱蒜类不宜使用硫处理外，其他均可采用熏蒸或浸渍的办法进行护色。

硫处理的护色作用是由于亚硫酸具有强烈的还原性，对褐变产生的物质具有一定的漂白作用。另外，二氧化硫对于多酚氧化酶具有抑制作用。硫处理法中，特别是熏硫对果蔬组织中细胞膜产生一定的破坏作用，增强了其通透性，利于干燥。熏硫处理对维生素C的保护具有明显的作用，并可杀死部分微生物和昆虫，浸硫法的优点是便于操作使用，一般使用亚硫酸盐或酸性亚硫酸盐溶液的含量在0.03%～0.50%。一些果蔬护色处理使用的亚硫酸盐浓度见表3-2。

表 3-2 常见果蔬护色处理使用的亚硫酸盐浓度（mg/kg）

原料名称	处理浓度	原料名称	处理浓度	原料名称	处理浓度
胡萝卜	2 000	蘑菇	3 500	芦笋	300
马铃薯	3 000	竹笋	4 000	茄子	4 000
甜椒	1 500	大白菜	1 000	山野菜	350
芹菜	2 000	莴苣	600		

亚硫酸盐溶液处理时应注意不能时间过长，一般浸渍 10～15 min。溶液应现配现用，连续使用时注意适当添加亚硫酸盐，以保证足够的浓度。

（4）其他护色处理方法。化学试剂法除防止酶促褐变外，主要是保持原料的原色。对于含叶绿素的果蔬如菠菜、芹菜、莴苣、青椒等，绿色保持对干制品的质量是一项重要的评价指标。常用的护绿方法是在 Na_2CO_3 的热溶液中浸泡或煮沸。

果蔬干制品绿色保持还可以采用新的转色工艺，即先以酸热处理，使叶绿素成为脱镁叶绿素，再用硫酸铜溶液或碳酸铜溶液处理，形成叶绿素铜盐。此法得到的果蔬绿色自然、性质稳定、耐热性强。

单一化学试剂防止果蔬干制时褐变的作用往往是有限的，在实际生产中一般需要几种试剂复合使用。氯化钠、D-异抗坏血酸钠、柠檬酸、半胱氨酸盐酸盐、肉桂酸钠盐、PVPP（聚乙烯基聚吡咯烷酮）等与亚硫酸盐合用，对防止果蔬酶促褐变和非酶褐变均有良好的作用。

冷冻升华干燥还需要对护色后的原料进行预冻处理。

4. 浸碱脱蜡 有些果实如李、葡萄等，在干制前要进行浸碱处理，其作用在于除去果皮上附着的蜡质，果面上出现细微裂纹，利于水分蒸发，促进干燥，同时易使果实吸收二氧化硫。碱可用氢氧化钠、碳酸钠或碳酸氢钠。碱液处理的时间和浓度依果实附着蜡质的厚度而异，葡萄一般用 1.5%～4.0%的氢氧化钠处理 1～5 s，李子用 0.25%～1.50%的氢氧化钠处理 5～30 s。

碱液处理时，应保持沸腾状态，每次处理果实不宜太多，浸碱后应立即用清水冲洗，以除去残留的碱液，或用 0.25%～0.50%的柠檬酸或盐酸浸数分钟以中和残碱，再用水漂洗。

（三）脱水干燥

1. 升温 温度高低直接影响产品质量，不同的产品要求不同的烤制温度和升温方式。升温有 3 种方式。

第一种：在干制期间，干燥初期为低温 55～60 ℃；中期为高温，为 70～75 ℃；后期为低温，温度逐步降至 50 ℃左右，直到干燥结束。这种升温方式适宜于可溶性固形物含量高的果蔬，或不切分整果干制的红枣、柿饼。操作较易掌握，能量耗费少，生产成本较低，干制质量较好。如红枣采用这种升温方式干燥时，要求在 6～8 h 内温度平稳上升至 55～60 ℃，持续 8～10 h，然后温度升至 68～70 ℃持续 6 h 左右，之后温度再逐步降至 50 ℃，干燥大约需要 24 h。

第二种：在干制初期急剧升高温度，最高可达 95～100 ℃，当物料进入干燥室后吸收大量的热能，温度可降低 30 ℃左右，此时应继续加热使干燥室内温度升到 70 ℃左右，维持一段时间后，视产品干燥状态，逐步降温至干燥结束。此法适宜于可溶性固形物含量较低的果蔬，或切成薄片、细丝的果蔬，如苹果、杏、黄花菜、辣椒、萝卜丝等。这种方法干燥时间短，产品质量好，但技术较难掌握，能量耗费多，生产成本较大。依据实验，采用这种升温方式干制黄花菜，先将干燥室升温至 90～95 ℃，送入黄花菜，温度会降至 50～60 ℃，然后加热使温度升至 70～75 ℃，维持 14～15 h，然后逐步降温至干燥结束，干制时间需 16～20 h。

第三种：其升温方式介于以上两者之间。即在整个干制期间，温度在 55～60 ℃的恒定状态，直至干燥临近结束时再逐步降温，此法操作技术容易掌握，成品质量好。因为在干燥过程中长时间维持较均衡的温度，耗能比第一种高，生产成本也相应高一些。这种升温适宜于大多数果蔬的干制加工。

另外，升温速率对于产品质量也很重要。升温速率过快会导致表面脱水过快，外观形态发生变化，同时对于一些含糖分较高的原料，会发生表面结焦而阻碍内部水分的蒸发。如果升温速率太慢，干燥时间过长，既浪费能量、提高成本，同时也会使果蔬营养成分损失较多。因此，依据实际原料而定，控制合适的升温速率对产品质量也很重要。

2. 通风排湿 果蔬含水量较高，在干制中由于水分的大量蒸发，使得干燥室内的相对湿度急剧升高，甚至会达到饱和程度，因此，在果蔬干制过程中应十分注意通风排湿工作，否则会延长干制时间，降低干制品质量。

一般当干燥室内相对湿度达 70%以上时，应进行通风排湿操作。通风排湿的方法和时间要根据加工设备的性能、室内相对湿度的大小以及室外空气流动的强弱来定。

在进行通风排湿时，一般还应掌握干制的前期相对湿度应适当高些，这一方面有利于传热，另一方面可以避免物料因水分蒸发过快出现“结壳”现象；在干制的后期相对湿度应低些，可促使水分蒸发，使干制品的含水量符合质量要求。

3. 倒换烘盘 利用烤架、烤盘的干燥设备，由于烤盘位于干燥室上下不同的位置，往往会使其受热程度不同，使之干燥不均匀。因此，为了避免物料干湿不均匀，需进行倒盘，在倒盘的同时翻动盘内的物料，促使物料受热均匀、干燥程度一致。

烘房上部和靠近主火道及炉膛部位的温度往往比其他部位高，因而原料干燥较其他部位快。为了获得干燥程度一致的产品，应在干燥过程中及时倒换烘盘位置，并注意翻动烘盘内的原料。

(四) 包装

1. 包装前的处理 果蔬干制品在包装前通常要进行一系列的处理，以提高干制品的质量，延长贮存期，降低包装和运输费用。

(1) 筛选、分级。干燥后的干制品在包装前应利用振动筛等分级设备或人工进行筛选分级，剔除过湿、结块等不合格的产品。

(2) 回软。回软又称均湿，可促使干制品内部与外部水分的转移，使各部分含水量均衡，呈适宜的柔软状态，便于产品处理和包装运输。

干制时，产品的干燥程度是不均衡的，有的部分可能过干，有的部分干燥度却不够，往往形成外干内湿的情况，此时立即包装，则表面部分从空气中吸收水汽，使含水量增加，而内部水分来不及外移，就会发生败坏。因此，产品干燥后，必须进行回软处理。

回软处理的方法：将筛选、分级后的干燥产品，冷却后立即堆集起来或放在密闭容器中，使水分平衡。在此期间，过干的产品吸收尚未干透制品的水分，使所有干制品的含水量均匀一致，同时产品的质地也稍显皮软。

回软所需的时间，视干制品的种类而定。一般菜干为1～3 d，果干为2～5 d。

(3) 压块。大多数果蔬经过干制后，虽然质量减轻，体积缩小，但是有些制品很蓬松，这些干制品往往由于体积大，不利于包装运输。因此，在包装前需要压块处理，体积一般缩小2/3～6/7。压块与温度、湿度和压力的关系密切。压块处理时要注意同时利用水、温度、压力的协同作用。表3-3为果蔬干制品压块处理时的工艺条件及效果。

表3-3 果蔬干制品压块处理的工艺条件及效果

干制品	形状	水分(%)	温度(℃)	压力(kPa)	加压时间(s)	密度(kg/m^3)		体积缩减率(%)
						压块前	压块后	
甘蓝	片	3.5	65.6	1 550	3	168	961	83
胡萝卜	丁	4.5	65.6	2 756	3	300	1 041	77
马铃薯	丁	14.0	65.6	547	3	368	801	54
甘薯	丁	6.1	65.6	2 412	10	433	1 041	58
杏	半块	13.2	24.0	203	15	516	1 201	53
桃	半块	10.7	24.0	203	30	577	1 169	48

果蔬干制品压块时要注意破碎问题。蔬菜干制品含水量低，脱水蔬菜冷却后，质地变脆易碎。因此，蔬菜干制品常在脱水的最后阶段，干制品温度为60～65℃时，趁热压块，或者在压块之前喷热蒸汽以减少破碎率。但是，喷过蒸汽的干制品压块后，水分可能超标，影响耐贮性。所以，在压块后还需干燥处理，生产中常用的干燥方法是与干燥剂一起贮放在常温下，使干燥剂吸收水分。一般用生石灰作为干燥剂，经过2～7 d，水分即可降低。

压块可采用螺旋压榨机，机内另附特制的压块模型，也可用专门的水压机或油压机。压块压力一般为70 kg/cm^2，维持1～3 min；含水量低时，压力要加大。

(4) 干制品的防虫。干制品贮存期间易遭虫害。一旦条件适宜（温、湿适宜时），干制品中的虫卵就会发育，危害干制品。

防治害虫的方法主要有热力杀虫及烟熏、低温杀虫、气调杀虫和电离辐射防虫几种。

① 热力杀虫及烟熏。热力杀虫就是利用自然的或人为的高温，作用于害虫个体，使其躯体结构、生理机能受到严重干扰破坏而引起死亡的杀虫方法。这种方法一直被广泛地采用，具有良好的防虫、杀虫效果。可蒸汽处理2～4 min。烟熏是控制果蔬干制品中昆虫和虫卵的常用方法。常用烟熏剂有氧化乙烯、氧化丙烯、甲基溴等。甲基溴是最为有效的熏蒸剂，其相对密度较空气大，因此，使用时应从熏蒸室的顶部送入，一般用量为每立方米16～24 g，处理时间24 h以上。要求甲基溴的残留量在葡萄干、无花果干中为150 mg/kg，苹果干、杏干、桃干、梨干中为30 mg/kg，李干中为20 mg/kg。

② 低温杀虫。低温杀虫是利用冷空气对害虫的生理代谢、体内组织产生干扰破坏作用，促进害虫迅速死亡。

一般食品害虫在8～15℃时是生命活动的最低限。干制品最有效的杀虫温度为-15℃，但费用昂贵，生产中一般用-8℃冷冻7～8 h，可杀死60%的害虫。

③ 气调防虫。人为改变干制贮藏环境的气体成分含量，造成不良的生态环境来防治害虫的方法。降低环境的氧气含量，提高二氧化碳含量可直接影响害虫的生理代谢和生命活动。一般氧气含量为5%～7%，1～2周内可杀死害虫。2%以下的氧气浓度，杀虫效果最为理想。二氧化碳杀虫所需的浓度一般比较高，多为60%～80%。氧浓度越低、杀虫时间就越短；二氧化碳浓度越高，杀虫效果也越好，因此，延长低氧和高二氧化碳的处理时间，能提高杀虫效果。

干制品包装中，常采用密封容器进行抽真空或充惰性气体，从而改变了贮藏环境的气体组成，使害虫不能存活或处于假死状态。

④ 电离辐射防虫。电离辐射可以引起生物有机体组织及生理过程发生各种变化，使新陈代谢和生命活动受到严重影响，从而导致生物死亡或停止生长发育。食品的辐射处理常采用X射线、γ射线和阴极射线。目前应用较多的是γ射线。

2. 干制品的包装

（1）包装容器。包装对干制品的贮存效果影响很大，因此，要求包装材料应达到以下几点要求：

① 防潮防湿，以免干燥制品吸湿回潮引起发霉、结块。要求包装材料在90%的相对湿度中，每袋干制品水分增加量不超过2%。

② 不透光。

③ 能密封，防止外界虫、鼠、微生物及灰尘等侵入。

④ 符合食品卫生管理要求。

⑤ 费用合理。

生产中常用的包装材料有纸筒、纸盒、金属罐、木箱、纸箱及软包装复合材料。近年来，聚乙烯、聚丙烯等薄膜袋已广泛用于果蔬干制品的包装，这些物质的密闭性能好，透氧性差，又轻便美观，但降解性差，易造成环境污染。

（2）包装方法。干制品的包装方法主要有普通包装、充气包装和真空包装。

① 普通包装法。普通包装法是指在普通大气压下，将经过处理和分级的干制品按一定量装入容器中。对密封性能差的容器，如纸盒和木箱，装前应先在里面垫一两层蜡纸。蜡纸必须有足够大小，能将所装的干制品全部包被，勿留缝隙。有条件的可在容器内壁涂防水材料。

② 真空包装和充气包装。真空包装和充气（氮、二氧化碳）包装是将产品先进行抽真空或充惰性气体（氮、二氧化碳），然后进行包装的方法。这种方法降低了贮藏环境的氧气含量（一般降至2%），有利于防止维生素的氧化破坏，增强制品的保藏性。抽真空包装和充气包装可分别在真空包装机或充气包装机上完成。

国外还采用葡萄糖氧化酶除氧小袋进行包装。即将酶和葡萄糖以及缓冲剂装在隔湿透氧的小袋中，将这种小袋与干燥产品一起密封在容器中，小袋中的内容物很快吸收容器内的氧，从而防止对氧化作用敏感的制品的败坏。应用这种方法贮藏核桃仁，于35℃条件下1个月，不发生变质。

（五）常见的问题及解决途径

1. 制品干缩　当用高温干燥或用热烫方法使细胞失去活力之后，细胞壁多少要失去一些弹性，干燥时易出现制品干缩，甚至干裂和破碎等现象。另外，干制品块片不同部位上所产生的不相等收缩，又往往造成奇形怪状的翘曲，进而影响产品的外观。适当降低干燥温度、采用冷冻升华干燥可减轻制品干缩现象。

2. 表面硬化 在自然干燥和热风干燥时易出现表面硬化（硬壳）。表面硬化产生后，水分移动的毛细管断裂，水分移动受阻，大部分水分封闭在产品内部，形成外干内湿的现象，致使干制速度急速下降，进一步干制发生困难，同时也影响制品的品质。采用真空干燥、冷冻升华干燥等干燥方式可减轻制品表面硬化现象。

3. 制品褐变 物料在干制过程中或干制后贮藏过程中，常出现颜色变黄、变褐或变黑等现象。干制前，进行热处理、硫处理、酸处理等，对抑制酶褐变有一定的作用。避免高温干燥可防止糖的焦化变色，用一定浓度的碳酸氢钠浸泡原料有一定的护绿效果。

4. 营养的损失 果蔬干制过程中，由于长时间受热处理，因而会造成果蔬营养物质的大量损失。各种营养成分中损失最为严重的是维生素和糖分。尽量降低干制温度和缩短干制时间，如采用一些干制高新技术等，可减轻营养物质的损失。

子任务一　柿饼加工技术

柿饼营养丰富，且饼肉柔软，味甘甜，耐贮藏，可治便血、解酒毒，对降低血压也有一定的作用，柿霜还可治喉痛、咽干及口疮等。市场销路一直畅快，特别是外销量近年持续走高。

【任务准备】

1. 主要材料 新鲜柿子、硫黄、乙烯利、聚乙烯塑料包装袋、线绳等。

2. 仪器及设备 不锈钢取皮刀（或柿子专用去皮机）、熏硫室、控温烘房或干燥箱、真空封口机、台秤、陶缸等。

【任务实施】

(一) 采收

一般在霜降节气过后，待柿子呈黄色时采摘。过早采摘，成熟度低，糖分少，加工出来的柿饼浆少，出品率低，上不满霜；采摘过晚，成熟度高，体软，皮厚，损耗大。采时将果柄剪短，留T字形果柄。选择果皮黄化、已充分成熟且肉质硬的柿子采下，要轻剪轻放。剔除软烂果、病虫果、破裂果等。

(二) 分级

采收回来的柿子，先去掉向上翘起萼片，并把过长的果柄剪去，再按柿果大小分为三级。分级标准：果重250 g以上为一级果；150～250 g为二级果；150 g以下为三级果。

(三) 果实清洗

柿子加工前，要用清水进行果实清洗，以除去果面灰尘和杂质，确保果实干净卫生。清洁后的柿子，要随清洗随加工削皮。

(四) 脱涩

在清洁的大陶缸或者白瓷砖建造的水泥池中，用乙烯利配制成浓度为400～500 mg/kg的水溶液，另加0.2%洗衣粉作为展布剂。在室温19～23 ℃条件下，将晾干的柿子在配制的乙烯利水溶液中浸泡 10 min，捞取后堆放在塑料薄膜上（禁用铁、钢质容器），脱涩 48～60 h。室温高时脱涩时间短，温度低时则长。经过脱涩处理的柿子，用水清洗后转入下道工序。

（五）去皮

先摘除萼片，再齐果蒂剪去果柄，留下萼盘，趁鲜削皮，皮要削得薄而净，基部周围留皮宽不得超过 1 cm。

（六）熏硫

柿子熏硫有漂白、防腐作用，熏硫应适度，熏硫不足达不到效果，熏硫过量，不仅制成的产品风味不足，而且还有残毒，对人体有害。正确的操作是将柿子连同烘烤筛一同置于熏硫室，逐层架好后，点燃硫黄并置于底层，关好门和排气孔，熏蒸时间为 10～15 min，硫黄用量随柿子品种和大小不同而异，通常 250 kg 鲜柿用硫黄 10～20 g。

（七）干制

1. 自然干制　用高粱秆编成帘子，选通风透光、日照长的地方，用木桩搭成 1.5 m 高的晒架，去皮柿果果顶向上摆在帘子上进行日晒，如遇雨天，可用聚乙烯塑料薄膜覆盖，切不可堆放，以防腐烂。

晒 8～10 d 后，果柿变软结皮，表面发皱，此时将柿果收回堆放起来，用席或麻袋覆盖，进行发汗处理，3 d 后进行第一次捏饼，方法是两手握饼，纵横重捏，随捏随转，直至将内部捏烂，软核捏散或柿核歪斜为止。捏后第二次铺开晾晒 4～6 d，再收回堆放发汗。2～3 d 后第二次捏饼，方法是用中指顶住柿蒂，两拇指从中向外捏，边捏边转，捏成中间薄、四周高起的蝶形。接着再晒 3～4 d，堆积发汗 1 d，整形 1 次，最后再晒 3～4 d。

2. 人工干制　初期温度保持 40～50 ℃，每隔 2 h 通风一次，每次通风 15～20 min。第一阶段需 12～18 h，果面稍呈白色，进行第一次捏饼。然后使室温稳定在 50 ℃左右，烘烤 20 h，当果面出现纵向皱纹时，进行第二次捏饼。两次烘烤时间共需 27～33 h。再进一步干燥至总干燥时间 37～43 h 时，进行第三次捏饼，并定形，再需干燥 10～15 h，含水量达 36%～38%时便可结束。

（八）捏果、回软

当晒或烘烤至柿饼外层果肉稍软，结成“薄皮”时，开始进行第一次整形捏果揉软，捏果要捏得均匀，不应留有硬块，捏时两手握柿，纵横捏之，随捏随转，直到内部变软为止。通过揉捏把果肉揉碎揉软，并向外围挤，是使柿饼成形、肉质柔软的重要工序。每次捏的时间最好在晴天、有微风的上午，午后和夜间不宜捏果。因为白天晒后果皮干燥，捏之易破，经过夜间果实水分渗透平衡，果面返潮有韧性后，上午捏果不易破。每次捏果后都要把果实上下面轮换，使果实受光均匀、干湿一致。一般捏果整形 3～5 次即可。

（九）上霜

柿霜是柿饼中的糖随水分渗出果面凝结成的白色结晶，其主要成分是甘露醇、葡萄糖和果糖。柿饼出烘房时含水量适中，柿霜出得快而厚；出房时含水量过低，柿饼不易回软，出霜慢而薄，呈粉末状，甚至不出霜；含水量过高，也不容易出霜，即使出霜也呈污黄色，影响柿饼质量。因此，严格控制柿饼出烘房时的含水量是提高柿饼质量的重要措施。出霜是烘干后的柿饼反复多次堆捂和晾摊而形成的。

首先，将出烘房的柿饼冷却后装入陶缸、箱或者堆放在平板上，高度为 30～40 cm，用清洁的塑料布盖好，经 2～5 d 堆捂，柿饼回软，糖分随水分渗透到柿饼表面。然后，将表面渗出糖和水分的柿饼摊在阴凉通风的干燥环境中，有条件可用风机对摊开的柿饼吹风。经过多次反复堆捂、晾摊的出霜过程后，当柿饼的含水量低于 27%时，可进行分级包装。

（十）包装

柿饼包装的主要目的是防潮和防虫蛀。一般用既能防虫蛀又对水分有较好隔绝性能的聚乙烯塑料薄膜封装，或者选用具印刷光泽性能的透明复合膜包装，亦可选用能充气或真空易装的高性能复合膜包装。

【产品质量标准】

柿饼大而均匀，边缘厚而完整、不破裂，萼盖居中，修剪平整，贴肉而不翘；柿霜以厚而白为好；肉质以用手捏之软糯潮润，柿霜不脱、少核的为好；口感软糯而甜，无粉涩味，嚼之无渣或少渣。

子任务二　荔枝干制技术

荔枝是我国江南的名贵水果，每年产量超过 100 万 t。由于荔枝色泽鲜紫，壳薄而平，香气清远，瓤厚而莹，以鲜食和干制为主。我国鲜荔枝干制加工历史悠久，成品肉厚，味香甜，远销国内外。加工荔枝干的品种，多采用怀枝、糯米糍，尤以糯米糍为佳，其制成品肉厚核小、蜜甜醇香。加工方法分日晒和热干燥（火焙或热风干燥）。

【任务准备】

1. 主要材料　鲜荔枝、硫黄等。

2. 仪器及设备　焙烤炉、封口机等。

【任务实施】

（一）原料选择

干制用的荔枝果实，要求果大、圆整、肉厚、果核中或小、干物质含量高、香味浓、涩味淡，果壳不宜太薄，以免干燥时裂壳或容易破碎凹陷。荔枝品种以干制后壳与果粒不易脱离的如糯米糍、怀枝、香荔、黑叶、禾荔为宜。不同的荔枝品种其干制得率不同，以 100 kg 荔枝干产品为例，所需新鲜荔枝分别是糯米糍 400～450 kg、香荔 380～420 kg、黑叶、禾荔 320～360 kg。

（二）原料预处理

先摘除枝叶、果柄，并剔除烂果、裂果和病虫果；用分级机或分级筛按果实大小进行分级，同一烤炉的果实尽可能大小均匀一致；将果实装入竹篓中，浸入清水，洗除果面灰尘等脏物，然后捞起沥干水分。

（三）初焙

初焙也称为杀青，即将果实倒入焙灶上进行第一次烘焙。焙灶用砖砌成宽 2 m、高 0.8～1.0 m，长度可按室内场地的长短决定，每隔 2 m 开一个 50 cm×50 cm 的炉口，炉床每隔 50 cm 放一条粗约 10 cm 的木条，然后再铺上竹编。烤炉有平炉、斜炉之分。平炉一般用木炭作为燃料，热能低，烤干时间较长，成本比用煤高50%左右，但其干燥较均匀一致，果肉色泽金黄，品质较好；斜炉一般用无烟煤、煤球作为燃料，热能高，烤干时间略短些，成本低。煤中有硫成分，相当于在焙烤过程中，同时进行熏硫，干果外观颜色较灰白且色泽一致，但其果肉品质略差。

初焙前，先将果实倒入烘床中，每个炉灶一次焙鲜果500～600 kg，用麻袋片盖果保温。初焙温度可高些，控制在65～70 ℃（以果壳烫手为度），每2～3 h翻果一次，经24 h停火冷却后装袋堆压2～3 d。

（四）再焙、三焙

经初焙放置2～3 d的荔枝果实，果肉、果核内部水分逐渐向外扩散，果肉表面比刚烤时较为湿润，须再行焙烤。再焙温度控制在55～65 ℃，每2 h翻动一次，一般经过10～12 h再焙即可烤干。果大肉厚的果实，经再焙后须放置3～5 d，待果肉内部水分继续扩散外渗后进行三焙。三焙时间为8～10 h，温度控制在45～50 ℃。

（五）日晒、催色

荔枝果实在焙烤八九成干时，果壳退色，色泽变暗灰，为使荔枝干果干燥均匀，色泽一致，可在烈日下晒制3～5 h。若需将荔枝干果面转为红色，可在烈日下用喷水器喷射少量水分，果壳便白然返红。晒干后待热量散发冷却后即可保存。

（六）干烘程度检查

用手捏果壳易破碎，剥出果肉肉质光滑滋润、不黏手，用锤敲打果核70%以上粉碎，即为烤干。

（七）包装、贮存

荔枝干怕热、怕压、易虫蛀，应注意防潮、防压、防热，避免与异味商品堆放在一起。贮存时要定期检查，发现回潮及时复晒或复烤。在南方多雨天气，一般常温下可贮存3～5个月，北方干燥天气可贮存1年以上。

【产品质量标准】

荔枝干成品质量要求果粒大而均匀，果身干爽、果壳完整、破壳率不超过5%、果肉厚、肉色金黄、口味清甜、无烟火味。

子任务三　胡萝卜干制技术

胡萝卜的食用部分是地下的肉质根，含有丰富的蛋白质、糖类、胡萝卜素等，每100 g鲜重含1.67～12.10 mg的胡萝卜素，高于番茄5～7倍。胡萝卜素在人体消化道内分解成维生素A，可防止夜盲症等疾病，且胡萝卜香气浓郁，素有“小人参”之称。目前我国胡萝卜的加工已形成了产业化规模，其中胡萝卜干制加工已具备了自主的技术体系，在国际市场上也具有较强的竞争能力。

【任务准备】

1. 主要材料　胡萝卜、晒盘、硫黄、柠檬酸、氢氧化钠等。

2. 仪器及设备　电热食品烘炉、切片机（刀）、温度计、台秤、通风排气扇、杀菌器等。

【任务实施】

（一）原料选择

应选择外观为鲜艳的橘红色、表皮光整、根直无分叉、个体间粗细较均匀、无病虫害的新鲜胡萝卜。长度 18～20 cm，两端粗细均匀，直径 2.5～4.0 cm，锥度小，中柱细。

（二）整理清洗

切除青头和尾尖，剔除须根、疤块、泥沙后，用清水洗去泥沙等杂质，送入下道工序。

（三）去皮、切分

去皮可有多种方法，如手工去皮、机械去皮、蒸汽去皮、化学去皮和酶法去皮等。目前蒸汽去皮和化学去皮使用较多。蒸汽法是在 0.5 MPa 压力的蒸汽中 40～60 s，或在 0.7 MPa 的蒸汽中 30 s，或在 1.5 MPa 的蒸汽中 10 s，之后迅速排放蒸汽至大气压下，冲刷去皮。化学去皮是将 3%～6%的氢氧化钠溶液加温至 80～90 ℃，浸渍胡萝卜 2～4 min，使表皮组织软化或崩溃，再用清水冲洗去皮，但勿使碱液透入内层组织。用碱法去皮时若浓度、温度、时间掌握不当，易使原料表皮过多地腐蚀，果肉表面粗糙、凹凸不平，可用 0.8%～1%的氢氧化钠溶液加入 50～100 mL 植物油和 3%的碳酸氢钠，加热到 85～90 ℃，浸渍 2 min，去皮效果优于单一碱液去皮。

将去皮后的原料切去芯子（中柱），做到肉中无芯。然后用切粒机切成边长为 0.6～0.8 cm的方形颗粒，用清水清洗干净。

（四）烫漂

用沸水热处理 2～4 min，目的是使之软化、钝化酶活性，以及使颗粒色泽鲜艳，增强透明度。烫漂时也可以加入 0.1%～0.5%的氯化钠，对增强干制品的复水性有一定的作用。或将胡萝卜粒置于 0.1%碳酸氢钠的沸水溶液中烫漂至软而不糊、稍带弹性。其时间为 1.5～2.0 min，具体按原料颗粒大小、鲜嫩度而定。烫漂后应迅速用清洁的冷水冷却，以冷透为原则，目的是防止原料受热过度而引起组织软化和褐变。然后沥去原料表面水滴或用离心机甩干，装盘待烘。

（五）脱水干燥

将处理好的物料，均匀摊入烘筛上，装载量为 5～6 kg/m²，用隧道烘房干燥时可适当减少。烘干温度分三段控制，初期 80 ℃，2 h；中期 65 ℃，4～5 h；后期 65～70 ℃，1～3 h。在果蔬专用干燥机中烘干时，采用稳定的温度烘干效果较好。一般温度控制在 68～70 ℃，7～8 h，烘至产品含水量在 6%时，即迅速结束干燥，可达到干燥要求。胡萝卜干粒的成品率为 6%～10%，含水量为 5%～8%。

（六）挑选、包装

筛去碎屑，拣去杂质和变色的产品。操作应快，以防产品吸潮；装箱时的产品含水量不得超过 7.5%。用纸箱外包装，内衬复合袋，密封。

【产品质量标准】

要求色呈橙黄或橙红，无杂质，具有胡萝卜特有的气味，无异味等，产品质量符合《绿色食品脱水蔬菜》NY/T 1045—2014 相关要求。

【练习与作业】

1. 水分活度与食品含水量有何联系？哪个更能估价食品的耐藏性？
2. 在园艺产品干燥过程中，应如何加快干燥速度，缩短干燥时间？
3. 归纳总结写出果蔬干制的工艺流程，并说明核心控制工序有哪些。
4. 根据所学知识，编制当地一常见果蔬干制技术方案。

任务二　罐头制品加工技术

相关知识准备

罐头是将食品原料经过预处理，装入容器，经密封、杀菌、冷却等工序制成的食品。罐头食品具有常温下安全卫生并可长时间存放，较好保存食品原有的色、香、味和营养价值，罐头食品处于密封杀菌的商业无菌条件下存放，加工过程中不需要加入任何防腐剂等许多优点。

一、罐制品保藏基本知识

食品腐败的主要原因是由于微生物的生长繁殖和产品内所含酶的活动导致，而微生物的生长繁殖及酶的活动必须具备一定的环境条件，罐藏原理就是创造一个不适合微生物生长繁殖的条件，抑制酶的活性，从而达到在室温下较长期保藏的目的。

（一）罐制品与微生物的关系

微生物的生长繁殖是导致食品败坏的主要原因之一，罐制品若杀菌不够，残存在罐内的微生物在环境条件转变到适宜其生长时，就能造成罐制品的败坏。

食品中常见的微生物主要有霉菌、酵母菌和细菌。霉菌和酵母菌广泛分布于大自然中，其耐低温能力强，但不耐高温，一般在加热杀菌后的罐制品中不能存活。加之霉菌不耐缺氧条件，因此，这两种菌在罐制品生产中较容易控制和杀灭。导致罐制品败坏的微生物主要是细菌，因而，热杀菌的标准是以杀灭某种细菌为依据。

依据细菌对氧的需求可将其分为嗜氧、厌氧和兼性厌氧菌。在罐制品中，嗜氧菌因罐制品的排气密封而受到抑制，而厌氧菌仍能生活，如果在加热杀菌时没有被杀灭，则会造成罐制品的败坏。

不同的微生物适宜生长的 pH 范围不同，制品的 pH 影响细菌对热的抵抗能力，pH 低说明酸度高，细菌及芽孢在此环境下的抗热力低，杀菌效应好。根据食品酸性强弱，可分为酸性食品（pH4.5 或以下）和低酸性食品（pH4.5 以上）。也有将食品分为低酸性食品（pH5.0～6.8）、酸性食品（pH4.5～3.7）和高酸性食品（pH3.7～2.3）。在 pH4.5 以下的酸性水果罐制品，通常杀菌温度不超过 100 ℃；在 pH4.5 以上的低酸性罐制品，通常杀菌温度要在 100 ℃以上，这个界限的确定是根据肉毒梭状芽孢杆菌在不同 pH 下的适应情况确定的。

根据细菌对温度的适应能力，将其分为嗜冷性细菌、嗜温性细菌和嗜热性细菌。嗜温性、嗜热性细菌对罐制品的威胁较大，因此，罐制品的杀菌主要是以杀灭此类细菌及其孢子为标准。

(二) 罐制品与酶的关系

果蔬原料中含有各种酶，参与果蔬中有机物质的分解转化，如不加以控制，就会使原料或制品发生质变。因此，必须加强对酶的控制，保持制品质量。

酶的活性和温度之间有着密切关系。大多数酶适宜的活动温度为 30～40 ℃，如果超过这个温度，酶活性就开始遭到破坏，当温度达到 80～90 ℃时，受热几分钟后，几乎所有酶的活性都遭到破坏。

在生产中，有些酶类会导致酸性或高酸性罐制品变质，甚至某些酶经热力杀菌后还能再度活化，代表就是过氧化物酶。在超高温热力杀菌（121～150 ℃瞬时处理）时被发现。微生物虽全被杀灭但某些酶的活力却依然存在。因此加工处理中，要完全破坏酶活性，防止由酶引起的败坏，要采取综合措施。

(三) 排气处理对罐制品保藏的影响

罐制品在保藏期间发生的产品变质、品质下降以及罐内壁腐蚀等不良变化，与罐内残留的氧气有关，所以在罐制品生产工艺中，排气对罐制品的质量有着至关重要的作用。

排气达不到要求，容易促使需氧菌特别是其芽孢的生长发育，从而使罐制品质量下降而不能较长时间保藏。过多的氧也对食品色、香、味及营养物质保存产生影响。

(四) 密封处理对罐制品保藏的影响

罐制品之所以能长期保存，除杀灭罐内的腐败菌和致病菌外，主要是依靠罐藏容器的密封，使罐内食品与罐外环境完全隔离，不再受到外界空气及微生物污染。罐制品的密封性直接影响着罐制品保藏期的长短，不论何种包装容器，如果未能获得严格的密封，就不能达到较长期保存的目的。因此，罐制品生产过程中要严格控制密封的操作，保证罐制品的密封效果。

二、罐头食品的杀菌

(一) 罐头食品杀菌的意义

罐头食品杀菌的目的：一是杀死一切对罐内食品起败坏作用和产毒致病的微生物；二是起到一定的调煮作用，改进食品质地和风味，使其更符合食用要求。罐头食品的杀菌不同于细菌学上的杀菌，不是杀死所有的微生物，前者是在罐藏条件下杀死造成食品败坏的微生物即达到“商业无菌”状态，同时罐头在杀菌时也破坏了酶活性，从而保证了罐内食品在保质期内不发生腐败变质。

(二) 杀菌对象菌的选择

各种罐头食品，由于原料的种类、来源、加工方法和加工卫生条件等不同，使罐头食品在杀菌前存在着不同种类和数量的微生物，我们不可能也没有必要对所有的不同种类的细菌进行耐热性试验。生产上总是选择最常见的耐热性最强并有代表性的腐败菌或引起食品中毒的细菌作为主要的杀菌对象菌。

罐头食品的酸度（pH）是选定杀菌对象菌的重要因素。不同 pH 的罐头食品中，腐败菌及其耐热性各不相同。一般来说，在 pH4.5 以下的酸性或高酸性食品中，酶类、霉菌和酵母菌这类耐热性低的作为主要杀菌对象，所以比较容易控制和杀灭；而 pH4.5 以上的低酸性罐头食品，杀菌的主要对象是那些在无氧或微氧条件下，仍然活动而且产生芽孢子的厌氧性细菌，这类细菌的芽孢子抗热力是很强的。在罐头食品工业上一般认可的试验菌种，是采用产生毒素的肉毒梭状芽孢杆菌的芽孢子为杀菌对象菌。

（三）罐头食品杀菌式的确定

罐头食品合理的杀菌工艺条件，是确保罐头食品质量的关键，而杀菌工艺条件主要是确定杀菌温度和时间。杀菌工艺条件制订的原则是在保证罐藏食品安全性的基础上，尽可能地缩短杀菌时间，以减少热力对食品品质的影响。

杀菌温度的确定是以对象菌为依据，一般以对象菌的热力致死温度作为杀菌温度。杀菌时间的确定则受多种因素的影响，在综合考虑的基础上，通过计算确定。

1. 微生物耐热性的常见参数值　试验证明，细菌被加热致死的速率与被加热体系里现存细菌数成正比。这表明热致死规律按对数递减进行，它意味着在恒定热力条件下，在相等时间间隔内，细菌被杀死的百分比是相等的，与现存细菌多少无关，也就是说，在一定致死温度下，若第一分钟杀死原始菌数的 90%的细菌，第二分钟杀死剩余细菌数的 90%，依次类推。这个原理如图 3－7 所示，据此，我们给出“D 值”概念，即在一定的环境和一定热致死温度条件下，杀死 90%原有微生物芽孢或营养体细菌数所需要的时间（min）。D 值的大小，与微生物的耐热性有关，D 值愈大，它的耐热性愈强。

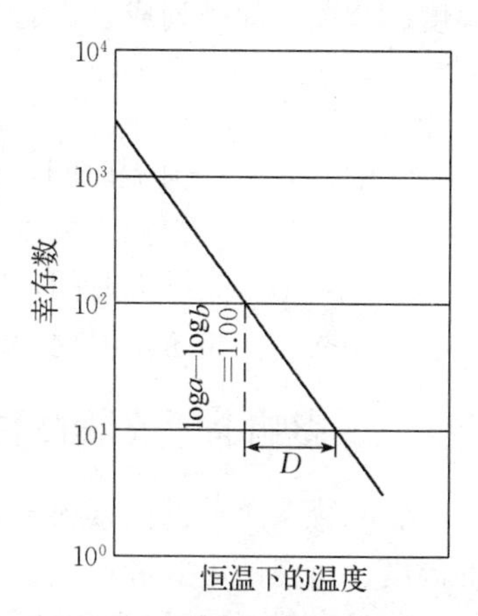

图 3－7　杀灭细菌速率曲线

若以热力致死时间的对数值为纵坐标，以温度变化为横坐标，则可得到一条直线，即热力致死温度时间曲线，如图 3－8 所示，我们把热力致死温度时间曲线横过一个对数循环周期，即加热致死时间变化 10 倍时所需的温度称之为 Z 值。$Z=10$，表示杀菌温度提高10 ℃，则杀死时间就减为原来的 1/10。Z 值愈大，说明微生物的抗热性愈强。

在恒定的加热标准温度条件下（121 ℃或 100 ℃），杀灭一定数量的细菌营养体或芽孢所需的时间（min），称为 F 值，也称为杀死效率值、杀死致死值或杀菌强度。

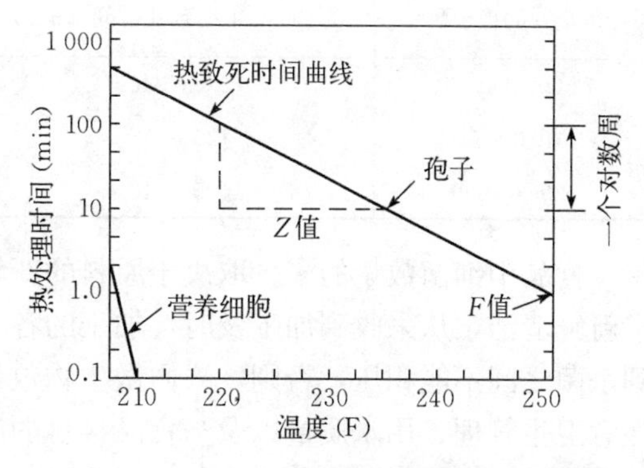

图 3－8　细菌孢子及营养体的热致死时间曲线

F 值包括安全杀菌 F 值和实际杀菌条件下的 F 值两个内容。安全杀菌 F 值是在瞬时升温和降温的理想条件下估算出来的，安全杀菌 F 值也称为标准 F 值，它被作为判别某一杀菌条件合理性的标准值，它的计算是通过对罐头杀菌前罐内微生物检测，选出该种罐头食品常被污染的对象菌的种类和数量并以对象菌的耐热性参数为依据，用计算方法估算出来的，其计算方法如下：

$$F_{安}=D_{T}\ (\log a-\log b)$$

式中：$F_{安}$——在恒定的加热致死温度下，每杀死 90%的对象菌所需的时间，min；

a——杀菌前对象菌的总数；

b——罐头允许的腐败率。

而实际生产中，罐头杀死都有一个升温和降温的过程，在该过程中，只要在致死温度下都有杀菌作用，所以可根据估算的安全杀菌 F 值和罐头内食品的导热情况制定杀菌公式来进行实际实验，并测其杀菌过程罐头中心温度的变化情况，来算出实际杀菌 F 值。实际杀菌 F 值应略大于安全杀菌 F 值，如果小于安全杀菌 F 值，则说明杀菌不足，应适当提高杀菌温度或延长杀菌时间；如果大于安全杀菌 F 值很多，则说明杀菌过度，应适当降低杀菌温度或缩短杀菌时间，以提高和保证食品品质。

2. 杀菌公式 杀菌条件确定后，罐头厂通常用“杀菌公式”的形式来表示，即把杀菌温度、杀菌时间排列成公式的形式。一般杀菌公式为：

$$\frac{T_1-T_2-T_3}{t}$$

式中：T_1——升温时间，min；

T_2——恒温杀菌时间（保持杀菌温度时间），min；

T_3——降温时间，min；

t——杀菌温度，℃。

三、影响杀菌效果的主要因素

影响罐头杀菌的因素很多，主要有微生物的种类和数量、食品的性质和化学成分、杀菌的温度、传热的方式和速度。

（一）微生物的种类和数量

不同的微生物抗热能力有很大的差异，嗜热性细菌耐热性最强，芽孢又比营养体更加抗热。而食品中所污染的细菌数量，尤其是芽孢数越多，同样的致死温度下所需的时间越长，如表 3-4 所示。

表 3-4 孢子数量与致死时间的关系

每毫升的孢子数	在 100 ℃下的致死时间（min）	每毫升的孢子数	在 100 ℃下的致死时间（min）
72 000 000 000	230～240	650 000	80～85
1 640 000 000	120～125	16 400	45～50
320 000 000	105～110	328	35～40

食品中细菌数量的多少取决于原料的新鲜程度和杀菌前的污染程度。所以采用的原料要求新鲜清洁，从采收到加工及时，加工的各工序之间要紧密衔接不要拖延，尤其是装罐以后到杀菌之间不能积压，否则，罐内微生物数量将大大增加而影响杀菌效果。另一方面工厂要注意卫生管理、用水质量以及与食品接触的一切机械设备和器具的清洁、处理，使食品中的微生物减少到最低限度，否则都会影响罐头食品杀菌的效果。

（二）食品的性质和化学成分

1. 食品的酸度（pH） 食品的酸度对微生物耐热性的影响很大，对于绝大多数微生物来说，在 pH 中性范围内耐热性最强，pH 升高或降低都会减弱微生物的耐热性。特别是在偏向酸性环境中，促使微生物耐热性减弱的作用更明显。根据 Bigelow 等研究，好氧菌的芽孢在 pH4.6 的酸性条件培养基中，121 ℃下，2 min 就可杀死，而在 pH6.1 的培养基中则需要 9 min 才能杀死。

酸度不同，对微生物耐热性的影响程度不同。图 3－9 为肉毒梭状芽孢杆菌在不同 pH 下其芽孢致死时间变化，从图中可以看出，肉毒杆菌芽孢在不同温度下致死时间的缩短幅度随 pH 的降低而增大，在 pH5～7 时，耐热性差异不太大，时间缩短幅度不大。而当 pH 降至 3.5 时，芽孢的耐性显著降低，即芽孢的致死时间随着 pH 的降低而大幅度缩短。

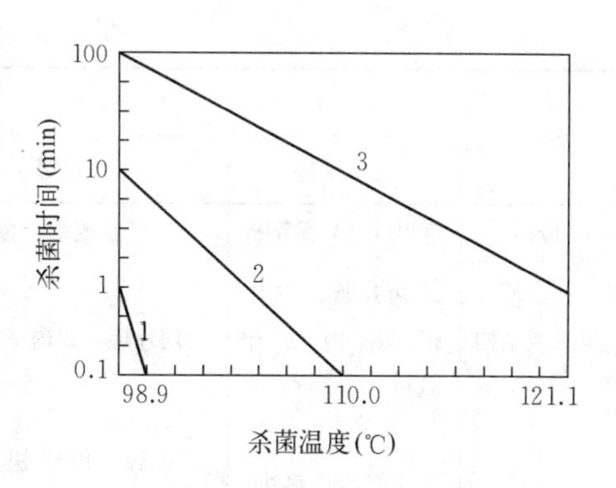

图 3－9　pH 与肉毒杆菌芽孢致死时间的关系

1. pH 3.5　2. pH 4.5　3. pH 5～7

由于食品的酸度对微生物及其芽孢的耐热性的影响十分显著，所以食品酸度与微生物耐热性这一关系在罐头杀死的实际应用中具有相当重要的意义。低酸性食品一般采用高温高压杀菌，即杀菌温度高于 100 ℃，酸性食品则采用常压杀菌，即杀菌温度不超过 100 ℃。

2. 食品中的化学成分　食品中的糖、淀粉、蛋白质、盐等对微生物的耐热性也有不同程度的影响。糖浓度越高，杀灭微生物芽孢所需的时间越长，浓度很低时，对微生物耐性的影响很小；淀粉、蛋白质能增强微生物的抗热性；低浓度的食盐对微生物的抗热性具有保护作用，高浓度的食盐对微生物的耐热性有削弱作用。

（三）传热的方式和传热速度

罐头杀菌时，热的传递主要是借助热水或蒸汽为介质，因此杀菌时必须使每个罐头都能直接与介质接触。其次热量由罐头外表传至罐头中心的速度，对杀菌有很大影响，影响罐头食品传热速度的因素主要有罐头容器的种类和形式、食品的种类和装罐状态、罐头的初温、杀菌锅的形式和罐头在杀菌锅中的状态等几个方面。

四、罐头加工基本技术

（一）原料的选择

罐制原料的选择是保证罐制品质量的关键。一般原料要求：具备优良的质地和色、香、味，糖、酸含量高，比例适当，含粗纤维少，无异味，大小适中，形状整齐，耐高温等。

果品常用的罐制原料种类：苹果、梨、桃、杏、柑橘、菠萝等。

蔬菜常用的罐制原料种类：菜豆、番茄、竹笋、石刁柏、荸荠、蘑菇、甜玉米等。

（二）罐藏容器

1. 罐藏容器的类型　罐头容器是盛装食品的重要器具，对罐头食品能否长期保存具有非常重要的作用，通常作为罐头食品的容器要求满足以下条件：对人体无害，不能与食品发生化学反应；抗腐蚀性；密封性能好；耐冲压、携带和食用方便；便于工业化大生产。

罐头容器除上述要求外，需要综合罐头加热杀菌时，热量从罐外向罐内食品传递的速率，综合考虑盛装的内容物种类、容器材质、厚度、单位容积所占有的罐外表面积（*S/V* 值）和罐壁至罐中心的距离设计不同的罐头容积规格。

常用罐头容器的特性见表3-5。进行生产罐头食品时，根据原料特点、罐头容器特性以及加工工艺选择不同的罐头容器。

表3-5　常见罐头容器特性表

项目	容器种类			
	马口铁罐	铝罐	玻璃罐	软包装
材料	镀锡（铬）薄钢板	铝或铝合金	玻璃	复合铝箔
罐形或结构	两片罐、三片罐，罐内壁有涂料	两片罐，罐内壁有涂料	螺旋式、卷封式、旋转式、爪式	外层：聚酯膜 中层：铝箔 内层：聚烯烃膜
特性	质轻、传热快，避光、抗机械损伤	质轻、传热快、避光、易成形、易变形，不适于焊接，抗大气腐蚀，成本高、寿命短	透光、可见内容物、易破损、耐腐蚀、可重复利用，传热慢、成本高	质软而轻、传热快、避光、阻气、密封性能好，包装、携带、食用方便

2. 空罐处理

罐藏容器在加工、运输和存放中常附有灰尘、微生物、油脂等污物，因此，使用前必须对容器进行清洗和消毒，以保证容器卫生，提高杀菌效率。

金属罐一般先用热水冲洗，玻璃罐先用清水（或热水）浸泡，然后用毛刷刷洗或用高压水喷洗。不论哪类容器清洗、冲洗后，都要用100℃沸水或蒸汽消毒30～60 min，然后倒置沥干水分备用。罐盖也进行同样处理，或用75%乙醇消毒。洗净消毒后的空罐要及时使用，不宜长期搁置，以免生锈或受微生物污染。

金属罐和玻璃罐所使用的罐盖在使用前均需按规范要求打印代号，软罐头则以喷码方式喷上相应代码，以便罐头保质期的确认和追踪管理。

（三）填充液配制

果蔬罐藏时除了液态和黏稠态食品（如果酱等）外，一般都要向罐内加注汁液，称为填充液。果品罐头的填充液一般是糖液，蔬菜罐头的填充液多为盐水。

1. 填充液的作用　填充液能填充罐内原料以外的空隙。目的在于增进风味；排除空气，减少加热杀菌时的膨胀压力，防止封罐后容器变形；减少氧化对内容物带来的不良影响，保持或增进果蔬风味；提高初温，并加强热的传递效率。

2. 糖液配制　所配糖液的浓度，依水果种类、品种、成熟度、果肉装量及产品质量标准而定。我国目前生产的糖水果品罐头，一般要求开罐糖度为14%～18%。每种水果罐头加注糖液的浓度，可根据下式计算：

$$Y=\frac{W_3Z-W_1X}{W_2}$$

式中：W_1——每罐装入果肉的质量，g；

W_2——每罐注入糖液的质量，g；

W_3——每罐净重，g；

X——装罐时果肉可溶性固形物的质量分数，%；

Z——要求开罐时的糖液浓度（质量分数），%；

Y——需配制的糖液浓度（质量分数），%。

生产中常用折光仪或糖度计来测定糖液浓度。由于液体密度受温度的影响，通常其标准温度多采用 20 ℃，所测糖液温度高于或低于 20 ℃，则所测得的糖液浓度还需加以校正。

配制糖液的主要原料是蔗糖，其纯度要在 99%以上。配糖液有两种方法，直接法和稀释法两种。

① 直接法。直接法就是根据装罐所需的糖液浓度，直接按比例称取白砂糖和水，置于溶糖锅中加热搅拌溶解并煮沸，过滤待用。例如，直接法配 30%的糖水，按砂糖 30 kg、清水 70 kg 的比例入锅加热配制。

② 稀释法。稀释法就是先配制高浓度的糖液，也称之为母液，一般浓度在 65%以上，装罐时再根据所需浓度用水或稀糖液稀释。用十字交叉法计算。

例如，用 65%的母液配 35%的糖液。

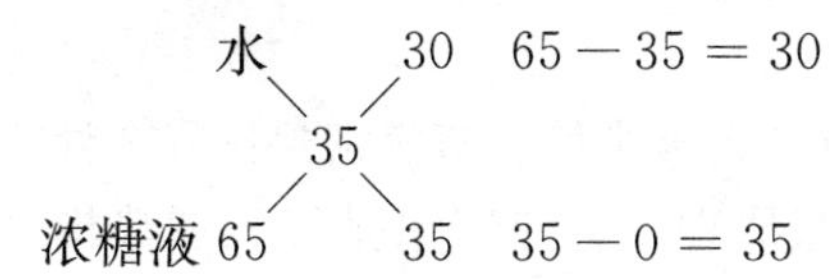

大数减去小数即为需用的浓糖液及水的量。上式中，水 30 份、65%浓糖液 35 份，即 6∶7（质量比）混合后就得浓度为 35%的糖液。

糖液配制时要煮沸过滤，因为使用硫酸法生产的砂糖中会有二氧化硫残留，糖液配制时若煮沸一定时间（5～15 min），就可使糖中残留的二氧化硫挥发，以避免二氧化硫对果蔬色泽的影响。煮沸还可以杀灭糖中所含微生物，减少罐头内的原始菌数。糖液必须趁热过滤，滤材选择要得当。另外，对于大部分糖水果品罐头都要求糖液维持一定的温度（65～85 ℃），以提高罐制品的初温，确保后续工序的效果。而个别生产品种如梨、荔枝等水果其罐头所用的糖液，加热煮沸过滤后应急速冷却到 40 ℃以下再行装罐，以防止果肉变红。糖液中需要添加酸时，注意不要过早加入，应在装罐前添加，以防止蔗糖转化而引起果肉变色。

3. 盐液配制　所用食盐应选用精盐，氯化钠含量在 98%以上。配制时常用直接法按要求称取食盐，加水煮沸过滤即可。蔬菜罐制品所用盐水浓度为 1%～4%。

4. 调味液的制备　调味液的种类很多，但配制的方法主要有两种，一种是将香辛料先经一定的熬煮制成香料液，香料液再与其他调味料按比例制成调味液；另一种是将各种调味料、香辛料（可用布袋包裹）一次煮制配成调味液。

（四）装罐

装罐前要对原料进行必要的分选，以保证每瓶产品的质量，力求大小、色泽、形态大致均匀，及时剔除变色、软烂及带病斑的原料。

装罐后将罐头倒置，控水 10 s，以沥净罐内水分。内销一般原料装量为 55%，外销为 65%。及时加入填充液，装罐量要求误差为±3%。装罐速度要快，半成品不应堆积过多，以减少微生物污染机会。

装罐时一定要留顶隙，顶隙是指罐制品内容物表面与罐盖之间所留间隙的距离，一般要求为 3～8 mm。顶隙若过大，会造成内容物装量不足，或因排气不足，易使罐制品氧化，或因排气过足，使罐内真空度过大，杀菌后出现罐盖（体）过度凹陷，造成瘪罐。顶隙过小，会在杀菌时罐内制品受热膨胀，内压过大，而造成罐盖外凸，甚至造成密封性不良，或者形成物理性胀罐。

装罐时要注意卫生，严格操作，保证产品质量。

果蔬罐制品，因其原料及成品形态不一，大小、排列方式各异，所以多采用人工装罐，对于流体或半流体制品（果汁、果酱）可用机械装罐。装罐时一定要保证装入的固形物达到规定质量。

（五）排气

排气应达到一定的真空度。罐制品真空度是指罐外大气压与罐内残留气压的差值，一般要求在26.7～40.0 kPa。罐内残留气体越多，它的内压愈高，而真空度就愈低。罐制品内保持一定的真空，能使罐盖维持平坦或微内陷状态，这是正常良好罐制品的外表特征，常作为检验罐制品质量的一个指标。

影响排气效果的因素主要有排气温度和时间、罐内顶隙的大小、原料种类及新鲜度、酸度等。

排气方法有热力排气、真空密封排气、蒸汽密封排气3种。

1. 热力排气　采用热膨胀原理，有热装罐排气和加热排气。热装罐排气适用于流体、半流体或组织形态不会因加热搅拌而受到破坏的制品。加热排气是将装罐后的制品送入排气箱，在具有一定温度的排气箱内经一定时间的排气，使罐头的中心温度达到要求温度（一般在80 ℃左右）。加热排气的设备有链带式排气箱和齿盘式排气箱。

2. 真空密封排气　借助于真空封罐机将罐头置于真空封罐机的真空仓内，在抽气的同时进行密封的排气方法。此法排气，真空度可达到33.3～40.0 kPa。

3. 蒸汽密封排气　蒸汽密封排气是一种蒸汽喷射排气方法，它是在罐制品密封前的瞬间，向罐内顶隙部位喷射蒸汽，由蒸汽将顶隙内的空气排除，并立即密封，目前未普及。

（六）密封

罐制品密封是保证其长期不变质的重要环节。罐制品密封的方法和要求视容器的种类而异。金属罐采用专用封口机，其主要工艺是使罐身和罐盖相互卷合、压紧而形成紧密重叠卷边的过程。玻璃瓶有卷封式和旋封式两种，现多采用旋封式密封。复合塑料薄膜袋采用热熔合方法密封。

（七）杀菌

罐制品密封后，应立即进行杀菌。常用杀菌方法有常压杀菌和高压杀菌。

1. 常压杀菌　杀菌温度在100 ℃或100 ℃以下，适合于果品罐制品（酸性），采用杀菌介质为热水或热蒸汽。

2. 高压杀菌　杀菌温度为115～121 ℃，适合于低酸性的蔬菜罐制品，一般用高压杀菌锅。

（八）冷却

杀菌达到要求后应立即冷却，确保产品质量。冷却不及时，会对产品造成热处理时间加长，内容物色泽、风味、组织结构均受到影响。

冷却分为常压冷却和反压冷却。

常压杀菌的铁罐制品，杀菌结束后可直接将铁罐取出放入冷却水池中进行冷却；玻璃罐则采用分段冷却，每段温差20℃。高压杀菌须采用反压冷却，即向杀菌锅内注入高压冷水或高压空气，以水或空气的压力代替热蒸汽的压力，既能逐渐降低杀菌锅内的温度，又能使内部的压力保持均衡消降。制品冷却至38～43 ℃即可。

（九）检验

果蔬罐制品的质量标准及试验方法、检验规则、包装要求如下：

1. 保温检验　在20 ℃时常温保存7 d或25 ℃条件下保存5 d，保温后按质量标准进行检验，合格产品包装。

2. 感官指标检验　罐头食品的感官检验项目主要有组织与形态检验、色泽检验、滋味和气味检验，在室温下将罐制品打开，将内容物倒入白瓷盘中观察色泽、组织、形态是否符合标准；检验是否具该产品应有的滋味与气味，并评定其滋味和气味是否符合标准。具体检验方法按《罐头食品的检验方法》（GB/T 10786—2006）规定执行。

3. 理化指标检验　净含量、可溶性固形物含量、酸含量按《罐头食品的检验方法》（GB/T 10786—2006）规定执行；氯化钠含量按《食品中氯化钠的测定》（GB/T 12457—2008）规定执行；卫生指标按《果、蔬卫生标准》（GB 11671—2003）规定执行；微生物检验按《食品微生物学检验　商业无菌检验》（GB/T 4789.26—2013）规定执行。

五、常见问题及解决方法

罐制品生产过程中由于原料处理不当、加工不合理、操作不慎、成品贮藏条件不适宜等，往往能使罐制品发生败坏。

（一）胀罐

合格的罐制品其底部、盖部中心部位略平或呈凹陷状态，当罐制品内部的压力大于外界空气压力时，造成罐制品底盖鼓胀，称之为胀罐或胖听。胀罐分物理性胀罐、化学性胀罐、细菌性胀罐3种。

1. 物理性胀罐

（1）原因。罐制品内容物装的太满，顶隙过小；加压杀菌后，降压过快，冷却过速；排气不足或贮藏温度过高等。

（2）防止措施。严格控制装罐量；注意装罐时顶隙大小要适宜，控制在3～8 mm；提高排气时罐内中心温度，排气要充分，封罐后能形成较高的真空度；加压杀菌后反压冷却速度不能过快；控制罐制品适宜的贮藏温度。

2. 化学性胀罐（氢胀罐）

（1）原因。高酸性制品中的有机酸与金属容器内壁起化学反应，产生氢气，导致内压增大而引起胀罐。

（2）防止措施。罐体宜采用涂层完好的抗酸全涂料钢板制罐，以提高罐体对酸的抗腐蚀性能；防止空罐内壁受机械损伤，防止出现露铁现象。

3. 细菌性胀罐

（1）原因。杀菌不彻底或密封不严使细菌重新侵入而分解内容物，产生气体，使罐内压力增大而造成胀罐。

（2）防止措施。罐藏原料充分清洗或消毒，严格注意加工过程中的卫生管理，防止原料及半成品的污染；在保证罐制品质量的前提下，对原料进行热处理，以杀灭产毒致病的微生物；在预煮水或糖液中加入适量的有机酸，降低罐制品的pH，提高杀菌效果；严格封罐质量，防止密封不严；严格杀菌环节，保证杀菌质量。

（二）罐内壁腐蚀

（1）原因。影响罐内壁腐蚀的主要因素有氧气、酸、硫及硫化合物、贮藏环境的相对湿度。氧气是金属的强氧化剂，罐制品内残留氧的含量，对罐藏容器内壁腐蚀起决定性作用，氧气量愈多，腐蚀作用愈强；含酸量愈多，腐蚀性愈强；当硫及硫化物混入罐制品中，易引起硫化斑；贮藏环境相对湿度过大，易造成罐外壁生锈、腐蚀等。

（2）防止措施。排气要充分，适当提高罐内真空度；注入罐内的填充液要煮沸，以除去填充液中的二氧化硫；对于含酸或含硫高的内容物，容器内壁一定要采用抗酸或抗硫涂料；贮藏环境相对湿度不能过大，保持在75%以下为宜。

（三）罐内汁液混浊与沉淀

（1）原因。加工用水中钙、镁等离子含量过高，水的硬度大；原料成熟度过高，热处理过度；贮藏不当造成内容物冻结，解冻后内容物松散、破碎；杀菌不彻底或密封不严，微生物生长繁殖等。

（2）防止措施。加工用水进行软化处理；控制温度不能过低；严格控制加工过程中的杀菌、密封等工艺条件；保证原料适宜的成熟度等。

子任务一　黄肉桃罐头加工技术

黄肉桃，俗称黄桃，属于桃类的一种。黄桃在我国西北、西南一带栽培较多，随着食品罐藏加工业的发展，现在华北、华东、东北等地栽培面积也日益扩大。主要特点：果皮、果肉均呈金黄色至橙黄色，肉质较紧、致密而韧，黏核较多。黄肉桃除少量鲜食外，主要用于加工。

【任务准备】

1. 主要材料　黄肉桃、蔗糖、罐头瓶、柠檬酸、食盐、氢氧化钠等。

2. 仪器及设备　夹层锅、劈核机（或刀）、挖果心刀、手持糖量计、温度计、台秤、排气箱、杀菌器等。

【任务实施】

1. 原料选择　选用不溶质性的韧肉型品种，要求果形大、肉质厚、组织细致、果肉橙黄色、汁液清、加工性能良好。果实在八成熟时采收。常用品种有丰黄，黄露及日本罐桃2号、黄金等。

2. 选果、清洗　选用成熟度一致、果型均匀、无病虫、无机械损伤果，用流动清水冲洗，洗去表皮污物。

3. 切半、挖核　沿缝合线用刀对切，注意防止切偏。切半后桃片立即浸在1%～2%的食盐水中护色。然后用挖核刀挖去果核，防止挖破，保持挖核面光滑。

4. 去皮、漂洗　配制浓度为4%～8%的氢氧化钠溶液，加热至90～95 ℃，倒入桃片，浸泡30～60 s。经浸碱处理后的桃片，用清水冲洗，反复搓擦，使表皮脱落。再将桃片倒入0.3%的盐酸液中，中和2～3 min。

5. 预煮、冷却　将桃片盛于钢丝筐中，在95～100 ℃的热水中预煮4～8 min，以煮透为度。煮后冷水急速冷却。

6. 修整、装罐　用刀削去毛边和残留皮屑，挖去斑疤等。选出果片完整、表面光滑、挖核面圆滑、果肉呈金黄色或黄色的桃块，供装罐用，将合格桃片装入罐中，排列成覆瓦状。装罐量为净重的55%～60%。注入糖水（每75 kg水加20 kg的砂糖和150 g柠檬酸，煮后用绒布过滤，糖水温度不低于85 ℃），留顶隙68 mm为度。罐盖与胶圈在100 ℃沸水中煮5 min。

7. 排气、封罐　将罐头放入排气箱中，热力排气为85～90 ℃，排气10 min（罐内中心温度达80 ℃以上）。从排气箱中取出后立即密封，罐盖放正、压紧。旋口瓶立即旋紧。

8. 杀菌、冷却　密封后及时杀菌，500 g玻璃罐在沸水中煮25 min，360 g装四旋瓶在沸水中煮20 min。杀菌后的玻璃罐头要用冷水分段冷却至35～40 ℃。

9. 擦罐、保温　擦去罐头表面水分，放在20 ℃左右的仓库内贮存7 d，即可进行敲验。贴商标、装箱后出厂。

【产品质量标准】

成品呈金黄色或黄色，同一罐中色泽应一致，糖水透明，允许存在少许果肉碎屑；有糖水黄桃罐头的风味，无异味；桃片完整，允许稍有毛边，同一罐内果块均匀一致；果肉质量不低于净重的60%，含糖量为14%～18%（开罐浓度以折光率计）；产品质量符合《绿色食品　水果、蔬菜罐头》（NY/T 1047—2014）相关要求。

子任务二　糖水橘子罐头加工技术

【任务准备】

1. 主要材料　柑橘、柠檬酸、纯净白砂糖、食用级氢氧化钠等。

2. 仪器及设备　不锈钢刀、不锈钢剪刀、不锈钢盆或瓷盆、烧杯、量筒、天平、高压杀菌锅或沸水杀菌锅、玻璃罐、旋盖、不锈钢锅或夹层锅、糖量计等。

【任务实施】

1. 原料选择　宜选择容易剥皮、肉质好、硬度高、果瓣大小较一致、无核或少核的品种，如温州蜜柑、本地早、红橘等。果实完全黄熟时采收。

2. 选果、清洗　剔除腐烂、过青、过小的果实，果实横径在45 mm以上。按果实的大小、色泽、成熟度分级。大小分级按果实按大、中、小分成3级。最大横径每差10 mm分为一级。分级后的果实用清水洗净表面尘污。

3. 热烫　热烫是为了使果皮和果肉松离，便于去皮。热烫的温度和时间因品种、果实大小、果皮厚薄、成熟度高低而异。一般在90～95 ℃热水中烫40～60 s。要求皮烫肉不烫，以附着于橘瓣上的橘络能除净为度。热烫时应注意果实要随烫随剥皮，不得积压，不得重烫，不可伤及果肉。另外，热烫水应保持清洁。

4. 去皮、去橘络、分瓣　去皮、去橘络、分瓣要趁热进行，从果蒂处一分为二，翻转去皮并顺便除去部分橘络，然后分瓣。分瓣时手指不能用力过大，防止剥伤果肉而流汁。同时剔除僵硬、畸形、破碎的橘片，另行加工利用。

5. 酸、碱处理及漂洗 酸碱处理的目的是去橘瓣囊衣，水解部分果胶物质及橙皮苷，减少苦味物质。酸、碱处理要根据品种、成熟度和产品规格要求而定。酸处理时，一般将橘片投入浓度为0.16%～0.22%、温度为30～35 ℃的稀盐酸溶液中浸泡20～25 min。浸泡后用清水漂洗1～2次。接着将橘片进行碱处理，烧碱溶液的使用浓度一般为0.2%～0.5%，温度为35～40 ℃，浸泡时间为5～12 min。浸碱后应立即用清水冲洗干净，并用1%柠檬酸液中和，以去除碱液，改进风味。

6. 漂检 漂洗后的橘肉，放在清水盆中用不锈钢镊子除去残余的囊衣、橘络、橘核等，并将橘瓣按大、中、小3级分放。

7. 装罐 空罐先经洗涤消毒，然后按规格要求装罐。橘肉装入量不得低于净重的55%，装好后，加入一定浓度的糖液（可按开罐浓度为16%计算糖液配制浓度），温度要求在80 ℃以上，保留顶隙6 mm左右。

8. 排气、封罐 一般用排气箱热力排气约10 min，使罐内中心温度达到65～70 ℃为宜，然后立即趁热封口；若用真空封罐机抽气密封，封口时真空度为30～40 kPa。

9. 杀菌、冷却 按杀菌公式5′—20′/100 ℃进行杀菌，然后冷却（或分段冷却）至38～40 ℃。

10. 擦罐、入库 擦干罐身，在20 ℃的库房中存放1周，经敲罐检验合格后，贴上商标即可出厂。

【产品质量标准】

具有橘子特有的色、香、味，果肉大小、形态均匀一致，无杂质、无异味，破碎率不超过5%～10%，果肉不少于净重的55%；糖水开罐浓度要达到14%～18%。产品质量符合《绿色食品　水果、蔬菜罐头》（NY/T 1047—2014）相关要求。

子任务三　糖水梨罐头加工技术

【任务准备】

1. 主要材料 优质梨、柠檬酸、纯净白砂糖、食盐等。

2. 仪器及设备 不锈钢刀、不锈钢盆或瓷盆、烧杯、量筒、天平、高压杀菌锅或沸水杀菌锅、玻璃罐、旋盖、不锈钢锅或夹层锅、糖量计等。

【任务实施】

1. 原料选择 原料的好坏直接影响罐头的质量。作为罐头加工用的梨必须果形正、果芯小、石细胞少、香味浓郁、单宁含量低且耐贮藏。

2. 去皮 梨的去皮以机械去皮为多，目前也有用水果去皮剂去皮的，实验室多用手工去皮。去皮后的梨切半，挖去籽巢和蒂把，要使巢窝光滑而又去尽籽巢。

3. 护色 去皮后的梨块不能直接暴露在空气中，应浸入护色液（1%～2%盐水）中。巴梨不经抽空和热烫，直接装罐。

4. 抽空 梨一般采用湿抽法。根据原料梨的性质和加工要求确定选用哪一种抽空液。莱阳梨等单宁含量低，加工过程中不易变色的梨可以用盐水抽空，操作简单，抽空速度快；

加工过程中容易变色的梨，如长把梨则以药液作为抽空液为好，药液的配比为盐2%、柠檬酸0.2%、焦亚硫酸钠0.02%～0.06%。药液的温度以20～30 ℃为宜，若温度过高会加速酶的生化作用，促使水果变色，同时也会使药液分解产生二氧化硫而腐蚀抽空设备。

5. 热烫　凡用盐水或药液抽空的果肉，抽空后必须经清水热烫。热烫时应沸水下锅，迅速升温。热烫时视果肉块的大小及果的成熟度而定。含酸量低的如莱阳梨可在热烫水中添加适量的柠檬酸（0.15%）。热烫后急速冷却。

6. 调酸　糖水梨罐头的酸度一般要求在0.1%以上，如果低于这个标准会引起罐头的败坏和风味的不足。一般当原料梨酸度在0.3%～0.4%范围内时，不必再另加酸，但要调节糖酸比，以增进成品风味。

7. 装罐与注液糖水　使用玻璃瓶按大小、成熟度分开装罐，使每一罐中的果块大小、色泽、形态大致均匀，块数符合要求。每罐装入的水果块质量一般要求不低于净重的55%（生装梨为53%，碎块梨为65%）。

8. 排气及密封　加热排气，排气温度为95 ℃以上，罐中心温度为75～80 ℃。

9. 杀菌和冷却　低温连续转动杀菌，在82 ℃温度下杀菌12 min，使产品中心温度达到76 ℃以上，并冷却到表面温度38～40 ℃即得成品。杀菌时间过长和不迅速彻底冷却，会使果肉软烂，汁液混浊，色泽、风味恶化。

【产品质量标准】

乳白色或白色，同一罐中果色一致，糖汁透明；有糖水梨应有的风味，酸甜适口；果片切削良好，大小一致；固形物（果肉）含量≥55%，可溶性固形物为15%～18%，酸度为0.14%～0.18%。产品质量符合《绿色食品　水果、蔬菜罐头》（NY/T 1047—2014）相关要求。

子任务四　盐水蘑菇罐头加工技术

【任务准备】

1. 主要材料　大球盖菇、食盐、柠檬酸、纯净水等。

2. 仪器及设备　不锈钢刀、不锈钢盆或瓷盆、烧杯、量筒、天平、高压杀菌锅或沸水杀菌锅、玻璃罐、旋盖、不锈钢锅或夹层锅、糖量计等。

【任务实施】

1. 原料选择　宜选择色泽洁白、菌伞完整、无机械伤疤和病虫害的新鲜蘑菇，菌伞直径要求在4 cm以下。

2. 采运、护色　蘑菇采后极易开伞和褐变。因此采后要立即进行护色处理，并避免损伤，迅速运送到工厂加工。护色方法：用0.03%的焦亚硫酸钠浸泡2～3 min，捞出后用清水浸没运送；或用0.1%该溶液浸泡2～10 min，捞出用薄膜袋扎严袋口，放入箱内运送，运回车间后用流动水漂洗30～40 min，进行脱硫并除去杂质。还可直接用0.005%的焦亚硫酸钠溶液将蘑菇浸没运送回厂，此浓度不必漂洗即可加工。

3. 预煮、冷却　用0.1%的柠檬酸溶液将蘑菇煮沸8～10 min，以煮透为准。蘑菇与柠檬酸液之比为1∶1.5，预煮后立即放入冷水中冷却。

4. 分级、修整 按大、中、小将蘑菇分级，对泥根、菇柄过长及起毛菇、病虫害菇、斑点菇等进行修整。不见菌褶的可作为整只或片菇。凡开伞（色不发黑）、脱柄、脱盖及菌盖不完整的作为碎片菇用。

5. 复洗 把分级、修整或切片的蘑菇再用清水漂洗1次，漂除碎屑，滤去水滴。

6. 装罐 500 g玻璃罐装蘑菇量为290 g，注入2.3%～2.5%的盐水（温度控制在80 ℃以上，盐水中最好再加入0.05%的柠檬酸＋0.01%的EDTA＋0.05%异抗坏血酸钠）。

7. 排气、密封 排气密封，罐中心温度要求达到70～80 ℃；真空抽气为0.047～0.053 MPa。

8. 杀菌、冷却 按杀菌式10′—20′—反压冷却/121 ℃，杀菌后迅速冷却至38 ℃左右。

【产品质量标准】

蘑菇呈淡黄色，汁液较清晰、无杂质；具有蘑菇应有的鲜美滋味和气味，无异味；略有弹性，不松软；菌伞形态完整，无严重畸形，大小大致均匀，允许少部分蘑菇有小裂口或小的修整，菇柄长短大致均匀；固形物重不低于净重的55%，氯化钠含量为0.8%～1.5%。产品质量符合《绿色食品　水果、蔬菜罐头》（NY/T 1047—2014）相关要求。

【练习与作业】

1. 什么是D值、Z值、F值？
2. 影响罐制品杀菌的主要因素有哪些？
3. 罐制品排气的主要目的是什么？排气的方法有哪些？
4. 说明罐头杀菌式的意义。
5. 简述罐头加工的基本技术。
6. 根据当地果蔬生产情况，设计一果蔬罐头加工技术方案。

任务三　果蔬汁制品加工技术

相关知识准备

果蔬汁是指未添加任何外来物质，直接以新鲜或冷藏果蔬为原料，经过清洗、挑选后，采用物理的方法如压榨、浸提、离心等方法得到的果蔬汁液。以果蔬汁为基料，加水、糖、酸或香料调配而成的汁称为果蔬汁饮料。

一、果蔬汁的分类

天然果蔬汁按照生产工艺、状态的不同，其可分为以下几类。

（一）原果蔬汁

原果蔬汁又称不浓缩果蔬汁，是从果蔬原料榨出的原果汁略加稀释或加糖调整及其他处理后的果蔬汁。因未经浓缩，其成分与鲜果汁液十分接近，含原果蔬汁的100%。这类果汁又可分为澄清果蔬汁和混浊果蔬汁两种类型。

1. 澄清果蔬汁　澄清果蔬汁又称透明果蔬汁。在制作时经过澄清、过滤等关键工艺，其特点是汁液澄清透明、无悬浮物、稳定性高。澄清果蔬汁由于果肉微粒、树胶质和果胶质等均被除去，虽然制品稳定性较高，但风味、色泽和营养价值亦因此受损失。目前市场上的苹果汁、梨汁、葡萄汁、杨梅汁、樱桃汁等大都属于澄清汁。

2. 混浊果蔬汁　制作时经过均质、脱气这一特殊工序，使果肉变为细小的胶粒状态悬浮于汁液中，不分层、不沉淀，有良好的稳定性。混浊果蔬汁因有果肉微粒存在，风味、色泽和营养都较好，又由于保留了胶质物，所以汁液呈均匀混浊状态。柑橘果肉的汁细胞中存在着质体，它含有不溶于水的类胡萝卜素、精油和风味物质，因此，混浊果蔬汁的制品质量远较透明果汁为好。目前市场上的甜橙汁、橘子汁、番茄汁、桃汁、胡萝卜汁、山楂汁、大枣汁等大都属于混浊汁。

（二）浓缩果蔬汁

由果蔬原汁浓缩而成，不加糖或用少量糖调整，使产品符合一定的规格，浓缩倍数一般有4～6等几种。通常为澄清型果蔬汁浓缩而成，其特点和澄清汁相似，不含任何悬浮物，关键工艺为脱水、浓缩。其中含有较多的糖分和酸分，可溶性固形物含量可达40%～60%。浓缩橙汁常为浓缩4倍，沙棘汁浓缩5倍，其他种类较少，饮用时应稀释相应的倍数。浓缩果汁除饮用外，还可用来配制其他饮料，应在低温下保藏。

（三）果汁粉

果汁粉又称果汁型固体饮料。用原果汁或浓缩果汁脱水而成，在加工过程中经过脱水干燥工序，含水量在1%～3%，一般需加水冲溶后饮用。如山楂晶、橘子粉等。

（四）带肉果蔬汁

在新鲜果蔬汁（或浓缩果蔬汁）中加入柑橘类砂囊或其他水果经切细的果肉颗粒，经糖液、酸味剂等调制而成的果蔬汁。如果粒橙、果粒桃等。

二、果蔬汁加工基本技术

（一）原料选择

加工果蔬汁的原料要求具有良好的风味和香味，无异味，色泽美好而稳定，糖酸比合适，并且在加工贮藏中能保持这些优良的品质，出汁率高，取汁容易。果蔬汁加工对原料的果形大小和形状虽无严格要求，但对成熟度要求较严，严格说，未成熟或过熟的果蔬均不合适。

常见的制汁原料有橙类、苹果、梨、猕猴桃、菠萝、葡萄、桃、番茄、胡萝卜、芹菜等。

（二）挑选与清洗

为了保证果汁的质量，原料加工前必须进行挑选，剔除霉变、腐烂、未成熟和受伤变质果实；清洗是减少杂质污染、降低微生物数量和农药残留的重要措施。清洗一般先浸泡后喷淋或流水冲洗，对于农药残留较多的果实，可加用稀盐酸溶液或脂肪酸系洗涤剂进行处理。对于受微生物污染严重的果实，可用漂白粉、高锰酸钾溶液来进行消毒。

（三）破碎

原料取汁前的破碎是为了提高出汁率，尤其是对于皮、肉致密的果实，更有必要先行破碎。但果实破碎程度要适当，破碎后的果块应大小均匀。果块过大出汁率低，破碎过度则又会造成外层的果汁很快地被压榨出，形成了一层厚皮，使内部榨汁困难，反而影响了出汁率。如苹果、梨用破碎机进行破碎时，破碎后果块以3～4 mm大小为宜，草莓、葡萄以2～3 mm为宜，樱桃为5 mm，橘子和番茄可以使用打浆机来破碎取汁，但橘子宜先去皮后打浆。

（四）加热处理和酶处理

为提高果实的出汁率，降低果胶物质的黏性，加快榨汁速度，通常原料在榨汁前进行加热或加酶制剂处理。加热处理能抑制原料中蛋白酶的活性。如葡萄、李、山楂、猕猴桃等水果，在破碎后置于60～70 ℃温度下，加热15～30 min；带皮橙类榨汁时，为减少汁液中果皮精油的含量，可预煮1～2 min。另外为促使原料中果胶物质分解，在经破碎的果肉中加入适量的果胶酶制剂，使果汁黏度降低，从而使榨汁和过滤顺利。酶制剂的添加量依酶的活性而定，酶制剂应与果肉充分混合均匀，酶与原料作用的时间和温度要严格掌握，一般在37 ℃恒温下作用2～4 h。

（五）取汁

取汁有压榨和浸提两种，对于大多数汁液含量丰富的果蔬以压榨取汁为主，对于汁液含量较低的果蔬，再采取原料破碎后加水浸提的办法。

1. 压榨取汁 利用外部的机械挤压力，将果蔬汁从果蔬或果蔬浆中挤出的过程称为压榨。榨汁方法依果实的结构、果汁存在的部位及其组织性质、成品的品质要求而异。大多数果实，通过破碎就可榨取果汁，但某些水果如柑橘类果实和石榴果实等，都有一层很厚的外皮，榨汁时外皮中的不良风味物质和色素物质会一起进入到果汁中；同时柑橘类果实外皮中的精油含有极容易变化的苎萜，容易生成萜品物质而产生萜品臭，果皮、果肉皮及种子中存在柚皮苷和柠檬碱等导致苦味的化合物，为了避免上述物质进入果汁中，这类果实不宜采用破碎压榨法取汁，应该采用逐个榨汁方法取汁。某些品种如石榴皮中含有大量单宁物质，故应先去皮后进行榨汁。供制带肉果汁的桃和杏等果品，也不宜采取破碎压榨取汁法，而是代之以磨碎机将果实磨制成浆状的制汁法。榨汁机的种类很多，主要有杠杆式压榨机、螺旋式压榨机、液压式压榨机、带式压榨机（图3-10、图3-11）、切半锥汁机、柑橘榨汁机、离心分离式榨汁机、控制式压榨机、布朗400型榨汁机等。

图3-10　带式榨汁机

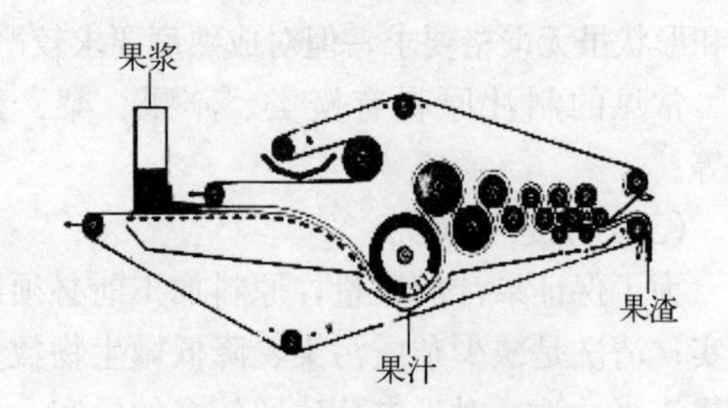

图3-11　带式榨汁机结构

2. 浸提取汁 山楂、酸枣、梅子等含水量少、难以用压榨法取汁的果蔬原料需要用浸提法取汁，苹果、梨通常用压榨取汁的水果，为了减少果渣中有效物质的含量，有时也用浸提取汁。浸提法通常是将破碎的果蔬原料浸入水中，由于果蔬原料中的可溶性固形物含量与浸汁（溶剂）之间存在浓度差，果蔬细胞中的可溶性固形物就要透过细胞进入浸汁中。果蔬浸提汁不是果蔬原汁，是果蔬原汁和水的混合物，即加水的果蔬原汁，这是浸提与压榨取汁的根本区别。浸提时的加水量直接表现出汁量多少，浸提时要依据浸汁的用途，确定浸汁的可溶性固性物的含量。对于制作浓缩果汁，浸汁的可溶性固形物要高，出汁率就不会太高；对于制造果肉型果蔬汁的浸汁，可溶性固形物的含量也不能太低，因而加水量要合理控制。以山楂为例，浸提时的果水质量比一般为1∶（2.0～2.5）为宜。一次浸提后，浸汁的可溶性固形物的浓度为4.5～6.0白利度，出汁率为180%～230%。

浸提温度、浸提时间和破碎程度除了影响出汁率外，还影响到果汁的质量。浸提温度一般为60～80 ℃，最佳温度为70～75 ℃。一次浸提时间1.5～2.0 h，多次浸提累计时间为6～8 h。并进行适当破碎，以增加与水接触机会，有利于可溶性固形物的浸提。

果蔬浸提取汁主要有一次浸提法和多次浸提法等方法。

（六）粗滤（筛滤）

在制混浊果汁时，需粗滤除去分散在果汁中的粗大颗粒。在制透明果汁时，粗滤后还要精滤，或先行澄清后过滤，务必除尽全部悬浮粒。筛滤通常装在压榨机汁液出口处，粗滤与压榨同步完成；也可在榨汁后用筛滤机完成粗滤工序。果汁一般通过0.5 mm孔径的滤筛即可达到粗滤要求。

（七）果蔬汁的澄清和精滤

1. 澄清　果蔬汁为复杂的多分散系统，它含有细小的果肉微粒、胶态或分子状态及离子状态的溶解物质，这些是果蔬汁混浊的原因。在澄清汁的生产中，它们影响到产品的稳定性，必须加以除去。常用的澄清方法有以下几种。

（1）酶法。酶法澄清是利用果胶酶分解果汁中的果胶物质，使其失去果胶的保护作用而形成沉淀，达到澄清目的。目前我国用于果汁澄清的酶制剂是由黑曲霉或米曲霉发酵产生的。使用果胶酶应注意反应温度、处理时间、pH及酶制剂用量，通常控制在55 ℃以下，反应最佳pH因果胶酶种类不同而异，一般在弱酸条件下进行，pH 3.5～5.5，酶制剂用量依果蔬汁及酶的种类而异，通常通过预先实验确定。

（2）明胶-单宁絮凝法。明胶、鱼胶或干酪素等蛋白物质，可与单宁酸盐形成络合物，此络合物沉降的同时，果汁中的悬浮颗粒被缠绕而随之沉降。明胶、单宁的用量取决于果汁种类、品种、原料成熟度及明胶质量，应预先实验确定。一般明胶用量为100～300 mg/L，单宁用量为90～120 mg/L。此法在较酸性和温度较低条件下易澄清，以3～10 ℃为佳。适用于苹果、梨、山楂、葡萄等果汁。

（3）加热凝聚澄清法。将果汁在80～90 s内加热到80～82 ℃，然后急速冷却至室温，由于温度的剧变，果汁中蛋白质和其他胶质变性凝固析出，从而达到澄清目的。但一般不能完全澄清，加热也会损失一部分芳香物质。

（4）冷冻澄清法。将果汁急速冷冻，一部分胶体溶液完全或部分被破坏而变成无定形的沉淀，此沉淀可在解冻后滤去，另一部分保持胶体性质的也可用其他方法过滤除去，但此法不容易达到完全澄清。

2. 精滤　为得到澄清透明而稳定的果蔬汁，澄清之后的果蔬汁必须经过精滤，目的在于除去细小的悬浮物质。常用的精滤设备主要有硅藻土过滤机、纤维过滤器、真空过滤器、离心分离机及膜分离等。

(八) 混浊果蔬汁的均质和脱气

均质和脱气是混浊果蔬汁生产中的特有工序，它是保证果蔬汁稳定性和防止果汁营养损失、色泽变差的重要措施。

1. 均质 均质即将果蔬汁通过一定的设备使其中的细小颗粒进一步破碎，使果胶和果蔬汁亲和，保持果蔬汁均一性的操作。生产上常用的均质机械有高压均质机和胶体磨。

高压均质机的原理是将混匀的物料通过柱塞泵的作用，在高压低速下进入阀座和阀杆之间的空间，这时其速度增至 290 m/s，同时压力相应降低到物料中水的蒸汽压以下，于是在颗粒中形成气泡并膨胀，引起气泡炸裂物料颗粒。由于空穴效应造成强大的剪切力，由此得到极细且均匀的固体分散物（图 3-12、图 3-13）。均质压力根据果蔬种类、要求的颗粒大小而异，一般在 15～40 MPa。

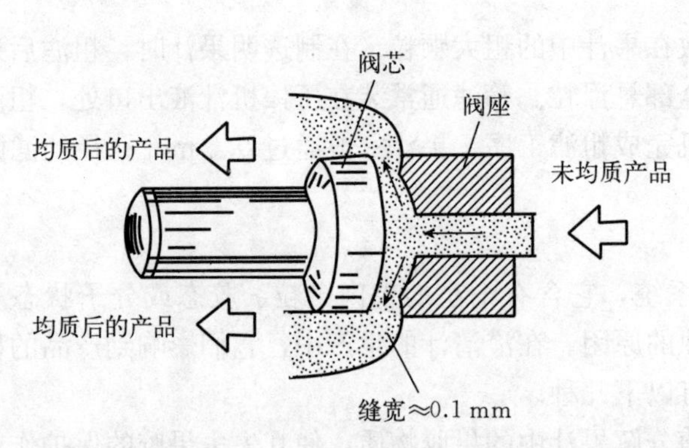

图 3-12　均质阀工作原理

图 3-13　高压均质机

胶体磨的破碎作用借助于快速转动和狭腔的摩擦作用，当果蔬汁进入狭腔时，受到强大的离心力的作用，颗粒在转齿和定齿之间的狭腔中摩擦、撞击而分散成细小颗粒。

2. 脱气 果蔬细胞间隙存在着大量的空气，原料在破碎、取汁、均质和搅拌、输送等工序中要混入大量的空气，所以得到的果汁中含有大量的氧气、二氧化碳、氮气等。这些气体以溶解形式在细微粒子表面吸附着，也许有一小部分以果汁的化学成分形式存在。这些气体中的氧气可导致果汁营养成分的损失和色泽的变差，因此，必须加以去除，这一工艺即称脱气或去氧。脱气方法有加热法、真空法、化学法、充氮置换法等，且常结合在一起使用。

(1) 真空脱气法。原理是气体在液体内的溶解度与该气体在液面上的分压成正比。果汁进行真空脱气时，液面上的压力逐渐降低，溶解在果汁中的气体不断逸出，直至总压降到果汁的蒸汽时，已达平衡状态，此时所有气体已被排除，真空脱气装置如图 3-14、图 3-15 所示。

真空脱气的要点有三方面：

① 控制适当的真空度和果汁温度。一般真空罐内的真空度为 0.090 7～0.093 3 MPa。

② 被处理的果汁的表面积要大。一般使果汁分散成薄膜状或雾状，常采用的方法有离心喷雾、加压喷雾和薄膜式 3 种。

③ 要有充分的脱气时间。脱气时间取决于果汁的性状、温度和其在脱气罐内的状态。

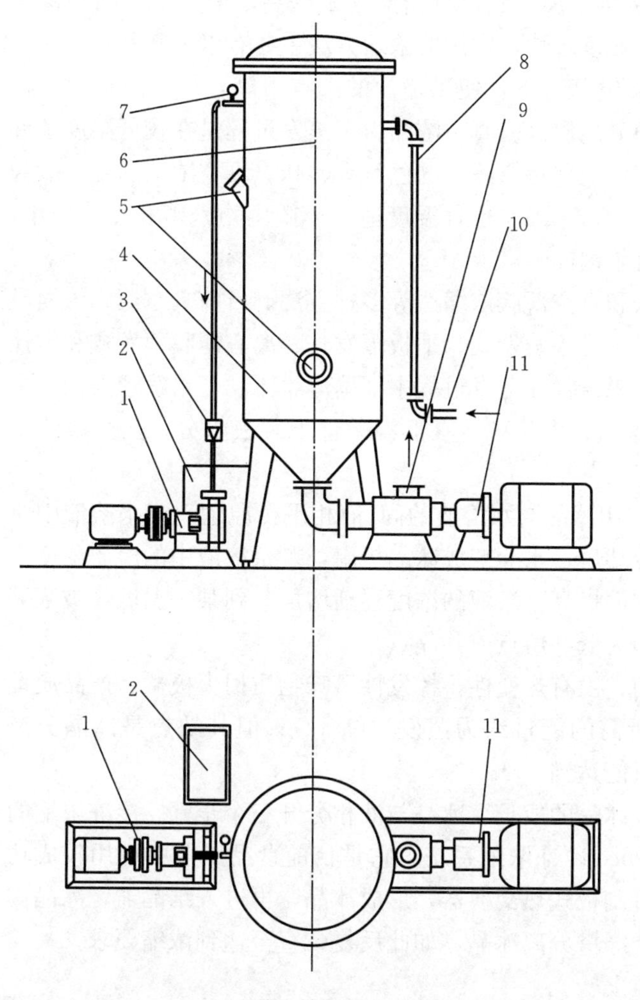

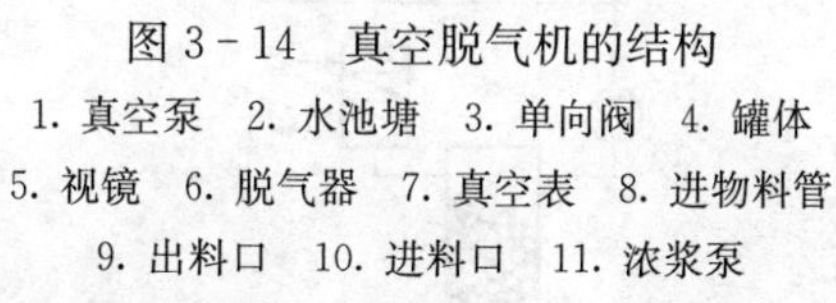

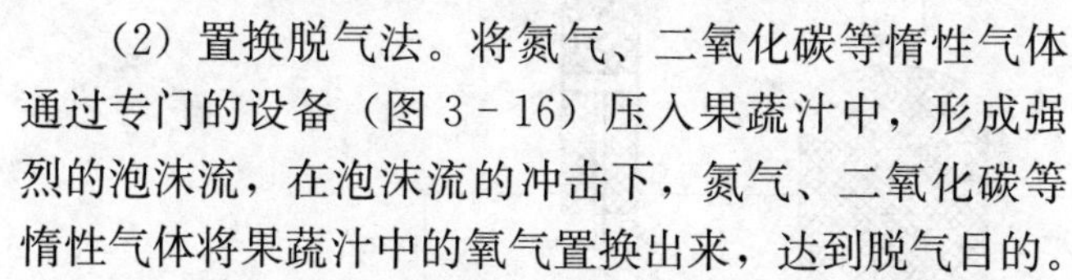

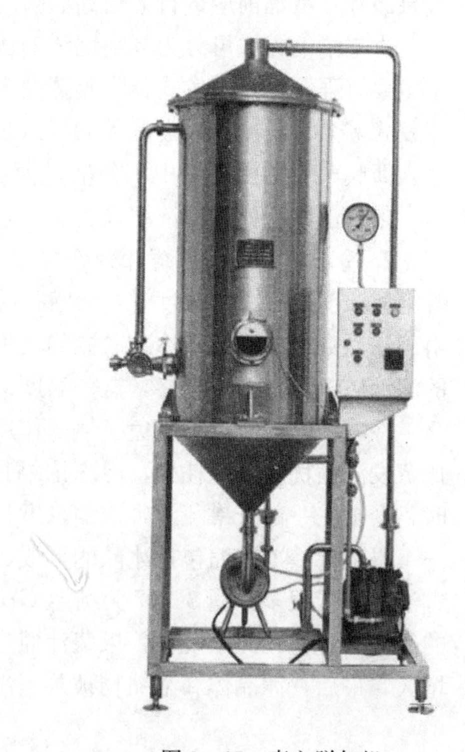

图 3-14　真空脱气机的结构

1. 真空泵　2. 水池塘　3. 单向阀　4. 罐体
5. 视镜　6. 脱气器　7. 真空表　8. 进物料管
9. 出料口　10. 进料口　11. 浓浆泵

图 3-15　真空脱气机

(2) 置换脱气法。将氮气、二氧化碳等惰性气体通过专门的设备（图 3-16）压入果蔬汁中，形成强烈的泡沫流，在泡沫流的冲击下，氮气、二氧化碳等惰性气体将果蔬汁中的氧气置换出来，达到脱气目的。

(3) 化学脱气法。利用一些抗氧化剂或需氧的酶类作为脱气剂，加入果蔬汁中，消耗果蔬汁中的氧气，达到脱气目的。常用的脱气剂有抗坏血酸、葡萄糖氧化酶等。

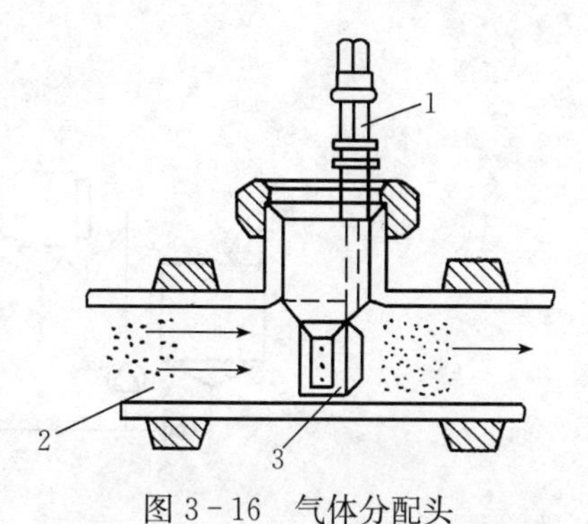

图 3-16　气体分配头

1. 氮气进入管　2. 果汁导入管　3. 穿孔喷嘴

(九) 浓缩果蔬汁的浓缩与脱水

浓缩果蔬汁是由澄清果蔬汁经脱水浓缩后制得，其体积小，可溶性固形物含量达到 65%～75%，便于包装和运输，能克服果蔬采收期和品种所造成的成分上的差异，果蔬汁的品质更加一致，且糖酸含量提高，增加了产品的保藏性。因此，目前浓缩果蔬汁的生产增长速度较快，常用的浓缩方法主要有以下几种：

1. 真空浓缩法 在低于大气压的真空状态下，使果蔬汁的沸点下降，加热使果蔬汁在低温条件下沸腾，使水分从原果蔬汁中分离出来。真空浓缩由于蒸发过程是在较低温度条件下进行的，既可缩短浓缩时间，又能较好地保持果蔬汁的色、香、味。真空浓缩温度一般为25～35 ℃，不超过 40 ℃，真空度约为 94.7 kPa。这种温度适合于微生物繁殖和酶的作用，故果蔬汁在浓缩前应进行适当高温瞬时杀菌。

真空浓缩方法可分为真空锅浓缩法和真空薄膜浓缩法等多种方法。目前真空薄膜浓缩设备主要有强制循环蒸发式、降膜蒸发式、升膜蒸发式、平板蒸发式、离心薄膜蒸发式和搅拌蒸发式等多种类型。这类设备的特点是果蔬汁在蒸发过程中都呈薄膜流动，果蔬汁由循环泵送入薄膜蒸发器的列管中，分散呈薄膜状，由于减压在低温条件下脱去水分，热交换效果好，是目前广泛使用的浓缩设备。

2. 冷冻浓缩法 果蔬汁冷冻浓缩应用冰晶与水溶液的固-液相平衡原理。当水溶液中所含溶质浓度低于共熔浓度时，溶液被冷却后，水会变成冰晶析出，剩余溶液中的溶质浓度则由于冰晶数量的增加和冷冻次数的增加而提高，溶液的浓度逐渐增加，到某一温度，被浓缩的溶液以全部冻结而告终，这一温度即为低共熔点或共晶点。

冷冻浓缩的特点是避免了热的作用，没有热变性，挥发性风味物质损失极微，产品质量比蒸发浓缩优越，能耗少，冷冻浓缩所需的能量约为蒸发浓缩 1/7；但其缺点是冰晶分离时，会损失一部分果蔬汁，浓缩浓度只能达到 55％。

果蔬汁冷冻浓缩包括冰晶的形成、冰晶的成长、冰晶与液相分开三个步骤。冷冻浓缩的方法和装置很多，图 3－17 为荷兰 Grenco 冷冻浓缩系统，它是目前食品工业中应用较成功的一种装置。在此系统中，果蔬汁通过刮板式热交换器，形成冰晶，再进入结晶器，冰晶体增大，最后，冰晶体和浓缩物被泵至洗涤塔分离冰晶，如此反复，直至达到浓缩要求。

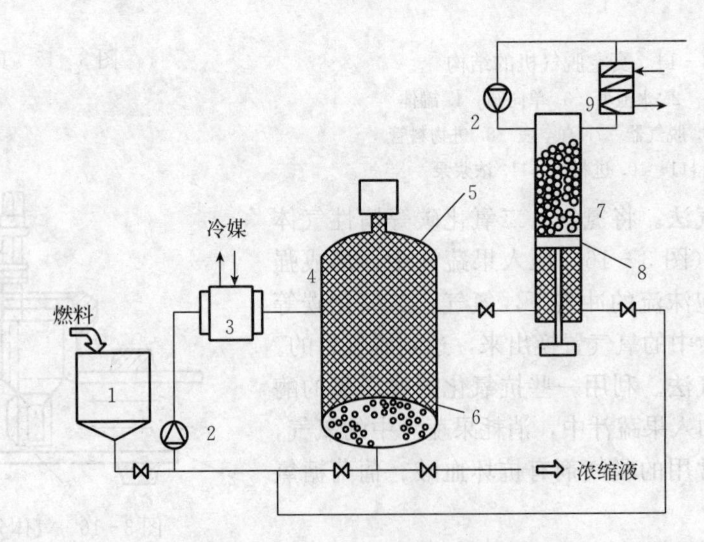

图 3－17　Grenco 冷冻浓缩系统

1. 原料罐　2. 循环泵　3. 刮板式热交换器　4. 再结晶罐　5. 搅拌器
6. 过滤器　7. 洗涤塔　8. 活塞　9. 冰晶溶解用热交换器

3. 反渗透浓缩法　反渗透浓缩是一种现代的膜分离技术，与真空浓缩等加热蒸发方法相比，其优点是蒸发过程不需加热，可在常温条件下实现分离或浓缩，品质变化小。

浓缩过程在密封中操作，不受氧气影响；在不发生相变下操作，挥发性成分的损失较少；节约能源，所需能量约为蒸发浓缩的1/17，是冷冻浓缩的1/2。

反渗透浓缩的原理是依赖于膜的选择性筛分作用，以压力差为推动力，使某些物质透过，而其他组分不透过，从而达到分离浓缩目的，如图3-18所示，因此，高分子膜是实现膜分离技术高效、高选择性的必要条件。目前反渗透浓缩常用膜为醋酸纤维素及其衍生物膜、聚丙烯腈系列膜等。影响反渗透浓缩的主要因素有以下方面。

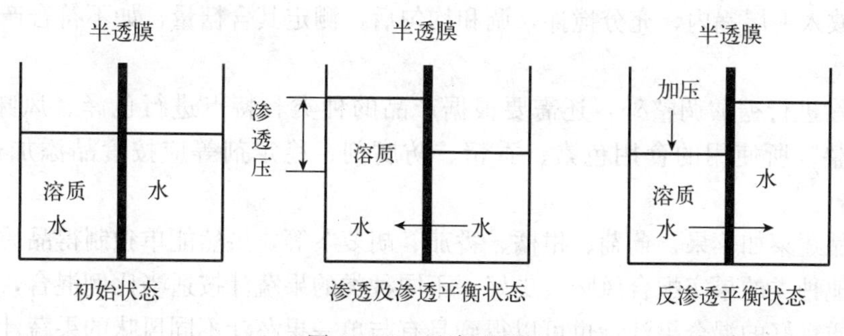

图3-18　反渗透原理

(1) 浓差极化现象。所有的分离过程均会产生这一现象，在膜分离的中它的影响特别严重。当分子混合物由推动力带到膜表面时，水分子透过，另外一些分子被阻止，这就导致在近膜表面的边界层中被阻组分的集聚和透过组分的降低，这种现象即所谓浓差极化现象。它的产生使透过速度显著衰减，削弱膜的分离特性。工程上主要采取加大流速、装设湍流装置、脉冲法、搅拌法等消除其影响。

(2) 膜的特性及适用性。不同材质的膜有不同的适用性，介质的化学性质对膜的效果有一定的影响，如醋酸纤维素膜在pH4～5，水解速度最小，在强酸和强碱中水解加剧。

(3) 操作条件。一般情况下，操作压力越大，一定膜面积上透水速率越大，但又受到膜的性质和组件的影响。理论上随温度升高，反渗透速度增加，但果蔬汁大多为热敏物质，应控制温度在40～50℃为宜。

(4) 果蔬汁的种类性质。果蔬汁的化学成分、果浆含量和可溶性固形物的初始浓度对透汁速度影响很大，果浆含量和可溶性固形物含量高，不利于反渗透的进行。

(十) 果蔬汁的调整与混合

为使果蔬汁符合一定的规格要求和改进风味，常需要适当调整，使果蔬汁的风味接近新鲜果蔬。调整范围主要为糖酸比例的调整及香味物质、色素物质的添加，调整糖酸比及其他成分，可在特殊工序如均质、浓缩、干燥、充气以前进行，澄清果汁常在澄清过滤后调整，有时也可在特殊工序中间进行调整。

果蔬汁饮料的糖酸比例是决定其口感和风味的主要因素。一般果蔬汁适宜的糖分和酸分的比例在（13～15）：1范围内，适宜于大多数人的口味。因此，果蔬汁饮料调配时，首先需要调整含糖量和含酸量。一般果蔬汁中含糖量在8%～14%，有机酸的含量为0.1%～0.5%。调配时用折光仪或白利糖表测定并计算果蔬汁的含糖量，然后按下列公式计算补加浓糖液的质量和补加柠檬酸的量。

$$X=\frac{W\ (B-C)}{D-B}$$

式中：X——需加入的浓糖液（酸液）的量，kg；

D——浓糖液（酸液）的浓度，%；

W——调整前原果蔬汁的质量，kg；

C——调整前原果蔬汁的含糖（酸）量，%；

B——要求调整后的含糖（酸）量，%。

糖酸调整时，先按要求用少量水或果蔬汁使糖或酸溶解，配成浓溶液并过滤，然后再加入果蔬汁中放入夹层锅内，充分搅拌，调和均匀后，测定其含糖量，如不符合产品规格，可再行适当调整。

果蔬汁除进行糖酸调整外，还需要根据产品的种类和特点进行色泽、风味、黏稠度、稳定性的调整。所使用的食用色素、香精、防腐剂、稳定剂等应按食品添加剂的规定量加入。

许多果品蔬菜如苹果、葡萄、柑橘、番茄、胡萝卜等，虽然能单独制得品质良好的果蔬汁，但与其他种类的果实配合风味会更好。不同种类的果蔬汁按适当比例混合，可以取长补短，制成品质良好的混合果汁，也可以得到具有与单一果蔬汁不同风味的果蔬汁饮料。中国农业大学研制成功的"维乐"蔬菜汁，是由番茄、胡萝卜、菠菜、芹菜、冬瓜、莴笋6种蔬菜复合而成，其风味良好。混合汁饮料是果蔬汁饮料加工的发展方向。

（十一）杀菌与包装

1. 杀菌 果蔬汁杀菌的目的：一是杀灭微生物防止发酵；二是钝化各种酶类，避免各种不良的变化。果蔬汁杀菌的微生物对象为酵母和霉菌，酵母在66 ℃下1 min，霉菌在80 ℃下20 min即可杀灭，所以，可以采用一般的巴氏杀菌法杀菌，即80～85 ℃杀菌20～30 min，然后放入冷水中冷却，从而达到杀菌的目的。但由于加热时间太长，果蔬汁的色泽和香味都有较多的损失，尤其是混浊果汁，容易产生煮熟味。因此，常采用高温瞬时杀菌法，即采用93 ℃±2 ℃保持15～30 s杀菌，特殊情况下可采用120 ℃保持3～10 s杀菌。

果蔬汁的杀菌原则上是在装填之前进行，装填方法有高温装填法和低温装填法两种。高温装填法是在果蔬汁杀菌后，处于热状态下进行装填，利用果蔬汁的热对容器内表面进行杀菌。低温装填法是将果蔬汁加热到杀菌温度之后，保持一定时间，然后通过热交换器立即冷却至常温或常温以下，将冷却后的果蔬汁进行装填。高温装填法和低温装填法都要求在果蔬汁杀菌的同时对包装容器、机械设备、管道等进行杀菌。蔬菜汁等可采用UHT（超高温瞬时杀菌）方法，在加压状态下，采用100 ℃以上温度杀菌。

2. 包装 果蔬汁的包装方法，因果蔬汁品种和容器种类而有所不同。常见的有铁罐、玻璃瓶、纸容器、铝箔复合袋等。果实饮料的灌装除纸质容器外均采用热灌装，使容器内形成一定真空度，较好地保持成品品质。一般采用装汁机热装罐，装罐后立即密封，罐头中心温度控制在70 ℃以上，如果采用真空封罐，果蔬汁温度可稍低些。

结合高温短时杀菌，果蔬汁常用无菌灌装系统进行灌装，目前，无菌灌装系统主要有纸盒包装系统（如利乐包和屋脊纸盒包装）、塑料杯无菌包装系统、蒸煮袋无菌包装系统和无菌罐包装系统。

三、常见问题及解决办法

（一）变色

果汁在加工中发生的变色多为酶褐变，在贮藏期间发生的变色多为非酶褐变。

对于酶褐变控制的办法是尽快用高温杀死酶活性；添加有机酸或维生素 C 抑抑制酶褐变；加工过程中要注意脱氧；加工过程中要避免接触铜、铁用具等。

对于非酶褐变控制的办法是：防止过度的热力杀菌和尽可能地避免过长的受热时间；控制 pH 在 3.3 以下；制品贮藏在较低的温度下，贮藏中避光。

（二）混浊果蔬汁的稳定性

带肉果汁或混浊果汁，特别是瓶装带肉果汁，保持均匀一致的质地对品质至关重要。要使混浊物质稳定，就要使其沉降速度尽可能降至零。其下沉速度一般认为遵循斯托克斯方程。

$$V=\frac{2gr^2\ (\rho_1-\rho_2)}{9\eta}$$

式中：V——沉降速度；

g——重力加速度；

r——混浊物质颗粒半径；

ρ_1——颗粒或油滴的密度；

ρ_2——液体（分散介质）的密度；

η——液体（分散介质）的黏度。

为了使混浊果汁稳定，应从如下几方面着手：采用均质、胶体磨处理等，降低颗粒体积；可通过添加胶体物质如果胶、黄原胶、脂肪酸甘油酯、CMC 等，增加分散介质的黏度；通过加高脂化和亲水的果胶分子作为保护分子包埋颗粒以降低颗粒与液体之间的密度差。

（三）绿色蔬菜汁的色泽保持

绿色蔬菜在加工中容易失绿而变褐，可采用热碱水（$NaHCO_3$）烫漂处理或清洗后的绿色蔬菜在稀碱液中浸泡 30 min，使游离出的叶绿素皂化水解为叶绿酸盐等产物，绿色更为鲜亮。

（四）柑橘类果汁的苦味与脱苦

柑橘类果汁在加工过程或加工过后易产生苦味，主要成分是黄烷酮糖苷类和三萜系化合物。

可采取以下措施：选择含苦味物质少的原料种类、品种，果实充分成熟或进行追熟处理；加工过程中尽量减少苦味物质的溶入，如种子等尽量少压碎，悬浮果浆与果汁的接触时间尽量短；采用柚苷酶和柠碱前体脱氢酶处理；采用聚乙烯吡咯烷酮、尼龙- 66 等吸附脱苦；添加蔗糖、β-环状糊精、新地奥明以及二氢查耳酮等提高苦味物质阈值。

（五）微生物引起的败坏

微生物的侵染和繁殖引起的败坏可表现在变味上，也可引起长霉、混浊和发酵。

防止办法：采用新鲜、无霉烂、无病虫的果实原料；注意原料的洗涤消毒；严格车间和设备、管道、工具、容器等的消毒，缩短工艺流程的时间；果汁灌后封口要严密；杀菌要彻底。

子任务一　柑橘汁加工技术

柑橘汁在国际市场上是最受欢迎的饮料之一，具有适口的甜、酸、微苦综合性风味，气味芳香，色泽柔和，且含有多种人体所必需的维生素和矿物质。

【任务准备】

1. 主要材料　柑橘、白砂糖、柠檬酸、氢氧化钠、洗涤剂（高锰酸钾）、玻璃瓶等。

2. 仪器及设备　手持糖量计、不锈钢刀、不锈钢锅、电热炉、辊式分级机、喷淋式清洗机、针刺式除油机、离心分离机、榨汁机、过滤机、离心喷雾式脱气机、均质机、杀菌锅等。

【任务实施】

1. 原料准备

（1）品种选择。柑橘类水果如甜橙、宽皮橘、葡萄柚、柠檬等，均为重要的制汁原料。甜橙的制汁优良品种为先锋橙、锦橙、哈姆林橙、伏令夏橙等。宽皮橘类有樟头红、温州蜜柑、雪柑等。葡萄柚类有福斯脱粉红葡萄柚、红宝石葡萄柚。柠檬类有尤力克、里斯本、法兰根等。

柑橘类果品以制成混浊果汁为佳，因为构成风味、色泽和营养成分的主要是果汁中的悬浮微粒。适宜制汁的是皮薄、多汁的种类和品种，宜选用风味较浓、甜酸适度、可溶性固形物含量高、出汁率高、充分成熟的果实为原料。

（2）原料选择。按上述标准选择原料，剔除病虫害果、霉烂果及未熟果。从合格的果实中取样，进行糖酸比值、色泽、果汁含量和其他理化指标的测定。

2. 清洗、分级　先用清水或0.2%～0.3%高锰酸钾溶液浸泡20 min，然后冲洗去果皮上的污物，捞起沥干并分级备用。

3. 除油　清洗后的果实接着进入针刺式除油机，果皮在机内被刺破，果皮中的油从油胞中逸出，随喷淋水流走，再用碟式离心分离机就可以从甜橙油和水的乳浊液中把甜橙油分离出来，分离残液经循环管道再进入除油机中做喷淋水用。

4. 榨汁　甜橙、柠檬、葡萄柚等严格分级后用FMC压榨机和布朗锥汁机取汁；宽皮橘可用螺旋压榨机、刮板式打浆机及安迪生特殊压榨机取汁。如无压榨机可用简易榨汁机或手工去皮取汁。

5. 过滤　用0.3 mm筛孔的过滤机过滤，使果汁含果浆3%～5%，或将果汁用3～4层纱布过滤。

6. 成分调整　测定原汁的可溶性固形物含量和含酸量，将可溶性固形物含量调整至13%～17%，含酸量调至0.8%～1.2%。

7. 均质　使用高压均质机在10～20 MPa的压力下将调整后的柑橘汁均质，也可用胶体磨均质。

8. 脱气去油　采用热力脱气或真空脱气机进行脱气去油。柑橘汁经脱气后应保持精油含量在0.15%～0.25%。

9. 杀菌、灌装　采用巴氏杀菌，在15～20 s内升温至93～95 ℃，保持15～20 s，降温至90 ℃，趁热保温在85 ℃以上灌装于预消毒的容器中。

10. 冷却　装罐（瓶）后的产品应迅速冷却至38 ℃。

【产品质量标准】

色泽呈橙黄色，具有鲜橘汁的香味，酸甜适口，无异味，汁液均匀混浊，静置后允许有少量沉淀，摇动后仍呈均匀混浊状；可溶性固形物含量为15%～17%，含糖量为12.5%～16.0%，总酸为0.8%～1.6%。

子任务二　葡萄汁加工技术

【任务准备】

1. 主要材料　葡萄、0.03%高锰酸钾溶液、白砂糖、柠檬酸、偏酒石酸溶液、单宁、明胶等。

2. 仪器及设备　不锈钢锅、不锈钢刀、电热炉、破碎机、榨汁机、杀菌锅、抗酸涂料罐。

【任务实施】

1. 原料选择　美洲种葡萄以康克为最好，果实含丰富的酸，风味显著而独特，色泽鲜丽。其果汁在透光下呈深红色，在反射光下呈紫红色。康克加工适性良好，果汁十分稳定，加热杀菌和贮藏过程都不会变色、沉淀或产生煮过味。其他常用品种还有玫瑰露、渥太华、奈格拉、玫瑰香等。制汁的原料要求果实新鲜良好、完全成熟、呈紫色或乌紫色、无腐烂及病虫害。未熟果的色、香、味差，酸味浓；过熟果、机械损伤果易引起酵母繁殖，风味不正。

2. 选择、清洗　剔除不合格原料，摘除未熟果、裂果、霉烂果等。用0.03%的高锰酸钾溶液浸果3 min，再用流动水漂洗干净。

3. 去梗、破碎　葡萄果梗含单宁物质1%～2.5%，含酸量为0.5%～1.5%，此外还含有苦味物质，葡萄连梗浸泡加热，这些成分会溶出而使果汁带有涩味和不良的果梗味。所以，一定要去除果梗，同时进一步挑选，剔除不合格果粒。去梗后用破碎机破碎，或使用葡萄联合破碎机同时完成去梗及破碎处理。

4. 榨汁　除去果梗，破碎后用筛子先行粗滤，再取全部果皮，加入部分果汁，于60～70 ℃温度中保持10～15 min，以提取色素，然后压榨；压榨时加入0.2%果胶酶和0.5%的精制木质纤维素可提高出汁率，压榨后再用同样办法提取色素一次，再行压榨。

5. 果汁调整　测定果汁含糖量和含酸量，将含糖量调整到18%～20%，有机酸含量调整为0.5%～0.8%。

6. 澄清　将果汁加热至80 ℃，除去泡沫，倒入预先经过杀菌的容器中，密封，贮存于−2～5 ℃的冷库（或冰箱）中，贮存1个月，使果汁澄清，以除去酒石和蛋白质等悬浮物。除去酒石的汁液，经80 ℃杀菌，冷却至30～37 ℃，加入果胶酶制剂，用量为果汁的0.15%，并在37 ℃条件下保温4 h，即澄清。若温度低于37 ℃，澄清时间会相对延长。

7. 装瓶、杀菌 用虹吸法吸出清汁，装瓶，于 80 ℃热水中杀菌 10 min，分段冷却至35 ℃。

【注意事项】

1. 葡萄汁有冷榨和热榨两种方法。淡色原料可用冷榨取汁，风味好；在破碎时加入抗坏血酸，具有改善果汁色泽和风味的效果。热榨用于深色果粒进行加热提色，温度一般控制不超过 65 ℃。温度过高易使果皮和种子中的单宁大量溶出，引起果汁的苦涩味。

2. 添加偏酒石酸防止葡萄汁酒石沉淀。2%偏酒石酸液的制备方法是偏酒石酸 1 kg，加水 49 kg，浸泡 2 h（经常搅拌），加热煮沸 5 min，充分搅拌使其溶解，用绒布过滤，调整至总量为 50 kg，放在冰水中迅速冷却。

冷冻法亦可防止酒石沉淀。新榨出的果汁，经瞬间加热至 80～85 ℃，迅速冷却到 0 ℃左右，在－5～－2 ℃条件下，静置贮藏 1 个月，使酒石沉淀析出。或急速冷却至－18 ℃，保存 4～5 个月，再移至室温中解冻，使酒石沉淀。

3. 加工中，严防与钢、铁金属接触，防止变色。加工葡萄汁必须用抗酸涂料罐。

4. 葡萄汁还可采用瞬间加热法，当温度达到 93 ℃后立即装罐密封，倒罐 1～2 min 后冷却。

【产品质量标准】

产品呈紫红色或浅紫红色，具有葡萄鲜果汁香味，酸甜适口，无异味，清澈透明，长期静置后允许有少量沉淀和酒石结晶析出；可溶性固形物含量（以折光率计）为 15%～18%，总酸度（以酒石酸计）为 0.4%～1.0%；无致病菌检出，无微生物引起的腐败。

【练习与作业】

1. 果汁生产上常用的澄清方法主要有哪些？各有什么要求？
2. 试说明混浊果蔬汁均质、脱气的目的和方法。
3. 浓缩果蔬汁是如何进行浓缩与脱水的？浓缩方式有哪几种？
4. 果蔬汁常见的质量问题有哪些？如何控制？

任务四 果酒加工技术

相关知识准备

果酒是水果本身的糖分被酵母菌发酵成为含乙醇的酒，是低浓度乙醇含量的营养饮料。一般含乙醇 13%～15%，最高不超过 16%～18%。含有糖、有机酸、酯类及多种维生素。饮用适量，益气调中，并有治疗贫血功效。

一、果酒的分类

（一）按制作方法分类

1. 发酵果酒 将果汁或果浆经乙醇发酵和陈酿而成。根据发酵程度的不同，又分为全发酵果酒（糖分全部发酵，残糖量在 1%以下）和半发酵果酒（糖分部分发酵）。如葡萄酒、苹果酒等。

2. 蒸馏果酒　果品经乙醇发酵后，再经蒸馏所得到的酒，又名白兰地。通常所指白兰地是以葡萄为原料而成，其他水果酿制的白兰地，应冠以原料名称，如苹果白兰地等。蒸馏果酒乙醇含量较高，多在40%以上。

3. 配制果酒　配制果酒又称露酒，是将果实或果皮、鲜花等用乙醇或白酒浸泡提取或用果汁加乙醇、糖、香精、色素等食品添加剂调配而成。其名称与发酵果酒相同，制法不同。

4. 加料果酒　以发酵果酒为基础，加入植物性增香物质或药材而制成，如人参葡萄酒、鹿茸葡萄酒等。此类酒因加入香料或药材，往往有特殊浓郁的香气或滋补功效。

5. 起泡果酒　酒中含有二氧化碳的果酒，如香槟、小香槟、汽酒。香槟是以发酵葡萄酒为酒基，再经密闭发酵产生大量的二氧化碳而制成，因初产于法国香槟省而得名；小香槟是以发酵果酒或配制果酒为酒基，经发酵产生或人工充入二氧化碳制成；汽酒是配制果酒中人工充入二氧化碳而制成的一类果酒。

（二）按含糖量分类

按果酒含糖量的多少将果酒分为干酒、半干酒、半甜酒和甜酒四类。

1. 干酒　含糖量（以葡萄糖计）在4.0 g/L以下的果酒。

2. 半干酒　含糖量在4.1～12.0 g/L的果酒。

3. 半甜酒　含糖量在12.1～50.0 g/L的果酒。

4. 甜酒　含糖量在50.1 g/L以上的果酒。

（三）按乙醇含量分类

按酒中含乙醇的多少将果酒分为低度果酒和高度果酒两类。

1. 低度果酒　乙醇含量为17%以下的果酒，俗称17度。

2. 高度果酒　乙醇含量为18%以上的果酒，俗称18度。

（四）按生产果酒的原料分类

按生产果酒的原料不同将果酒划分为很多种类，如葡萄酒、猕猴桃酒、苹果酒等；在国外，只有葡萄浆（汁）经乙醇发酵后的制品称为果酒，其他果实发酵的酒则名称各异。

二、果酒酿造原理

果酒酿造是利用酵母菌将果汁或果浆中可发酵性糖类经乙醇发酵作用成乙醇，再在陈酿澄清过程中经酯化、氧化、沉淀等作用，制成酒液清晰、色泽鲜美、醇和芳香的果酒的过程。

（一）乙醇发酵过程及其产物

乙醇发酵是酵母菌在无氧状态下将葡萄糖分解成乙醇、二氧化碳和少量甘油、高级醛醇类物质，并同时产生乙醛、丙酮酸等中间产物的过程。在此过程，形成了果酒的主要成分乙醇及一些芳香物质。

1. 乙醇　乙醇是果酒的主要成分之一，为无色液体，具有芳香和带刺激性的甜味。其在果酒中的体积百分比即为酒度，含乙醇1%，即为1°。

乙醇的高低对果酒风味影响很大。酒度太低，酒味淡寡，通常11%以下的酒很难有酒香，而且乙醇必须与酸、单宁等成分相互配合才能达到柔和的酒味。乙醇含量的增加还可以抑制多数微生物的生长，这种抑菌作用能保证果酒在低酸、无氧条件下多年保存。

乙醇来源于酵母的乙醇发酵，同时，产生二氧化碳并释放能量，因此在发酵过程中，往往伴随有气泡的逸出与温度的上升，特别是发酵旺盛时期，要加强管理。

2. 甘油　甘油是除水和乙醇外，在干酒中含量最高的化合物。味甜且稠厚，可赋予果酒以清甜味，增加果酒的稠度，使果酒口味清甜圆润。

甘油主要由磷酸二羟丙酮转化而来，少部分由酵母细胞所含卵磷脂分解产生。葡萄的含糖量高、酒石酸含量高、添加二氧化硫等能增加甘油含量，低温发酵不利于甘油的生成，贮存期间，甘油含量会有一定的升高。

3. 乙醛　乙醛是乙醇发酵的副产物，由丙酮酸脱羧产生，也可以由乙醇氧化而来。乙醛是葡萄酒的香味成分之一，但过多的游离乙醛会使葡萄酒有苦味和氧化味。通常，乙醛大部分与二氧化硫结合形成稳定的乙醛-亚硫酸化合物，这种物质不影响葡萄酒的质量，陈酿时，乙醛含量会有所增加。

4. 醋酸　醋酸又称乙酸，是葡萄酒中主要的挥发酸，由乙醛及乙醇氧化而来。在一定范围内，醋酸是葡萄酒良好的风味物质，赋予葡萄酒气味和滋味。但含量超过 1.5 g/L 时，会有明显的醋酸味。

5. 琥珀酸　琥珀酸是酵母代谢副产物，其生成量约为乙醇的1%，由乙醛生成或谷氨酸脱氨、脱羧并氧化而来。琥珀酸的存在可增加果酒的爽口感，其乙酯是某些葡萄酒的重要芳香成分。

6. 高级醇　高级醇又称杂醇油，指含 2 个以上碳的一元醇，主要有正丙醇、异丁醇、丁醇、活性戊醇等。高级醇是果酒二类香气的主要成分，一般含量很低，其含量过高，会使酒具有不愉快的粗糙感。主要来源于氨基酸还原脱氨及糖代谢。

（二）陈酿过程及化学变化

新酿成的果酒混浊、辛辣、粗糙、不适宜饮用，必须经过一定时间的贮存，以消除酵母味、苦涩味、生酒味和二氧化碳刺激味等，使酒质透明、醇和芳香，这一过程称酒的陈酿或老熟。

陈酿过程发生了一系列化学变化，这些变化中，以酯化反应及氧化还原反应对酒的风味影响大。

1. 酯化反应　酯化反应是指酸和醇生成酯的反应。酯类物质都具有一定的香气，是果酒香气的主要来源之一。

酯化反应速度较慢，在陈酿的前两年，酯的形成速度较快，以后逐渐减慢，直至停止。一般影响酯化反应的因素主要有温度、酸的种类、pH 及微生物等。温度与酯化反应速度成正比，在葡萄酒贮存过程中，温度越高，酯的生成量也越高，这是葡萄酒进行热处理的依据；果酒中，有机酸种类不同，其成酯速度也不同，而且成酯芳香也不同，对于总酸在0.5%左右的葡萄酒来说，如通过加酸促进酯的生成，以加乳酸效果最好，柠檬酸次之，苹果酸又次之，琥珀酸较差，加酸量以加 0.1%～0.2%的有机酸为适当；氢离子是酯化反应的催化剂，因此，pH 对酯化反应的影响很大，同样条件下，pH 降低 1 个单位，酯的生成量增加 1 倍；微生物种类不同，成酯的种类和数量有一定差异。

2. 氧化还原反应　氧化还原反应是果酒加工中重要的反应，直接影响到产品的品质。无论是新酒或老酒中都不允许有痕量游离的溶解氧，但在果酒加工中，由于表面接触、搅动、换桶、装瓶等操作都会溶入一些氧，氧化还原反应一方面可以通过酒中的还原性物质如单宁、色素、维生素C等除去酒中游离氧的存在；另一方面，还原反应还促进了一些芳香物质的形成，对酒的芳香和风味影响很大。

三、果酒酿造微生物

果酒的酿造，主要依赖于微生物的活动，因此，果酒酿造的成败及品质与参与的微生物种类有最直接的关系。酵母菌是果酒酿造的主要微生物，但其类型很多，生理特性各异，必须选择优良菌种用于果酒酿造。

葡萄酒酵母，是酿造葡萄酒的主要酵母，又称椭圆酵母。其细胞透明，形状从圆形到长柱形不等，25 ℃培养3 d固体培养基上，菌落呈乳白色，边缘紧齐，菌落隆起、湿润、光滑。其发酵的主要特点：

① 发酵力强。即产乙醇的能力强，可使乙醇含量达到12%～16%，最高达17%。

② 产酒率高。即可将果汁中的糖最大限度地转化为乙醇。

③ 抗逆性强。即能在高二氧化硫含量的果汁中代谢繁殖，而其他有害微生物则全部杀死。

④ 生香性强。能产生典型的葡萄酒香型。

另外，巴氏酵母、尖端酵母也常参与乙醇发酵。巴氏酵母多作用于发酵后期；尖端酵母多在发酵初期进行发酵，一旦乙醇含量达到5%，即停止发酵，让位于葡萄酒酵母。

除酵母类群外，乳酸菌也是果酒酿造的重要微生物，其一方面能把苹果酸转化为乳酸，使新葡萄酒的酸涩、粗糙等缺点消失，同时变得醇厚饱满、柔和协调。但当乳酸菌在有糖存在时，易分解糖成乳酸、醋酸等，使酒风味变坏。

在果酒酿造中，要抑制霉菌、醭酵母及醋酸菌等有害微生物的代谢繁殖，防止果酒风味变劣。

四、影响酵母及乙醇发酵的因素

1. 温度 温度是影响发酵的最重要因素之一。液态酵母活动的最适温度为20～30 ℃，20 ℃以上，繁殖速度随温度升高而加快，至30 ℃达最大值，34～35 ℃时，繁殖速度迅速下降，至40 ℃停止活动。一般情况下，发酵危险温度区为32～35 ℃，这一温度称为发酵临界温度。

根据发酵温度的不同，可以将发酵分为高温发酵和低温发酵。30 ℃以上为高温发酵，其发酵时间短，但口味粗糙，杂醇、醋酸等含量高；20 ℃以下为低温发酵，其发酵时间长，但有利于酯类物质生成及保留，果酒风味好。一般认为，红葡萄酒发酵最佳温度为26～30 ℃；白葡萄酒发酵最佳温度为18～20 ℃。

2. 酸度（pH） 酵母菌在pH2～7范围内均可生长，pH4～6生长最好，发酵力最强。但一些细菌也生长良好，因此，生产中，一般控制pH为3.3～3.5，此时，细菌生长受到抑制，酵母活动良好。pH<3.0发酵受到抑制。

3. 氧气 酵母是兼性厌氧微生物，在氧气充足时，主要繁殖酵母细胞，只产少量乙醇；在缺氧时，繁殖缓慢，产生大量乙醇。因此，在果酒发酵初期，应适当供给氧气，以达到酵母繁殖所需，之后，应密闭发酵。对发酵停滞的葡萄酒经过通氧可恢复其发酵力；生产起泡葡萄酒时，二次发酵前轻微通氧，有利于发酵的进行。

4. 糖分 糖浓度影响酵母的生长和发酵。糖度为1%～2%时，生长发酵速度最快；高于25%，出现发酵延滞；60%以上，发酵几乎停止。因此，生产中，生产高酒度果酒时，要采用分次加糖的方法，以保证发酵的顺利进行。

5. 乙醇 乙醇是酵母的代谢产物，不同酵母对乙醇的耐力有很大的差异。多数酵母在乙醇浓度达到2%，就开始抑制发酵，尖端酵母在乙醇浓度达到5%时就不能生长，葡萄酒酵母可忍受13%～15%的乙醇含量，甚至达16%～17%。所以，自然酿制生产的果酒不可能生产过高酒度的果酒，必须通过蒸馏或添加纯乙醇生产高度果酒。

6. 二氧化硫 酒发酵中，添加二氧化硫主要是为了抑制有害菌的生长，因为酵母对其不敏感，是理想的抑菌剂。葡萄酒酵母可耐1 g/L的二氧化硫。果汁含10 mg/L二氧化硫，对酵母无明显作用，但其他杂菌则被抑制。二氧化硫含量达到50 mg/L时发酵仅延迟18～20 h，但其他微生物则完全被杀死。

五、常见问题及解决途径

1. 变色 葡萄酒在加工过程中会出现颜色变化，如白葡萄酒变褐色、变粉红色。

白葡萄酒的褐变主要是由酒中所含有的少量着色物质如叶绿素、胡萝卜素、叶黄素在陈酿期因氧化作用变为褐色。防止褐变的方法是使用二氧化硫和惰性气体，可防止氧化反应的发生。

白葡萄酒变粉红色是由于酒中的黄酮接触空气变为粉红色的黄盐，这是由酒中原花色苷引起的。解决的办法可用酪素除去酒中不稳定的前体。

2. 微生物病害 微生物对葡萄酒组分的代谢可以破坏酒的胶体平衡，使酒出现雾浊、混浊、沉淀和风味变化。这些微生物通常有酵母菌、醋酸菌、乳酸菌。

预防微生物病害的措施有：

① 破碎后立刻加100～125 mg/L二氧化硫。

② 白葡萄酒贮存时进行冷冻处理。

③ 酒装瓶前巴氏杀菌、无菌过滤或添加防腐剂。

一旦出现微生物病害，可结合加热杀菌处理，杀菌温度为55～65 ℃。

3. 铁、铜破败病 当葡萄酒中含铁、铜量过高时，容易发生铁、铜破败病。铁破败病又有白色破败病和蓝色破败病之分。白葡萄酒中常发生白色破败病，造成酒液呈白色混浊；蓝色破败病常在红葡萄酒中发生，使酒液呈蓝色混浊。铜破败病常发生于白葡萄酒中，使酒液有红色沉淀产生。

防止铁、铜破败病的措施是降低果酒中铁、铜含量。将120 mg/L的柠檬酸加入葡萄酒中可以防止铁破败病的发生，膨润土-亚铁氰化钾可以除去过多的铁、铜离子；防止铜破败病可通过皂土澄清、使用硫化钠使铜离子沉淀除去或离子交换除铜。

子任务一 红葡萄酒加工技术

红葡萄酒是选用皮红肉白或皮与肉皆红的葡萄为原料，将葡萄皮与破碎的葡萄浆液混合发酵后加工而成的葡萄酒。其酒色深红（酒的色泽因原料种类或发酵工艺不同而有差异，例如宝石红或紫红、石榴红），酒体丰满醇厚，略带涩味，具有浓郁的果香和优雅的葡萄酒香。

【任务准备】

1. 主要材料　红色葡萄品种、蔗糖、酒石酸、偏重亚硫酸钾、葡萄酒酵母（干酵母或试管菌种）、硅藻土、明胶、单宁等。

2. 仪器及设备　pH 计、手持糖量计、乙醇浓度计、温度计、密度计、破碎机、榨汁机、硅藻土过滤机、发酵罐（50～500 L 或 10 L 玻璃发酵瓶）、发酵栓、贮酒罐（桶）等。

【任务实施】

1. 原料选择、分选、清洗　原料选择色泽深、果粒小，风味浓郁，果香典型的红色葡萄品种；原料糖分要求达 21%以上，最好达 23%～24%；原料要求完全成熟，糖、色素含量高而酸不太低时采收。常用的品种主要有赤霞珠、黑比诺、佳丽酿、蛇龙珠等。

原料进行认真挑选，剔除霉变、未成熟颗粒，并进行彻底清洗，若受到微生物污染或有农药残留，可用浓度为 1%～2%的稀盐酸浸泡或加入 0.1%高锰酸钾，以增强洗涤效果。

2. 破碎与除梗　将每颗果粒都破裂，但不能将种子和果梗破碎，破碎过程中，葡萄及其汁不得与铁、铜等金属接触。破碎后的果浆应立即进行果梗分离，防止果梗中的青草味和苦涩物质溶出，还可减少发酵醪体积，便于输送，防止果梗固定色素而造成色素的损失。破碎可采用人工或机械破碎。

3. 葡萄浆成分的调整　每 100 mL 葡萄浆液含糖量应在 18～20 g（成品酒度 10°～12°）。加糖量计算公式如下：

$$m=\frac{V\ (1.7A-\rho)}{100-1.7A\times 0.625}$$

式中：m——应加固体砂糖量，kg；

ρ——每 100 mL 果汁的原含糖量，g；

V——果汁的总体积，L；

A——发酵要求达到的乙醇含量；

0.625——每千克砂糖溶于水后增加 0.625 L 体积；

1.7——1.7 g 糖能生成 1°酒。

测定葡萄汁的含糖量，确定是否添加糖。若需添加糖，加糖前应量出较准确的葡萄汁体积，一般每 200 L 加一次糖。加糖时先将糖用少量果汁溶解，制成糖浆，再加入到大批果汁中，充分搅拌，使其完全溶解，加糖最好在酒精发酵开始前进行。

测定葡萄汁的含酸量，确定是否添加酸。若需添加酸，可采用酒石酸。加酸时先将酒石酸用水配制成 50%的水溶液，然后再添加到葡萄浆液中。

4. 二氧化硫处理　在发酵醪或酒液中加入二氧化硫，以便发酵顺利进行或利于酒的贮藏。二氧化硫在酒中的作用表现为杀菌、澄清、抗氧化、增酸、利于色素和单宁的溶出、使风味变好等。但使用不当或过量，会产生怪味并有害于人体健康，推迟葡萄酒的成熟。

发酵醪中二氧化硫含量一般要求达到 30～100 mg/L。具体添加量根据原料情况而定，一般添加量如表 3－6 所示。

表 3-6　二氧化硫添加量（mg/L）

原料状况	二氧化硫添加量
健康葡萄，一般成熟，强酸度（pH3.0）	30～50
健康葡萄，完全成熟，弱酸度（pH3.5）	50～100
带生葡萄，破损，霉烂	100～150

为了便于操作，一般添加固体亚硫酸盐。固体亚硫酸盐应注意其有效二氧化硫含量，常用固体亚硫酸盐及有效二氧化硫含量如表 3-7 所示。

表 3-7　常用硫化物中有效二氧化硫含量（%）

试剂名称	纯试剂中含二氧化硫	实际使用时计算量
偏重亚硫酸钾（$K_2S_2O_5$）	57.65	50
亚硫酸氢钾（$KHSO_3$）	53.31	45
亚硫酸钾（K_2SO_3）	33.0	25
偏重亚硫酸钠（$Na_2S_2O_5$）	67.43	64
亚硫酸氢钠（$NaHSO_3$）	61.59	60
亚硫酸钠（Na_2SO_3）	50.84	50

各加工步骤使用偏重亚硫酸钾添加量如表 3-8 所示。

表 3-8　各加工步骤偏重亚硫酸钾添加量

处理步骤	$K_2S_2O_5$ 使用量	备注
消毒软木塞	15～20 g/10 L 水	加 5 g 柠檬酸/10 L 水
在罐装前消毒瓶子	20～30 g/10 L 水	加 5 g 柠檬酸/10 L 水
消毒酿酒桶	10 g/10 L 水	加 5 g 柠檬酸/10 L 水
发酵前果酒发酵醪	1～1.5 g/10 L 果汁	
果酒第一次倒酒时	1～1.5 g/10 L 果酒	
第二次或第三次倒酒时	0.75～1 g/10 L 果酒	
果酒罐装时	0.3～0.4 g/10 L 果酒	
加糖果酒或含有残留糖的果酒罐装时	0.5 g/10 L 果酒	加工过程中的总添加量不超过 2 g/10 L

固体亚硫酸盐使用时，先将固体溶于水，配制成 10%溶液，然后按工艺要求添加。

5. 主发酵　发酵罐或桶、泵、管道等辅助设备必须采用二氧化硫消毒处理；试管装葡萄酒酵母必须经过活化处理，活化后酒母添加量为 3%～10%；干酵母则可用温水活化后直接添加；发酵醪的装入量控制在发酵设备有效体积的 80%～85%；低温发酵温度 15～16 ℃，发酵时间 5～7 d；高温发酵温度 24～26 ℃，发酵时间 2～3 d；发酵最高温度不超过 30 ℃；发酵过程应定期检查糖度、密度、pH 等。当相对密度达到 1.01～1.02 时，结束主发酵。

（1）酒母的制备。酒母即扩大培养后加入发酵醪的酵母菌，试管装酵母菌种需经过3次扩大培养后才可加入，分别称一级培养、二级培养、三级培养，最后酒母桶培养。具体方法为：一级培养于生产前10～15 d进行。选取完熟、无变质的葡萄压榨取汁，装入洁净试管或三角瓶内。试管内装量为容量的1/4（10～20 mL），三角瓶则为容量的1/3（50 mL），在58.8 kPa的压力下灭菌30 min。冷却至28～30 ℃，在无菌操作下接入纯培养菌种，在25～28 ℃恒温下培养24～48 h，当发酵旺盛时可进入下一步培养。二级培养用洁净的1 000 mL三角瓶，加入新鲜葡萄汁500～600 mL，如前法灭菌，冷却后接入培养旺盛的试管酵母菌液2～3支或三角瓶酵母液1瓶，在25～28 ℃恒温下培养24 h，即可进行三级扩大培养。三级培养用洁净的10 L左右具有发酵栓的大玻璃瓶，加葡萄汁至容量的70%左右。葡萄汁须经加热或二氧化硫杀菌，二氧化硫杀菌浓度为150 mg/L，二氧化硫杀菌后需放置1 d再使用。玻璃瓶口用70%乙醇进行消毒，在无菌室接入二级菌种，接种量为2%～5%，安装发酵栓。在25～28 ℃恒温下培养24～28 h，当酵母发酵旺盛时，可进一步扩大培养。酒母培养在酒母桶中进行。酒母桶一般用不锈钢罐，将酒母桶用蒸汽杀菌15～30 min，也可用偏重亚硫酸盐溶液消毒，用量见表3-8，4 h后装入经杀菌冷却的葡萄汁（葡萄汁杀菌采用蒸汽加热至85 ℃，保持3～5 min，冷却至30 ℃），装量为酒母桶容量的80%，接入发酵旺盛的三级培养酵母，接种量为5%～10%，在28～30 ℃下培养1～2 d即可作为生产酒母。培养后的酒母可直接加入发酵液中，用量为3%～10%。

（2）干酵母的活化。在35～42 ℃的温水中加入10%的活性干酵母，小心混匀，静置，经20～30 min后酵母已复水活化，可直接添加到经二氧化硫处理过的葡萄浆中，一般每10 L发酵液干酵母用量为2 g。有时为了减少商品活性干酵母的用量，也可在复水活化后再进行扩大培养，制成酒母使用。这样能使酵母在扩大培养中进一步适应使用的环境条件，恢复全部的潜在性能。做法是将复水活化的酵母投入澄清的含二氧化硫的葡萄汁中培养，扩大比为5～10倍，当培养至酵母的对数生长期后，再次扩大5～10倍培养。培养条件与葡萄酒酒母相同。

6. 压榨分离新酒 主发酵结束后，要及时进行酒渣分离，分离温度控制在30 ℃以下。先分离自流原酒，然后再进行压榨。

7. 后发酵 后发酵罐必须在24 h内装满新酒，装量为发酵罐有效体积的95%左右，上部留出5～15 cm空间，补充添加二氧化硫，添加量为30～50 mg/L，发酵温度控制在18～25 ℃，发酵时间5～10 d。

相对密度下降至0.993～0.998时，发酵基本停止，糖分已全部转化，可结束后发酵。

8. 陈酿 贮酒室温度一般保持在12～15 ℃；空气相对湿度保持在85%～95%；室内有良好的通风设施，能定期进行通风换气。

将后发酵结束的原酒，用酒泵（或虹吸管）转入专用贮酒容器（罐、瓶）中，密封，送入贮酒室。抽取原酒时，注意除去酒脚（发酵罐底部沉淀物）。此为第一次倒酒。第一次倒酒后，一般冬季每周添酒1次，高温时每周添酒2次。第一次倒酒2～3月后，进行第二次倒酒。第二次倒酒后每月添酒1～2次。以后可根据陈酿期，每隔10～12个月倒酒1次。

优质红葡萄酒陈酿期一般为2～4年。

9. 澄清 选择合适的澄清剂，要求澄清剂不会对酒的品质产生任何影响（本实训以明胶-单宁法为例）。常用澄清剂及其参考用量如表3-9、表3-10所示。

表 3-9 澄清剂分类

类别	材料名称
有机物质（胶体）	明胶、鱼胶、蛋白质、牛奶、干酪、白朊、干酪素、纤维素、单宁等动物性物质
矿物质	亚铁氰化钾（黄血盐）、皂土、硅藻土、高岭土等
植物性物质	琼脂

表 3-10 各种澄清剂参考用量表

澄清剂名称	红葡萄酒（g/100 L）	白葡萄酒（g/100 L）	说 明
明胶	8～18	5～8	白葡萄酒应加适量单宁
鱼胶	5	1～3	单宁用量为明胶用量的 50%左右
蛋清	2～4 个	1～1.5 个	蛋清应加食盐，若单宁含量低，一个蛋清加单宁
干蛋粉	8～10	5～8	蛋粉需 200～300 个鸡蛋
皂土	20～40（干酒） 50～70（甜酒）	20～60（干酒） 50～100（甜酒）	混合使用时，明胶用量为皂土的 10%
干酪素		10～100	
牛血清粉	15～25	10～15	

澄清温度以 8～20 ℃最为理想，经过澄清的红葡萄酒呈现澄清透明状，在－7 ℃下经 7 d 放置，检查不发混。

采用明胶-单宁法进行澄清小样试验，确定明胶、单宁用量，具体方法如下。

配制 1%的单宁和 1%明胶水溶液（明胶需提前 30 min 用水浸泡，加热溶解温度不宜超过 60 ℃），取 40 支试管，编好号码，各加入 10 mL 准备澄清的原酒，按表 3-11 分别加入不同数量的 1%单宁和 1%明胶水溶液。先按顺序加单宁猛力摇动后，再加入明胶，强烈振荡后静置 6～12 h，观察，取透明度最好、明胶用量最少的试样作为最佳方案，确定生产中用量。

表 3-11 澄清试验方案表

试验方案	试管	1	2	3	4	5	6	7	8	9	10
1	1%单宁（mL）	0	0	0	0	0	0	0	0	0	0
	1%明胶（mL）	0.1	0.2	0.3	0.4	0.5	0.6	0.7	0.8	0.9	1.0
	评价										
2	1%单宁（mL）	0.1	0.1	0.1	0.1	0.1	0.1	0.1	0.1	0.1	0.1
	1%明胶（mL）	0.1	0.2	0.3	0.4	0.5	0.6	0.7	0.8	0.9	1.0
	评价										
3	1%单宁（mL）	0.2	0.2	0.2	0.2	0.2	0.2	0.2	0.2	0.2	0.2
	1%明胶（mL）	0.1	0.2	0.3	0.4	0.5	0.6	0.7	0.8	0.9	1.0
	评价										
4	1%单宁（mL）	0.3	0.3	0.3	0.3	0.3	0.3	0.3	0.3	0.3	0.3
	1%明胶（mL）	0.1	0.2	0.3	0.4	0.5	0.6	0.7	0.8	0.9	1.0
	评价										

根据上述试验结果，按澄清红葡萄酒量，准确计算所需单宁、明胶用量，称取单宁、明胶，分别用水溶解，缓慢、均匀地加入单宁后再加入明胶，及时充分搅匀，静置。

经 2～3 周澄清后，将上清液（酒）及时用酒泵抽出，迅速与酒脚分离。

10. 过滤　采用硅藻土过滤机进行过滤。每吨酒硅藻土用量为 0.5～3.0 kg。

11. 冷热处理　冷处理温度以稍高于葡萄酒的冰点 0.5～1 ℃为宜，一般在－7～－4 ℃。冷处理不能使酒出现冻结。冷处理时间为 5～7 d。热处理温度为 67 ℃，处理时间为 15 min。

冷处理采取间接冷冻法，将贮酒罐放入冷库，靠库温进行降温处理。每天测定贮酒罐内温度，防止温度过低出现冻结。冷处理完毕，应在低温下过滤，除去沉淀物。

将过滤后的酒放入一个密闭容器内，进行热处理。将酒间接加热（如水浴锅）到 67 ℃，保持 15 min。

12. 调配　以葡萄酒的分类为依据《葡萄酒》（GB 15037—2006），设计配酒方案。卫生指标符合国家《发酵酒及其配制酒》（GB 2758—2012）食品卫生标准要求，感官、理化指标，符合《葡萄酒》（GB 15037—2006）中规定标准。

13. 装瓶、杀菌　空瓶必须进行彻底清洗，并用高压灭菌锅（121 ℃，15 min。）进行灭菌。葡萄酒杀菌温度为 65～68 ℃，杀菌时间为 30 min。

将封盖的酒瓶放入水浴锅中，逐渐升温，使瓶子中心温度达到 65～68 ℃，保持时间30 min即可。以木塞封口，水溶液面应在瓶口下 4.5 mm 左右，若采用皇冠盖，水面则可淹没瓶口。

杀菌后将商标粘贴在瓶子适当位置，要求粘贴牢固平整，装箱即为成品。

【产品质量标准】

葡萄酒感官要求如表 3－12 所示。

表 3－12　葡萄酒感官要求

项目			要　求
外观	色泽	红葡萄酒	紫红、深红、宝石红、红微带棕色、棕红色
		桃红葡萄酒	桃红、淡玫瑰红、浅红色
		加香葡萄酒	深红、棕红、浅红、金黄色、浅黄色
	澄清程度		澄清透明，有光泽，无明显悬浮物（使软木塞封口的酒允许有 3 个以下不大于 1 的软木塞渣）
	起泡程度		起泡葡萄酒注入杯中时，应有细微的串珠状气泡升起，并有一定持续性
香气与滋味	香气	非加香葡萄酒	具有纯正、优雅、怡悦、和谐的果香与酒香
		加香葡萄酒	具有优美、纯正的葡萄酒香气与和谐的芳香植物香
	滋味	干、半干葡萄酒	具有纯净、幽雅、爽怡的口味和新鲜悦人的果香味，酒体完整
		甜、半甜葡萄酒	具有甘甜醇厚的口味和陈酿的酒香味，酸甜协调，酒体丰满
		起泡葡萄酒	具有优美醇正、和谐悦人的口味和发酵起泡酒的特有香味，有刹口力
		加气起泡葡萄酒	具有清新、愉快、纯正的口味，有刹口力
		加香葡萄酒	具有醇厚、爽舒的口味和谐调的芳香植物香味，酒体丰满
典型性			典型突出、明确

葡萄酒理化要求如表 3－13 所示。

表 3－13　葡萄酒的理化要求

项　目			要求
乙醇含量度（20℃）（体积分数，%）	甜、加香葡萄酒		11.0～24.0
	其他类型葡萄		7.0～13.0
总糖（以葡萄糖计，g/L）	平静葡萄酒	干型	≤4.0
		半干型	4.1～12.0
		半甜型	12.1～50.9
		甜型	≥50.1
		干加香	≤50.0
		甜加香	≥50.1
	起泡、加气起泡葡萄酒	天然型	≤12.0
		绝干型	12.1～20.0
		干型	20.1～35.0
		半干型	35.1～50.0
		甜型	≥50.1
滴定酸（以酒石酸计，g/L）	甜、加香型葡萄		5.0～8.0
	其他类型葡萄酒		5.0～7.5
挥发酸（以乙酸计，g/L）			≤1.1
游离 SO_2（mg/L）			≤50
总 SO_2（mg/L）			≤250
干浸出物（g/L）	白葡萄酒		≥15.0
	红、桃红、加香葡萄酒		≥17.0
铁（mg/L）	白、加香葡萄酒		≤10.0
	红、桃红葡萄酒		≤8.0
CO_2（20℃，MPa）	起泡、加气起泡葡萄酒	<250 L/瓶	≥0.30
	酒	≥250 L/瓶	≥0.35

注：酒精度在上表的范围内，允许误差为 1.0%（体积分数，20℃）。

子任务二　白葡萄酒加工技术

白葡萄酒选用白葡萄或皮红肉白的葡萄为原料，将分离果皮后的葡萄浆液发酵后加工而成的葡萄酒。酒色近似无色或浅黄色，酒体丰满醇厚，外观澄清透明，果香浓郁，酸而爽口。

【任务准备】

1. 主要材料　白葡萄、蔗糖、酒石酸、偏重亚硫酸钾、葡萄酒酵母（干酵母或试管菌种)、硅藻土、明胶、单宁等。

2. 仪器及设备　pH 计、手持糖量计、乙醇浓度计、温度计、密度计，破碎机、榨汁机、硅藻土过滤机、发酵罐（50～500 L 或 10 L 玻璃发酵瓶）、发酵栓、贮酒罐（桶）等。

【任务实施】

1. 原料的选择与处理　生产白葡萄酒选用白葡萄或红皮白肉的葡萄，常用的品种有龙眼、雷司令、贵人香、白羽、李将军等。

2. 破碎与压榨取汁　酿制白葡萄酒的原料破碎方法与红葡萄酒的操作差异不大，酿造红葡萄酒的葡萄破碎后，尽快地除去葡萄果梗；白葡萄酒的原料破碎时不除梗，破碎后立即压榨，利用果梗作为助滤剂，提高压榨效果。白葡萄酒是葡萄压榨取汁后进行发酵，而红葡萄酒是发酵后压榨。

现代葡萄酒厂在酿制白葡萄酒时，用果汁分离机分离果汁，即将葡萄除梗破碎，果浆流入果汁分离机进行果汁分离。红皮白肉的葡萄酿制白葡萄酒时，只取自流汁酿制。

由于压榨力和出汁率不同，所得果汁质量也不同。通常情况下，出汁率小于 60%时，总糖、总酸、浸出物含量变化不大；出汁率大于 70%时，总糖、总酸含量大幅度下降，酿成的白葡萄酒口感较粗糙，苦涩味过重。因此在酿制优质白葡萄酒时，应注意控制出汁率，采用分级取汁法。

3. 葡萄汁的澄清　葡萄汁澄清的方法有二氧化硫澄清法、果胶酶法、添加皂土法与离心法。

（1）二氧化硫澄清法。酿制白葡萄酒的葡萄汁在发酵前添加二氧化硫，不仅具有杀菌、澄清、抗氧化、增酸、还原等作用，还可促进色素和单宁溶出，使酒风味变好，同时还有澄清果汁的作用。二氧化硫的添加量见表 3－6，添加方法与酿制红葡萄酒时二氧化硫的添加相似。但酿制白葡萄酒的葡萄汁在发酵前添加二氧化硫，使葡萄汁在低温下加入二氧化硫，澄清效果更好。将葡萄汁温度降至 15 ℃，静置 16～24 h，用虹吸法吸取清汁，或从澄清罐的高位阀放出清汁。

（2）果胶酶法。使用果胶酶澄清应按葡萄汁的混浊程度及果胶酶的活力决定果胶酶添加量，而且澄清效果受温度、葡萄汁的 pH 等的影响，所以，使用前应通过小试确定最佳用量。一般果胶酶用量为 0.5%～0.8%。先将果胶酶粉剂用 40～50 ℃的水稀释均匀，放置 2～4 h 后，加入葡萄汁中，搅匀并静置，使果汁中的悬浮物沉于容器底部，取上层清汁。

（3）添加皂土法。皂土是一种利用天然黏土加工而成的胶体铝硅酸盐。根据皂土的成分及其特性差异、葡萄汁的混浊程度、葡萄汁的成分等确定皂土的添加量。所以，应提前进行小试确定最佳用量。一般皂土的用量为 1.5 g/L。将皂土与 10～15 倍的水混合，皂土吸涨 12 h，再加部分温水，并搅拌均匀，然后将皂土与水的混合浆液与 4～5 倍的葡萄汁混合，再与全部的葡萄汁混合，并用酒循环泵循环处理 1 h，使其混合均匀。静置澄清，分离清汁。皂土与明胶配合使用，澄清效果更佳。

（4）离心法。将果汁用高速离心机处理，可有效地将果汁中的悬浮物去除。离心处理前，将果汁用果胶酶处理或添加皂土，澄清效果更好。

4. 成分调整与发酵　葡萄汁的成分调整同红葡萄酒加工，酿制干红葡萄酒时，葡萄汁的成分调整在主发酵后进行调整，酿制干白葡萄酒时，葡萄汁的成分在发酵前进行。

白葡萄酒发酵是在澄清的葡萄汁中接入5%～10%的人工培养的优良酵母，然后在密闭式容器中低温发酵。葡萄汁一般缺乏单宁，在发酵前常按100 L果汁添加4～5 g单宁，有助于提高酒质。酒母的活化和扩大培养与加工红葡萄酒时酒母的活化及其培养相同。主发酵温度为16～22 ℃，发酵时间为15 d。残糖量降至5 g/L，主发酵结束。后发酵的温度不超过15 ℃，发酵期为1个月左右。残糖量降至2 g/L，后发酵结束。苹果酸-乳酸发酵会影响大多数白葡萄酒的清新感，所以，在白葡萄酒的后发酵期，一般要抑制苹果酸-乳酸发酵。

白葡萄酒的发酵温度应控制在28 ℃以下，否则会影响白葡萄酒的品质。为了达到发酵液降温的要求，通常采用以下几种方法。

（1）发酵前降温。葡萄在夜间采摘、避免太阳直晒采摘后的葡萄或采摘的葡萄摊放散热，减少原料的热量带到果汁中，降低果汁的温度；也可对压榨后的葡萄汁进行冷却，使之温度降到15 ℃后，再放入发酵桶（池、缸）中。

（2）采用小型容器发酵。用200～1 000 L的木桶进行发酵，易于散热，若葡萄汁入桶温度在15 ℃左右，则发酵时最高温度不会超出28 ℃。

（3）发酵室降温。可在白天密闭门窗，不使外界高温空气进入室内；晚间开启门窗换入较冷的空气，或用送风机送入冷风，有时根据需要也可用冷冻设备送入冷风。

（4）利用热交换器控制发酵醪的温度。采用发酵池发酵，在池内装设冷却管；如在木桶内发酵，可将发酵液打入板式热交换器，以循环的方法进行冷却。

控制相对较低的温度进行乙醇发酵，不容易被有害微生物侵染；挥发性的芳香物质保存较好，酿成的酒具有水果的酯香味，并有一种新鲜感；减少乙醇损失，同时酒石酸沉淀较快、较完全，酿成的葡萄酒澄清度高。

5. 换桶、添桶、陈酿 白葡萄酒换桶、添桶、陈酿处理同红葡萄酒，只是个别工艺过程的条件或操作方法有差异。白葡萄酒发酵结束后，应迅速降温至10～20 ℃，静置1周，采用换桶操作除去酒脚。一般干白葡萄酒的酒窖温度为8～11 ℃，相对湿度为85%，贮存环境的空气要求清新。干白葡萄酒的换桶操作必须采用密闭的方式，以防氧化，保持酒的原有果香。

【产品质量标准】

见红葡萄酒酿造。

子任务三　苹果酒加工技术

【任务准备】

1. 主要材料 苹果、蔗糖、柠檬酸、偏重亚硫酸钾、葡萄酒酵母（干酵母或试管菌种）、硅藻土、明胶、单宁等。

2. 仪器设备 同红葡萄酒加工。

【任务实施】

1. 原料选择、清洗、分选 原料应充分成熟，含糖量为14%～15%，含酸量为0.4%左右，单宁含量为0.2%左右。果实应进行充分清洗，去除表面农药残留，降低表面微生物数量。必要时可采用1%～2%稀盐酸或0.1%高锰酸钾浸泡处理，增强清洗效果。

2. 破碎　破碎的果块要大小适宜、均匀，一般果块直径3～4 mm。破碎过程中添加护色剂如维生素C、柠檬酸等，以防果肉氧化。种子不能破碎，以防产生苦味。

3. 榨汁　破碎完成后，应立即进行榨汁，出汁率保证在60%左右。榨汁完成后，彻底清洗榨汁机，并将果渣及时处理。

4. 果汁成分调整　果汁含糖量达到18%～20%，含酸量达到3.0～6.0 g/L，二氧化硫含量达到75～150 mg/L，具体添加量与果汁pH密切相关，如表3-14所示。

表3-14　苹果汁中二氧化硫添加量与pH的关系

苹果汁的pH	要求的二氧化硫浓度（以总二氧化硫计）
<3.0	酸度足以抑制微生物生长，无须添加二氧化硫
3，0～3.3	75 mg/L
3.3～3.5	100 mg/L
3.3～3.8	150 mg/L
>3.8	首先调整pH，在此条件下即使添加200 mg/L也无济于事

采用手持糖量计测定果汁含糖量，采用酸碱滴定法和pH计分别测定果汁可滴定酸度和pH，并将数据按表3-15记录。

按工艺要求调整糖、酸，并添加亚硫酸盐，使二氧化硫含量达到要求。

表3-15　苹果汁成分分析和调整数据记录表

1. 所用的苹果品种______
2. 出汁率______%
3. 原苹果汁的成分分析
   （1）相对密度______
   （2）含糖量______g/L
   （3）滴定酸度______g/L（以苹果酸计）
   （4）pH______
4. 苹果汁经调整后欲达到的状态
   （1）成品酒的酒度（假设糖完全发酵）______%（体积分数）
   （2）相对密度______
   （3）含糖量______g/L
   （4）滴定酸度______g/L（以苹果酸计）
   （5）pH______
5. 需要添加物质的量
   （1）添加蔗糖的量______g/L
   （2）添加苹果酸的量______g/L
6. 发酵前对果汁重新分析的结果
   （1）相对密度______

（续）

（2）含糖量＿＿＿＿g/L
（3）滴定酸度＿＿＿＿g/L（以苹果酸计）
（4）pH＿＿＿＿
7. 二氧化硫的添加量
（1）总二氧化硫量＿＿＿＿mg/L
（2）游离二氧化硫量＿＿＿＿mg/L
8. 所用酵母品种＿＿＿＿

5. 发酵　发酵容器应刷洗干净、无异味，并用二氧化硫杀菌消毒。果汁输入量占发酵罐容积的80%左右；采取密闭发酵，发酵温度为15～18 ℃，发酵时间为7～14 d；酒母添加量为3%～10%（每10 L含活性干酵母2 g）。残糖量降至5.0 g/L、相对密度≤1.000时，结束主发酵。

6. 陈酿　贮酒室温度为10～15 ℃，空气相对湿度为85%～90%，室内应有通风设施，能定期更换空气，保持室内空气清洁、新鲜。倒酒时向苹果酒中重新加入50 mg/L的二氧化硫。贮酒桶要用二氧化硫彻底消毒。陈酿期为4～6个月。

7. 澄清　采用膨润土-明胶法。

对膨润土、明胶做如下处理：膨润土先用40 ℃温水浸泡，同时添加3 g/L的苹果酸，然后将膨润土配制成10%的悬浮液，将其混匀，贮存24 h，备用；明胶先用40 ℃温水浸泡，然后配制1%溶液，贮存4～6 h，备用。

小试试验方法：在6个200的烧杯装入苹果酒，按表3-16中的添加量，逐一加膨润土和明胶，摇匀，静置4～8 h后，观察澄清结果，澄清度达到最大而添加量最小的试样是最理想的试验结果。

表3-16　膨润土-明胶澄清试验用量对照表

试验（200 mL苹果酒）		试验结果观察
膨润土（10%悬浮液，mL）	明胶（1%溶液，mL）	
1	1	
1	2	
2	2	
2	4	
4	4	
4	8	

根据试验结果及要澄清苹果酒的量，确定膨润土和明胶用量。

先将膨润土与少量苹果酒混匀，一边搅拌，一边缓慢倒入待澄清的苹果酒中，然后加入1%的明胶溶液，搅拌均匀，静置3～5 d，抽取上部澄清液。

8. 过滤　同红葡萄酒加工。

9. 调配　苹果酒的质量应符合表3-17标准。

10. 灌装、杀菌　同红葡萄酒加工。

【产品质量标准】

表 3-17　苹果酒质量标准

指标	项目	干型	半干型
感官指标	色泽	呈金黄色或淡黄色	
	澄清度	外观澄清透明，无悬浮物	
	香味	具有清晰、优雅、协调的苹果香与酒香	
	口味	清新爽口，酒体醇厚，余味悠长	
	典型性	具有苹果酒的典型风格	
理化指标	乙醇含量（体积分数，20℃，%）	11.5±0.5	11.5±0.5
	总糖（以葡萄糖计，g/L）	4	4.1～12.0
	总酸（以苹果酸计，g/L）	4.5～4.7	4.5～7.5
	挥发酸（以乙酸计，g/L）	≤1.1	≤1.1
	游离 SO_2（mg/L）	≤50	≤50
	总 SO_2（mg/L）	≤250	≤250
	干浸出物（g/L）	≥12	≥12
	铅（mg/L）	≤0.5	≤0.5

【练习与作业】

1. 影响乙醇发酵的主要因素有哪些？生产上如何控制？

2. 红葡萄酒与白葡萄酒酿造工艺上的不同点有哪些？

3. 发酵果酒常见质量问题有哪些？不同质量问题产生原因是什么？其相应的预防措施有哪些？

任务五　糖制品加工技术

相关知识准备

我国糖制品加工的起源是蜜饯类果品。早在我国古代，已有不少果品种类用来制成丰富多彩的糖制品。作为糖制品有记载的只有蜜饯类果品。此外还有一类盐坯制品称为凉果或甘草香料制品，其实这两类并不能概括我国近代及世界各国多种多样果蔬糖制品。

果蔬糖制品色、香、味、形俱佳，并且提高了果蔬的经济价值，同时也改善了果蔬的品质，使果蔬的食用种类增加，便于运输和贮藏，给人们生活带来更多食用产品的选择。果蔬糖制加工原料广泛、制品繁多、风味优美、销路广阔，有其特有优点。

一、糖制品的分类

糖制品按照按加工方法和状态一般分为果脯蜜饯与果酱两大类。按照生产地域可以分为京式、苏式、广式、闽式“四大系”。

(一) 按加工方法和状态分类

糖制品按加工方法和状态分为果脯蜜饯与果酱两大类。果脯蜜饯类属于高糖食品，保持果实或果块原形，大多含糖量在50%～70%；果酱类属高糖高酸食品，不保持原来的形状，含糖量在40%～65%，含酸量约在1%以上。

1. 果脯蜜饯类 根据果脯蜜饯类的干湿状态可分为干态果脯和湿态蜜饯。

(1) 干态果脯。在糖制后进行晾干或烘干而制成表面干燥、不黏手的制品，也有的在其外表裹上一层透明的糖衣或形成结晶糖粉，如各种果脯、某些凉果、瓜条及藕片等。

(2) 湿态蜜饯。在糖制后，不行烘干，而是稍加沥干，制品表面发黏，如某些凉果，也有的糖制后，直接保存于糖液中制成罐头，如各种带汁蜜饯或称糖浆水果罐头。

2. 果酱类 果酱类主要果酱、果泥、果糕、果冻及果丹皮。

(1) 果酱。呈黏稠状，也可以带有果肉碎块，如杏酱、草莓酱等。

(2) 果泥。呈糊状，即果实必须在加热软化后要打浆过滤，所以酱体细腻，如苹果酱、山楂酱等。

(3) 果糕。将果泥加糖和增稠剂后加热浓缩而制成的凝胶制品。

(4) 果冻。将果汁和食糖加热浓缩而制成的透明凝胶制品。

(5) 果丹皮。将果泥加糖浓缩后，刮片烘干制成的柔软薄片。山楂片是将富含酸分及果胶的一类果实制成果泥，刮片烘干后制成的干燥的果片。

(二) 按生产地域分类

由于各地果品原料不同，习俗各异，产品在加工方法上不尽相同。长期实践中逐渐形成了“四大系”，即京式、苏式、广式、闽式。

1. 京式 主要以果脯类产品为主，保持了原果风味，外观呈半透明状，含糖量高，柔软而有韧性，口味浓甜，代表品种有苹果脯、桃脯、杏脯等。

2. 苏式 起源于苏州，产品表面微有糖液，色鲜肉脆，清香可口，原果风味浓郁，色、香、味、形俱佳，代表产品如有糖制梅、雕梅、糖佛手等。

3. 广式 起源于广州汕头、潮州一带以凉果（甘草制品）产品和糖衣类产品为代表，所以称为甘草制品。产品表面干燥，味多酸甜或酸咸甜适口，入口余味悠长。代表品种有奶油话梅、陈皮梅、甘草杨桃等。

4. 闽式 主要产于福建漳州、泉州一带，以橄榄制品为代表，其最大特点是凉果类型，含糖量低，表面干燥或半干燥，微有光泽感，肉质细腻而致密，添加香味突出，爽口而有回味。主要代表品种有大福牢、丁香榄、十香果等。

二、糖制品的糖制原理

糖制品保藏主要依靠食糖来抑制微生物的活动。果蔬糖制采用的食糖，本身对微生物无害。低浓度糖液有利于微生物生长和繁殖。食糖的保藏作用在于其高浓度糖液的高渗透压，使微生物细胞的原生质脱水而失去活性。因而，食糖只是一种食品保藏剂，只有在较高浓度下才能产生足够的渗透压。1%的蔗糖液约有70.9 kPa的渗透压。大多数微生物细胞渗透压为307～615 kPa。50%的糖溶液能抑制大多数酵母的生长，而65%以上的含糖量能有效地抑制细菌和霉菌的生长。所以糖制品一般最终糖浓度都在65%以上。如果是中、低浓度的糖制品，则是利用糖的渗透压或辅料产生抑制微生物的作用，使制品得以保存。

（一）食糖的保藏作用

食糖的保藏作用主要体现在高渗透压、抗氧化和降低水分活性三个方面。

1. 食糖的高渗透压　糖溶液有一定的渗透压，当糖溶液浓度达65%以上时，所产生的渗透压大于微生物吸收营养的渗透压，从而抑制微生物的生长，使制品得以保存。

2. 食糖的抗氧化作用　糖溶液中的含氧量比纯水低，在20℃时60%蔗糖溶液溶解氧的能力仅为纯水的1/6，因此高糖制品可减少氧化。

3. 食糖溶液低水分活性　微生物吸收营养要在一定的湿度条件下，就是要有一定的水分活性。糖浓度越高的溶液其水分活性越小，微生物就越不易获得所需的水分和营养。新鲜水果的水分活性大于0.99以上，而糖制品的水分活性为0.80～0.75，具有较强的抑菌作用。

（二）食糖的性质

糖制品所用糖类有蔗糖、饴糖、淀粉糖浆、果葡糖浆和蜂蜜等。蔗糖具有纯度高、风味好、色泽浅、使用方便和保藏作用强的特点，在糖制中广泛应用。

糖制品质量与所用食糖的性质有极大关系，食糖的性质包括化学性质和物理性质两方面，化学性质有甜味和风味、蔗糖的转化等。物理性质有渗透压、结晶和溶解度、吸湿性等。

1. 糖的甜度　糖的甜度影响糖制品的甜度和风味。通常用人的味觉来进行判断。相对甜度是以蔗糖为标准计100，其他种类糖与蔗糖相同浓度下的甜度比较值（表3-18）。

表3-18　糖的相对甜度

糖	麦芽糖	淀粉糖浆（葡萄糖值）	葡萄糖	蔗糖	果葡糖浆（转化率40%）	蜂蜜（转化率75%）	转化糖	果糖
相对甜度	50	70	74	100	100	120	130	173

不同种类的糖其甜度有很大的区别，风味各异，并且在口中留甜的时间长短有差异。在不同的温度下也有一定的变化，如5%的果糖溶液和10%的蔗糖溶液，当温度为50℃时果糖液与蔗糖液的甜度相等；当温度低于50℃时，果糖液甜度高于蔗糖液；当温度高于50℃时蔗糖液甜度高于果糖液。糖制品的风味不单纯与甜味有关，还要与酸、咸、香味等合理配比才能达到良好效果。

2. 糖的溶解度与结晶　每100 g水中能溶解糖的克数，称为糖的溶解度。糖的溶解度一般随溶液的温度增高而增大。在常温条件下蔗糖可达到65%的浓度，所以应用蔗糖时可煮制，也可以腌制。蔗糖的晶体溶于水中成溶液，浓度达到过饱和状态时，从溶液中析出的现象称为结晶。蔗糖溶液最易结晶。纯正的麦芽糖也能从溶液中结晶，但一般糖制品常含麦芽糖40%～60%，混有不同程度的糊精成分，所以都为溶液状态。由于含糊精成分能阻止晶体形成，故常利用这一特性，使之与蔗糖混合使用，从而阻止蔗糖在制品中结晶，淀粉糖浆称为糖稀，也有不同程度的糊精，通常用来阻止蔗糖“返砂”。使制品保持一定的柔韧性。

3. 糖的吸湿性　一般情况下，高浓度的砂糖在空气相对湿度不超过60%的条件下，不会吸湿发潮，但纯度差时其晶体表面有少量的非糖物质，易吸收空气中的水分而潮解，甚至使晶体溶解。糖制品吸湿后，糖的浓度和渗透压都因水分增多而下降，削弱糖的保藏作用，引起制品的变质和败坏。糖的种类不同，吸湿性也不同，其中果糖最强，葡萄糖次之，蔗糖最弱。

4. 糖的沸点 糖溶液的沸点与温度之间有一定的关系，糖溶液的沸点温度随着糖溶液浓度的增大而升高。可以根据糖溶液温度的高低来测定出糖液的浓度，从而控制煮制时间和制品可溶性固形物总量（表 3－19）。

表 3－19 蔗糖沸点与溶液浓度关系

沸点（℃）	100.4	100.6	101.0	101.5	102.0	103.6	105.6	112.0	113.8
浓度（%）	10	20	30	40	50	60	70	80	90

5. 蔗糖的转化 蔗糖属于双糖，在酸性溶液中或在转化酶的作用下转化成等量的葡萄糖和果糖，这个过程称为蔗糖的转化，所生成的葡萄糖和果糖的混合物称为转化糖。蔗糖的转化可以提高制品中蔗糖溶液的饱和度，抑制蔗糖的结晶；增大制品的渗透压，提高制品的保藏性；增加制品的柔韧性，并能增进制品的甜度。蔗糖的转化需要较低的 pH 和较高的温度，最适宜的 pH 为 2.5；转化温度越高，作用时间越长，蔗糖转化的数量越多。所以糖煮时要控制制品最终转化糖的含量，必须处理好 pH、煮制时间和煮制温度三者的关系。

对于含酸量偏高的原料糖煮不宜过度，以免生成过多的转化糖而出现流糖现象，使保藏性降低。

（三）果胶及其凝胶作用

果胶物质以原果胶、果胶和果胶酸 3 种形态存在于果蔬中。原果胶在酸和酶的作用下分解为果胶。果胶是多半乳糖醛酸的长链，其中部分羟基为甲醇所酯化。常将甲氧基含量在 7%以上的果胶称为高甲氧基果胶，而甲氧基含量低于 7%的果胶为低甲氧基果胶。

果胶形成胶凝有两种形态，一种是高甲氧基果胶在一定的糖酸条件下形成果胶-糖-酸型胶凝，又称为氢键结合型胶凝；另一种是低甲氧基果胶上的羧基与钙、镁等离子胶凝，也称为做离子结合型胶凝，这两种果胶形成胶凝的条件及机理各不相同。

1. 高甲氧基果胶凝胶 高甲氧基果胶凝胶为分散高度水合的果胶束因脱水及电性中和而形成的胶凝体。果胶胶束在一般溶液中带负电荷，当溶液 pH 低于 3.5 和脱水剂含量达 50%以上时，果胶即脱水，并因电性中和而凝胶。果胶是一种亲水胶体，在糖的作用下脱水后发生氢键结合而凝胶，而有机酸则起到消除果胶分子负电荷的作用，使果胶分子接近电中性，其溶解度降低至最小。若溶液中没有酸的存在，即使可溶性固形物大于 70%，果胶用量超过几倍，也不会形成凝胶体。果胶的胶凝过程是复杂的，受很多的因素制约，如 pH、糖浓度、果胶含量、温度等。一般在糖度 65%～70%、pH2.8～3.3、含酸量和果胶含量 1%以上、温度 30 ℃以下时能形成很好的凝胶。此外，在生产果冻时，还应注意加温时间不宜过长，否则会使果胶水解，胶凝能力降低。

2. 低甲氧基果胶凝胶 低甲氧基果胶凝胶为离子结合型果胶，在用糖量较少的情况下，加入二价或三价金属离子，如 Ga^{2+} 和 Al^{3+} 亦能形成凝胶，可制作低糖制品。低甲氧基果胶含量 1%，pH2.5～6.5，每克低甲氧基果胶加入钙离子 25 mg（钙量占整个凝胶的 0.01%～0.10%），在 0～30 ℃下即可形成正常的低甲氧基果胶凝胶。食糖用量多少对凝胶的形成影响不大，利用这一特性，可制作低糖制品。

由于果胶能与钙、铝等金属离子结合，可生成不溶性的果胶酸盐，使果蔬细胞相互黏结、增硬，也可防止糖煮过程中组织软烂，使制品保持一定形状和脆度，提高糖制品的质量。果蔬制品中常用的保脆剂有石灰、氯化钙、明矾等，使用时应注意用量及作用时间。

三、果脯蜜饯加工基本技术

（一）原料选择

果脯蜜饯类产品在原料选择时，通常应选用正品果，因为产品要保持一定块形。原料一般选择七八成熟的硬熟果，并及时剔除病果、烂果、成熟度过高或过低的不合格果。

（二）原料预处理

原料处理包括按照产品对原料的要求进行分级、皮层处理、切分、去心、去核等操作。

1. 分级　主要根据制品对原料的要求进行分级，多以原料大小为主要依据，以便在同一工艺条件下加工使产品质量一致。

2. 皮层处理　皮层处理是根据种类制品及制品质量要求，进行针刺、擦皮、去一层薄皮等操作。

（1）针刺。针刺是为了糖制时有利于盐分或糖分的渗入，对皮层组织紧密或被蜡质的果（如李、金橘、枣、橄榄等原料）所采用的一种划缝方法。

（2）擦皮。擦皮常用有两种方法：一种只是把外皮擦伤，用盐或粗沙相混摩擦；另一种是把皮层擦去一薄层，例如擦去柑橘表皮的油胞层，或擦去马铃薯表皮等。对于形状规则的圆形果，如梨、苹果等，常用简易的手摇旋皮机或电动水果削皮机去皮；对于皮层易剥离的水果，如柑橘、香蕉、荔枝等，可用手工剥皮；对于桃、杏猕猴桃及橄榄、萝卜等原料，常用一定浓度氢氧化钠溶液处理除去果皮。去皮时，要求去净果皮，但不损及果肉为度，如去皮过度，会增加原料的损耗，提高成本。

3. 切分　对于体积较大的果蔬原料，在糖制时需要适当切分，常切成片状、块状、条状、丝状或划缝等形态。切分要大小均匀，充分利用原料。如果原料量少常用手工切分，大批量生产则需要专用机械完成，如劈桃机、划纹机等。

4. 去心、去核　原料的去心、去核也是糖制前必不可少的一道工序，一般多用简单的工具进行手工操作。

（三）盐腌

盐腌即用食盐处理新鲜原料，把原料中部分水分脱除，使果肉组织更致密；改变果肉组织的渗透性，以利糖分渗入。用盐量为10%～24%，腌渍时间为7～20 d，腌好后，再晾晒保存，以延长加工期。

（四）保脆硬化

为了提高原料的硬度和耐煮度，使原料在糖煮过程中保持一定块形，对质地较疏松、含水量较高的果蔬原料如冬瓜、柑橘等，在糖煮前要进行硬化处理，将原料浸入溶有硬化剂的溶液中，常用的硬化剂有石灰、明矾、亚硫酸氢钙、氯化钙等。硬化剂选择和处理时的用量、时间非常重要，一般含果酸物质较多的原料用0.15%～0.50%石灰溶液浸渍，含纤维素较多的原料用0.5%左右亚硫酸氢钙溶液浸渍为宜。浸泡时间应视切分程度、原料种类而定。通常为10～16 h，以原料的中心部位浸透为止，浸泡后立即用清水漂净。

（五）护色

果蔬原料大多需要护色处理，可以改善产品色泽，抑制氧化变色，使产品色泽鲜明，制作果脯的原料时，常用的方法就是硫处理，为防止制品氧化变色，促进原料对糖液的渗透。常用的方法有两种：熏硫处理和浸硫处理。

1. 熏硫处理 熏硫处理是在熏硫室或熏硫箱中进行，要求熏硫室或熏硫箱要密封严格，开启方便。按 1t 原料需硫黄 2.0～2.5 kg 的用量，熏蒸需 8～24 h，具体时间因品种不同而不同。

2. 浸硫处理 浸硫处理需先配制好 0.1%～0.2%的亚硫酸或亚硫酸氢钠溶液，然后将原料置于该溶液中浸泡 10～30 min。

硫处理后的果实，在糖煮前应充分漂洗，去除残硫，是二氧化硫降到 20 mg/kg 以下。

（六）染色

果蔬原料所含有的天然色素在加工中容易被破坏，失去原有的色泽。为使产品具有鲜明的色泽，可以用人工染色法。目前常用的色素有两大类，一类是天然色素，还有一类是人工合成色素。糖制品中常用的天然红色素有玫瑰茄色素、苏木色素，黄色素有姜黄色素、栀子色素，绿色素有叶绿素酮钠盐等；人工合成色素有柠檬黄、胭脂红、苋莱红和靛蓝等。人工合成色素的使用量按照有关规定，不能超过 0.005%～0.010%，天然色素也应掌握一定用量。

染色时先把原料用 1%～2%明矾溶液浸泡，然后再染色，也可以把色素调进糖渍液中直接染色，或以淡色液在制品上染色。染色时一定要淡、雅、鲜明、协调，切勿过度。

（七）预煮

制蜜饯的原料一般要经预煮，可抑制微生物活动，防治原料变质；同时能钝化酶的活性，防止氧化变色；还能排除原料组织中部分空气，使组织软化，有利于糖分渗透；除去原料中的苦涩味，同时改善风味。预煮方法是将原料投入温度不低于 90 ℃的预煮水中，不断搅拌，时间为 8～15 min。捞起后应立即放在冷水中冷却。

（八）糖制

制蜜饯时主要采用糖渍和糖煮两种方法，这也是糖制工艺中的关键性操作。

1. 糖渍 糖渍也称冷浸法糖制，适用于果肉组织较致密、比较耐煮的原料，如青梅、杨梅、樱桃等均采用此法。特点是将经预处理后的果蔬原料分次加入干燥白糖，不进行加热，在室温下进行一定时间的浸糖。除冷浸糖渍外，还可糖渍结合日晒，使糖液浓度逐步上升；也可采用浓糖液趁热加在原料上，使糖液热、原料冷，造成较大的温差，促进糖分的渗透，由于渗透，使原料失水，当原料体积缩减至一半左右时，渗糖速度降低，这时沥干表面糖液，即为成品，糖渍时间为 1 周左右。

冷浸法由于不进行糖煮，渗透速度慢，产品加工需要时间长，制品能较好地保持原有的色、香、味、形态和质地，维生素 C 的损失也较少。

2. 糖煮 糖煮也称加热煮制法，适用于果肉组织较密、比较耐煮的原料。糖煮法加工迅速，但其色、香、味及营养物质有所损失。糖煮可分一次糖煮法、多次糖煮法和减压渗透法等。

(1) 一次糖煮法。适合于含水量较低、细胞间隙较大、组织结构疏松、易渗糖的原料，如柚皮和经过划缝、榨汁等处理后的橘饼坯、枣等。方法是先将糖和水在锅中加热煮沸，使糖度达到40%左右，然后将预处理过的原料放入糖溶液中不断搅动，并注意随时将黏在锅壁的糖浆刮入糖液中，以避免焦化，分次加入白糖，一直煮到糖度为75%结砂为止。此法由于加热时间较长容易煮烂，又引起失水、产品干缩。为缩短加热时间，也可以先将原料浸渍在糖溶液中，然后在锅中煮到应有的糖度为止。

（2）多次糖煮法。此法适用于含水量较高、细胞壁较厚、组织结构较致密、不易渗糖的原料。煮糖可分为3～5次进行。先将处理后的原料置于40%浓度的糖液中，煮沸2～3 min，使果肉变软，然后连同糖液一起倒入缸内放冷浸泡8～24 h；以后每次煮制时间均增加10%糖度，煮沸2～3 min，再连同糖液浸渍8～12 h，如此反复4～5次，最后一次是把糖液浓度提高到70%，待含糖量达到成品要求时，便可沥干糖液，整形后即为成品。由于温度的变化，果蔬组织受到冷热的刺激，水蒸气分压增大或减小，压差变化迫使糖液渗透入组织。

（3）减压渗透法。此法为糖制新工艺，在较高真空度下完成，它改变了传统的糖煮方法。其操作方法是将原料置于加热煮沸的糖液中浸渍，利用果实内外压力之差，促进糖液渗入果肉。如此反复进行数次，最后烘干，即可制得质量较高的产品。减压渗透法应在真空设备里完成，真空度为80～87 kPa，温度为60 ℃。因为它避免了长时间的加热煮制，一般时间为1 d左右，基本上保持了新鲜果品原有的色、香、味，维生素C的保存率也很高。

（九）烘干和上糖衣

1. 烘干（干态蜜饯）　经糖煮制后，沥去多余糖液，然后铺于竹屉上送入烘干房。烘烤温度掌握在50～60 ℃，也可采用晾干的方法。成品要求糖分含量为72%，含水量不超过18%～20%，外表不皱缩、不结晶、质地紧密而不粗糙。

2. 上糖衣（糖衣蜜饯）　如制作糖衣蜜饯，还需在干燥后再上糖衣。所谓糖衣，就是用过饱和糖液处理干态蜜饯，使其表面形成一层透明状的糖质薄膜，糖衣蜜饯外观美，保藏性强，可减少贮存期间的吸湿、黏结和返砂等不良现象。上糖衣用的过饱和糖液，常以3份蔗糖、1份淀粉糖浆和2份水混合，煮沸到113～114 ℃，冷却至83 ℃。然后将干燥的蜜饯浸入上述糖液中约1 min立即取出，于50 ℃下晾干即成。另外，也可将干燥的蜜饯浸于1.5%食用明胶和5.0%蔗糖溶液中，温度保持90 ℃，并在35 ℃下干燥，也能形成一层透明的胶质薄膜。此外，还可将80 kg蔗糖和20 kg水煮沸至118～120 ℃，趁热浇淋到干态蜜饯中，迅速翻拌，冷却后能在蜜饯表面形成一层致密的白色糖层，有的蜜饯也可直接撒拌糖粉而成。

（十）加辅料

凉果类制品在糖渍过程中，还需加甜、酸、咸香等各种风味的调味料。除糖和少数食盐外，还用甘草、桂花、陈皮、玫瑰、丁香、豆蔻、肉桂、茴香等，进行适当调配而形成各种特殊风味的凉果，最后干燥，除去部分水即为成品。

（十一）整形、回软、包装

1. 整形　果脯和干态蜜饯由于在煮制和干燥过程中的收缩、破碎等一系列处理后，失去应有的形状；同时往往制品表面糖衣厚薄不一，糖衣太厚时会使制品不透明，出现口感太甜等情况，所以在成品包装前要加以整理，包括分级、整形和搓去过多糖分等操作。分级时按大小、完整度、色泽深浅等分成若干级别。整形时要根据产品要求，如橘饼、苹果脯等要压成饼状。对糖分过多的制品，可在摊晾时，边翻边用铲子搓，筛去多余糖分，使制品表层的糖衣厚度均匀。

2. 回软　许多产品在干燥后内部含水量不均匀，可以将产品堆放在干燥的环境下回软，时间约为 1 周。经回软处理后的产品内部含水量均匀，产品质量一致。

3. 包装 果脯蜜饯包装的主要目的是防潮、防污染，其包装方法应根据制品种类，采用不同方法，如糖渍蜜饯，往往装入罐装容器中，装罐后于 90 ℃下杀菌 20～40 min，如糖度超过 65%，则制品不用杀菌也可，成品用纸箱包装。对于干态蜜饯，通常用塑料盒装，每盒 0.25～0.50 kg，然后包装上塑料薄膜袋，再行装箱。凉果的包装与水果糖粒的包装相类似，分为三层包装，内层为白纸，外层为蜡纸。包好后装入复合薄膜袋中，每袋 0.25～0.50 kg。无论何种包装形式，均以利于保藏、运输、销售为原则。

四、果酱类加工基本技术

（一）果酱、果泥

制作果酱、果泥的原料要求成熟度高、柔软多汁、易于破碎、含果胶 1%左右、含有机酸 1%以上。原料洗净去皮，去心，适当切分；接着进行软化打浆，软化可以破坏酶的活性，防止变色和果胶水解，软化果肉组织，便于打浆。

原料与加糖量之比为 1∶（0.5～0.9），煮制时要经常搅拌，使果块与食糖充分混合，火力要大，煮制浓缩时间短则产品质量好。煮制的终点温度为 105～107 ℃，可溶性固形物含量以≥68%为标准，于 85 ℃装罐，90 ℃下杀菌 30 min；当果酱可溶性固形物含量达到 70%～75%时，可不必杀菌，于 68～70 ℃下装罐即可。

果泥加工方法和果酱基本相同。有所不同的是，原料预煮后进行两次打浆、过筛，除去果皮、种子等，使质地均匀细腻，而后加糖浓缩，原料与加糖量之比为 1∶（0.5～0.8）。浓缩的终点温度为 105～106 ℃，可溶性固形物含量为 65%～68%。有的为了增进果泥的风味，还加有不超过 1%的香料，如肉桂、丁香等成品出锅装罐，杀菌方法与果酱同。

（二）果冻

由于果冻的特殊性，制作果冻的原料要求含有足量的果胶和有机酸，不足时应在果汁中加入调整。原料处理后就要进行预煮，目的主要是为了提高果实的出汁率，一般加水 1～3 倍，煮沸 10～20 min。然后压榨取汁；对于丰富的果品类，也可以直接打浆取汁，以果汁与加糖量之比为 1∶（0.8～1.0），果汁总酸度以加糖浓缩后达到 0.75%～1.00%，果汁 pH 应调整为 2.9～3.0。调整后因立即煮制，不断搅拌，防止焦化，避免加热过长而影响胶凝。浓缩的终点温度为 104～105 ℃，可溶性固体物含量在 65%以上，即可装罐（瓶）密封，杀菌与果酱同。

（三）果丹皮

制作果丹皮原料要求不高，通常选用含糖、酸、果胶物质丰富的鲜果为原料，也可用加工的下脚料（皮、果实碎块等），其工艺操作基本同果酱、果泥，所不同的是果丹皮的加糖量较少，只有原料的 10%左右，适当浓缩后，摊于浅盘或玻璃板上（预先在浅盘或玻璃板上涂上植物油，便于撕皮），放于 60 ℃左右的烘房或烘箱中，烘烤至不黏手为度。撕下后将果皮切成条状或片状，包上玻璃纸，即成。

五、常见问题及解决途径

1. 变色 在糖制品加工过程中及贮存期间都可能发生变色，在加工期间的前处理中，变色的主要原因是氧化引起酶促褐变。

控制办法：做好护色处理，在去皮后要及时浸泡在盐水或亚硫酸盐溶液中，组织疏松原料需抽空处理，在整个加工过程中尽可能地避免与空气接触，防止氧化。而非酶促褐变则伴随在整个加工过程和贮藏期间，其主要影响因素是温度，即温度越高变色越深。因此控制办法在加工中要尽可能缩短受热处理时间。在贮存期间要控制温度在12～15℃，对于易变色品种最好采用真空包装，在销售时要注意避免阳光暴晒，减少与空气接触的机会。另外微量的铜、铁等金属的存在也能使产品变色，因此加工用具一定要用不锈钢制品。

2. 返砂和流汤　质量正常的果脯质地柔软、鲜亮透明。但如果在煮制过程中掌握不得当，就会造成成品表面和内部的蔗糖重结晶，这种现象称为返砂，返砂使果脯质地变硬，失去光亮色泽，容易破损，品质降低。产生这种现象的原因是果脯中蔗糖含量过高而转化糖含量不足的结果；但是，如果果脯中转化糖含量过高，在高温高湿季节，又容易流汤，使产品发黏。试验证明，果脯中的总含糖量为68%～70%、含水量为17%～19%、转化糖占总糖量的50%以下时，易出现不同程度的返砂；转化糖量达到总糖量的60%时，在良好条件下就不返砂；但当转化糖高达90%以上时，则易产生流汤。

掌握好果脯中蔗糖和转化糖的含量，是防止上述现象发生的根本方法。经验证明，控制煮制时条件，是决定转化糖含量的有效措施。目前将糖液的pH保持在2.0～2.5，促进蔗糖的转化，其方法是加柠檬酸调节。

3. 微生物败坏　糖制品在贮藏期间最易出现的微生物败坏是长霉菌和发酵产生乙醇气味。这主要是由于制品含糖量没有达到要求的65%～70%。

控制办法：加糖时一定按糖要求浓度添加。但对于低糖制品一定要采取防腐措施如添加防腐剂，采用真空包装，必要时加入一定的抗氧化剂，保证较低的贮藏温度。对于罐装果酱一定要注意密封严密，以防止氧气为霉菌生长提供条件，杀菌要充分。

4. 煮烂和干缩　煮制苹果、沙果和枣时，有煮烂和干缩的现象。制作蜜枣煮烂的原因有两方面：一是枣的成熟度太高；二是在划皮时划的过深，而且有的果实两头会合，煮时皮脱落，容易煮烂。制作苹果脯煮烂的原因，与果实的成熟度及品种有密切关系，但是成熟度不够，一则不易吸收糖液，二则干燥以后容易产生干缩现象。

控制办法：果实的成熟度要适当，糖煮前先用清水煮几分钟，糖煮时开始大量加糖，迅速提高糖液的浓度等。

5. 果酱产品的汁液分泌　造成原因是加热浓缩过程中加酸过早，酱体受热时间过长，导致转化糖含量过高。

控制办法：注意加工酸度的控制，避免果酱贮藏时间过长，以免发生汁液分泌和颜色变暗等。

子任务一　苹果脯加工技术

苹果脯是果脯的代表性产品，在制作过程中，技术要求较高。其制品要达到块形完整，肉质柔韧，具有原果风味。

【任务准备】

1. 主要材料　苹果、砂糖、柠檬酸、氯化钙、亚硫酸氢钠等。

2. 仪器及设备 不锈钢刀具（挖核、切分）、台秤、夹层锅或不锈钢锅、温度计、手持糖量计、烘箱、烘盘、塑料薄膜热合封口机等。

【任务实施】

1. 原料选择 选用新鲜饱满、成熟度为九成熟、酸分偏多、褐变不显著的品种，剔除病虫果和腐烂果。按果实横径的大小分级，其中 75 mm 以上为一级，65～74 mm 为二级，64 mm 以下为三级。分级后的果品要分别进行加工处理。

2. 去皮、切瓣、去籽巢 洗净苹果后用去皮机旋去果皮，去皮厚度不得超过 1.2 mm，将二级、三级果纵切为 2 瓣，一级果纵切为 3 瓣，再用果心刀挖净籽巢与梗蒂，修去残留果皮。

3. 硬化和护色 将切好的果块立即放入 0.1%的氯化钙和 0.2%～0.3%的亚硫酸氢钠混合液中浸泡 6～12 h，进行硬化和护色。肉质较硬的品种只需进行护色。每 100 kg 混合液可浸泡 120～130 kg 原料。浸泡时上压重物，防止上浮。浸后取出，用清水漂洗 2～3 次，备用。

4. 抽空 用真空罐对果块进行真空处理，抽空液的质量分数为 20%、温度为 40 ℃、糖水与果块的质量比为 6∶5，以在真空罐中糖水浸没果块为度。抽空时真空度为 93.325～95.992 kPa，抽空时间为 20～30 min，停止抽气恢复常压后静置浸泡 15 min。

5. 糖制 苹果组织较紧密，一般采用多次加糖一次煮成法进行煮制。即先在不锈钢夹层锅中配制质量分数为 35%～40%的糖液 25 kg，煮沸后将处理过的 50～60 kg 苹果瓣倒入。煮沸后浇入质量分数为 50%的凉糖液 5 kg，如此反复 3 次，每次间隔约 10 min。待果块表面有皱纹出现时便可加糖煮制。加糖分 6 次进行，每次加糖都在沸腾时进行，每次间隔约 5 min。前 2 次各加糖 5 kg；中间 2 次各加糖 6 kg，并加入少量的冷糖液，使锅中的糖液暂时停止沸腾，温度稍微降低后，果块内部蒸汽压力会减小，有利于渗糖脱水、加快糖制速度；第五次只加糖 6 kg；第六次加糖 7 kg，煮制 20 min。当果肉呈浅黄色时，连同糖液倒入缸中，浸渍 48 h，待果块透明发亮时，即可出锅烘烤干燥。

6. 烘烤 糖制完毕后将果块捞出，沥去果块表面糖液，放在烘盘内，送入烤房进行干燥，以提高含糖量。烘房温度应控制在 60～70 ℃，烘烤期间进行 2 次翻盘，使之干燥均匀。当烘烤至果块含水量为 17%～18%、总糖含量为 70%～85%时即可终止干燥。整个烘烤时间为 28～32 h。

7. 挑选、包装 剔除焦煳片、碎片等不合格产品，根据苹果脯产品质量要求进行分级，然后按照不同要求进行包装。

【产品质量标准】

呈浅黄色至金黄色，有透明感和弹性，不返砂、不流汤，酸甜适度，并具有原果风味；总糖含量为 60%～65%，含水量为 18%～20%。

子任务二　蜜枣加工技术

蜜枣是枣的糖渍干制珍品，起源于安徽歙县，有近 200 年的历史。现在已传播到我国南北方很多枣区，并且已形成质地和风味各具特色的多种加工品种。

【任务准备】

1. 主要材料　鲜枣、砂糖、柠檬酸、硫黄、亚硫酸氢钠等。

2. 仪器及设备　切缝机、台秤、夹层锅或不锈钢锅、温度计、手持糖量计、烘箱、烘盘、塑料薄膜热合封口机、熏硫室等。

【任务实施】

1. 原料选择　宜选择果形大、上下对称、果核小、果肉肥厚、肉质疏松、皮薄而韧的品种，如北京的糖枣、山西的泡枣、浙江的大枣和马枣、河南的灰枣、陕西的团枣等。果实成熟度以开始退去绿色而呈现乳白色时最佳（六七成熟）。采后按大小分级，分别加工，每1 kg有100～120个为最好。

2. 切缝　用小弯刀或切缝机或自作的排针将枣果切缝60～80条，深至果肉厚度的一半为宜，同时要求纹路均匀、两端不切断。

3. 浸泡　将划破果皮的枣果用清水浸泡，更换几次清水，直到浸泡的水无色为止。

4. 硫处理　在切缝后一般要进行硫处理，将枣果装筐，入熏硫室处理30～40 min（硫黄用量为果重的0.3%），再放入5%左右的柠檬酸溶液中浸泡0.5～1.0 h，然后捞起放入清水中清洗后进行煮果。硫处理时，也可用0.5%的亚硫酸氢钠溶液浸泡原料1～2 h。南方蜜枣加工也常不进行硫处理，在切缝后即进行糖制。

5. 糖制　蜜枣加工用糖量一般为50 kg枣用白糖45 kg。先用糖7.5 kg，加水配成30%浓度的糖液，将糖液和枣一起下锅，煮沸；再用20 kg糖，加水配成50%糖液，于煮制过程中分4～5次加入；糖液加完后，继续煮沸，并加白糖7.5 kg；再煮沸数分钟后，最后再一次加白糖10 kg，续煮20 min，而后连同糖液倒入缸中糖渍48 h。全部糖煮时间需1.5～2.0 h。糖渍后的枣汤可用于下一批蜜枣加工。

6. 烘烤、整形　糖渍后沥干枣果，送入烘房（烘箱），烘干温度为60～65 ℃，烘至六七成干时，进行枣果整形，捏成扁平的长椭圆形，再放入烘盘上继续干燥（回烤），至表面不黏手、果肉具韧性即为成品。

7. 包装　用PE袋或PA-PE复合袋定量密封包装。

【产品质量标准】

色泽呈棕黄色或琥珀色，半透明、有光泽；形态为椭圆形，丝纹细密整齐，含糖饱满，质地柔韧；外干内湿，不返砂、不流汤、不黏手；总糖含量为68%～72%，含水量为17%～19%。

子任务三　话梅加工技术

话梅是凉果糖制品之一，其成品含有盐、糖、酸、甘草及各种香料，因此食用活梅可使人感到甜酸适中、甜中带甘、爽口、来涎，还有清凉感，是一种能帮助消化和解暑的旅行食品，各地加工方法大致相同，配料有的不同，味道略有差异。

【任务准备】

1. 主要材料 新鲜梅果、食盐、明矾、砂糖、柠檬酸、甜蜜素、甘草、香草香精等。

2. 仪器及设备 腌制缸、台秤、夹层锅或不锈钢锅、温度计、手持糖量计、烘箱、烘盘、塑料薄膜热合封口机等。

【任务实施】

1. 原料选择 选择成熟度在八九成熟的新鲜梅果，挑去枝叶和霉烂果。

2. 腌渍 每 100 kg 鲜果加食盐 18～22 kg、明矾 200 g，放一层果撒一层盐。在缸内腌渍 7～10 d（具体时间因品种、温度等而异），每隔 2 d 翻一次使盐分渗透均匀。

3. 烘干 待梅果腌透后将梅坯捞出沥干，然后放入烘箱，在 55～60 ℃下烘至含水量为 10%左右。

4. 果坯脱盐 烘干后的梅坯用清水漂洗，脱去盐分。有时采取脱去一半盐分，有时采取三浸三换水的方法，使盐坯脱盐残留量在 1%～2%，果坯近核部略感咸味为宜。

5. 烘制 将漂洗过的梅坯沥干水分后，用烘箱在 60 ℃下烘到半干，以坯肉用指压尚觉稍软为宜，不可烘到干硬状态。

6. 浸液制备 每 100 kg 果坯的浸液用量及配方如下：水 60 kg、糖 15 kg、甜蜜素 0.5 kg、甘草 3 kg、柠檬酸 0.5 kg、食盐适量。先将甘草洗净后以 60 kg 水煮沸浓缩到 55 kg，滤取甘草汁；然后拌入上述各料成甘草香料浸渍液。

7. 浸坯处理 把甘草香料浸渍液加热到 80～90 ℃，然后趁热加入半干果坯缓缓翻动，使之吸收浸渍液。浸渍液分次加入果坯到果面全湿后停止翻拌，移出，烘到半干，再进行浸渍翻拌，如此反复到吸完甘草香料液为止。

8. 烘制 把吸完浸渍液后的果坯移入烘盘摊开，以 60 ℃烘到含水量为 18%左右。

9. 成品包装 在话梅上均匀喷以香草香精，然后装入聚乙烯塑料薄膜食品袋，再装入纸箱，存放在干燥处。

【产品质量标准】

黄褐色或棕色；果形完整，大小基本一致，果皮有皱纹，表面略干；甜、酸、咸适宜，有甘草或添加的香料味，回味久留；含水量为 18%～20%。

子任务四　苹果酱加工技术

【任务准备】

1. 主要材料 苹果、砂糖、淀粉糖浆、柠檬酸、食盐、增稠剂、抗坏血酸、玻璃瓶等。

2. 仪器及设备 不锈钢刀具（挖核、切分）、台秤、夹层锅或不锈钢锅、温度计、手持糖量计等。

【任务实施】

1. 原料选择 要求选择成熟度适宜、含果胶及酸多、芳香味浓的苹果。

2. 原料处理　用清水将果面洗净后去皮、去籽，将苹果切成小块，并及时地利用1%～2%的食盐水溶液进行护色。

3. 预煮　将小果块倒入不锈钢锅内，加果重10%～20%的水，煮沸15～20 min，要求果肉煮透，使之软化兼防变色，不能产生煳锅、变褐、焦化等不良现象。

4. 打浆　用孔径为8～10 min的打浆机或使用捣碎机来破碎。

5. 配料　按果肉100 kg加糖70～80 kg（其中砂糖的20%宜用淀粉糖浆代替，砂糖加入前需预先配成75%浓度的糖液）和适量的柠檬酸，有时为了降低糖度可加入适量的增稠剂。

6. 浓缩　先将果浆打入锅中，分2～3次加入砂糖。在可溶性固形物含量达到60%时加入柠檬酸调节果酱的pH为2.5～3.0，待加热浓缩至105～106 ℃，可溶性固形物含量达65%以上时出锅。

7. 装罐、封口　出锅后立即趁热装罐。封罐时酱体的温度不低于85 ℃。

8. 杀菌、冷却　封罐后立即按杀菌式5～15 min/100 ℃进行杀菌。杀菌后分段冷却到38 ℃。

【产品质量标准】

酱红色或琥珀色；黏胶状，不流散、不流汁，无糖结晶，无果皮、籽及梗；具有果酱应有的良好风味，无焦煳和其他异味；可溶性固形物含量不低于55%。

子任务五　草莓酱加工技术

【任务准备】

1. 主要材料　草莓、砂糖、柠檬酸、山梨酸、食盐、增稠剂、玻璃瓶等。

2. 仪器及设备　台秤、夹层锅或不锈钢锅、温度计、手持糖量计等。

【任务实施】

1. 原料处理　草莓倒入流水中浸泡3～5 min，分装于有孔筐中，在流动水或通入压缩空气的水槽中淘洗，去净泥沙、污物，然后捞出去梗、萼片和腐烂果。

2. 配料　草莓300 kg、75%糖液400 kg、柠檬酸700 g、山梨酸250 g；或草莓100 kg、白砂糖115 kg、柠檬酸300 g、山梨酸75 g。

3. 浓缩　采用减压或常压浓缩方法。

(1) 减压浓缩。将草莓与糖液吸入真空浓缩锅内，调节真空度为4.7～5.3 kPa，加热软化5～10 min，然后提高真空度到8.0 kPa以上，浓缩至可溶性固形物含量达60%～65%时，加入已溶化的山梨酸、柠檬酸，继续浓缩至终点出锅。

(2) 常压浓缩。把草莓倒入夹层锅，先加入一半糖液，加热软化后，边搅拌边加入剩余的糖液以及山梨酸和柠檬酸，继续浓缩至终点出锅。

其后的装罐、密封、杀菌和冷却等处理，如同苹果酱加工。

【产品质量标准】

紫红色或红褐色，有光泽，均匀一致；酱体呈胶黏状，块状酱可保留部分果块，泥状酱的酱体细腻；甜度适度，无焦煳味及其他异味；可溶性固形物含量不低于55%。

【练习与作业】

1. 食糖保藏作用有哪些？
2. 果胶凝胶的条件有哪些？在糖制品中起到哪些作用？
3. 在果脯蜜饯类加工中为什么要硬化和保脆？
4. 分析糖制品产生煮烂和干缩现象的原因及控制措施。
5. 怎样防止糖制品返砂和流汤？
6. 怎样避免糖制品褐变？
7. 设计一套梨果脯加工技术方案。

任务六 腌制品加工技术

相关知识准备

腌制是指食盐渗入产品组织内，降低了水分活性，提高渗透压，借以控制微生物的活性，防止蔬菜腐败变质，保证品质，这样的保藏方法称为腌渍保藏。盐腌的过程称为腌制，其制品称为腌制品。腌制的特点是加工方法简单、成本低廉（不需特殊设备）、风味多样（咸、酸、甜、辣、鲜），是我国大众所不可缺的佐餐佳肴，风味好、易保存。

我国蔬菜腌制的发展有着悠久的历史，世界有名的三大酱腌菜——榨菜、酱菜及酸菜都是我国独特的产品。我国各地都有一些名优蔬菜腌制品，各具特色。如北京的冬菜、酱菜；四川的榨菜、云南的大头菜、甘肃的酸菜、浙江的糖醋菜等还出口创汇。

低盐、增酸、适甜是蔬菜腌制品的发展方向，低盐化是发展趋势，乳酸发酵的蔬菜制品被誉为健康蔬菜；适甜可调节口感，又增加渗透压、增强保存性。

一、腌制品分类

腌制菜种类繁多，有上千个品种，采用不同的蔬菜原料、辅助原料、工艺条件、操作方法，生产出的腌制菜的风味迥异。按蔬菜原料分类可将腌制菜分为根菜类、茎菜类、叶菜类、果菜类和其他类。根据所用原辅料、腌制过程、发酵程度和成品状态的不同，可以分为两大类，即发酵性腌制品和非发酵性腌制品。

（一）发酵性腌制品

发酵性腌制品的特点是腌制时食盐用量较低，在腌制过程中有显著的乳酸发酵现象，利用发酵所产生的乳酸、添加的食盐和香辛料等的综合防腐作用，来保存蔬菜并增进其风味。该类产品一般具有较明显的酸味。根据腌制方法和成品状态不同又分为下列两种类型：

1. 湿态发酵腌制品 用低浓度食盐溶液浸泡蔬菜或用清水发酵白菜而制成的一类带酸味的蔬菜腌制品。如泡菜、酸白菜等。

2. 半干态发酵腌制品 先将菜体经风干或人工脱去部分水分，然后再行盐腌，让其自然发酵后熟而成的一类蔬菜腌制品。如半干态发酵酸菜。

(二) 非发酵性蔬菜腌制品

非发酵性蔬菜腌制品的特点是腌制时食盐用量较高，使乳酸发酵完全受到抑制或只能极轻微地进行，其间加入香辛料，主要利用较高浓度的食盐、食糖及其他调味品的综合防腐作用，来保存和增进其风味。依其配料、水分多少和风味不同又分为下列 3 种类型：

1. 咸菜类　咸菜类是一种腌制方法比较简单、大众化的蔬菜腌制品。咸菜类只进行盐腌，利用较高浓度的盐液来保存蔬菜，并通过腌制来改进风味，在腌制过程中有时也伴随轻微发酵，同时配以调味品和各种香辛料，其制品风味鲜美可口。如咸大头菜、腌雪里蕻、榨菜等。

2. 酱菜类　把经过盐腌的蔬菜浸入酱内酱渍而成。经盐腌后的半成品咸坯，在酱渍过程中吸附了酱料浓厚的鲜美滋味、特有色泽和大量营养物质，其制品具有鲜、香、甜、脆的特点。如酱黄瓜、酱萝卜干、什锦酱菜等。

3. 糖醋菜类　蔬菜经盐腌后，再入糖醋香液中浸渍而成。其制品酸甜可口，并利用糖、醋的防腐作用来增强保存效果。如糖醋大蒜、糖醋藠头等。

二、腌制原理

蔬菜腌制的原理主要是利用食盐的高渗透压作用、微生物的发酵作用、蛋白质的分解作用以及其他一系列生物化学作用，抑制有害微生物，增加产品的色、香、味，同时，要注意腌制品的保脆和保绿。

(一) 食盐的保藏作用

1. 食盐的高渗透压作用　食盐溶解能产生高渗透压，渗透压随浓度的提高而增加；而一般微生物细胞液的渗透压是有限的。1%食盐溶液可产生 1.8×10^4 Pa 的渗透压，生产上的腌制品使用食盐量达 4%～15%的食盐溶液，它可产生 2.472×10^5～9.271×10^6 Pa 的渗透压。大多数微生物细胞渗透压为 3.54×10^5～1.69×10^6 Pa，食盐溶液的渗透压大于微生物细胞渗透压，微生物细胞内的水分会外渗产生生理脱水，造成质壁分离，从而使微生物活动受到抑制，甚至会由于生理干燥而死亡。不同种类的微生物耐盐能力不同，一般对蔬菜腌制有害的微生物对食盐的抵抗力较弱。表 3－20 为常见微生物能忍耐的最大食盐浓度。

表 3－20　常见微生物能忍耐的最大食盐浓度

微生物名称	可忍耐最大食盐浓度（%）	微生物名称	可忍耐最大食盐浓度（%）
植物乳杆菌	13	肉毒杆菌	6
短乳杆菌	8	变形杆菌	10
发酵菌	8	醛酵母	25
甘蓝酸化菌	12	霉菌	20
大肠杆菌	6	酵母菌	25

从表中看出，霉菌、酵母菌对食盐的耐受力比细菌大得多，酵母菌的耐盐性最强，达到25%，而大肠杆菌和变形杆菌在 6%～10%的食盐溶液中就可以受到抑制，这种耐盐性均是溶液呈中性时测定的，若溶液呈酸性，则所列微生物对食盐的耐受力就会降低，如酵母菌在中性溶液中，对食盐的最大耐受浓度为 25%，但当溶液的 pH 降为 2.5 时只需 14%的食盐浓度就可抑制其活动。

2. 食盐的抗氧化作用 随溶液浓度的增大，食盐溶液中的含氧量降低，盐水对防止腌制品的氧化作用有较好的影响。食盐溶液可以减少腌制时原料周围氧气的含量，抑制微生物的活动（霉菌、酵母菌必须在氧气充足条件下才能生长良好），同时通过高浓度食盐的渗透作用可排除原料组织中的氧气，从而抑制氧化作用。

3. 食盐溶液降低制品水分活性的作用 微生物生长发育要求一定的水分活性。溶液水蒸气压越小（即溶液中可被利用的水分越小），水分活性越小（即微生物可利用的水分就越小）。细菌对水分活性的要求是 0.90，酵母菌是 0.88，霉菌是 0.80，耗盐性细菌（在含水量较低条件下亦能生长）是 0.70。

食盐溶于水就会电离成 Na^+ 和 Cl^-，每个离子都迅速和周围的自由水分子结合成水合离子，随着溶液中食盐浓度的增加，自由水的含量会越来越少，水分活性下降，大大降低微生物利用自由水的程度，使微生物生长繁殖受到抑制。

4. 食盐溶液对微生物细胞的生理毒害作用 食盐溶液中的一些离子，如钠离子、镁离子、钾离子和钙离子等，在高浓度时对微生物发生毒害作用。钠离子能和细胞原生质中的阴离子结合，从而对微生物产生毒害作用，而且这种毒害作用随溶液 pH 的下降而加强。如酵母菌在中性食盐溶液中，盐液的浓度要达到 20%时才会受到抑制，但在酸性溶液中，浓度为 14%时就能抑制其活动。

总之，食盐的防腐效果随浓度的提高而增强。但浓度过高影响有关的生物化学作用，当食盐浓度达到 12%时，会感到咸味过重且风味不佳，因此腌制品的用盐量必须适合。

腌制确定食盐浓度时应注意的事项：

① 注意食盐浓度。各种微生物都有其最高耐受的食盐浓度，浓度 3%的盐液对乳酸菌的活动有轻微影响；3%以上时就有明显的抑制；10%以上时乳酸菌的发酵作用大大减弱。食盐浓度高，乳酸发酵开始晚。

② 环境中的 pH 影响用盐浓度。低 pH 可降低食盐溶液的浓度。

③ 注意微生物的耐盐性。各种微生物中，酵母菌和霉菌的抗盐力极强，甚至能忍受饱和食盐溶液。

④ 注意加盐量。蔬菜的质地和可溶性物质含量的多少是决定用盐量的主要因素；组织细嫩、可溶性物质含量少的蔬菜，用盐量要少。

⑤ 分批加盐。防止高浓度的食盐溶液引起蔬菜的剧烈渗透，致使蔬菜组织骤然失水而皱缩；同时，可以保证发酵性制品腌制初期进行旺盛的发酵作用，迅速生成乳酸，从而抑制其他有害微生物的活动，有利于维生素的保存；而且，可以缩短达到渗透平衡所需要的时间，提高腌制效果。

（二）微生物的发酵作用

各种腌制品在盐渍过程中的发酵作用，都是由于天然附着在蔬菜表面上的微生物活动所引起的。腌菜中的主要微生物有乳酸片球菌、植物乳杆菌等 8 大种，此外，还有假丝酵母菌等。蔬菜腌制过程中的发酵作用，主要是乳酸发酵，其次是乙醇发酵及微量醋酸发酵，其产物分别为乳酸、乙醇及醋酸。发酵作用不但能抑制有害微生物，而且能给制品以酸味和香气。另外，也有不利于保藏的发酵作用如丁酸发酵等，腌制中要尽量抑制。

1. 乳酸发酵

（1）乳酸发酵的概念。任何腌制品在腌制过程中都存在乳酸发酵作用，只不过有强弱之分而已。乳酸细菌广布于空气中、蔬菜的表面上、加工用水中以及容器用具等物的表面。从应用科学上讲，凡是能产生乳酸的微生物都可称为乳酸菌，其种类甚多，有球状、杆状等，属于兼厌氧性的居多数，也有专厌氧性的，一般生长发育的最适温度为 26～30 ℃。常见的乳酸菌有植物乳杆菌、德氏乳杆菌、肠膜明串珠菌、短乳杆菌、小片球菌等。

① 正型乳酸发酵。乳酸菌能将单糖（葡萄糖、果糖及半乳糖）和双糖（蔗糖、麦芽糖及乳糖）发酵生成乳酸而不产生任何其他物质，称为正型乳酸发酵。其化学反应式如下：

$$C_6H_{12}O_6 \longrightarrow 2CH_3CHOHCOOH$$

此种发酵作用在腌制中占主导作用。参与正型乳酸发酵的有植物乳杆菌和乳酸片球菌等，在适宜条件下可累积乳酸量达 1.5%～2.0%。

② 异型乳酸发酵。异型乳酸菌除将单糖、双糖发酵成乳酸外，还可以产生其他物质（乙醇、二氧化碳），称为异型乳酸发酵。如荚膜黏化菌除能将单糖、双糖发酵生成乳酸外，还生成乙醇及二氧化碳气体。其化学反应式如下：

$$C_6H_{12}O_6 \longrightarrow CH_3CHOHCOH + C_2H_5OH + CO_2\uparrow$$

此种菌落黏滑，如黏附于食品表面，产生黏性物质，使之硬度不够，食品变软影响品质，是腌制时出现的有害菌种，因此应避免此菌的危害。这种微生物的危害只能在腌制的初期出现，如果食盐浓度加高到 10%以上或乳酸含量达到 0.7%以上时，便会受到抑制。

（2）影响乳酸发酵的因素。腌制品是以乳酸发酵占主导地位，要充分利用好乳酸菌，达到保藏产品、提高质量的目的，必须满足乳酸菌生长所需的环境条件。影响乳酸发酵的因素很多，主要有以下几个方面：

① 食盐浓度。食盐溶液有很好的防腐作用，对腌制品的风味有一定的影响，更影响到乳酸菌的活动能力。实验证明，随食盐浓度的增加乳酸菌的活动能力下降，产生乳酸量减少。在 3%～5%的盐水浓度时，发酵产酸量最为迅速，乳酸生成量多；浓度在 10%时，乳酸发酵作用大为减弱，乳酸生成较少；浓度达 15%以上时，乳酸发酵作用几乎停止。

② 温度。乳酸菌的生长适宜温度是 26～30 ℃，在此温度范围内，发较快、产酸量高。但此温度也有利于腐败菌的繁殖。综合考虑，发酵温度最好控制在 15～20 ℃，使乳酸发酵更安全。

③ 酸度。微生物生长繁殖均要求在一定的 pH 条件下，表 3－21 说明乳酸菌较耐酸，在 pH 为 3 时不能生长，霉菌和酵母菌虽耐酸，但缺氧时不能生长。因此发酵前加入少量酸，并注意密封，可使正型乳酸发酵顺利进行，减少腌制品的腐败和变质。

表 3－21　常见微生物发酵的最低 pH

种类	腐败菌	丁酸菌	大肠杆菌	乳酸菌	酵母菌	霉菌
最低 pH	4.4～5.0	4.5	5.0～5.5	3.0～4.4	2.5～3.0	1.2～3.0

④ 空气。乳酸发酵需要在厌氧条件下进行，厌氧条件能抑制霉菌等好厌氧性腐败菌的活动，也能防止原料中维生素 C 的氧化。因此在腌制时要压实密封，并使盐水淹没原料以隔绝空气。

⑤ 原料含糖量。乳酸发酵是将原料中的糖转变成乳酸，1 g 糖经过乳酸发酵可生成 0.5～0.8 g 乳酸，一般发酵性腌制品中含乳酸量为 0.7%～1.5%，原料中的含糖量大多为

1%~3%，基本可满足发酵的要求。实践中有时为了促进发酵作用，发酵前加入少量糖。

总之，在腌制过程中，微生物发酵作用主要是乳酸发酵，其次是酒精发酵，醋酸发酵极其轻微。腌制泡菜和酸菜要利用乳酸发酵，腌制咸菜和酱菜则必须抑制乳酸发酵。

2. 乙醇发酵 在腌制过程中同时也伴有微弱的酒精发酵作用。酒精发酵是由于酵母菌将蔬菜中的糖分分解而生成酒精和二氧化碳，其化学反应式如下：

$$C_6H_{12}O_6 \longrightarrow 2CH_3CH_2OH + 2CO_2\uparrow$$

此种发酵作用比较微弱，酵母菌需氧气，总之此种作用产生的乙醇很少。乙醇与其他物质化合生成酯产生芳香物质，使腌制品具香味。

3. 醋酸发酵 醋酸菌氧化乙醇生成的，醋酸菌是一种好氧菌，常在腌制品表面活动，将戊糖发酵生成醋酸、乳酸，使产品变酸。极少量的醋酸对成品无影响，可大量的就会对成品有影响，醋酸菌是好氧性菌，隔离空气可防止醋酸发酵，可通过密封，隔绝空气控制。制作泡菜、酸菜要利用乳酸发酵；而制作咸菜、酱菜变酸就是败坏的象征。

$$C_5H_{10}O_5 \longrightarrow CH_3CHOHCOOH + CH_3COOH$$

（三）蛋白质的分解作用

在腌制品腌制过程中及制品后熟期中，其所含的蛋白质受微生物的作用和蔬菜本身所含的蛋白质水解酶的作用逐渐被分解为氨基酸。氨基酸本身具有一定的鲜味和甜味，如果氨基酸进一步与其他化合物作用可形成复杂的产物。腌制品的色、香、味都与蛋白质的分解作用有关。蛋白质分解反应式如下。

$$\text{蛋白质} \longrightarrow \text{多肽或缩氨酸} \longrightarrow R{-}CH(NH_2)COOH$$

1. 鲜味的形成 除了蛋白质水解生成的氨基酸具有一定的鲜味外，腌制中的鲜味主要来源于谷氨酸与食盐作用生成的谷氨酸钠。反应式如下：

$$COOH{-}CH_2{-}CH_2{-}CH(NH_2){-}COOH + NaCl \longrightarrow HCl + COONa{-}CH_2{-}CH(NH_2){-}COOH$$

除了谷氨酸钠有鲜味外，腌制品中另一鲜味物质——天冬氨酸的含量也较高，其他的氨基酸如甘氨酸、丙氨酸、丝氨酸等也有助于鲜味的形成。另外，微量的乳酸也是鲜味的次要来源。

2. 香气的形成 氨基酸、乳酸等有机酸能与发酵过程中产生的醇类相互作用，发生酯化反应形成具有芳香气味的酯。如乙醇与氨基丙酸作用生成的酯类物质氨基丙酸乙酯，乙醇与乳酸作用生成乳酸乙酯，氨基酸与戊糖的还原产物 4-羟基戊烯醛作用生成芳香脂类，都为腌制品增添了香气。此外乳酸发酵过程中除生成乳酸外，还生成具有芳香味的双乙酰。十字花科蔬菜中所含的黑芥子苷在黑芥子酶的作用下产生刺激性气味的芥子油，也给腌制品带来芳香。

3. 色泽的变化 蛋白质水解形成的氨基酸能与还原糖作用发生非酶褐变形成黑色物质。腌制品在其发酵后熟期中，蛋白质水解成酪氨酸，在酪氨酸酶的作用下与氧气作用生成一种深黄褐色或黑褐色的黑色素。这是腌制品在腌制和后熟过程中发生色泽变化的主要原因。腌制和后熟时间越长、温度越高，腌制品颜色越深。

另外，蔬菜组织内叶绿素在腌制过程中酸的作用下变化为植物黑素，因而失去绿色变成黄绿色或灰绿色。主要是在腌制中 pH 有下降的趋势，叶绿素由绿色变成暗黄色。这是由于叶绿素失 Mg^{2+} 退色造成的。在酸性介质中 Mg^{2+} 被 H^+ 代替，黄色相当厉害；在碱性介质中，Mg^{2+} 被其他离子所代替，但仍可保持其绿色，因此加工中要注意绿色素的保护：

① 碱水处理。用碱性物质使叶绿素酯团碱化生成叶绿酸盐，进一步使其成为钾盐、钠盐，则形成绿色更为稳定的叶绿素钠盐。如将绿叶菜原料在腌制前浸在 pH7.4～8.3 碱性水溶液中处理一下来保持绿色。

② 在腌制溶液中（食盐溶液）加些碱性物质（如石灰乳、碳酸钠、碳酸镁等），可保持原有绿色。如在腌黄瓜时，使用碳酸镁保持绿色较为安全。

绿色的保持只是暂时的，不可能太久，目前来说长期保绿措施尚无太好的办法，以上处理只是延缓了退绿进程。

4. 辛香料 腌制中加入不同的香料及调味品，也可带来不同香质，增加香气。除了一些原料本身含有辛香味外，腌制中加入的辛香料主要有花椒、辣椒、桂皮、八角、茴香、胡椒以及各种混合香料等。

总之，蔬菜腌制加工，虽然没有进行杀菌处理，但由于食盐的高渗透压作用和有益微生物的发酵作用，许多有害微生物的活动被抑制，加之本身所含蛋白质的分解作用，不仅能使制品得以长期保存，而且形成一定的色泽和香味。在腌制加工过程中，掌握好食盐的浓度与微生物活动及蛋白质分解各因素间的相互关系，是获得优质腌制品的关键。

三、影响腌制的因素

影响腌制的因素有食盐浓度、酸度、温度、气体成分、香料、原料含糖量与质地和腌制卫生条件等。

1. 酸度 有害菌（如丁酸菌、大肠杆菌）抗酸能力弱，在 pH3～4 时不能生长。而乳酸菌抗酸能力强，在酸度很高（pH 为 3 时）的介质中仍可生长繁殖。霉菌抗酸能力很强，但其为好氧性微生物，缺氧条件下不能繁殖。酸度在 pH4.5 以下，能在一定程度上抑制有害微生物的活动。控制酸度可以控制发酵作用。

2. 温度 各种微生物都有其适宜的生长温度，因而不同类型的发酵作用可以通过温度来控制。即蔬菜在腌制过程中由于有几种菌种参与发酵作用，而每种菌种生长最适温度不同，据此，通过控制温度来使某一种发酵占优势，不仅可以缩短时间，而且抑制有害微生物的活动，使制品有良好的品质。

3. 气体成分 霉菌是完全需氧性的，在缺氧条件下不能存活，控制缺氧条件可控制霉菌的生长。酵母是兼性厌氧菌，氧气充足时，酵母会大量繁殖，缺氧条件下，酵母则进行乙醇发酵，将糖分转化成乙醇。乳酸菌则为兼性厌氧菌。蔬菜腌制过程中由于乙醇发酵以及蔬菜本身呼吸作用会产生大量二氧化碳，部分二氧化碳溶解于腌渍液中对抑制霉菌的活动与防止维生素 C 的损失都有良好的作用。

4. 香辛料 腌制蔬菜常加入一些香辛料与调味品，一方面可改进风味，另一方面也可不同程度地抑制微生物的活动，如芥子油、大蒜油等具极强的抑菌作用。此外，香辛料还有改善腌制品色泽的作用。

5. 原料含糖量与质地 含糖量在 1%时，植物乳杆菌与发酵乳杆菌的产酸量明显受到限制，而肠膜明串珠菌与小片球菌已能满足其需要；含糖量在 2%以上时，各菌株的产酸量均不再明显增加。供腌制用蔬菜的含糖量应以 1.5%～3.0%为宜，偏低可适量补加食糖，同时还应采取揉搓、切分等方法使蔬菜表皮组织与质地适度破坏，促进可溶性物质外渗，从而加速发酵作用进行。

6. 腌制卫生条件 原料菜应经洗涤，腌制容器要消毒，盐液要杀菌，腌制场所要保持清洁卫生。

四、蔬菜在腌制过程中的变化

蔬菜在腌制过程中由于食盐的脱水作用、微生物的发酵作用和其他的生物化学作用，必然会对蔬菜的组织结构及化学成分产生影响，导致其外观内质的一系列变化。

（一）脆性变化及保脆措施

1. 脆性变化 质地脆嫩是蔬菜腌制品质量标准中的一项重要感官指标，腌制过程如处理不当，就会使腌制品变软。腌制品的脆性与细胞的膨压和细胞壁的原果胶变化有密切关系。腌制初期，蔬菜失水萎蔫，致使细胞膨压下降，脆性随之减弱；腌制中、后期，蔬菜严重脱水，细胞失活，细胞的原生质膜变为全透性膜，外界的盐水和各种调味液向细胞内扩散，由于腌渍液与细胞液之间的渗透平衡，能够恢复和保持腌菜细胞一定的膨压，因而不致造成脆性的显著下降。

腌制蔬菜软化的另一个主要原因是果胶物质的水解。如果原果胶受到原果胶酶和果胶酶的作用而水解为水溶性果胶，或由水溶性果胶进一步水解为果胶酸和甲醇等产物时，就会使细胞彼此分离，使蔬菜组织脆度下降，组织变软，会严重影响产品质量。在蔬菜腌制过程中，促使原果胶水解而引起脆性减弱的原因，一方面是蔬菜原料成熟度过高，或者受了机械伤，其本身的原果胶酶活性增强，使细胞壁中的原果胶水解；另一方面，在腌制过程中一些有害微生物的活动所分泌的果胶酶类物质将原果胶逐步水解，导致蔬菜变软而逐步失去脆性。

2. 保脆措施 引起腌制菜脆性降低的原因很多，为保持其脆性，可采取下列措施：

（1）挑选。在腌之前挑出那些过熟的和受过机械伤的蔬菜。

（2）及时腌制。采收的蔬菜要及时腌制。采收后的蔬菜呼吸作用仍在不断地进行，细胞内营养物质被消耗，蔬菜品质就会不断下降；由于后熟作用，细胞内原果胶会导致肉质变软而失去脆性；有些蔬菜（如根菜类和叶菜类）因水分蒸发而导致体内水解酶类物质活动增加，大分子物质被降解而使菜质变软。

（3）抑制有害微生物的生长繁殖。有害微生物的大量生长繁殖是造成腌菜脆性下降的重要原因之一。所以，在腌制过程要控制环境条件（如盐水浓度、腌制液的 pH 和环境温度）来抑制有害微生物的生长繁殖。

（4）适当使用硬化剂。为了保持腌制菜的脆度，根据需要在腌制过程中可以加入具有硬化作用的物质。蔬菜中的原果胶在原果胶酶、果胶酶的作用下，生成果胶酸，果胶酸与钙离子结合生成果胶酸钙，该盐类能在细胞间隙中起黏连作用，从而使腌制品保持脆性。

（二）化学成分的变化

1. 糖与酸互相消长 对于发酵腌制品来说，经过发酵作用之后，蔬菜含糖量大大降低或完全消失，而含酸量则相应增加。如在含水量基本相同的情况下，新鲜黄瓜与酸黄瓜的糖、酸含量互相消长的情况极为明显：鲜黄瓜的含糖量为 2%，酸黄瓜的为 0；鲜黄瓜的含酸量为 0.1%，而酸黄瓜则为 0.8%。非发酵性腌制品与新鲜原料相比较，其含酸量基本上没有变化，但含糖量则会出现两种情况：咸菜（盐渍品），由于部分糖分扩散到盐水中，含糖量降低；酱菜（酱渍品）与糖醋渍品，由于在腌制过程中从辅料中吸收了大量的糖分，使制品的含糖量大大提高。

2. 含氮物质的变化 发酵性腌制品在腌制过程中，含氮物质有较明显地减少。一方面是由于部分含氮物质被微生物所消耗；另一方面是由于部分含氮物质渗入发酵液中。含氮物质的另一变化，是蔬菜的蛋白质态氮被分解而减少，氨基酸态氮含量上升。

非发酵性腌制品蛋白质含量的变化有两种情况：咸菜（盐渍品）由于部分蛋白质在腌制过程中被浸出，蛋白质含量减少；酱菜（酱渍品）由于酱料中的蛋白质渗入蔬菜组织内，制品的蛋白质含量反而有所提高。

3. 维生素的变化 蔬菜腌制后组织失去活性，在接触微量氧气的情况下，维生素C被氧化而被破坏。腌制时间越长，维生素C的损耗越大。维生素C在酸性环境中较为稳定，如果在腌制时加盐量较少，生成的乳酸较多，维生素C的损失也就较少。蔬菜中维生素 B_1、维生素 B_2、烟酸、烟酰胺和胡萝卜素的变化均不大。

4. 含水量的变化 蔬菜腌制品的含水量变化有几种情况：首先，湿态发酵性腌制品、非发酵性的糖醋渍品含水量基本没有改变；其次，半干态发酵性腌制品其含水量有较明显地减少；再次，非发酵性腌制品如咸菜类、酱腌菜类的含水量变化介于前两种情况之间。

5. 矿物质含量的变化 在腌制过程中加入食盐的腌制品，由于盐分的渗入，矿物质含量均比新鲜原料有所提高。由于盐中所含钙渗入腌制品，其含钙量一般均高于新鲜的原料。

五、泡菜加工

1. 原料选择 选择组织脆嫩、质地紧密、肉质肥厚、可溶性固形物含量高、无病虫伤害的新鲜蔬菜。根据原料的耐贮性可分为三类：可贮泡1年以上的（如大蒜、薤、苦瓜等）；可贮泡3～6个月的（如萝卜、胡萝卜、辣椒、豇豆、四季豆等）；只能贮存1个月左右的（如黄瓜、莴笋、甘蓝等）。叶菜类一般不适宜作为泡菜，大白菜、甘蓝除外。

2. 原料预处理 主要指原料的整理、清洗、切分等过程。整理去掉不可食用病虫、腐烂部分，四季豆要抽筋、辣椒去蒂、大蒜去皮等。适当切分可缩短晾晒及泡制时间。原料入坛前要晾干明水或晾晒至表面脱水萎蔫。晾晒后入坛泡制有两种方法，一种是当泡制量小、泡制原料含水少、干物质含量高时，多为直接泡制；另一种是在工厂化生产过程中，尤其对含水量较高的原料，一般先用10%的食盐水浸泡原料几小时或几天，然后出坯泡制，其主要目的在于除去过多的水分，增强泡制的渗透效果，防止泡制时因食盐浓度降低而导致的腐败菌的滋生，有时也去掉一些原料中的异味。但原料中可溶性固形物及营养损失较大，对于质地柔软的原料，为增加硬度，在盐渍时可加入0.2%～0.4%的氧化钙。

3. 泡菜盐水的配制 泡菜盐水一般分三类：一类是陈泡菜水，经过1年或几年使用的优质盐水，可以作为泡菜的接种水；一类为洗澡泡菜水，用于边泡边吃的盐水，这种盐水多咸而低酸；一类是新配制盐水，要求水澄清透明，硬度在16度以上，以井水和矿泉水为好，含矿物质多，食盐要保证纯度。

配制盐水时可用3%～4%的食盐与新鲜蔬菜拌和入坛，使渗出的菜水淹没原料或用6%～7%的食盐水与原料等量地装入泡菜坛内。为了增加色香味，还可以加入2.5%的黄酒、0.5%的白酒、1%米酒、3%白糖或红糖、3%～5%的鲜红辣椒等，香料如丁香、茴香、桂皮、花椒、胡椒等，按盐水量的0.05%～0.10%加入，可将香料用纱布或白布包成小袋放入坛中。

4. 装坛与封坛 泡菜容器一般用泡菜坛，泡菜坛一般用陶土烧制，坛形两头小、中间大，坛口有坛沿，有水封口水槽来隔绝空气厌氧发酵，发酵产生的二氧化碳通过水槽溢出，如图 3-19 所示。装入原料后尽量压实，有时上部用竹片将原料卡住。然后放入盐水及配料，香料袋一般放入原料中间，盐水以没过菜为宜。盐水面离坛口 3～5 cm，1～2 d 后可加入一些原料让其发酵。封盖后，在坛沿槽中注入 3～4 cm 深的冷开水或 10%的食盐水，形成水槽密封口。

图 3-19 泡菜坛子

1. 坛盖 2. 水槽 3. 坛体

5. 泡制与管理 原料入坛后的泡制过程即为乳酸发酵过程，一般分三个阶段：发酵初期以异型乳酸发酵为主，此时 pH 较高（pH7.5），一些好氧及兼性厌氧微生物活动频繁，发酵产物为乳酸、乙醇、醋酸和二氧化碳等，此期含酸量达到 0.3%～0.4%，时间为 2～5 d，表现为盐水槽中有二氧化碳气体放出；发酵中期以正型乳酸发酵为主，此时 pH 降至 4.5 以下，厌氧状态，一些厌氧乳酸菌（植物乳杆菌、赖氏乳杆菌等）大量繁殖，产物乳酸的积累量迅速增加，可达 0.6%～0.8%，pH 会降至 3.5 以下，一些好氧菌及不耐酸菌活动受抑甚至死亡，时间为 5～9 d，是泡菜完熟阶段；发酵后期时，正型乳酸发酵继续进行，乳酸积累可达 1.0%以上，此时已属于酸菜发酵阶段。泡菜制品一般在发酵中期食用，乳酸含量在 0.4%～0.8%。不同原料，不同时期（冬、夏季），泡制时间长短不一，要根据具体情况而定。

泡制期间管理应注意以下几方面：

① 注意水槽的清洁卫生。由于发酵中后期坛内形成部分真空，会使槽内水倒灌入坛内。因此，应注意水槽内水经常更换，并注意每天轻揭盖 1～2 次，防止坛沿水的倒灌。

② 经常检查，防止质量劣变。其变质主要原因是微生物污染、盐水变质、pH 过高及气温变化不稳等。一般采用煮沸过滤的冷盐水，若坛内轻微生膜生花，可注入少量白酒减轻之。

③ 切忌带入油脂，因杂菌分解油脂产生臭味，并易使菜体软烂。

6. 成品管理 发酵成熟后最好立即食用，只有较耐贮原料才能长期保存。保存时一种原料装一个坛，要适当加盐，在表面加酒，坛沿槽要经常注满清水，便可短期贮存，长期贮存则需包装、杀菌。

7. 商品包装 包装容器可选用抗酸、盐的涂料铁皮罐、卷封式或旋转式玻璃罐、复合薄膜袋（常用聚酯-聚乙烯、聚酯-铝箔-聚乙烯）等。罐液配比为食盐 3%～5%、乳酸 0.4%～0.8%、砂糖 3%～4%，味精、香料等酌加，煮沸过滤。装罐时菜量与罐液量的比为 3∶（2～4）∶1 不等。装罐密封后，罐头容器的杀菌温度为 100 ℃，杀菌时间为 10～15 min；薄膜袋的杀菌温度为 80 ℃，杀菌时间为 8～10 min，冷却擦干后贴标、装箱。

六、酱菜加工

1. 原料的选择及处理 酱菜的原料很多，如黄瓜、莴笋、大头菜、萝卜、菜瓜、甘蓝、草石蚕、茄子、辣椒等。原料选择好后，经充分洗净后，削去粗筋须根、黑斑烂点等不能食用的部分，然后根据原料的种类、大小和形态切半或切成条状、片状、颗粒状等。小型蔬菜可不切分，如小型萝卜、嫩黄瓜、蒜头等。

2. 盐腌　盐腌时，对于含水量较低的原料，可用盐水腌制，食盐浓度控制在15%～20%，要求腌透，一般需要20～30 d。对含水量较高的原料加以干盐，其用盐量为鲜重的12%～20%，3～5 d要倒缸一次，腌好的菜坯表面柔熟透亮，富有韧性，内部质地脆嫩，切开后内外颜色一致。

3. 切制加工　蔬菜腌成半成品咸坯后，有些咸坯需要进行切制成各种形状如片、条、丝等，在酱制前要将咸坯切成比原来形状小得多的各种形状。

4. 浸泡脱盐　有的半成品（腌菜）盐分很高，不容易吸收酱液，同时还带有苦味，因此，要将用盐腌过的腌菜，放在清水中浸泡，时间要看腌制品盐分大小来决定，一般1～3 d，以去除过多的食盐与苦味物质等，同时便于腌制品吸收酱汁。为了使半成品全部接触清水，浸泡时每天换水1～3次。脱盐只是脱去大部分的食盐，并不要求把菜坯中的食盐全部脱除干净，口尝能感到少许咸味即为脱盐适合的标准，含盐量在2.0%～2.5%。

5. 压榨脱水　浸泡脱盐后，捞出沥去多余的水分。为了利于酱制，保证酱汁浓度，必须进行压榨脱水，除去咸坯中的部分水分。压榨脱水的方法有两种，一种是把菜坯放在袋或筐内用重石或杠杆进行压榨；另一种是把菜坯放在箱内用压榨机压榨脱水。无论采用哪种方法，咸坯脱水不要太多，咸坯的含水量为50%～60%即可，水分过小酱渍时菜坯膨胀时间过长或根本膨胀不起来，影响酱渍菜外观。

6. 酱渍　即把脱盐后的菜坯放在酱内进行浸酱。酱制时间，各种蔬菜有所不同。但是酱制完成后要求达到的程度是一致的，即菜的表皮和内部全部变成酱黄色，其中本来颜色较重的菜（如莴苣）酱色较深，本来颜色较浅的或白色的菜（如萝卜、大头菜等）酱色较浅，菜坯的表里口味都像酱一样鲜美。

酱制时，对于个体较大或韧性较强的可直接入缸酱制，如酱包瓜等。对于个体较小的原料（如草石蚕、蘑菇等），或质地脆嫩易折断的蔬菜，或切分后块形较小的原料，可装袋酱制，但不能装得太满、过紧，否则酱液渗入不均匀。坯料与酱的比例一般为1∶（0.5～0.7）。制作酱菜的酱，用甜面酱或稀黄酱，也可用酱中抽出的原汁酱油酱制蔬菜。

酱制过程中，白天每隔2～4 h必须搅动一次，以促使制品均匀地吸收酱液和着色，同时也可散热，防止酱菜变质。搅动时用酱耙在酱缸内上下搅动，使缸内的菜（或袋）随着酱耙上下更替旋转，把酱缸底的翻到上面，把上面的翻到缸底，使缸上的一层酱油由深褐色变成浅褐色，就算搅缸一次，经过2～4 h，缸面上一层酱油又变成深褐色，即可进行第二次搅缸。如此交替直到酱制完成（有些地区用酱醅又称为双缸酱，酱制时采用倒缸的办法，每天或隔天一次）。一般酱菜酱两次，第一次用使用过的酱，第二次用新酱，用过两次的酱可压制次等酱油，剩下的酱渣可做饲料。经过20～40 d，酱汁就充分渗入菜体中了。酱菜酱制成熟后，即可包装上市或留在酱内长期贮存。

七、榨菜加工

榨菜生产工艺主要有两种，一种为四川榨菜工艺，另一种为浙江榨菜工艺，两种工艺的主要区别是脱水工艺的不同，前者主要是利用自然风脱水，后者是用食盐脱水。

浙江榨菜生产尽管起步晚，但发展快，目前产量已超过四川，腌制工艺有特色，现已浙江榨菜为例介绍其加工过程。

1. 原料选择、采收 原料应选择质地紧密、粗纤维少、菜头突起物圆钝、可溶性固形物含量在5%以上、单个质量150 g以上、无病虫害及腐烂者。青菜头品种较多，比较适宜腌制榨菜的有三层杰作（或称三转子）、草腰子、枇杷叶等。一般在薹茎形成即将抽出时采收，过早过晚均不宜。另外，为防止单一品种集中成熟易造成加工时太集中太繁忙的现象，最好早、中、晚熟品种搭配栽培，延长加工期限。

2. 整理切分 剔尽菜叶，切去菜根。用剥皮刀，将每个菜头基部的粗皮老筋去除，但不伤及上部的表皮，俗称扦菜，扦菜后根据菜形状和大小，进行切分。一般质量为300～500 g的菜头划分两块，500 g以上者划成三块，切分后质量大约以150 g为宜，菜体大小、形状尽量均匀一致，保证晾晒时干湿均匀，成品整齐美观。

3. 腌制 一般采用两次腌制脱水：

（1）第一次腌制及上囤。采用腌制池，每层不超过15 cm，一层菜一层盐，层层压紧。撒盐要均匀，底少、面多，中间多、外围少，加盐量以每100 kg剥好的菜头用3～4 kg，撒好面盐后，铺上竹编隔板，用大石板压之。第一次腌制时间一般为36～48 h，防止盐分低而引起发酵。到时间后马上上囤，即将菜头在盐水池中淘洗后捞出装入囤中，囤基上铺竹帘，上囤时层层压紧，以2 m高左右为宜，利于排水。有时囤面可压重物挤压水分。上囤时间一般不超过24 h，出囤时菜重为原料的50%～60%。

（2）第二次腌制及上囤。将出囤的菜头称重后再置于菜池内，每层厚度为13～15 cm，加盐量按每100 kg菜头加盐5～8 kg，操作同前。第二次腌制可以增加压力使菜头压紧，正常情况下腌制一般不超过1周，但有时可达15～20 d，这时需适当增加菜水的含量以防止乳酸发酵及其他发酵作用。腌制结束后第二次上囤，此次囤身宜大不宜小，上面可不压重物，不应长于12 h，然后出囤，此时盐腌脱水的过程基本结束。

4. 修剪、分级、整理 修剪主要是修去飞皮、挑去老筋、剪去菜耳、除去斑点等，使菜头光滑整齐。修剪后的菜块要进行切分、整形、必要时可分级，分别处理，使生产的制品规格一致。

5. 淘洗、上榨 整理后的菜块再经澄清过滤的咸卤水淘洗干净，一般洗2～3遍，彻底除尽泥沙。洗净后上榨以榨干菜块外部的明水以及菜块内部可能被压出的水分，上榨时注意一定要缓慢地下压，防止菜块变形或破裂，时间不宜过久，出榨折率在70%～80%，因品级不同折率不同。

6. 拌料、装坛 将上榨后的菜块再拌和食盐及其他配料装入坛内的过程。配料的种类及用量各地有所不同。一般配料用量如下：按每100 kg榨菜的干菜块加入辣椒粉1.30～1.75 kg、混合香料90～150 kg、甘草粉55～65 kg、花椒60～90 kg、食盐4～5 kg、苯甲酸钠50～60 g。先将配料混合拌匀，再分几次与菜块同拌，拌好后即可装坛。有些地区还加一些香料如茴香、胡椒、干姜片等。装坛时一般分5次装入，层层压紧，每坛装至距坛口2 cm为止，再加盖面盐50 g，塞好干咸菜叶，塞口时务必塞紧。

7. 覆口、封口 装坛后15～20 d左右进行一次检查，将塞口干菜取开，若坛面菜下落变松，无发霉等现象，则马上添同等级新菜将坛内添满，装果后撒上面盐和塞入干菜叶；若坛面生花发霉，则将这一部分挖出来另换新菜装紧装满。坛口塞好后擦净，即可用水泥封口，贮存于冷凉地方，1～2 个月即可腌制成熟，制成坛装成品。

8. 切分、包装　切分、包装是制作方便榨菜的工序。以腌制好的坛装榨菜为原料经过切片或切丝，称量装袋，防腐保鲜，真空密封而成。由于方便榨菜包装小、易携带、食用方便、风味好、易保存，深受消费者欢迎，远销国内外。包装材料普遍采要用复合塑料薄膜袋。要求材料无毒，不与内容物起化学变化，能密封、透水、气性小、耐高温、防光等。主要采用聚酯-铝箔-聚乙烯。成品榨菜应色泽鲜艳、香味浓郁、无生味、质地脆嫩、咸菜适口、无泥沙、干湿适度、贮存一年不变质。

子任务一　泡菜加工技术

【任务准备】

1. 主要材料　甘蓝、食盐、糖、香料（花椒、茴香、八角、胡椒等）、辣椒、生姜、酒、氯化钙等。

2. 仪器及设备　泡菜坛、瓷坛、不锈钢刀、砧板、盆、铝锅等。

【任务实施】

1. 清洗、预处理　将蔬菜用清水洗净，剔除不适宜加工的部分，如粗皮、老筋、须根及腐烂斑点；对块形过大的，应适当切分。稍加晾晒或沥干明水备用，避免将生水带入泡菜坛中引起败坏。

2. 盐水（泡菜水）配制　泡菜用水最好使用井水、泉水等饮用水。如果水质硬度较低，可加入 0.05%的氯化钙。一般配制与原料等重的 5%～8%的食盐水（最好煮沸溶解后用纱布过滤一次）。再按盐水量加入 1%的白糖或红糖、3%的尖红辣椒、5%的生姜、0.1%的八角、0.05%的花椒、1.5%的白酒，还可按各地的嗜好加入其他香料，将香料用纱布包好。为缩短泡制的时间，常加入 3%～5%的陈泡菜水，以加速泡菜的发酵过程，黄酒、白酒或白糖更好。

3. 装坛发酵　取无砂眼或裂缝的坛子洗净，沥干明水，放入半坛原料压紧，加入香料袋，再放入原料至离坛口 5～8 cm，注入泡菜水，使原料被泡菜水淹没，盖上坛盖，注入清洁的坛沿水或 20%的食盐水，将泡菜坛置于阴凉处发酵。发酵最适温度为 20～25 ℃。

成熟后便可食用。成熟所需时间，夏季一般为 5～7 d，冬季一般为 12～16 d，春秋季介于两者之间。

4. 泡菜管理　泡菜如果管理不当会败坏变质，必须注意以下几点：

① 保持坛沿清洁，经常更换坛沿水。或使用 20%的食盐水作为坛沿水。揭坛盖时要轻，勿将坛沿水带入坛内。

② 取食泡菜时，用清洁的筷子取食，取出的泡菜不要再放回坛中，以免污染。

③ 如遇长膜生霉花，加入少量白酒，或苦瓜、紫苏、红皮萝卜或大蒜头，以减轻或阻止长膜生花。

④ 泡菜制成后，一面取食、一面再加入新鲜原料，适当补充盐水，保持坛内一定的容量。

【产品质量标准】

色泽正常、新鲜、有光泽，规格大小均匀、一致，无菜屑、杂质及异物，无油水分离现象，汤汁清亮，无霉花、浮膜；具有发酵型香气及辅料添加后的复合香气，无不良气味及其他异香；滋味鲜美，质地脆嫩，酸甜咸味适宜，含盐量为2%～4%，含酸量（以乳酸计）为0.4%～0.8%，无过酸、过咸、过甜味，无苦味及涩味、焦煳味。

子任务二　糖醋菜加工技术

【任务准备】

1. 主要材料　萝卜、莴苣、黄瓜（或选择当地适宜品种）、食盐、（白、红）糖、香料等。

2. 仪器及设备　瓷坛、不锈钢刀、砧板、盆、铝锅等。

【任务实施】

1. 原料选择及盐渍　选择幼嫩质脆的黄瓜、萝卜等原料洗涤干净，沥干明水，称重后置于菜坛中，加入8%食盐水，使原料全部浸入盐液；第二天加入占原料和盐水总质量4%食盐；第三天再加入占原料和盐总质量3%的食盐；第四天起只加入占全部质量的1%的食盐，直至盐浓度经常保持在15波美度，将其盐渍2周，使原料呈半透明（注意盐水浓度要均匀）。

2. 脱盐　每组取盐渍后的菜胚，用等量的热水浸泡等量原料，在65～70℃下维持15 min，使原料的含盐量大大减少，再用冷水浸泡30 min，沥干，使原料尚有少许咸味。

3. 糖醋液的配制

（1）配制糖醋液的原料。2.5%～3%醋酸溶液1 000 mL，盐7～14 g，白糖或红糖200～250 g，丁香0.5 g、豆蔻粉0.5 g、生姜2 g、桂皮0.5 g、白胡椒1 g，称好各种香料后用布包好。

（2）配制方法。将1 000 mL醋酸液和香料袋一起放入瓷盆或铝锅中，要加盖防止挥发，加热至80～82℃，维持1 h，使醋酸液吸收香料，待香料袋取出后，即可加入白糖或红糖（按要求的糖醋液）。

4. 装罐或装坛　在糖醋液中加入等量的脱盐原料，加热至80～82℃，维持5～10 min，即可装罐密封，冷却后保存25～60 d，即可食用。

也可将冷却后的糖醋液与等量的脱盐原料混合后，装入泡菜坛内保存，要注意泡菜坛的管理。

【产品质量标准】

成品应吸饱糖醋香料，甜酸适度，又嫩又脆，清香爽口，带有本品种固有的色泽；颜色金黄或红褐色、有光泽，具有应有的香气、无异味，产品质量符合《酱腌菜》（SB/T 10439—2007）相关规定和要求。

【练习与作业】

1. 食盐的保藏作用有哪些?
2. 影响乳酸发酵的因素有哪几方面?
3. 以当地有特色的蔬菜腌制品为例，用箭头简示工艺流程，说明操作要点。
4. 试述泡菜发酵机理，腌制时是如何抑制杂菌的。

任务七　速冻制品加工技术

相关知识准备

速冻是将新鲜的果品、蔬菜经过一定的加工处理后，以很低的温度在极短的时间内进行均匀的冻结，并在低温条件下贮藏。其目的是为了保持新鲜果蔬的色泽、风味和营养价值。产品特点是保持原有食品的色、香、味及营养；鲜度高，食用卫生、方便、省时；保存时间长，调节淡旺季供应。

目前国内生产的速冻果蔬品种有马铃薯、豌豆、菜豆、菠菜、甜玉米、青刀豆、蒜苗、蘑菇、芦笋、洋葱、白菜等。生产地集中在山东、福建、浙江、广东、江苏、上海等地，速冻产品主要用于出口，销往日本、美国、德国等国。

一、速冻原理

引起园艺产品腐烂变质的主要原因是微生物的作用和酶的催化作用，而这些作用的强弱与温度紧密相关。一般来讲，温度降低均使作用减弱，从而达到阻止或延缓园艺产品腐烂的速度。

速冻制品的保藏原理是将产品中的热迅速排除，使水分变成固态的冰晶，抑制微生物的生长繁殖和酶的活性，从而使产品得以长期保存。

园艺产品速冻要求在极低的速冻温度（−35～−30 ℃）下，在最短的时间（30 min 或更短的时间）内将新鲜原料的中心温度迅速降至冻结点（−18～−15 ℃）以下，使原料中80%以上的水分快速冻结成固态的冰晶，然后在−18 ℃下贮藏。这一过程能极大的抑制微生物活动和酶的活性，可以在很大程度上防止腐败和生化反应对速冻制品的影响，从而使产品得以长期保存。

(一) 冷冻对微生物的影响

微生物的生长与活动有适宜的温度范围，它们生长繁殖最快的温度称之为最适温度，超过或低于这个温度，它们的活动就逐渐减弱直至停止或被杀死。大多数的微生物在低于 0 ℃的温度下生长活动可被抑制。根据微生物对温度的耐受程度，将其划分为 4 类，即嗜冷菌、适冷菌、嗜温菌和嗜热菌（表 3 - 22)。温度对微生物的生长繁殖影响很大，温度越低，它们的生长与繁殖速度也越低（表 3 - 23)。当处在它们的最低生长温度时，其新陈代谢活动已减弱到极低的程度，并出现部分休眠状态。

防止微生物繁殖的临界温度是−12 ℃。一般酵母菌和霉菌比细菌耐低温的能力强，有些霉菌和酵母菌能在−9.5 ℃未冻结的基质中生活，有些嗜冷菌也能在低温下缓慢活动。它们的最低温度活动范围：有些嗜冷菌可在－8 ℃，有些霉菌可在－12～－8 ℃。所以，一般冷冻制品的贮藏通常都采用－18 ℃或更低一些的温度。

表 3－22　根据生长温度对微生物的分类（℃）

项目	嗜冷菌	适冷菌	嗜温菌	嗜热菌
最低温度	＜0～5	＜0～5	10	40
最适生长温度	12～18	20～30	30～40	55～65
最高温度	20	35	45	＞80

表 3－23　不同温度下微生物繁殖时间

温度（℃）	繁殖时间（h）	温度（℃）	繁殖时间（h）	温度（℃）	繁殖时间（h）
33	0.5	10	3.0	0	20.0
22	1.0	5	6.0	－3	60.0
12	2.0	2	10.0		

冷冻食品中微生物的存在有两个方面的影响：一方面是造成产品的质量败坏或全部腐烂；另一方面是产生有害物质，危及人体健康。

微生物在食品冻结后存活率迅速下降，但冷冻对微生物的作用主要是抑制而不能杀死所有微生物，而且长期处于低温条件下的微生物会产生新的适应性，一旦条件适宜，微生物会迅速恢复活动，会重新引起速冻制品败坏。

速冻制品一旦解冻，腐败菌就会迅速繁殖起来，致使速冻制品发生腐败变质，甚至产生相当数量的毒素，食用不安全。保证速冻制品安全的关键是避免加工品和原料的交叉污染；加工生产中坚持卫生高标准；避免食品原料在准备处理到冷冻之间的时间拖延，保证速冻制品在适宜温度下贮藏。

速冻制品加工，是利用人工制冷技术降低食品的温度，从而使制品达到长期保藏的一种方法。其特点是能较好地保持制品原有的色香味和营养价值，且贮藏期长，因此是一种较先进而理想的加工方法。

（二）冷冻对酶的影响

园艺产品中存在着各种酶，催化各种生化反应的发生，导致冷冻果蔬产品的色泽、风味、营养等变化，影响园艺产品的质量。多数酶活动的适宜温度范围是 30～40 ℃，冷冻低温能降低酶的活性，起到一定的抑制作用，有利于产品质量的保持。但是并不能完全抑制酶的活性，一般－18 ℃以下会显著抑制酶的活性。因此在冷冻条件下，园艺产品体内的生化反应只是进行得非常缓慢，但并没完全停止，所以冷冻贮藏的园艺产品经过一段时间贮藏后仍会感到质量上的不良变化。尤其是产品解冻时，酶活性会显著增强，加速产品的质量劣变。

为了保证园艺产品在冷冻时质量变化不大，园艺产品冷冻前往往采取抑制或钝化酶活性的措施如热烫处理等措施，减少酶引起的制品品质劣变。

基质浓度和酶浓度对催化反应速度影响也很大。例如，在食品冻结时，当温度降至－1～－5 ℃，有时会出现催化反应速度比高温时快的现象，其原因是在这个温度期间，食品中的水分有 80％变成冰，而未冻结溶液的基质浓度和酶浓度都相应增加的结果。因此，要快速通过这个冰晶带能减少冰晶对蔬菜的机械损伤，同时也减少酶对园艺产品的催化作用。

（三）低温防止氧化损失

蔬菜冷冻保藏中由微生物和酶的作用所造成的变质主要是维生素C、番茄红素和花青素等氧化。维生素C很容易被氧化成脱氢维生素C，脱氢维生素C继续分解，失去维生素C的生理功能；番茄红素是由8个异戊二烯结合而成，由于其中有较多的共轭双键，所以容易被空气中的氧所氧化而变色。冷冻的园艺产品由于采取了塑料薄膜袋密封包装，隔绝了空气，对控制上述氧化变质十分有效。

二、速冻过程

果蔬速冻加工就是将新鲜果蔬经加工处理后，以迅速结晶的理论为基础，采用各种办法加快热交换，在30 min或更少的时间内，将其于－35 ℃以下速冻，使果蔬快速通过冰晶体最高形成阶段而冻结，包装后贮藏于－18 ℃以下冷冻库中，达到长期保存目的的过程。

（一）冻结过程及冻结温度曲线

1. 果蔬的冻结点　冻结点就是冰结晶开始出现的温度。水的冰点是0 ℃。一般水果的含水量在73%～90%，蔬菜含水量在65%～96%。由于果蔬中的水分不是纯水，而是含有有机物和无机物，包括糖类、酸类和更复杂的有机分子及盐类，是一种复杂的胶体悬浮溶液。所以果蔬的冰点总是低于0 ℃，一般在－1～－4 ℃（表8－4）。

2. 冰晶的形成　果蔬中的水分不会像纯水一样在同一温度下结成冰，由于其中的水是悬浮溶液形式存在，一部分水结成冰后，余下的水溶液浓度升高，使剩余溶液冰点不断下降，即使温度低于初始冰结点，仍会有部分水不结晶。只有当温度降到低共熔点时，才会全部凝结成冰。但食品的低共熔点范围大致在－55～－65 ℃。速冻果蔬的温度一般最低为－35 ℃，冻藏温度多为－18 ℃。因此，通常冻藏果蔬中的水分并不能全部冻结成冰。一般只要有80%的水分结成冰，在感觉上便认为已呈冻结状态。

3. 冻结温度曲线　冻结包括两个过程：降温和结晶。首先果蔬产品由原始温度降到冰点，接着果蔬产品中的水分由液态变为固态，形成冰晶（图3－20）。冻结温度曲线图反映了食品冻结过程温度与时间之间的关系。曲线分为三个阶段：

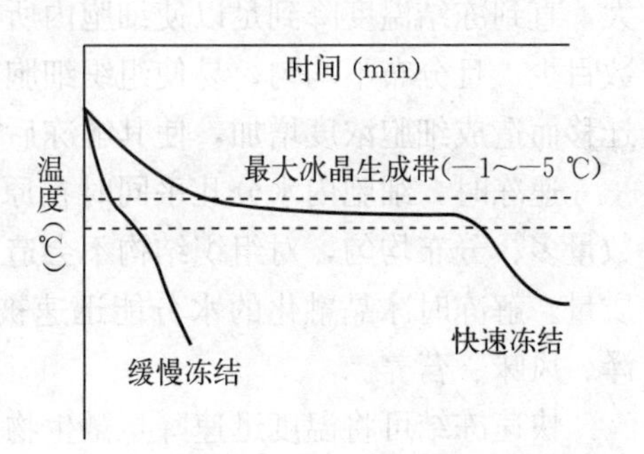

图3－20　冻结温度曲线

（1）初阶段。从初温至冻结点。放出食品自身的显热，放出的热量占总放出热量最小，故降温快，曲线陡。

（2）中阶段。即结冰阶段，从冻结点至－5 ℃，80%的水分结冰。因冰的潜热是显热的50～60倍，整个冻结过程中绝大部分热量在此放出，降温慢，曲线平坦。

（3）终阶段。从－5～－18 ℃（终温）。此时，放出的热量，一部分来自冰的降温，另一部分来自余下的水继续结冰，曲线不及初阶段陡。

冻结速度取决于中阶段（结冰阶段）。冷冻介质与传热快慢关系很大。

快速冻结途径：降低冻结温度，提高冷冻介质与食品初温的温差；加快冷冻介质流经食品的相对速度，增加冷冻介质与食品的接触面，以提高食品表面的放热效果；减小食品的体积和厚度，增大食品与冷冻介质的热交换率和缩短冷冻介质与食品中心的距离。

（二）冻结速度对产品质量的影响

1. 冷冻与速冻 冷冻是将产品中的热能排出去，使水分变成固态的冰晶结构。速冻即快速冻结，指以最快速度通过最大冰晶生成区，使果蔬中80%以上的水分变成微小的冰结晶的过程。

2. 冻结速度的表示方法 目前冷冻速度以表示方法有3种：

（1）时间划分。果蔬中心温度从-1 ℃降至-5 ℃所需要的时间，在30 min内为快速冻结，超过30 min为慢速冻结，之所以选择30 min是因为在这样的冻速下冰晶对组织影响最小。

（2）距离划分。单位时间内果蔬-5 ℃的冻结层从果蔬表面伸向内部的距离（cm）。快速冻结，5～20 cm/h；中速冻结，1～5 cm/h；慢速冻结，0.1～1.0 cm/h。

（3）以比果蔬冻结点低10 ℃的冻结层移动速度表示。即以果蔬表面与中心温度点间的最短距离与果蔬表面达到0 ℃后果蔬中心温度降到比果蔬冻结点低10 ℃所需时间之比来表示果蔬冻结速度（v，cm/h）。如果蔬中心与表面的最短距离为10 cm，果蔬的冻结点为-2 ℃，果蔬中心温度降到比冻结点低10 ℃（即-12 ℃）时所需时间15 h，其冻结速度为：

$$v=\frac{10\text{cm}}{15\text{h}}=0.67\ \text{cm/h}。$$

目前使用的各种冻结设备中，果蔬的冻结速度一般为0.2～100.0 cm/h。其中通风冷库冻结速度为0.2 cm/h，送风冻结器为0.5～3.0 cm/h，流化床冻结器为5.0～10.0 cm/h，液氮冻结器为10.0～100.0 cm/h。

3. 冻结速度对质量的影响 缓冻时，由于细胞内和细胞间隙的溶液浓度不同，间隙水先结成冰晶，细胞内水分向细胞间隙已形成的冰晶迁移聚集，使细胞间隙的冰晶体不断增大，直到冻结温度降到足以使细胞内所有水形成冰晶为止。食品组织内形成的冰晶体积大、数目少，且分布不均匀，易使组织细胞被膨大的冰晶体挤压而遭受机械损伤，同时由于水分迁移而造成细胞浓度增加，使其解冻后流汁、风味变劣等。

速冻时，细胞内水分几乎同时在原地结成冰晶。冰晶体积小（其直径应小于100 μm）、数量多、分布均匀，对组织结构不会造成机械损伤，可最大限度地保持冻结食品的可逆性和质量。解冻时冰晶融化的水分能迅速被细胞吸收，不会产生汁液流失，基本保持原有的色泽、风味、营养。

快速冻结可将温度迅速降至微生物生长活动及酶活力的温度以下，利于抑制微生物的活动和酶促生化反应，使食品更利于保藏。

三、速冻方法及设备

速冻方法及食品速冻装置多种多样，分类方式不尽相同，按冷冻介质与食品接触的方式可分为空气冻结法、间接接触冻结法和直接接触冻结法3种。空气冻结形式中主要有静止空气冻结法、鼓风冻结法，其中鼓风冻结法中主要有隧道式冻结、传送带式连续冻结、螺旋带式连续冻结、流态化冻结4种冻结装置。直接冻结形式中有液氨喷淋、液态二氧化碳喷淋和氟利昂喷淋冻结方法。从速冻要求来讲，静止空气和半鼓风冻结方法冻结园艺产品时间太长，一般需 5～10 h，属典型的慢冻，不适于园艺产品冻结；而液态冷媒直接冻结方法虽可以速冻园艺产品，但成本较高，也不实用。因此仅就最适园艺产品速冻的冻结方法及装置介绍如下。

（一）空气冻结法

在冻结过程中，冷空气以自然对流的方式与园艺产品换热。由于空气的导热性差，与园艺产品间的换热系数小，故所需的冻结时间较长。但是空气资源丰富，无任何毒副作用，其热力性质早已为人们熟知，所以，用空气作为介质进行冻结仍是应用较为广泛的一种冻结方法。

1. 隧道式冻结装置　隧道式冻结装置共同的特点是冷空气在隧道中循环，食品通过隧道时冻结。食品通过隧道的方式，可分为传送带式、吊篮式、推盘式冻结隧道等几种，其中推盘式连续冻结隧道较适宜园艺产品速冻。产品用网带携带通过隧道，与冷风逆流而行，冷空气的温度为－18～－34 ℃，风速在 30～1 066 m/min。

这种装置主要由隔热隧道室、冷风机、液压传动机构、货盘推进和提升设备构成，如图 3－21A 所示。

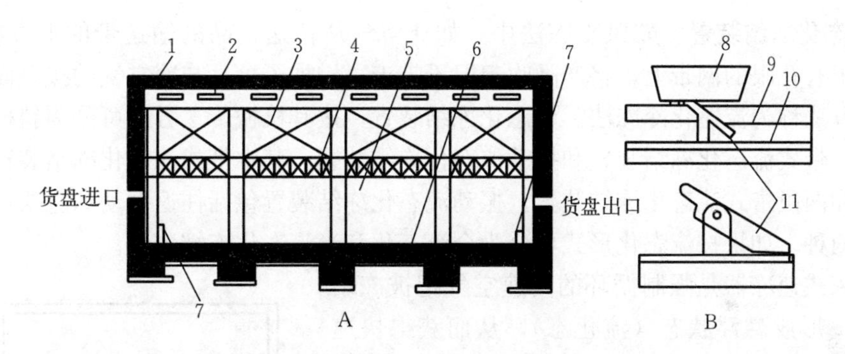

图 3－21　推盘式连续冻结隧道

1. 绝热层　2. 冲淋水管　3. 翅片蒸发排管　4. 鼓风机　5. 集水箱　6. 水泥空心板　7. 货盘提升装置　8. 货盘　9. 滑轨　10. 推动轨　11. 推头

货盘推进设备的推头装置如图 3－21B。货盘底部焊有两条扁钢，承放在两道扁铁组成的滑道上，每对滑道有两个推动装置。在液压系统的作用下，推头顶住盘底的扁钢，将货盘向前推进。当推头后退复位时，被货盘后端的扁钢压下，滑过后，由于偏心作用，推头自动抬起，复位并进入推进状态。通过推头的反复动作，货盘便向前移动。另外，还有两个提升装置，将货盘分层提升。

冻结时间可通过改变货盘的传送速度进行调整，可调范围为 40～60 min。这种冻结装置可以根据具体情况做成多层或多排输送结构。冷风机放在旁侧吹风，效果也好。

园艺产品装上货盘后，在货盘进口由液压推盘结构推入隧道，每次同时进盘 2 只，货盘到达第一层的末端后，被提升装置提升到第二层轨道，如此往复经过 3 层，在此过程中冷冻品被冷风机强烈吹风冷却，不断地降温冻结，最后经出口推出，每次出盘也是 2 只。

这种装置的特点是连续生产、冻结速度较快、构造简单、造价低、设备紧凑、隧道空间利用充分。

2. 传送带式连续冻结装置　传送带式冻结装置如图 3－22 所示。其主体装置是钢带连续输送机。通常物料随不锈钢网带或板带在－35～－40 ℃的冷风下移动，风的流向可与物料平行、垂直，顺向或逆向传送带移动速度可根据冻结时间进行调节，蒸发器有融霜装置。冷风机在装置的上部。一般传送带下部冷风温度为－40 ℃，上部温度为－35 ℃，厚度 15 cm 的物料在 12 min 内即可冻结好；厚度 40 cm 的物料则需 41 min 才能冻结好。

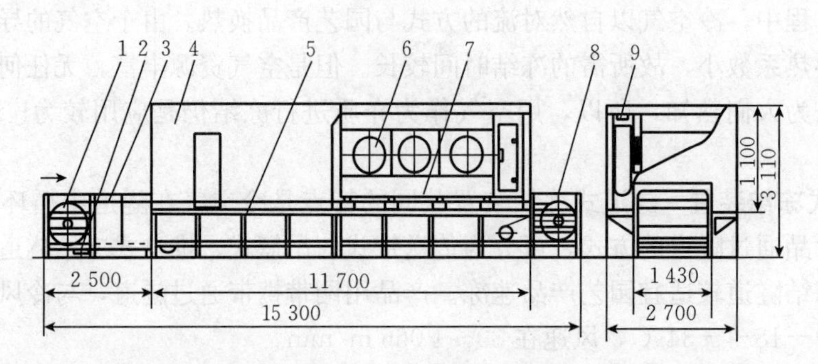

图 3－22　传送带式冻结装置（单位：mm）

1. 从动滚筒　2. 喷淋装置　3. 传送钢带　4. 库体　5. 托架　6. 风机　7. 蒸发器　8. 主动滚筒　9. 灯具

3. 流态化冻结装置　鼓风冷冻法中，如让空气从传送食品的输送带的下方向上鼓送，流经放置于有孔眼的网带上，将产品吹起但不带走，增加了食品与冷空气的接触面积，加速冷冻，此方法称为流态化冷冻法。流态化冻结装置，按其机械传送方式可分为斜槽式流态化冻结装置、带式流态化冻结装置和振动流态化冻结装置。其中带式流态化冻结装置又可分为一段带式和两段带式流态化冻结装置。振动流态化冻结装置包括往返振动和直线振动流态化冻结装置两种。如果按流态化形式可分为全流态化和半流态化冻结装置。

流化床式速冻器是强制循环的高速空气把被冻结产品吹起，形成悬浮状态（流化态），从而获得快速冻结。流化床式速冻器由多孔槽、空气净化器、喷淋头、蒸发管、鼓风机、丙二醇贮槽，振动筛等组成（图 3－23）。冷冻时，将产品铺放在多孔槽内的网带上或盘子上，冷空气由网带下方向上方强制送风，形成流化状态。此法冷冻迅速而均衡，一般 10 min 左右即可冻结。

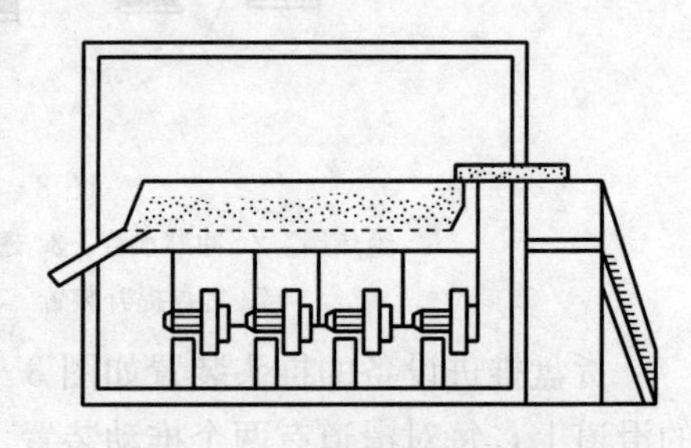

图 3－23　流化床冻结装置

流态化冻结装置适用于冻结小型球状颗粒物料或各种切分成小块的园艺产品原料。尤其适于园艺产品类单体的冻结，如青豌豆、甜玉米、草莓、菜豆等，冻结时间仅需几分钟到十几分钟，避免了颗粒食品的黏合现象。

流态化冻结装置具有冻结速度快、耗能低和易于实现机械化连续生产等优点。

（二）间接接触冻结法

间接接触冻结法指的是把食品放在由制冷剂或低温介质（如盐水）冷却的空心金属板板、盘、带或其他冷壁上，用冷壁（冷却的板、面等）与食品直接接触，食品与制冷剂间接接触而使食品冻结的方法。对于固态食品，可将食品加工成平坦表面的形状，使冷壁与食品的一个或两个平面接触；对于液态食品，则用泵送方式使食品通过冷壁热交换器，冻成半融状态。间接接触冻结包括平板冻结装置、回转式冻结装置、钢带式冻结装置，其中回转式冻结装置适用于冻结园艺产品泥。主要装置是在绝热的箱橱内装置可以移动的空心金属板，制冷剂在平板的空心内部流动，产品（厚度 2.5～7.5 cm）则放置在上下两空心平板之间紧密接触，进行热交换，如图 3-24 所示。冷冻温度-45 ℃，由于冻结品是上下两面同时降温冻结，故冻结速度较快。但分批间歇操作，劳动强度大、日产量低。

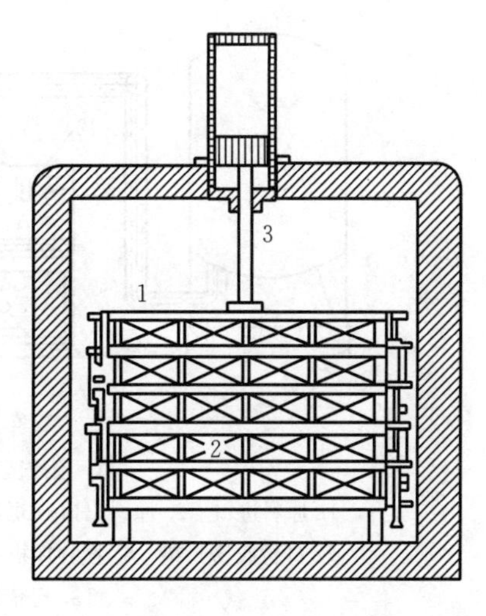

图 3-24　平板式速冻器
1. 冷却板　2. 带包装食品　3. 水压式升降机

（三）直接接触冻结法

直接接触冷冻法要求食品（包装或不包装）与不冻液直接接触，食品在与不冻液换热后，迅速降温冻结。食品与不冻液接触的方法有喷淋法、浸渍法，或两种方法同时使用。相应的直接冷冻法有浸渍冷冻法和低温冷冻法两种类型。浸渍冷冻法即产品直接浸在液体制冷剂中，液体是热的良导体，在浸渍冷冻中与产品接触面积最大，冷冻速度快。低温冷冻法是产品在一种沸点很低的制冷剂进行相变的条件下（液态变为气态）获得迅速冷冻的方法。通常的制冷剂是液态氮，沸点是-195.81 ℃，其次是二氧化碳，沸点是-78.5 ℃，这种方法比前几种制冷速度快、效果好。

低温液体冻结装置，同一般的冻结装置相比，这类冻结装置的冻结温度更低，所以常称为低温冻结装置或深冻结装置。其共同特点是没有制冷循环系统，在低温液体与食品接触的过程中实现冻结。

园艺产品常用的冻结介质（低温液体）分两大类：一类是用制冷剂间接接触冷却的低冻结点液态介质，如冷盐液、糖液等；一类是蒸发时本身能产生制冷效应的超低温制冷剂，如压缩液态氮、液氨、液态二氧化碳、液态氟利昂等。

图 3-25 所示为喷淋式液氮冻结装置，它由隔热隧道式箱体、喷淋装置、贯穿于隧道的不锈钢丝网格传送带、传动装置、减速器、搅拌机、离心排风机、电磁阀和电器控制箱等部件组成。产品在一个循环传送带上通过隔热的冷冻室，整个冷冻室分为预冷区（A）、冻结区（B）、均温区（C）三个部分，产品与冷氮气以相对的方向行进，使产品在前进中不断降温。风机将冻结区内温度较低的氮气输送到预冷区，并吹到传送带送入的食品表面上，经充分换热，食品预冷。传送带携带产品前进到 B 室中时，上面的液氮向下喷淋在产品上，此时液态氮汽化，产品受到雾化管喷出的雾化液氮的冷却而被急速速冻，经过一定时间，由传送带将产品带进 C 室，使产品温度均匀一致，再从另一端送出。冻结温度和冻结时间，根据食品的种类、形状，可调整储液罐压力以改变液氮喷射量，以及通过调节传送带速度来加以控制，以满足不同食品的工艺要求。由于食品表面和中心的温度相差很大，所以完成冻结过程的食品需在均温区停留一段时间，使其内外温度趋于均匀。液氮的汽化潜热为 1.989 kJ/kg，定压比热容为 1.034 kJ/（kg·K），沸点为-195.81 ℃。从沸点到-20 ℃冻结终点所吸收的总热量为 383 kJ/kg，其中，-195.81 ℃的氮气升温到-20 ℃时吸收的热量为 182 kJ/kg，几乎与汽化潜热相等，这是液氮的一个特点，在实际应用中，应注意不要浪费这部分冷量。

对于 5 cm 厚的食品，经过 10～30 min 即可完成冻结，冻结后的食品表面温度为-30 ℃，中心温度达-20 ℃。冻结每千克食品的液氮耗用量为 0.7～1.1 kg。

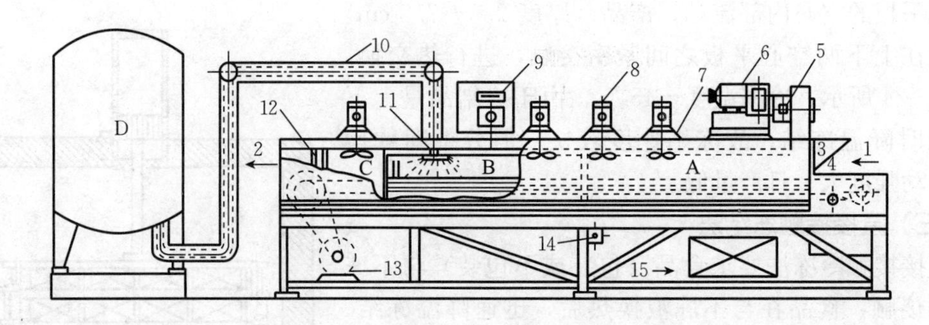

图 3-25 喷淋式液氮速冻装置

A. 预冷区 B. 冻结区 C. 均温区 D. 液氮贮罐

1. 原料进口 2. 原料出口 3. 硅橡胶幕帘 4. 不锈网传送带 5. T 型蝶形阀 6. 排气风机 7. 硅橡胶密封垫 8. 搅拌风机 9. 温度指示计 10. 隔热管道 11. 喷嘴 12. 硅橡胶幕帘 13. 巴依阿尔无级变速器 14. 开关 15. 控制盘

四、速冻制品加工基本技术

(一) 原料选择

选择新鲜、幼嫩、无病虫害、成熟度达到鲜食标准（色、香、味均已充分表现出来）、适合速冻的品种。要求原料品种优良、成熟度适当、规格整齐、无农药和微生物污染等。原料品质是决定速冻果蔬品质的重要因素，因此要注意选择适宜速冻加工的品种。水果、蔬菜的品种不同，对冷冻的承受能力也有差别。一般含水分和纤维多的品种，对冷冻的适应能力较差，而含水分少、淀粉多的品种，对冷冻的适应能力较强。

(二) 原料预冷

一般园艺产品采收后到速冻期间，要堆放一段时间。此间必需预冷，预冷的终温以原料不结冰为限（0 ℃以上）。

(三) 清洗

原料应充分清洗干净，目的是除去附在园艺产品表面的尘土、泥沙、异物和农药；减少微生物的数量，符合卫生标准。

方法：一般采用人工和机械清洗。要注意水的卫生，加工所用的冷却水要经过消毒（可用紫外灯），并注意及时更换。工作人员、工具、设备、场所的清洁卫生的标准要求要高，加工车间要加以隔离。对喷过农药的园艺产品，需用化学药品清洗，一般使用 0.5%～1.5%的盐酸溶液或 0.03%～0.01%的高锰酸钾溶液等。在常温下浸泡数分钟，清水冲净。

(四) 去皮、切分、整理

有些园艺产品需进行去皮、切分及整理，制成适合大小的规格形式（条、块、段、片、丝等），以便于速冻前包装。为防止原料在去皮或切分后变色，可用清水浸泡或浸泡在含 0.2%亚硫酸氢钠、1%食盐、0.5%的柠檬酸溶液中。速冻园艺产品，首先去除须根及不能食用部分，如青椒去籽、菠菜去根等。速冻后会减弱果蔬的脆性，可以将原料浸入 0.5%～1%的碳酸钙（或氯化钙）溶液中，浸泡 10～20 min，以增加其硬度和脆性。有些蔬菜如椰菜花、西蓝花、菜豆、豆角等，要在 2%～3%的盐水中浸泡 15～30 min，以驱出内部的小虫，浸泡后应再漂洗，盐水与原料的质量比不低于 2∶1，浸泡时随时调整盐水浓度，若浓度太低，则幼虫不能被驱逐出来；若浓度太高，虫会被淹死。

（五）漂烫

漂烫主要用于蔬菜的速冻加工，目的是破坏酶的活性，防褐变，软化纤维组织，去掉辛、辣、涩等味，便于烹调加工。

园艺产品漂烫方法主要有热水和常压蒸汽两种。热水漂烫是把水加热到一定温度（90～100 ℃），将园艺产品迅速放入热水中几十秒至几分钟后，迅速捞出。蒸汽烫漂是把园艺产品放在蒸汽中进行加热。热烫过程中要保持水温稳定。为加强护色效果，沸水热烫还可加入0.2%的碳酸氢钠（绿色蔬菜如青豆荚）或0.1%柠檬酸（浅色蔬菜如马铃薯）等。热烫时间可根据果蔬种类、形状、大小等确定。以钝化酶的活性为目的，尽量缩短时间（通常为2～5 min，也有的只有几秒钟）。原料热烫后应迅速冷却，一般有水冷和空气冷却，可以用浸泡、喷淋、吹风等方式。最好能冷却至5～10 ℃，最高不应超过20 ℃。

（六）沥干

经过烫漂和冷却的原料带有水分可采用振动筛或离心机脱水，沥干水分，以免产品在冻结时黏结成堆。

（七）预冷与速冻

经过前处理的原料，可预冷至0 ℃，这样有利于加快冻结。许多速冻装置设有预冷设施，或者在进入速冻前先在其他冷库预冷，然后陆续进入冻结。冻结速度往往由于果蔬品种、块形大小、堆料厚度、入冻时品温、冻结温度等不同而有差异，故必须在工艺条件上及工序安排上考虑紧凑配合。

经过前处理的果蔬应尽快冻结，速冻温度在－30～－35 ℃，风速应保持在3～5 m/s，这样才能保证冻结以最短的时间（<30 min）通过最大冰晶生成区，使冻品的中心温度尽快达到－15～－18 ℃。只有这样才能使90%以上的水分在原来位置上结成细小冰晶，均匀分布在细胞内，从而获得品质新鲜、营养和色泽保存良好的速冻果蔬。

（八）包装

包装是贮藏好速冻园艺产品的重要条件。其作用是控制贮藏过程中冰晶升华而干燥；防止贮藏中接触空气而氧化变色，便于运输、销售和食用；防止产品污染，保证卫生。冻结后的产品经包装后入库冻藏，为加快冻结速度，多数果蔬冻品采用先冻结后包装的方式。但有些产品如叶菜类为避免破碎可先包装后冻结。包装前，应按批次进行质量检查及微生物指标检测。为防止产品氧化褐变和干耗，在包装前对某些产品如蘑菇应镀冰衣，即将产品倒入水温低于－5 ℃的镀冰槽内，入水后迅速捞出，使产品外层镀包一层薄薄的冰衣。

速冻果蔬的包装有大、中、小各种形式，包装材料有纸、玻璃纸、聚乙烯薄膜（或硬塑）及铝箔等。为避免产品干耗、氧化、污染而采用透气性能低的包装材料，还可以采用抽真空包装或抽气充氮包装，此外还应有外包装（大多用纸箱）。

（九）贮藏

速冻果蔬的长期贮存，要求将贮藏温度控制在－18 ℃以下，冻藏过程应保持稳定的温度和相对湿度。若在冻藏过程中库温上下波动，会导致重结晶增大冰晶体，这些大的冰晶体对果蔬组织细胞的机械损伤更大，解冻后产品的汁液流失增多，严重影响产品品质。并且不应与其他有异味的食品混藏，最好采用专库贮存。速冻果蔬产品的冻藏期一般可达10～12个月，如贮藏条件好则可达2年。

（十）运输销售

在运输时，要应用有制冷及保温装置的汽车、火车、船、集装箱等专用设施，运输时间长的要将温度控制在－18 ℃以下，销售时也应有低温货架或货柜。整个商品的供应程序采用冷冻链系统，使冻藏、运输、销售及家庭贮存始终处于－18 ℃以下，才能保证速冻果蔬品质。

（十一）速冻制品的解冻

解冻是速冻果蔬在食用前或进一步加工前的必经步骤。对于小包装的速冻蔬菜和水果，家庭中常用结合烹调和自然条件下融化两种典型的解冻方式。解冻过程对于加工原料来说，它不仅直接关系到解冻原料的组织结构，而且对加工后产品的品质和风味等都有直接影响。

解冻是指冻结时食品中形成的冰晶还原融化成水，所以可视为冻结的逆过程。一般解冻食品在 0～－5 ℃停留的时间越长，会使食品变色、产生异味，所以解冻时希望能快速通过此温度带。解冻终温由解冻食品的用途所决定，用作加工原料的冻品，半解冻即至中心温度达－5 ℃就可以了，以能用刀切割为准，此时汁液流失亦少。一般解冻介质的温度不宜过高，以不超过 10～15 ℃为宜。通常低温缓慢解冻比高温快速解冻时汁液流失少，但蔬菜和调理冷冻食品的快速解冻比缓慢解冻要好。

1. 解冻方法 目前有两类解冻方法：即外部加热法和内部加热法。

（1）外部加热法。外部加热法是指由温度较高的物质向冻结品表面传送热量，热量由表面逐渐向中心传送的解冻方法。

（2）内部加热法。内部加热法是指在高频或微波场中使冻结品各部位同时受热的解冻方法。常用的内部加热解冻法有欧姆加热（电解冻）、高频或微波加热、超声波、远红外辐射等。在实践中亦可将上述几种方法组合进行解冻。

常用的外部加热解冻法有空气解冻法，一般采用 25～40 ℃空气和蒸汽混合介质解冻；水（或盐水）解冻法，一般采用 15～20 ℃的水介质浸渍解冻；水蒸气凝结解冻法；热金属表面接触解冻法。

冷冻园艺产品解冻后，可根据品种形状和消费习惯，不必再清洗、切断，可直接烹调加工，烹调时间以短为好，一般不宜过分的热处理，否则影响质地，口感不佳。冷冻的园艺产品在运输和市场零售期间，应当保持其接近于冻藏的温度条件，使产品处在冻结的状态，不能使其冰晶融化。

2. 冻结食品解冻的要求 不管采取哪一种方法解冻，都要遵循以下的基本原则：在使用前解冻；尽可能快速而均匀地解冻；解冻之后温度以低温为宜；解冻后尽快进行调理；在贮存解冻食品时，若贮存温度低于 5 ℃时，不可放置过久；不与空气接触，带包装解冻；利用解冻时流出的汁液并进行调理；解冻终温视解冻用途而定，如植物性食品如青豆等为防止淀粉转化，宜采用蒸汽、热水等高温解冻。

五、常见问题及解决途径

1. 干耗 制品在速冻过程中，随热量带走的同时，部分水分同时被带走，而造成制品的干耗发生。通常空气流动越快，这种干耗越大；另外，在制品冻藏中，也有干耗的产生，原因是水的升华现象造成的。这种干耗，随制品贮藏期越长越严重。在产品加工中，可以通过上冰衣来降低或避免干耗对制品品质的影响。

2. 变色　因为酶的活性在低温下不能完全抑制，所以，常温下发生的变色，在长期冻藏中同样发生，只是速度减慢而已。为防止此类变色的发生，在速冻前，应进行原料的护色处理。

3. 流汁　缓慢冻结易造成植物组织受机械损伤，解冻后，融化的水不能重新被细胞吸收，从而造成大量汁液的流失，组织软烂，口感、风味、品质严重下降。提高冻结速度可以减少流汁现象的发生。

4. 龟裂　由于水变冰的过程体积约增大9%，造成含水量多的果蔬冻结时体积膨胀，产生冻结膨胀压，当冻结膨胀压过大时，容易造成制品龟裂。龟裂的产生往往是冻结不均匀、速度过快造成的。

子任务一　速冻蘑菇加工技术

蘑菇是一种食用真菌，品种较多，世界上现有的品种有白蘑菇、棕色蘑菇、大肥蘑菇等。近年来我同大量种植，产量居世界首位。蘑菇味道鲜美，营养丰富，100 g鲜蘑菇中含有蛋白质2.9 g，其中约50%是完全蛋白质，同时还含有谷氨酸、精氨酸，维生素C、维生素K等6种维生素，还含有核苷酸、矿物质及多糖类。蘑菇速冻后品质良好，肉质鲜美，是人们喜欢食用的速冻园艺产品。

【任务准备】

1. 主要材料　鲜蘑菇、食盐、亚硫酸、半胱氨酸、柠檬酸等。

2. 仪器及设备　速冻机、切削刀、漂烫机、冷却缸、离心机、温度计、台秤、杀菌器等。

【任务实施】

1. 原料选择与采收　蘑菇原料要求新鲜、色白，菌盖带柄，形态完整、近似圆形，菌盖横径20～40 mm，无畸形，允许轻微薄菇，但菌褶不发黑、不发红、无斑点、无鳞片。菇柄切削平整，不带泥根，无空心、无变色。蘑菇原料品质的好坏、产量高低与优种、育种、栽培条件、技术管理、采收方法、贮运条件等有直接关系。

采菇应在开伞前2 h、菌膜尚未破裂为宜，此时不可喷水，以免菇面发黏、其毛变色。菌盖直径应在20～40 mm为宜。采摘后的蘑菇后熟作用强，极易变色，应在避风处迅速削去菇根，注意要轻拿轻放，尽量做到快装快运并严防机械伤，采收后1～4 h内运往工厂立即加工，能保证加工蘑菇的优良品质。严禁使用铁、钢等金属容器，以免蘑菇发黑变色。

2. 蘑菇的变色及护色　将刚采的蘑菇置于空气中，一段时间后在菌盖表面即出现褐色的采菇指印及机械伤痕。控制方法如下：

(1) 稀薄食盐溶液。蘑菇采摘后浸入浓度0.6%～0.8%、温度13 ℃以下的食盐溶液中运入工厂。要求浸泡到工厂加工，不得超过4～6 h。

(2) 亚硫酸盐溶液。常用的有亚硫酸钠（Na_2SO_3）、焦亚硫酸钠（$Na_2S_2O_5$）等。将刚采摘的蘑菇浸入300 mg/kg的亚硫酸钠溶液或500 mg/kg的焦亚硫酸钠溶液中浸泡2 min后，立即将菇体浸没在13 ℃以下的清水中运往工厂，或浸泡焦亚硫酸钠溶液2 min后捞出沥干，再装入塑料薄膜袋，扎好袋口并放入木箱或竹篓运往工厂，到厂后立即放入温度13 ℃以下的清水池中浸泡30 min，脱去蘑菇体上残留的护色液。

(3) 半胱氨酸溶液。将刚采摘的蘑菇浸入0.4 mol/L半胱氨酸溶液中30 min后取出，也有良好的护色效果。此法护色的蘑菇经4～6 h后，菇色仍为白色，基本上保持了蘑菇的本色。

(4) 柠檬酸酸溶液。将蘑菇浸入1%的柠檬酸水溶液以后，同时加入少量维生素C，抽真空并使真空桶中保持真空度0.053 MPa，维持3 min后，再把空气放入。

(5) 薄膜气调包装。将刚采摘的蘑菇立即放入厚0.06～0.08 mm的聚乙烯袋，每袋可放20 kg，并将袋口扎紧。此法的包装时间必须严格控制在4～6 h以内，若超过这一时间，由于袋内缺氧，蘑菇无法维持最低限度的呼吸作用而可能导致金黄色葡萄球菌滋生。

3. 热烫　蘑菇热烫的目的，主要是破坏多酚氧化酶的活力，抑制酶促褐变。同时赶走蘑菇组织中的空气，使组织收缩，保证固形物的要求，此外还可增加弹性，减少脆性，便于包装。当利用亚硫酸盐护色时，利用热烫还可起脱硫作用。为了减轻非酶褐变，常在热烫液中添加适量的柠檬酸，以增加热烫液的还原性，改进菇色。

一般热烫水中加入0.1%的柠檬酸溶液调整酸度来抑制反应，热烫的时间根据菌盖大小控制在4～6 min。热烫时间不宜太长，以免组织太老、失水大、失去弹性。为了防止菇色变暗，热烫溶液酸度应经常调整并注意定期更换热烫水。

4. 冷却　热烫后迅速将蘑菇放入冷却水池中冷透，以防过度受热影响品质。冷却水含余氯0.4～0.7 mg/kg。

5. 沥干　蘑菇速冻前还要进行沥干。否则蘑菇表面含水分过多，会冻结成团，不利于包装，影响外观。而且，过多的水分还会增加冷冻负荷。沥干可用振动筛、离心机或流化床预冷装置进行。

6. 速冻　蘑菇速冻宜采用流化床速冻装置。将冷却、沥干的蘑菇均匀地放入流化床传送带上，传送带的蘑菇层厚度为80～120 mm。流化床装置内空气温度要求－30～－35 ℃，冷气流流速4～6 m/s，速冻时间12～18 min，至蘑菇中心温度为－18 ℃以下。

7. 分级　速冻后的蘑菇应进行分级，按菌盖大小可分为特大(LL)、大(L)、中(M)、小(S) 4级(表3-24)。

表3-24　蘑菇大小分级

级别	代号	菌盖横径(mm)	级别	代号	菌盖横径(mm)
特大级	LL	36～40	中级	M	21～27
大级	L	28～35	小级	S	15～20

8. 复选　剔除不合乎速冻蘑菇标准的畸形、斑点、锈渍、空心、脱柄、开伞、变色菇、薄菇、带泥根、菌裙发黑以及不合乎规格要求的蘑菇。

9. 镀冰衣　为了保证速冻蘑菇的品质，防止产品在冷藏过程中干耗及氧化变色。蘑菇在分级、复选后尚需镀冰衣。具体操作法是把5 kg蘑菇放入有孔塑料筐或不锈钢丝篮中，再把篮、筐浸入1～2 ℃的水中2～3 s，拿出后左右振动摇匀沥水即可。冰水要求清洁干净，含余氯0.4～0.7 mg/kg。

10. 包装　包装工作场地必须保证在－5 ℃以下低温，温度在－4 ℃以上时速冻蘑菇会发生重结晶现象。包装间在包装前 1 h 必须开紫外线灯灭菌，所有包装用工器具，工作人员的工作服、帽、鞋、手均要定时消毒。工作场地及工作人员必须严格执行食品卫生标准，非操作人员不得随意进入，以防止污染，确保卫生。

内包装可用厚 0.06～0.08 mm 的聚乙烯薄膜袋。外包装用纸箱，每箱净重 10 kg（20×500 g，10×1 kg）。纸箱表面必须涂油，防潮性良好，内衬清洁蜡纸，外用胶带纸封口，所有包装材料在包装前必须在－10 ℃以下低温预冷。

速冻蘑菇包装前应按规格重检，人工封袋时应注意排除空气，防止氧化。用热合式封口机封袋，有条件的可用真空包装机包装。装箱后整箱进行复称重。合格者在纸箱上打印品名、规格、数量、生产日期、贮存条件及期限、批号和生产厂家。用封口条封箱后，立即入冷藏库贮存。

【产品质量标准】

具有本品种固有的天然白色或淡黄色斑点；经热烫后具有本品种应有的滋味及风味，无异味；整粒菇组织脆嫩，略有弹性，形态完整良好，不开伞；菌柄无空心，切削整齐，柄长不超过 6 mm，菌柄、菌皱不变黑；无严重畸形菇、病斑菇，无有害杂质存在。

子任务二　速冻青刀豆加工技术

青刀豆，又名荷兰豆、菜豆等，系豆科豆属一年生草本植物，以其嫩荚供人们鲜食或加工用。青刀豆富含维生素、氨基酸和矿物质。青刀豆风味独特、营养价值高，在国内外市场上十分走俏。

【任务准备】

1. 主要材料　新鲜青刀豆、食盐、亚硫酸、半胱氨酸、柠檬酸等。

2. 仪器及设备　速冻机、切削刀、漂烫机、冷却缸、离心机、温度计、台秤、杀菌器等。

【任务实施】

1. 原料选择　选用白籽青刀豆或细青刀豆作为原料。原料采摘首先做到适时，过生、过热都会影响冻品品质。临近地面豆荚多数畸形、品质较粗，不宜采用。当日采摘的宜当日加工，来不及加工的应放入温库贮存，或放在阴冷通风处，厚度要薄。

2. 原料前处理　用剪刀略剪去豆荚两头尖端。不宜剪去过多，以防止水分浸入豆荚，而使豆荚在冻结时胀裂，影响质量。同时撕掉两边的筋，挑选要仔细，凡有病虫害、带伤、畸形、弯曲的一律剔除。

3. 浸盐水　将剪去两头尖端的青刀豆荚，置于 2%的盐水中浸泡 10 min，以驱除小虫。浸泡时，要随时调整盐水浓度。

4. 漂洗　用清水漂洗浸过盐水的青刀豆荚，以便将盐分、小虫、黏附的杂质和微生物漂洗干净，清洗 3～4 次。清洗前可将原料在含有效氯浓度 5～10 mg/L 的水中适当浸泡。

5. 烫漂 将漂洗干净的青刀豆荚，立即进入烫漂机中，水的温度一般为95～100 ℃，时间为1.0～1.5 min，热烫要适度。烫漂的作用是破坏果蔬中氧化酶、过氧化酶的活性，以保持果蔬的色泽和营养成分；防止在冷藏过程中和速冻后褐变及变质；杀灭原料表面的微生物和虫卵；除去果蔬组织内的空气，使维生素C和胡萝卜素损失减少，除去豆类蔬菜的腥味等。

6. 冷却 采取两次降温法：在第一个冷却池用自来水，对一些容易受冷收缩的果蔬起缓冲作用，第二次冷却采用冷却水，0 ℃左右彻底冷却，以达到规定品质。

7. 滤水 将青刀豆表面的水分滤掉，以保证快速冻结。一般采用柔性振动和吹风结合。

8. 快速冻结 速冻时制冷水流的蒸发温度为－40～－45 ℃，冷冻机室温在－33 ℃以下。流化床冻结时间最长不能超过15 min，隧道冻结要一次装满，待中心温度低于－18 ℃时出货。

9. 包装 在低温条件下包装（－10 ℃），防止因包装温度过高，青刀豆表面结霜，同时，包装过程中应剔除机械损伤及其他劣质品，称量计算，装入塑料袋内封口，及时入冷库贮藏。

10. 贮藏 冷藏温度要求－18 ℃以下，尽量使温度保持恒定。冷藏按品种和日期的不同专库分别堆放。

【产品质量要求】

产品呈鲜绿色，色泽均匀一致；具有本品种应有的风味，无异味；豆荚鲜嫩，食之无粗纤维感；豆粒无明显鼓起，无病虫害、畸形等不合格的青刀豆，不存在杂质。

【练习与作业】

1. 为什么要对制品进行快速冻结？生产中如何提高结冻速度？
2. 园艺产品速冻方法有哪些？
3. 怎样进行果蔬速冻品的解冻？
4. 说明速冻工艺中的关键操作要点。

任务八 果蔬MP加工技术

相关知识准备

一、认识MP加工

果蔬最少加工处理（minimally processed fruits and vegetables），简称MP果蔬。是把新鲜果蔬进行分级、整理、挑选、清洗、切分、保鲜和包装等一系列处理后使产品保持生鲜状态的制品。这类产品又称为半加工果蔬、轻度加工果蔬、切分（割）果蔬等。这类产品不需要再做进一步的处理，可直接开袋食用或烹调。随着生活水平的提高，生活节奏的加快，人们越来越强调新鲜、营养、方便，MP果蔬正是由于具有这些特点而深受重视。

MP果蔬是美国于20世纪50年代以马铃薯为原料开始研究的，20世纪60年代在美国开始进入商业化生产。在许多发达国家，未经MP加工的果蔬只能供自己食用，不能上市成为商品，甚至不能成为深加工的原料。随着科学技术的不断提高和发展，果蔬的加工方式、方法、产品品质和种类越来越多，产品的附加值和科技含量也越来越高。在果蔬最少加工处理方面，部分发达国家已经形成了一套完整的规范化加工工艺和先进的机械设备，大型综合成套设备以德国、法国较为出名，小型单一机以日本较有代表性。其中主要的加工设备有清洗机、剥皮机、分级包装机、保鲜设备等。在清洗方面，目前较为先进的是臭氧清洗技术，它可以大幅度地提高杀菌能力；在质量、形状分级方面，已经开发出利用光电技术对物料的大小、形状、品质等进行综合判定分级的机械设备；在保鲜包装上，现在有改良空气包装法，即在包装内注入氮气、二氧化碳等调节包装内气体含量，从而控制果蔬的呼吸作用，还有积水保鲜包装等。

目前MP果蔬的生产在我国刚刚起步，加工规模比较小。随着我国人民生活水平的提高，现代生活节奏的加快，人们对果蔬消费的要求除了优质新鲜外，对于食用简便性也提出了越来越高的要求，因此，MP果蔬加工愈来愈受到人们的重视。

二、MP果蔬加工的基本原理

传统的果蔬保鲜技术是针对完整果蔬进行的，保鲜效果好，而传统的果蔬加工制品经过一定的加工处理，比新鲜果蔬产品要稳定得多，保藏期更长。MP果蔬与传统的果蔬保鲜技术相比，货架期不仅没有延长，而且明显缩短，更不用说与传统的果蔬加工制品相比了。MP果蔬必须解决两大基本问题：一是果蔬组织仍是有生命的，而且果蔬切分后呼吸作用和代谢反应急剧活化，品质迅速下降。由于切割造成的机械损伤导致细胞破裂，导致切分表面木质化或褐变，失去新鲜产品的特征，大大降低切分果蔬的商品价值；二是微生物的繁殖，必然导致切割果蔬迅速败坏腐烂，尤其是致病菌的生长还会导致安全问题。完整果蔬的表面有一层外皮和蜡质层保护，有一定的抗病力。在MP果蔬中，这一层皮常被除去，并被切成小块，使得内部组织暴露，表面含有糖和其他营养物质，有利于微生物的繁殖生长。因此，MP果蔬的保鲜主要是保持品质、防褐变和防病害腐烂。其保鲜方法主要有低温保鲜、气调保鲜和食品添加剂处理等，并且常常需要几种方法配合使用。

（一）低温保鲜

低温可抑制果蔬的呼吸作用和酶的活性，降低各种生理生化反应速度，延缓衰老和抑制褐变；同时也抑制了微生物的活动。所以MP果蔬品质的保持，最重要的是低温保存。温度对果蔬质量的变化，作用最强烈，影响也最大。环境温度愈低，果蔬的生命活动进行的就缓慢、营养素消耗亦少，保鲜效果愈好。但是不同果蔬对低温的忍耐力是不同的，每种果蔬都有其最佳保存温度。当温度降低到某一程度时会发生冷害，即代谢失调、产生异味及褐变加重等，货架期反而缩短。因此，有必要对每一种果蔬进行冷藏适温试验，以期在保持品质的基础上，延长MP果蔬的货架寿命。

值得注意的是，有些微生物在低温下仍然可以生长繁殖。因此，为保证MP果蔬的安全性，除低温保鲜外，还需要结合其他防腐处理，如酸化、加防腐剂等。

（二）气调保鲜

气调主要是降低氧气浓度、增加二氧化碳浓度。可通过适当包装经由果蔬的呼吸作用而获得气调环境（MA保鲜）；也可人为地改变贮藏环境的气体组成（CA保鲜）。二氧化碳浓度为5%～10%、氧气浓度为2%～5%时，可以明显降低组织的呼吸速率，抑制酶活性，延长MP果蔬的货架寿命。不同果蔬对最高二氧化碳浓度和最低氧气浓度的忍耐度不同，如果氧气浓度过低或二氧化碳浓度过高，将导致低无氧呼吸和高二氧化碳伤害，产生异味、褐变和腐烂。此外，果蔬组织切割后还会产生乙烯，而乙烯的积累又会导致组织软化等劣变，因此，还需要加入乙烯吸收剂。

（三）食品添加剂处理

虽然低温保鲜和气调保鲜能较好地保持MP果蔬品质，但不能完全抑制褐变和微生物生长繁殖，因此，为加强保鲜效果，使用某些食品添加剂处理有时候是必需的。

MP果蔬的褐变主要是酶褐变，其发生需三个条件：底物、酶和氧。防止酶褐变主要从控制酶和氧两方面入手。主要措施有加抑制剂抑制酶活性和隔绝氧气接触。

据研究，把切分马铃薯分别浸泡异抗坏血酸、植酸、柠檬酸、亚硫酸钠，时间各为10 min、20 min，浓度各为0.1%、0.2%、0.3%，结果表明均有一定护色效果；且浓度越高，浸泡时间越长，护色效果越好；其中以亚硫酸钠最好，但由于亚硫酸钠在国际上许多国家不提倡使用，这里仅作为参照。进一步以正交试验设计，筛选最佳护色剂组合，得出最优处理组合为0.2%异抗坏血酸、0.3%植酸、0.1%柠檬酸、0.2%氯化钙混合溶液，同时由极差（R）分析可知，影响护色效果的主次因素顺序为植酸、异抗坏血酸、柠檬酸、氯化钙。考虑到风味的问题，护色液浓度或浸泡时间要适宜，同时结合包装（最好抽真空）可有效防止褐变。切分马铃薯浸泡混合溶液20 min，抽真空包装（真空度为0.07 MPa），在4～8 ℃贮藏10 d后几乎不变色。

可以使用的能有效抑制微生物生长繁殖的防腐剂有苯甲酸钠和山梨酸钾，一般应尽量不用防腐剂。另外，醋酸、柠檬酸对微生物也有一定的抑制作用，可结合护色处理达到酸化防腐的目的。

三、MP果蔬加工的设备

主要设备有切割机、浸渍洗净槽、输送机、离心脱水机、真空预冷机或其他预冷装置、真空包装机（或充气包装机）、冷藏库等。MP果蔬运输或配送时一般要使用冷藏车（配有制冷机），短距离的可用保温车（无制冷机）。

四、MP加工基本技术

（一）原料挑选

原料的挑选主要是对果蔬的成熟度、大小进行选择，剔除不良果蔬，去除腐烂叶、剔除果梗等。对于水果和果菜类，如番茄、荔枝、甜辣椒等，要去除混杂在果实中的杂叶和杂物、果梗上的叶片等，还应剪切果梗使其与果肩平；具有外叶和茎梗的蔬菜，如绿叶菜、生菜、白菜、芹菜等，要去除所有腐烂、损伤、枯黄、腐败变质的叶子和茎梗；根菜类如胡萝卜、马铃薯等要去除大块的泥土等；一些果蔬如鲜玉米还要求剥除外皮等。

（二）分级

分级是按照果蔬的大小、成熟度、色泽、状态、病虫害等将果蔬分为不同等级，以保证优质优价。果蔬的品质由于种性、环境和栽培等因素的差异而表现较大的差异，且由于供食用的部分不同，成熟度不一致，只能按照各种果蔬品质的要求制定个别标准。分级分为品质分级和大小（质量）分级，品质分级主要是由人工完成的，大小（质量）分级可通过分级机来完成。

（三）清洗

清洗的目的就是要通过水的冲刷，洗去果蔬表面的灰尘、污物以及残留的农药等。清洗时，通常要向水中加入清洁剂，最常用的就是偏硅酸钠。此外，还要加入消毒剂以减少病菌的污染，因为氯及氯化物如次氯酸钠等在果蔬表面无残留而被广泛应用。氯的防腐效果与氯的浓度、溶液温度、pH 及浸泡时间有很大关系。如果病菌已侵入果蔬的表皮，大多数的表面消毒剂就不能很好地发挥防治作用。清洗时可用水冲洗或用压力水喷洗，将部分侵入果蔬表皮的细菌冲出。如果果蔬表面残留农药较多，用水则不易洗去，清除残留农药一般还要用盐酸溶液浸渍，用0.5%～1.0%的盐酸溶液洗涤，可除去大部分农药残留物，且稀盐酸溶液对果蔬组织没有副作用，不会溶解果蔬表面的蜡质，洗涤后残留溶液易挥发，用一般清水漂洗即可，不需做中和处理。清洗时果蔬常倾入水池内，为了减少果蔬的交叉感染，通常采用流动式水槽，也有采用有擦洗作用的清洗机，但容易对物料造成损伤。为防止致病微生物的生长，清洗后的果蔬通常还要进行干燥，以除去多余的水分破坏其生长环境。

（四）去皮、切分

去皮的方法主要有手工去皮、机械去皮、热去皮、化学去皮和冷冻去皮等。需要去皮的果蔬可根据具体情况采用合适的去皮方法。

切分操作一般采用机械操作，有时也用手工切分，主要有切片、切块、切条等。果蔬切分的大小是影响产品品质的重要因素之一。切分越小，总切分表面积就越大，果蔬相应的保存性就越差。刀刃状况与所切果蔬的保存时间也有很大的关系。用锋利的刀切割果蔬，其保存时间较长；用钝刀切割的果蔬，切面受创伤较多，容易引起变色和腐败。因此，加工时要尽量减少切割次数，同时应使用刀身薄、刀刃利的切刀。一般切刀应为不锈钢材质。

（五）保鲜护色

MP 果蔬相对于未加工的果蔬来说，更容易产生质变，这主要是由于切割使果蔬受到机械损伤而引发一系列不利于贮藏的生理生化反应，如呼吸加快、乙烯产生加快、酶促和非酶促褐变加快等，同时由于切割作用使得一些营养物质流失，更易滋生微生物引起腐烂变质，而且切割使得果蔬自然抵抗微生物的能力下降。所有的操作都使得 MP 果蔬的品质下降，货架期缩短，因此必须对其进行保鲜处理。

1. 氯化钠护色　将切分后的果蔬浸于一定浓度的氯化钠溶液中，使得酶活力被氯化钠溶液破坏，从而起到一定的抑制作用，同时由于氧气在氯化钠溶液中的溶解度比空气中的小，也可起到一定的护色效果。通常加工中采用1%～2%的氯化钠溶液护色，适用于苹果、梨、桃等，护色后要漂洗干净氯化钠溶液，这一点尤为重要。

2. 酸溶液护色　酸性溶液中氧气的溶解度较小，如此既可以降低 pH 及多酚氧化酶的活力，又兼有抗氧化作用，而且大部分有机酸是果蔬的天然成分，效果较好。常用的酸有柠檬酸、苹果酸或抗坏血酸等，由于抗坏血酸费用较好，生产上一般采用柠檬酸，浓度在0.5%～1.0%。

（六）脱水

切分果蔬保鲜后，其内外都有许多水分，若在这样的湿润状态下放置，很容易变质或老化，因此，需要进行适当的加工以去掉水分。脱水可用冷风干燥机干燥，也可用离心机处理，通常情况下选用后者。离心机脱水时间要适宜，如果脱水过分，产品容易干燥枯萎，反而使其品质下降。如切分甘蓝处理条件应以离心机转速 2 825 r/min 的条件下保持 20 s 为宜。

(七) 杀菌

经过去皮、切分（割）、保鲜、脱水后，果蔬表面上虽然细菌总数大大减少，但是仍有较多的残留细菌，因此有必要进行杀菌处理。MP 果蔬加工一般选择紫外线灭菌器杀菌。杀菌过程要掌握好时间，既不能过长，也不能过短。时间过长，则可能由于温度升高而导致产品的品质劣化；时间过短则达不到相应的杀菌的效果。

(八) 包装、预冷

果蔬切分后若暴露于空气中，很容易因失水而萎蔫，因氧化而变色，所以应尽快进行包装，防止或减轻此类不良变化。包装材料的选择一般根据 MP 果蔬种类的不同而选择不同种类和厚薄的包装材料。使用最多的有聚氯乙烯（PVC）、聚丙烯（PP）、聚乙烯（PE）、乙烯-乙酸-乙烯共聚物（EVA）及其他的复合薄膜。包装方法上既可以用真空包装机进行真空包装，也可以进行气调包装。相对而言，气调包装效果较好，但工序复杂，且成本较高，所以多数企业选择真空包装。

预冷是果蔬贮运保鲜采取的重要措施之一，经过包装后的果蔬，尽快预冷到规定的温度，以保证保质期。近年来，真空预冷的效率高，得到了广泛应用。

(九) 冷藏、运销

MP 果蔬要进行低温保存。果蔬从包装车间到达消费者，在运输或转运过程中应保持所需求的低温范围，根据果蔬的性质和价值可选择如冷藏火车、汽车和船等运输工具。

销售时一般采用冷柜，冷柜温度一般保持在 5 ℃左右、湿度保持在 85%～90%较好，可以保证 MP 蔬菜的新鲜度。超市和连锁店一般都有冷库进行产品的暂存。

五、常见问题及解决方法

MP 果蔬目前还没有制订出相应的卫生标准。现在用的是综合果蔬新鲜和加工的卫生标准。因为 MP 果蔬容易腐败，有时还会带有致病菌，因此，对加工工场等现场卫生管理，品质管理相当严格。最好实施良好制造规范（GMP）或危害分析关键控制点（HACCP）管理。

MP 果蔬的保鲜，是对传统的果蔬保鲜和加工技术的一个挑战，它要求将传统的完整果蔬保鲜技术应用于去皮、切割及部分加工的果蔬，它要求有一条原料、加工、保鲜、运输和销售高度配合的冷链系统。

影响 MP 果蔬品质的因素有切分大小、刀刃的状况、洗净和脱水、包装形式以及保存温度和时间等。

1. 切分大小和刀刃的状况 切分大小是影响切分果蔬品质的重要因素之一，切分越小，切分面积越大，保存性越差。如需要贮藏时，一定以完整的果蔬贮藏，到销售时再加工处理，加工后要及时配送，尽可能缩短切分后的贮藏时间。

刀刃状况与所切果蔬的保存时间也有很大的关系，锋利的刀切割的保存时间长，钝刀切割的，切面受伤多，容易引起变色、腐败。

2. 洗净和控水 病原菌数也与保存中的品质密切相关，病原菌数多的比少的保存时间明显缩短。洗净是延长切分果蔬保存时间的重要处理过程。洗净不仅可以减少病原菌数，还可起洗去附着在切分果蔬表面细胞液的效果，减轻变色。

切分果蔬洗净后，如在湿润状态放置，比不洗的更容易变坏或老化。通常使用离心机进行脱水，但过分脱水容易干燥枯萎，反而使品质下降，故离心脱水时间要适宜。

3. 包装 切分果蔬暴露于空气中，会发生萎蔫、切断面褐变，通过适合的包装可防止或减轻这些不利变化。然而，包装材料的厚薄或透气率大小和真空度选择依切分果蔬种类而不同。因此，有必要对每一种果蔬进行包装适用性试验，确定合适的包装材料或真空度。据笔者试验，切分甘蓝包装真空度不能太高（合适为 0.02～0.04 MPa），而切分马铃薯可以较高的真空度（0.06～0.08 MPa），这可能与其呼吸强度强弱有关（马铃薯呼吸强度较甘蓝弱）。

透气率大或真空度低时易发生褐变，透气率小或真空度高时易发生无氧呼吸产生异味。在保存中袋内的切分果蔬由于呼吸作用会消耗氧气、生成二氧化碳，结果氧气减少、二氧化碳增加。因此，要选择厚薄适宜的包装材料来控制合适的透气率或合适的真空度以保持其最低限度的有氧呼吸和造成低氧气高二氧化碳的环境（MA），延长切分果蔬货架期。

子任务一　马铃薯 MP 加工技术

【任务准备】

1. 主要材料　马铃薯、异抗坏血酸、植酸、柠檬酸、氯化钙、焦亚硫酸钠、PA－PE 复合袋等。

2. 仪器及设备　不锈钢刀、切割机、浸渍洗净槽、输送机、离心脱水机、预冷装置、真空包装机、冷藏库等。

【任务实施】

1. 原料选择　马铃薯要选择大小要一致、芽眼小、淀粉含量适中、含糖量少、无病虫害发生、不发芽的块茎。采收后的马铃薯应在 3～5 ℃冷库贮存。

2. 清洗　马铃薯在清洗槽中可先进行喷洗，然后通过鼓风式清洗机做进一步清洗。清洗后，马铃薯外表应以无泥土、烂皮等附着物为宜。

3. 去皮　可采用人工去皮、机械去皮或化学去皮，去皮后应立即浸渍水或 0.1%～0.2%焦亚硫酸钠溶液进行护色处理。

4. 切割、护色　按照生产要求，采用切割机切分成所需的形状，如片、块、丁、条等。切割后的马铃薯应随即投入 0.2%异抗血坏血酸、0.3%植酸、0.1%柠檬酸、0.2%氯化钙混合溶液浸泡 15～20 min。

5. 包装、预冷　经护色处理后的物料捞起沥去溶液，随即采用 PA－PE 复合袋抽真空包装，真空度为 0.07 MPa。随后送入预冷装置预冷至 3～5 ℃。

6. 冷藏、运销　预冷后的产品再用塑料箱包装，送冷库冷藏或直接冷藏配送，温度控制在 3～5 ℃。

子任务二　花椰菜 MP 加工技术

【任务准备】

1. 主要材料　花椰菜、食盐、异抗坏血酸、植酸、柠檬酸、氯化钙、焦亚硫酸钠、PA－PE 复合袋等。

2. 仪器及设备　不锈钢刀、切割机、浸渍洗净槽、输送机、离心脱水机、预冷装置、真空包装机、冷藏库等。

【任务实施】

1. 原料选择 原料要求花球鲜嫩洁白、紧密结实、无异色、斑疤，无病虫害。

2. 去叶 用刀修整剔除菜叶，并削除表面少量的霉点、异色部分，按色泽划分为白色和乳白色两种。

3. 浸盐水 将去叶后的花椰菜置于2%～3%盐水溶液中浸泡10～15 min，以驱净小虫为原则。

4. 漂洗 浸盐水后的物料接着用清水漂洗，漂净小虫体和其他杂质污物。

5. 切小花球 漂洗后的物料沥水，然后从茎部切下大花球，再切小花球，按成品规格操作，不能损伤其他小花球，茎部切削要平整，小花球以直径3～5 cm、茎长在2 cm以内为宜。

6. 护色 切分后的花椰菜投入0.2%异抗坏血酸、0.2%柠檬酸、0.2%氯化钙混合溶液浸泡15～20 min。

7. 包装、预冷 护色后的原料捞起沥去溶液，随即用PA-PE复合袋抽真空包装，真空度为0.05 MPa。接着送入预冷装置冷至0～1 ℃。

8. 冷藏、运销 预冷装箱后的产品入冷库冷藏或直接运销，冷藏、运销温度应控制在0～1 ℃。

【练习与作业】

1. 什么是MP果蔬？它有什么特点？
2. MP果蔬加工的基本原理有哪些？各有什么特点？
3. MP果蔬加工的一般工艺流程是什么？如何操作？
4. MP果蔬加工中常见的护色方法有哪些？
5. MP果蔬加工中常见的质量问题有哪些？各应如何解决？
6. 试列举常见MP果蔬的种类、工艺流程及操作要点。

任务九 园艺产品综合利用

相关知识准备

一、综合利用的意义

我国园艺产品种类繁多、产量大，每年通过加工处理常剩余各种废料，统称为下脚料。包括残次果、破损果、果肉碎片、果皮、果心、果核、果梗、种子等，如在制作园艺产品汁中，下脚料占加工原料的质量分别为苹果20%～25%、柑橘30%～35%、葡萄30%～32%、菠萝50%～60%、西番莲50%～66%、香蕉30%、番茄10%、胡萝卜40%、青豌豆60%、芦笋28%、辣椒24%。如此多的下脚料，是可再生资源，弃之为草，用之为宝。若充分利用，可节省大量物资，不仅提高了原料利用率，增加了经济效益，而且还可大大减少对环境的污染，保护生态环境，既利国又利民。

二、综合利用的途径

园艺产品综合利用，就是将副产品的加工提取同产品的生产连接成为一条龙的加工体系，通过一系列的加工工艺，对园艺产品的果、皮、汁、肉、种子、根、茎、叶、花和落地果、野生果等进行全面而有效的利用。使变废为宝，变无用为有用，变一用为多用，提高原料的利用率，增加产品的花色品种，降低生产成本，提高经济效益。

园艺产品副产品的种类很多，因原料不同其加工副产物也不一样（表 3－25）。

表 3－25　园艺产品副产品的综合利用

原料来源	可利用副产物	综合利用可得产品
胡萝卜	残次品	胡萝卜素、维生素 B_1、维生素 B_6、维生素 C、饲料
马铃薯	残次品	淀粉及其衍生物
苹果、梨、柑橘类、菠萝、葡萄等	残次品	果汁、果酱、果冻、果酒、果醋、果胶、有机酸
柑橘类、枇杷	果皮	香精油、果胶、醇类、色素、柠檬酸、生物类黄酮
柑橘类、葡萄类、番茄等	种子	香精油、种子油、蛋白质
核果类、核桃等的核壳	果壳、果核	活性炭
菠萝、枇杷、柑橘、葡萄	残汁	果汁、果酒、有机酸、饮料
甜菜	甜菜渣	果胶
甘蔗	甘蔗渣	木糖、饮料、饲料
西瓜	皮	果胶、西瓜皮酱、饲料
杏、樱桃、李	残渣	纤维素、类胡萝卜素、生物类黄酮、粗蛋白
辣椒、西葫芦、卷心菜	渣	蛋白质、维生素、微量元素、色素

园艺产品副产品因其化学成分不同、性质不同、制品不同、作用也不同。有的还有很高的利用价值及经济价值。

三、果胶的提取

果胶物质是以原果胶、果胶、果胶酸三种状态存在于果实组织中，果胶呈溶液状态时，加入乙醇或某些盐类（如硫酸铝、氯化铝、硫酸镁）能凝结沉淀，使它从溶液中分离出来。生产上就是利用果胶这一特性来提取果胶的。

果胶是一类亲水性胶体，其用途很广，除用作果酱、果冻、果汁等的增稠剂（凝胶剂）外，还是冰激凌的优良稳定剂。低甲氧基果胶还可制成低糖、低热值的疗效果酱、果冻类制品；它又是铅、汞、钴等金属中毒的良好解毒剂。

果胶产品又分高甲氧基果胶（HMP）和低甲氧基果胶（LMP）两种。高甲氧基果胶粉呈乳白色或淡黄色，溶于水，味微酸，其甲氧基含量高于 7%（多为 9.0%～10.0%）；低甲氧基果胶粉为乳白色，溶于水，其甲氧基含量低于 7%（多为 2.5%～4.5%），低甲氧基果胶的胶凝性较高甲氧基果胶差，但在低甲氧基果胶溶液中只要加入少量钙、镁离子，即使可溶性固形物低于 1%，仍能凝结成胶胨。果品中含有高甲氧基果胶，大部分蔬菜中含有低甲氧基果胶。

（一）高甲氧基果胶的提取

1. 原料选择与保存 尽量选用新鲜、果胶含量高的原料。常见果蔬中果胶含量见表3-26。水果罐头厂、果汁加工厂及甜菜糖厂清理出来的果皮、瓤囊衣、果渣、甜菜渣等都可以作为提取果胶的原料。在果胶提取中，真正富有工业提取价值的是柑橘类的果皮、苹果渣、甜菜渣等，其中最富有提取价值的首推柑橘类的果皮。

表3-26 常见果蔬中果胶含量

名称		果胶含量（%）	名称	果胶含量（%）
柑橘	柚皮	6.0	李	0.2～1.5
	柠檬	4.0～5.0	桃	0.5～1.3
	橙子	3.0～4.0	南瓜	7.0～17.0
苹果	果皮	1.2～2.0	甜瓜	3.8
	果渣	1.5～2.5	胡萝卜	8.0～10.0
梨		0.5～1.4	番茄	2.0～2.9

若原料不能及时进入提取工序，原料应迅速进行95℃以上、5～7 min的加热处理，以钝化果胶酶，避免果胶分解；如需长时间保存，可以将原料干制（65～70℃）后保存，但在干制前也应及时进行热处理。

2. 破碎、杀酶 将原料破碎成2～4 mm的小颗粒，然后加水进行热处理，钝化果胶酶（方法同上），然后用温水（50～60℃）淘洗数次，以除去原料中的糖类、色素、苦味及杂质等成分，提高果胶质量。为防止原料中的可溶性果胶的流失，也可用乙醇溶液浸洗，最后压干待用。

3. 提取 提取是果胶制取的关键工序之一，常用的方法有酸解法、微生物法、离子交换树脂法、微波萃取法等4种。

（1）酸解法。此法是根据原果胶可以在稀酸下加热转变为可溶性果胶的原理来提取。将粉碎、淘洗过的原料，加入适量的水，用酸将pH调至2～3，在80～95℃，抽提1.0～1.5 h，使得大部分果胶抽提出来。所使用的酸可以是硫酸、盐酸、磷酸、柠檬酸、苹果酸等，工业生产中多采用盐酸。该法是传统的果胶提取方法，在果胶提取过程中果胶会发生局部水解，生产周期长，效率低。抽提时加水量、pH、时间、酸的种类对果胶的提取率和质量都至关重要。

（2）微生物法。此法是利用酵母产生的果胶酶，将原果胶分解出来。生产时，先将经处理的物料悬浮于装有杀菌水（约为原料质量的2倍）的发酵罐中，在接种槽中接种帚状丝孢酵母，用量为发酵物料的3%～5%。然后在25～30℃下发酵15～20 h，再除去残皮和微生物。此法生产的果胶得率高、分子质量大、凝胶强、质量高。

（3）离子交换树脂法。将粉碎、洗涤、压干后的原料，加入原料质量30～60倍的水，同时按10%～50%加入离子交换树脂（磺化聚苯乙烯树脂），用盐酸调pH为1.3～1.6，在85～95℃下保温搅拌2～3 h，过滤即得到果胶提取液。此法提取的果胶质量稳定、效率高，但成本高。此外还可用炭质沸石作为离子交换剂提取果胶，沸石用硫酸冲洗后能反复使用。

（4）微波萃取法。将原料加酸进行微波加热萃取果胶，然后给萃取液中加入氢氧化钙，生成果胶酸钙沉淀，然后用草酸处理沉淀物进行脱钙，离心分离后用乙醇沉析，干燥即得果胶。这是一种提取果胶的新方法。

4. 脱色、压滤　一般提取液需经过脱色、压滤处理。脱色通常采用1%～2%的活性炭，60～80 ℃条件下保温20～30 min，然后再进行压滤，以除去抽提液中的杂质。压滤时可加入4%～6%的硅藻土作为助滤剂，以提高过滤效率。也可以用离心分离的方式取得果胶提取液。

5. 浓缩　滤液一般还需要浓缩。为避免果胶分解，浓缩温度易低、时间易短。最好采用真空浓缩，真空度约为13.33 kPa以上，蒸发温度为45～50 ℃。将提取的果胶液浓缩至6%～9%，浓缩后应迅速冷却至室温，以免果胶分解。

若有喷雾干燥装置，可不冷却立即进行喷雾干燥取得果胶粉，然后通过60目筛筛分后进行包装。为了提高纯度，可经过沉淀洗涤分离果胶。

6. 沉淀　若没有喷雾干燥装置，冷却后需进行沉淀。沉淀方法主要有以下几种。

（1）乙醇沉淀法。在果胶液中加入95%的乙醇，使得混合液中乙醇浓度达到45%～50%，果胶即呈絮状沉淀析出，过滤后，再用60%～80%的乙醇洗涤1～3次。也可以用异丙醇等溶剂代替乙醇。本法得到的果胶质量好、纯度高、胶凝能力强，但生产成本较高，溶剂回收也较麻烦。

（2）盐析法。采用盐析法生产果胶时不必进行浓缩处理。一般使用铝、铁、铜、钙等金属盐，以铝盐沉淀果胶的方法为最多。先将果胶提取液用氨水调整pH为4.0～5.0，然后加入饱和明矾［$KAI(SO_4)_2 \cdot 12H_2O$］或硫酸铝溶液，然后重新用氨水调整pH为4.0～5.0，即见果胶沉淀析出，若结合加热（70 ℃），有利于果胶析出。沉淀完全后滤出果胶沉淀，用清水洗涤数次，除去明矾。然后以少量的稀盐酸（0.1%～0.3%）溶解果胶沉淀物，再用乙醇再沉淀和洗涤。该方法可以大大节约乙醇用量，是国外常用的工艺。

（3）超滤法。将果胶提取液用超滤膜在一定压力下过滤，使得小分子物质和溶剂滤出，从而使大分子的果胶得以浓缩、提纯。其特点是操作简单，得到的物质纯，但对膜的要求很高。

7. 干燥粉碎　将湿果胶在60 ℃左右温度下进行干燥（最好采用真空干燥）。当产品含水量降至10%以下时，将果胶送入球磨机等设备进行粉碎，并通过60目筛筛分，即得果胶粗品。

8. 标准化处理　必要时进行标准化处理。所谓标准化处理，是为了使果胶应用方便，在果胶粉中加入蔗糖或葡萄糖等均匀混合，使产品的凝胶强度、凝胶时间、温度、pH一致，使用效果稳定。

（二）低甲氧基果胶的提取

低甲氧基果胶的制取，主要是脱去部分甲氧基。一般是利用酸、碱和酶等作用以促进甲氧基的水解，或与氨作用使氨基取代甲氧基。这些脱氧甲基的工序可以在稀果胶提取液压滤以后进行。酸化法和碱化法提取比较简单，其操作步骤如下：

1. 酸化法　在果胶溶液中，添加盐酸将果胶溶液的pH调为0.3，然后在50 ℃下，进行大约10 h的水解脱脂，接着加入乙醇将果胶沉淀，过滤压出其中液体，用清水洗涤余留的酸液，并用稀碱液中和溶解，再用乙醇沉淀、洗净、压滤、烘干，然后粉碎、过筛、包装即得成品。

2. 碱化法 用2%的氢氧化钠溶液将果胶溶液的pH调为10.0～10.5，在温度不超过35℃下，进行约1 h的水解脱脂后，用盐酸调整pH至5.0，然后用乙醇沉淀果胶，放置1 h，并不断搅拌，过滤分离后再用pH为5.2的酸性乙醇浸洗，再用清水反复洗涤除去盐类，压榨去水后再在65℃下进行真空干燥，之后粉碎、过筛、包装即可。

四、菠萝蛋白酶的提取

菠萝蛋白酶成品为灰黄色或浅黄的粉粒，有特殊气味，微溶入水，其用途很广。在食品行业可以作为肉类的嫩滑剂、啤酒的澄清剂、生产干酪和明胶等的重要添加剂，具有重要而广泛的应用价值。菠萝蛋白酶在医药行业、化工行业也有很多用途。

菠萝罐头、果汁等加工的下脚料（菠萝皮渣）含有大量的菠萝蛋白酶，利用其生产蛋白酶可以大大提高菠萝生产与加工的经济效益，同时还可以解决下脚料带来的污染问题。菠萝蛋白酶的生产方法，有高岭土吸附法和单宁沉淀法两种。

（一）高岭土吸附法提取菠萝蛋白酶

1. 榨汁 用于提取菠萝蛋白酶的菠萝果皮及两端的皮肉必须新鲜、清洁、无腐烂变质。在菠萝皮渣中加入一定量的水后，用连续榨汁机或螺旋式榨汁机榨取汁液。

2. 过滤 榨出的菠萝汁通过双层振荡筛（上层为100目塑料纱，下层为绢布）除去果屑或用100～120目筛滤2次。

3. 吸附 用不锈钢果汁泵把上述菠萝清汁抽到吸附桶，捞去上层泡沫，并可适当添加0.025%～0.05%的苯甲酸钠或亚硫酸防腐。然后开动搅拌机，均匀的加入汁液质量5%的高岭土，继续搅拌20 min，静置澄清30～60 min，开启上、中出水阀，让上、中层清液流出。

4. 洗脱 将残留下的浆液混合物，经搅拌使其从吸附桶底部阀门流入洗脱通内，然后用水冲洗吸附桶内吸附着的混合液。再在洗脱桶内边搅拌边加入饱和纯碱溶液，调节pH到6.7～7.0，立即加入浆液质量7%～9%的工业用食盐，继续搅拌20 min，准备压滤。

5. 压滤 先洗净压滤机、管道和滤布，然后进行装机。料液中加入0.5%的膨化珍珠岩或3～5 kg经水洗去残糖及其他杂质的甘蔗渣，以起助滤作用。操作时控制适当的过滤压力和供液阀门大小，要求滤液澄清透明，如出现滤液混浊，应重新过滤。最终过滤压力不超过0.78 MPa。

6. 盐析 压滤后的料液要及时盐析。盐析前用4 mol/L的工业盐（1份盐酸加2份水）调节压滤pH至4.8～5.1，然后一次加入滤液20%的硫酸铵，用木棒轻轻搅动至硫酸铵完全溶解，捞去上层泡沫，静置8 h以上，使酶被盐析出来。

7. 分离 盐析结束后，用小虹吸管吸出其中的清液，虹吸后剩余的混合液再用离心机分离，除去残液，收集沉淀物（即菠萝蛋白酶糊）。

8. 压榨 将酶沉淀物装入帆布袋中，扎紧袋口，放入螺旋压榨机中压榨，逐渐增加压力，每3～4 h翻动一次，使其8～12 h内含水量降至60%左右，以用手抓酶饼不黏手为准。

9. 冷冻 将酶饼均匀摊于不锈钢盘中，厚6～8 mm，在−1℃以下的冷库中冻藏，以保护酶的活力，并能加速脱水干燥。

10. 解冻 从冷库中冻硬的酶块在室温鼓风条件下解冻至松散状，再移至离心机分离冻液，调整适当的转鼓速度，使离心分离的湿酶保持疏松状。

11. 干燥 酶饼干燥工序操作得当与否，对酶的活力影响很大。要生产活力高、质量好的菠萝蛋白酶最好的干燥方法是真空冷冻干燥法，冷凝器温度保持在－20 ℃以下，酶体温度不超过 30 ℃，干燥室内的真空压力保持在 67 Pa 以下。也可以在常温下采用真空干燥，真空度要求在 0.089 MPa 以上。干燥至酶干制品的含水量在 5%以下。

12. 磨碎　将酶干制品用于小球磨机磨碎过 40 目筛，球磨时间不超过 2.5 h.

13. 调整与包装　每批酶粉要进行活力测定，测定后对不同活力的酶粉进行混合调整，达到产品标准。如果活力过高可用无水碳酸钠稀释。调整后用聚乙烯袋包装，外包装用铁罐包装，即为成品。

（二）单宁沉淀法提取菠萝蛋白酶

1. 原料处理、榨汁、过滤同高岭土吸附法提取菠萝蛋白酶。

2. 澄清　鲜菠萝汁先经滤清或自然澄清 2 h，澄清时按汁重加入 0.1%～0.2%的苯甲酸钠，防止汁液在澄清过程中变质，经澄清后的清汁，虹吸出上清液供提取酶用。

3. 加单宁　在澄清后的汁液中，按汁重加入 0.08%～0.10%的单宁液（所采用的单宁为煮沸冷却过滤的工业用单宁），连续搅拌 5～10 min 静置沉淀 3 h，汁液中的菠萝酶，即逐渐与单宁凝结沉淀，使汁液分层澄清。虹吸上清液，在下层酶液中边搅拌边徐徐加入 1∶3 的盐酸，调整 pH 为 3.0～3.1，即可转到分离工序。

4. 分离　在调整好 pH 的酶液中加入 3%的食盐，抑制单宁的氧化变色，并提高酶的活力。还可在酶液中加入 0.01%的醋酸锌，以稳定酶的活力。将酶在白绢布上进行过滤并沉降。滤液因残留有酶，可在加入单宁沉淀回收。布上的酶糊移入篮筐式离心机分离除去残汁，取出酶膏（即湿酶），立即用聚乙烯袋包装、称重。

5. 冷冻　将包装好的酶膏及时送入冷库，在－12 ℃以下进行冻结至酶膏呈硬块。将酶膏硬块取出解冻，用洗液洗涤，以除去酶膏中残留的糖分和其他杂质，可改善干燥成酶粉后的疏松性，提高酶粉的纯度，改善色泽，提高酶的活力。洗液一般由抗坏血酸、乙二胺四乙酸二钠及焦亚硫酸钠组成，洗液用量一般为酶膏的 3 倍。

6. 干燥、粉碎、调整、包装　同高岭土吸附法提取菠萝蛋白酶。

五、色素的提取

近几年来，我国食用天然色素有较大发展，其品种已从 9 种增加至 20 种左右，年产量也有大幅度提高，寻找和开发更多的天然色素已成为我国发展食用色素的主要方向。果蔬皮中含有大量的色素物质，可用于提取天然色素，下面主要介绍辣椒红色素和葡萄皮红色素的提取方法。

（一）辣椒红色素的提取

1. 原料处理　将辣椒干去籽切碎，粒度小于 15 mm 即可，原料含水量为 12.0%左右；将经过提取辣味素后的辣椒置于一容器内，加入浓度为 2%的氢氧化钠溶液，碱液用量为辣椒原质量的 10～15 倍。将容器放入超级恒温器内，在 55 ℃下恒温 2 h 左右，然后过滤，并将辣椒果皮置于逆流冲洗器中冲洗至 pH 为 7 左右，取出果皮，晾干。

2. 提取红色素

（1）热逆流提取法。将原质量为 30 g 并经过除辣处理后的辣椒果皮装入热逆流提取器中，向底部的三角烧瓶中加入 95%的食用乙醇 150 mL，向分馏头中通入冷却水，然后开始提取操作。

提取时先关闭支管控制旋塞，让加热溶剂所产生的蒸汽经旋塞进入主管，通过筛板和辣椒填充层后进入分馏头被冷却，冷凝液全部回流至主管内由下而上流入辣椒填充层中。当逆流而上的蒸汽速率足够大时，辣椒填充层的底部将有液泛现象发生，为使溶质能有充分时间溶出，可控制在液泛条件下操作，当液面高度接近辣椒填充高度时，立即开启支管旋塞，让蒸汽由支管直接进入分馏头中冷凝，提取液则流入三颈瓶内。

重复上述操作，直至提取达到要求为止。

提取完毕后，用电磁铁吸引摆动漏斗，开启支管旋塞，并关闭主管旋塞，向夹套中通入加热介质，以回收残渣中的溶剂和浓缩提取液时产生的溶剂蒸汽，回收的溶剂存于接液瓶中，以供重复使用。

利用热逆流法提取辣椒红色素，所提色素纯度较好，得率较高，不需要将辣椒粉碎成粉末，残渣的可利用性强。此法提取时间短、溶剂用量少、收率高、色价高。

(2) 索氏提取法。将原质量为 30 g 并经过除辣处理后的辣椒果皮装入索氏提取器中，加入 95%的食用乙醇 200 mL，加热提取 240 min，然后对提取液进行初浓缩。

(3) 回流提取法。将原质量为 30 g 并经过除辣处理后的辣椒果皮干燥，并粉碎至粉末状。然后将其装入接有回流冷凝器的圆底烧瓶中，加入 95%的食用乙醇 300 mL，加热回流提取 120 min。滤出提取液，向残渣中再加入 300 mL 溶剂，重复提取一次，滤出提取液。两次提取液合并进行初浓缩。

3. 浓缩、干燥 将各法所提红色素的初浓缩物分别上旋转蒸发器浓缩至黏稠状，然后移至真空干燥箱内，在 80 ℃、1300 Pa 下真空干燥 120 min，即得辣椒红色素产品。

(二) 葡萄皮红色素提取

葡萄皮渣→破碎→浸提（加皮渣等质量的酸化乙醇或甲醇溶液，在 75～80 ℃和pH 3～4 条件下浸提 1 h）→护色（添加维生素 C 或聚磷酸盐）→速冷→粗滤→添加乙醇（除去果胶和蛋白质）→离心过滤→减压浓缩（45～55 ℃，0.906～0.959 MPa）→喷雾干燥或减压干燥→成品（粉状）。

(三) 类胡萝卜素色素的提取

胡萝卜皮渣→破碎→软化（沸水中热汤 10 min）→石油醚与丙酮混合剂（1∶1）浸提 24 h→分离提取液→第二次、第三次浸提（至浸提液无色为止）→合并提取液→过滤→真空浓缩（50 ℃，67 kPa）→收集膏状产品（并收回溶剂）→干燥（35～40 ℃）→成品（粉状）。

子任务一　大蒜油的提取

【任务准备】

1. 主要材料 大蒜、蒜氨酸酶、硫酸亚铁、氢氧化钠等。

2. 仪器及设备 大蒜剥皮机、切削刀、破碎机、冷却缸、蒸馏锅、油水分离器、温度计、台秤、杀菌器等。

【任务实施】

1. 原料选择 选择完整、无霉烂大蒜，品种不限（鲜蒜及干制选拣剩料也可以）。

2. 切顶 切去大蒜的鳞茎盘（以利于下脚料的利用）。

3. 剥皮 利用大蒜剥皮机剥去大蒜干枯鳞片叶（以利于下脚料的综合利用）。

4. 粉碎 破碎机粉碎大蒜，粉碎粒度 0.2 mm。

5. 酶反应 蒜氨酸酶的活性受 pH、温度、时间、激活剂等因素的影响，研究发现，随着 pH、反应温度的升高和反应时间的延长，大蒜油得率增加，但 pH＞7、反应温度超过 40 ℃以后，大蒜油得率反而迅速下降；反应时间超过 60 min 以后，大蒜油得率基本不再增加。因此蒜氨酸酶反应的最适条件为 pH6.6、反应温度 30 ℃、反应时间 60 min、添加 10 mmol/L的 Fe^{2+}，此条件下可以大幅度提高大蒜油得率，因此每吨蒜泥中应加入 t 水硫酸亚铁（$FeSO4 \cdot 7H_2O$）30 g，用氢氧化钠调整 pH 至 6.6，在 30 ℃下反应 60 min，取料上锅蒸馏。

6. 装料、蒸馏 装料要均匀、紧实，避免形成蒸馏短路。压力 0.12 MPa，时间 1.5 h，蒸汽流量 400 g/（L·h）。

7. 油水分离 油水分离器分离大蒜油，经硅胶脱水和活性炭脱色精制，得成品。

子任务二 葡萄皮渣生产酒石酸

【任务准备】

1. 主要材料 葡萄皮渣、硫酸、碳酸钙、氯化钙等。

2. 仪器及设备 浸提罐、蒸馏机、离心机、筛析机、烘干机、温度计、台秤、杀菌器等。

【任务实施】

1. 浸提 葡萄经破碎后，随即进行压榨操作，以获得果汁作为酿酒原料。将上述与果汁分离后的皮渣等，放入浸提罐内，在搅拌下加入事先已用浓硫酸调制成的 pH4～5、温度为 80～85 ℃的热水进行浸提，皮渣与热水的质量比为 1：（2～3）。浸提时间为 4～5 h，以便最大限度地浸提出皮渣中含有的酒石酸盐、糖和色素等成分，离心分离出的残渣可作为饲料，滤液待用。

2. 发酵、蒸出乙醇 为将上述所得滤液中的糖分充分利用，应按照常规的酿酒方法，进行乙醇发酵。发酵过程达到终点后，蒸馏出粗乙醇。向余下的发酵胶料（酒糟）中加入 1.5～2.0 倍质量的温水（55～60 ℃）搅拌稀释，静置过夜使其澄清待用。

3. 后处理 将上层澄清的料液离心过滤，下部残渣进行压滤处理，将离心所得的滤液与压滤所得的滤液合并。滤渣经热风气流干燥后，可作为压滤制取葡萄籽油的原料。提取葡萄籽油后的滤饼经提取出所含的单宁后，再磨碎筛分后可作为粗蛋白饲料添加剂出售。

4. 转化 将上述过滤液升温至 90～92 ℃，在充分搅拌下，缓缓地加入经 100 目筛筛分的碳酸钙或石灰粉末，中和至料液的 pH 刚好为 7.0。注意在这一操作过程中，当料液所产生的二氧化碳气泡开始变得细小时，就应用精密 pH 试纸测定料液的 pH，以免 Ca^{2+} 过量。这时体系中，沉淀为酒石酸钙，溶液中含酒石酸钾成分，静置待用。将上层清液转至另一容器中，在充分搅拌下加入计量的氯化钙。补加氯化钙的工艺目的是为了将溶液中的酒石酸钾全部转化为酒石酸钙沉淀析出。氯化钙加完后应继续充分搅拌 15 min 以上，放置 4 h 后倾出上部母液，该母液内含有钾盐可做钾肥使用，下部沉淀即为酒石酸钙。将此酒石酸钙与前次的酒石酸钙合并。

5. 酸解 酒石酸钙在充分搅拌下，加入1～2倍的冷水，搅拌洗涤10 min，放置0.5 h后倾去上层清液。如此重复洗涤3次并甩干，迅速在80 ℃下烘干。取已烘干的酒石酸钙称重后，加入4倍量的清水进行拌溶，再加入一定量的硫酸，使其转化为酒石酸。静置4 h后离心分离，以除去硫酸钙沉淀。硫酸钙用少量热水充分洗涤以回收其中所含的酒石酸成分，提高产率。

6. 脱色、浓缩、结晶 将上述滤液经脱色、浓缩（同时去除析出的硫酸钙沉淀）、冷却析晶、重结晶等工序处理，最后将所得的纯白色结晶性粉末在低温（低于65 ℃）下烘干，即得右旋酒石酸成品。

【练习与作业】

1. 园艺产品综合利用途径主要有哪些？
2. 高甲氧基果胶和低甲氧基果胶有何区别？其提取工艺有何不同？

参考文献

仇农学.2006. 现代果汁加工技术与设备 [M]. 北京：化学工业出版社.
林亲录，邓放明.2003. 园艺产品加工学 [M]. 北京：中国农业出版社.
刘升，冯双庆.2001. 果蔬预冷贮藏保鲜技术 [M]. 北京：科学技术文献出版社.
刘晓杰.2004. 食品加工机械与设备 [M]. 北京：高等教育出版社.
刘一.2006. 食品加工机械 [M]. 北京：中国农业出版社.
陆兆新.2004. 果蔬贮藏加工及质量管理技术 [M]. 北京：中国轻工业出版社.
罗云波，蔡同一.2001. 园艺产品贮藏加工学：加工篇 [M]. 北京：中国农业大学出版社.
潘静娴.2007. 园艺产品贮藏加工学 [M]. 北京：中国农业大学出版社.
吴锦涛，张昭其.2001. 果蔬保鲜与加工 [M]. 北京：化学工业出版社.
叶兴乾.2002. 果品蔬菜加工工艺学 [M]. 北京：中国农业出版社.
赵晨霞，祝战斌.2006. 果蔬贮藏加工实训教程 [M]. 北京：科学出版社.
赵晨霞.2005. 园艺产品贮藏与加工 [M]. 北京：中国农业出版社.
赵丽芹.2009. 园艺产品贮藏加工学 [M]. 北京：中国轻工业出版社.
祝战斌.2008. 果蔬加工技术 [M]. 北京：化学工业出版社.
祝战斌.2010. 果蔬贮藏与加工技术 [M]. 北京：科学出版社.

图书在版编目（CIP）数据

园艺产品贮藏与加工 / 祝战斌，赵晨霞主编．—2版．—北京：中国农业出版社，2015.2（2017.7重印）
高等职业教育农业部“十二五”规划教材
ISBN 978-7-109-20168-2

Ⅰ.①园… Ⅱ.①祝… ②赵… Ⅲ.①园艺作物-贮藏-高等职业教育-教材②园艺作物-加工-高等职业教育-教材 Ⅳ.①S609

中国版本图书馆 CIP 数据核字（2015）第 033166 号

中国农业出版社出版
（北京市朝阳区麦子店街 18 号楼）
（邮政编码 100125）
策划编辑 王 斌
文字编辑 浮双双

北京通州皇家印刷厂印刷 新华书店北京发行所发行
2004 年 8 月第 1 版 2015 年 5 月第 2 版
2017 年 7 月第 2 版北京第 2 次印刷

开本：787mm×1092mm 1/16 印张：16
字数：380 千字
定价：35.00 元